普通高等教育机电类系列教材

机械工程概论
Introduction to Mechanical Engineering

宗光华　蔡月日　于靖军　编著

机械工业出版社

"机械工程概论"归属于通识类课程，根据这一类课程入门性、基础性、综合性、前瞻性的原则要求，本书包含14章与1个附录，包括绪论、机械发展史、机器与机构、机械设计过程、机械结构详细设计、机电一体化、面向智能制造的机器人技术、机械制造概论、工程材料、先进制造中的互换与协调、切削加工技术、先进成形技术、增材制造技术、复合材料加工技术，对机械工程专业的核心课程均有覆盖，便于为学生后续学习打下基础。附录部分编入课程设计内容，旨在以一个"中式快餐自动便当售卖机方案设计"让学生们小试牛刀，检验自己对所学课程内容的理解和设计方面的创新能力。本书大致适合16~32学时的课程教学，授课教师可以根据本校该课程的计划学时配额，在内容讲解上适当取舍。

为了突出特色，本书在介绍航空航天机械工程的设计与制造的相关知识方面着墨甚多，同时编入机器人、增材制造等先进性、智能化的内容，旨在引起学生对机械工程领域先进技术的关注和兴趣。

本书可作为机械类专业的低年级本科生教材，也可作为高职高专等院校相关专业课程教材，还可供相关科研人员与工程技术人员参考。本书配有PPT课件、教学大纲等配套资源，请选用本书的教师登录机械工业出版社教育服务网（www.cmpedu.com）免费下载。

图书在版编目（CIP）数据

机械工程概论 / 宗光华，蔡月日，于靖军编著.
北京：机械工业出版社，2025.4. -- （普通高等教育机电类系列教材）. -- ISBN 978-7-111-78738-9

Ⅰ．TH

中国国家版本馆CIP数据核字第2025AU1681号

机械工业出版社（北京市百万庄大街22号　邮政编码100037）
策划编辑：徐鲁融　　　　责任编辑：徐鲁融　章承林
责任校对：王荣庆　张亚楠　封面设计：张　静
责任印制：任维东
北京新华印刷有限公司印刷
2025年9月第1版第1次印刷
184mm×260mm · 19.25印张 · 473千字
标准书号：ISBN 978-7-111-78738-9
定价：59.80元

电话服务　　　　　　　　　网络服务
客服电话：010-88361066　　机　工　官　网：www.cmpbook.com
　　　　　010-88379833　　机　工　官　博：weibo.com/cmp1952
　　　　　010-68326294　　金　书　网：www.golden-book.com
封底无防伪标均为盗版　　机工教育服务网：www.cmpedu.com

前 言

2014年夏，学院谋划为一年级新生开设一门通识类课程——"机械工程概论"。任务落实下来，我们这个老中青结合的教学小组就紧锣密鼓地张罗起来。次年便面向全校约300名选修该课程的新生以大课的形式开讲了，迄今已十余年。

专业人士都知道，在教材市面上，《机械工程概论》并不鲜见。机械工程是一门历史久远、积淀深厚的学科，老师们写起《机械工程概论》教材，信手拈来，驾轻就熟。毋庸讳言，其中难免有互相雷同之作，当然也不乏值得称道、颇具特色的力作。因此本书的编写难点之一就成了如何体现特色。

首先，本书编著者最费思量之处是在概论中如何突出航空航天机械工程的特色。既然授课的主要对象是来自机械和航空航天专业的学生，他们理所当然地期待能够通过这门课程了解机械工程在航空航天制造中的宏观样态和应用实况。这种心态与选修"航空航天概论"课程的学生如出一辙。出于这样的考虑，编著者在进行本书顶层设计时，确定了努力将传统"机械工程概论"课程内容与航空航天相关知识互为渗透、融会贯通的目标。

其次，根据教学经验，概论课程面向大一新生，必须强调趣味性和可感性。由航空航天大背景的鲜活话题开篇点题或作为应用实例，再点缀趣闻轶事，这样便能引起学生的好奇心和求知欲，刺激兴奋点，从而避免概论课程因其基础性、综合性而与生俱来的枯燥。

新工科教学思维认为，传统不接地气的教学方法已经不合时宜了，提倡教学活动从抽象中跳出来，通过课题研究引领内容展开。所以，本书力求从航空航天典型应用、机械工程前沿实例或编著者亲历的科研项目中提炼出课题，如直升机减速器、矢量喷管、卫星展开天线、导弹导引机构、A380装配、飞机蒙皮拉形、飞船姿态控制等，实际上，这确实花费了大量的时间。本书以课题牵引组织教学，旨在引导学生条分缕析，培养学生日后处理科学、工程问题的宏观视野和框架性思维。

再次，对机械工程师而言，立体感、空间想象力和实际经验十分重要。为适应大一学生的接受能力，本书在素材取舍上注意把抽象的理论形象化，发挥PPT、视频、图形、图像等先进辅助教学手段便捷、直观、形象的长处，将看不见、不容易理解的内容可视化、容易理解，争取上佳的教学效果。

最后，教学大纲安排了一个专题课程设计（或称大作业专题研习）作为本课程的"大结局"。课程设计题目是从编著者亲历的产品研发项目中精选的，而非凭空撰写。研究性学习是新工科教学一以贯之的精髓，从这个宗旨出发，在授课中段，就可将课程设计题目分发下去，作为学以致用的一次尝试。学生可以自愿结成小组，抽出足够的课外时间研讨、争辩、碰撞。最后要求各小组公开陈述，接受现场答辩和同学互评。同学们在研习的过程中启发灵感，挖掘潜能。"宰相必起于州部，猛将必发于卒伍"——千里马总是在竞赛中脱颖而出的，正是出于这样的考虑，本课程给同学们安排了课程设计的这个机会，小试牛刀，挑战一下自己的创新力和悟性，体会一下"知易行难"的道理。几年教学实践证明，学生都十分珍惜大学生涯中这次创新设计的"首秀"，他们会铭记终生。

本书由宗光华编写初稿，完成了本书的大部分内容，由蔡月日、于靖军两度改写，于靖军做了最后的、全面的勘定。

本书的编写得到北京航空航天大学机械学院多位资深教授、年轻教师和博士生的热情鼓励和鼎力支持。范玉清教授的力作《现代飞机制造技术》（北京航空航天大学出版社2001年出版）使我们受益良多，是经典的参考资料，他还特地编写了260余页的《大飞机及其制造技术概述——当代人类工程技术高峰》PPT供我们参考。李东升教授无私地提供了"现代飞机制造技术"课程讲义，向我们展示了许多现代飞机高端制造的新进展，如机翼壁板高效数控加工、复合材料铺带与编织、钛合金结构件激光快速成形、飞机典型零件加工和柔性装配技术等。李晓星教授对飞机蒙皮拉形技术造诣极深，他慷慨提供的有关飞机蒙皮型面可重构多点模具成形、数字化拉形系统、可重构的柔性工装蒙皮切边等的资料让我们受益良多。王延忠教授毫无保留地把积累多年的关于高速重载面齿轮传动的研究心得，特别是关于直升机主减速器面齿轮的精辟见解用PPT和WORD两种格式的文件发送到我们的邮箱，细微之处见真情。杨洋教授提供了直-5减速器的装配图（已解密）。博士生助教沈铖玮帮助完成了很多图片的优化修改。还有，华南理工大学张宪民教授甚至把他主编的《机械工程概论》原稿发给我们以供参考。

限于编著者水平，书中难免存在疏漏和错误，凡此种种，敬请读者批评指正。在本书付梓出版前，作者谨对所有为本书提供帮助、支持、关心的同仁表示诚挚的谢意！

编著者
2025年2月于北京航空航天大学学院路校区

目 录

前言

第1章　绪论 ·· 1
  1.1　机械工程 ·· 1
  1.2　机械工程的地位 ·· 2
    1.2.1　兴国之器，强国之基 ·· 2
    1.2.2　航空航天制造代表制造业的最高水平 ································ 2
    1.2.3　我国装备制造业的转型升级 ·· 2
  1.3　机械工程的学科体系与课程体系 ·· 3
    1.3.1　机械工程的学科体系 ·· 3
    1.3.2　机械工程的课程体系 ·· 4
  1.4　机械工程专业的培养目标 ··· 5
  1.5　机械工程专业的毕业要求 ··· 6
  1.6　本书的特色 ··· 7
    1.6.1　教学过程的课题导入和航空航天特色 ································ 7
    1.6.2　形象教学 ·· 8
    1.6.3　围绕大作业开展专题研习 ··· 8
  思考题 ·· 9

第2章　机械发展史 ·· 10
  2.1　机械发展的三个阶段 ·· 10
    2.1.1　我国古代机械发展史 ··· 10
    2.1.2　西方古代机械发展史 ··· 15
    2.1.3　西方近代机械发展史 ··· 16
    2.1.4　现代机械发展史 ··· 26
  2.2　认识机械发展史的观察角度 ··· 27
    2.2.1　追寻文明的脚步，从中得到启示 ······································ 27
    2.2.2　专利对发明的促进和知识产权的保护作用 ························· 28
    2.2.3　探究技术与文明之间的辩证关系 ······································ 29
  思考题 ··· 29

第3章　机器与机构 ·· 30
  3.1　引言 ·· 30

3.2 机器与零件、机构与构件 ... 32
3.2.1 机构、零件、机器的工程表达方法 ... 32
3.2.2 机器与零件、机构与构件的关系 ... 34
3.3 机器的组成 ... 36
3.3.1 动力系统 ... 36
3.3.2 传动系统 ... 37
3.3.3 执行系统 ... 37
3.3.4 操控系统 ... 38
3.3.5 辅助系统 ... 39
3.3.6 支承系统 ... 39
3.3.7 润滑、冷却与密封系统 ... 39
3.4 典型机构 ... 40
3.4.1 运动副与约束 ... 40
3.4.2 平面连杆机构 ... 40
3.4.3 凸轮机构 ... 42
3.4.4 间歇运动机构 ... 43
3.4.5 齿轮机构 ... 45
3.4.6 轮系 ... 47
3.4.7 带传动机构 ... 48
3.4.8 链传动机构 ... 49
3.4.9 组合机构 ... 51
思考题 ... 52

第4章 机械设计过程 ... 54
4.1 机械设计概述 ... 54
4.2 机械设计的一般流程 ... 56
4.2.1 机械设计工程师所必需的知识体系 ... 56
4.2.2 机械设计的一般流程 ... 57
4.3 案例：飞机研制的一般流程 ... 60
4.3.1 论证阶段 ... 61
4.3.2 方案设计阶段 ... 61
4.3.3 工程研制阶段 ... 62
4.3.4 设计定型阶段 ... 62
4.3.5 生产定型阶段 ... 63
4.3.6 歼-9项目研制举例 ... 63
4.4 设计举例1——推力矢量喷管机构设计 ... 64
4.4.1 需求与任务的确认 ... 64
4.4.2 垂直/短距起降飞机设计任务的重要指标 ... 67
4.4.3 轴对称推力矢量喷管的初步设计与详细设计 ... 68

4.4.4 方案实施与验证 ………………………………………………… 72
4.5 设计举例2——指向机构设计 …………………………………………… 73
　　4.5.1 导引头 …………………………………………………………… 73
　　4.5.2 喷泉摇摆台的研发 ……………………………………………… 75
　　4.5.3 指向机构的拓展应用 …………………………………………… 78
4.6 现代机械设计方法 ……………………………………………………… 80
思考题 ………………………………………………………………………… 81

第5章 机械结构详细设计 ……………………………………………………… 82

5.1 概述 ……………………………………………………………………… 82
5.2 绘制零件图 ……………………………………………………………… 83
5.3 运动支承部件 …………………………………………………………… 86
5.4 轴系 ……………………………………………………………………… 86
　　5.4.1 轴系的组成 ……………………………………………………… 86
　　5.4.2 轴 ………………………………………………………………… 87
　　5.4.3 轴的强度和刚度 ………………………………………………… 88
　　5.4.4 轴承 ……………………………………………………………… 90
　　5.4.5 轴承在航空航天中的应用 ……………………………………… 92
　　5.4.6 轴承的润滑与密封 ……………………………………………… 95
5.5 直线导轨 ………………………………………………………………… 97
　　5.5.1 直线导轨的工作原理 …………………………………………… 97
　　5.5.2 直线运动单元应用举例 ………………………………………… 98
5.6 传动件 …………………………………………………………………… 99
　　5.6.1 制订机械传动方案的一般原则 ………………………………… 99
　　5.6.2 齿轮传动 ………………………………………………………… 100
5.7 连接 ……………………………………………………………………… 104
　　5.7.1 概述 ……………………………………………………………… 104
　　5.7.2 可拆连接举例：螺纹连接 ……………………………………… 104
　　5.7.3 不可拆连接举例：铆接 ………………………………………… 106
5.8 机械设计的发展趋势 …………………………………………………… 108
思考题 ………………………………………………………………………… 109

第6章 机电一体化 ……………………………………………………………… 110

6.1 机电一体化的概念 ……………………………………………………… 110
6.2 机电一体化系统的组成 ………………………………………………… 111
6.3 关键技术 ………………………………………………………………… 113
6.4 系统设计 ………………………………………………………………… 115
　　6.4.1 设计流程 ………………………………………………………… 115
　　6.4.2 机械子系统设计 ………………………………………………… 116
　　6.4.3 传感检测子系统设计 …………………………………………… 116

  6.4.4 伺服控制驱动子系统设计 ··· 117
 6.5 典型机电一体化系统：电动及电液作动器 ·· 120
  6.5.1 概念和特点 ·· 120
  6.5.2 发展现状 ·· 121
  6.5.3 系统设计 ·· 123
 思考题 ··· 125

第 7 章　面向智能制造的机器人技术 ·· 126
 7.1 机器人的简要发展历程 ··· 126
 7.2 机器人系统 ·· 128
  7.2.1 机器人系统的组成 ·· 128
  7.2.2 两类典型的机器人系统 ·· 129
  7.2.3 机器人感知与控制系统 ·· 132
 7.3 工业机器人在航空智能制造中的典型应用 ·· 134
  7.3.1 机器人钻铆制孔系统 ··· 135
  7.3.2 机器人焊接系统 ··· 137
  7.3.3 机器人复合材料铺放系统 ··· 139
  7.3.4 机器人磨抛系统 ··· 140
  7.3.5 机器人喷涂系统 ··· 140
  7.3.6 机器人检测系统 ··· 141
  7.3.7 协作机器人系统 ··· 142
  7.3.8 可移动式机器人系统 ··· 142
 7.4 工业机器人的发展趋势 ··· 143
 7.5 工业机器人系统中的关键技术 ··· 144
 思考题 ··· 146

第 8 章　机械制造概论 ··· 147
 8.1 概述 ··· 147
 8.2 机械制造业在国民经济中的重要地位 ·· 152
 8.3 先进制造技术 ·· 153
  8.3.1 制造业新动向 ·· 153
  8.3.2 先进制造技术 ·· 153
  8.3.3 案例：飞机制造模式的演进 ·· 155
 8.4 我国机械制造业的现状 ··· 158
 8.5 本书机械制造部分的主要内容 ··· 163
 思考题 ··· 164

第 9 章　工程材料 ·· 165
 9.1 航空工程材料的分类 ··· 165
 9.2 飞机结构主要材料的比例 ··· 167
 9.3 航空事故与材料疲劳断裂 ··· 168

9.4 航空铝合金 …………………………………………………………………………… 171
　　9.4.1 铝合金在飞机上的应用 ………………………………………………………… 172
　　9.4.2 航空铝合金的分类 ……………………………………………………………… 174
9.5 钛合金 …………………………………………………………………………………… 175
　　9.5.1 钛合金在航空航天领域的应用 ………………………………………………… 175
　　9.5.2 钛合金的分类 …………………………………………………………………… 177
9.6 高温合金 ………………………………………………………………………………… 177
　　9.6.1 高温合金的主要性能指标 ……………………………………………………… 178
　　9.6.2 高温合金在航空发动机上的典型应用 ………………………………………… 178
9.7 航空复合材料 …………………………………………………………………………… 179
　　9.7.1 复合材料的特性 ………………………………………………………………… 180
　　9.7.2 航空复合材料应用 ……………………………………………………………… 180
　　9.7.3 碳纤维 …………………………………………………………………………… 183
9.8 隐身技术和隐身材料 …………………………………………………………………… 184
　　9.8.1 隐身飞机 ………………………………………………………………………… 185
　　9.8.2 飞机的三种隐身技术 …………………………………………………………… 186
　　9.8.3 隐身材料 ………………………………………………………………………… 186
思考题 ………………………………………………………………………………………… 188

第 10 章　先进制造中的互换与协调 ……………………………………………………… 189
10.1 传统制造中的标准化和互换性 ………………………………………………………… 189
　　10.1.1 机械零件标准化的概念 ………………………………………………………… 189
　　10.1.2 机械零件互换性的概念 ………………………………………………………… 191
　　10.1.3 标准化和互换性的现实意义 …………………………………………………… 191
　　10.1.4 标准化和互换性的发展历史 …………………………………………………… 191
10.2 标准化生产方式与公差制 ……………………………………………………………… 192
　　10.2.1 公差制 …………………………………………………………………………… 192
　　10.2.2 表面粗糙度 ……………………………………………………………………… 194
10.3 公差与配合 ……………………………………………………………………………… 194
10.4 现代飞机的异地制造和全球制造模式 ………………………………………………… 195
　　10.4.1 现代飞机的制造模式与实例 …………………………………………………… 195
　　10.4.2 飞机制造中的互换性与协调性 ………………………………………………… 196
10.5 飞机制造的互换协调性方法 …………………………………………………………… 202
　　10.5.1 基于模拟量传递的互换协调方法——模线样板工作法 …………………… 202
　　10.5.2 互换协调生产中的基本工艺装备 ……………………………………………… 205
　　10.5.3 基于数字量传递的互换协调方法 ……………………………………………… 206
思考题 ………………………………………………………………………………………… 209

第 11 章　切削加工技术 …………………………………………………………………… 210
11.1 飞机零件切削加工概述 ………………………………………………………………… 210

11.1.1 切削加工的基本概念 ……………………………………………………… 211
11.1.2 飞机切削加工零件的类型 …………………………………………………… 211
11.1.3 飞机切削加工零件举例 ……………………………………………………… 211
11.2 常用金属切削方法及设备 …………………………………………………………… 213
11.2.1 车削 …………………………………………………………………………… 213
11.2.2 铣削 …………………………………………………………………………… 215
11.2.3 钻削 …………………………………………………………………………… 218
11.2.4 磨削 …………………………………………………………………………… 219
11.2.5 齿轮切削 ……………………………………………………………………… 222
11.3 数控机床在飞机零件切削加工中的应用 ………………………………………… 226
11.4 飞机典型结构件的切削加工 ………………………………………………………… 227
11.4.1 机翼整体壁板的机械加工 …………………………………………………… 227
11.4.2 五轴数控加工中心 …………………………………………………………… 229
11.4.3 航空发动机机匣加工 ………………………………………………………… 230
11.4.4 飞机发动机整体叶轮的切削加工 …………………………………………… 231
11.4.5 飞机发动机叶片的切削加工 ………………………………………………… 234
11.4.6 航空发动机典型转动零组件加工技术 ……………………………………… 241
思考题 …………………………………………………………………………………………… 243

第12章 先进成形技术 ………………………………………………………………………… 244

12.1 飞机钣金类零件的特点和重要性 …………………………………………………… 244
12.2 飞机钣金类零件及其成形方法的分类 ……………………………………………… 246
12.2.1 飞机钣金类零件的分类 ……………………………………………………… 246
12.2.2 飞机钣金成形工艺 …………………………………………………………… 247
12.3 飞机蒙皮拉形技术 …………………………………………………………………… 247
12.3.1 飞机蒙皮的加工方法 ………………………………………………………… 247
12.3.2 飞机蒙皮拉形方式 …………………………………………………………… 248
12.3.3 多点模具蒙皮拉形技术 ……………………………………………………… 249
思考题 …………………………………………………………………………………………… 253

第13章 增材制造技术 ………………………………………………………………………… 254

13.1 增材制造技术概述 …………………………………………………………………… 254
13.1.1 增材制造技术的分类和原理 ………………………………………………… 254
13.1.2 增材制造技术的特点和关键技术 …………………………………………… 256
13.2 增材制造的设备和工艺流程 ………………………………………………………… 259
13.3 增材制造的应用 ……………………………………………………………………… 261
13.3.1 民用领域 ……………………………………………………………………… 261
13.3.2 航空航天 ……………………………………………………………………… 262
13.3.3 激光增材制造在航空制造中的应用 ………………………………………… 263
思考题 …………………………………………………………………………………………… 266

第14章 复合材料加工技术 ... 267
14.1 复合材料在航空航天领域的应用 ... 267
14.2 碳纤维复合材料成形方法 ... 269
14.2.1 激光定位和手工铺放 ... 270
14.2.2 碳纤维复合材料缠绕成形 ... 271
14.2.3 自动铺带技术 ... 274
14.2.4 复合材料机器人三维空间缝合成形 ... 280
14.3 蜂窝复合材料及其制造技术 ... 282
14.3.1 蜂窝夹层结构简介 ... 282
14.3.2 蜂窝夹层结构复合材料的基本特性 ... 283
14.3.3 蜂窝结构在飞机上的应用 ... 284
14.3.4 铝蜂窝芯材的制造 ... 285
思考题 ... 286

附录 ... 287
附录A "机械工程概论"课程设计 ... 287
附录B 设计方案说明书格式要求 ... 292

参考文献 ... 294

第 1 章 绪 论

【本章导读】

本章首先梳理了机械工程的研究对象、在国民经济中所处的地位；探讨了我国机械工程，尤其是航空航天制造业的重要性和在国际上所处的水平。接下来从不同角度介绍了机械工程的学科体系和课程体系架构，希望同学们掌握它们的宏观脉络和内在联系。各门课程都有自己的位置，所以提醒同学们不要偏科，知识没有不重要，只有更重要。机械工程专业培养目标和毕业要求则给出了学生成材的方向和评测的尺度。

1.1 机械工程

了解**机械工程**（Mechanical Engineering），要读懂两个关键词：机械、工程。

"**工程**（Engineering）"是将数学和其他自然科学的理论应用到具体工农业生产部门中所形成的各学科的总称。作为一门应用学科，它被称为"工程学"，践行工程学的人被称为"**工程师**（Engineer）"。

18 世纪，欧洲创造了"工程"一词，其本义涉及有关兵器制造、具有军事目的的各项劳作，后扩展到许多领域，以至于在工科大学里，会开设很多工程类的专业，如水利工程、化学工程、土木建筑工程、采矿工程、热能与动力工程、电子信息工程、软件工程、网络工程等。那么"机械"呢？

"**机械**（Machinery）"就是帮助人们降低工作难度或工作强度的工具装置。日常生活中的筷子、扫帚及镊子等一类物品都可以被视为机械，尽管它们归于简单机械。相应地存在复杂机械，它们由两种或两种以上的简单机械构成。通常把比较复杂的机械称为机器。从结构和运动的观点来看，机构和机器并无本质区别，机械是它们的总称。机械这个专业术语源自于希腊语 Mechine 或拉丁文 Machina。机械的中文译名则直接援引日语汉字"机械"一词。

机械是现代社会进行生产和服务的五大要素（人、资金、能源、材料和机械）之一，它参与能量和材料的生产。

机械工程以有关的自然科学和技术科学为理论基础，结合生产实践中积累的基本经验，研究和解决在开发、设计、制造、安装、应用和修理各种机械中的理论和实际问题。机械工程学科是研究机械系统和产品性能、设计及制造的理论、方法和技术的科学领域。机械工程学科包括机械设计及理论、机械制造及其自动化、机械电子工程等学科分支。

1.2 机械工程的地位

1.2.1 兴国之器，强国之基

机械制造业是国民经济的重要支柱产业，机械工业的发展程度是一个国家工业水平的重要标志，在国民经济中占有十分重要的地位，直接影响国民经济各部门的发展、人民日常生活水平和国防力量的强弱。当今四大支柱科学，即机械科学、信息科学、生物科学、材料科学互相依存，而后三者必须依赖与机械科学相融合才能形成产业规模，创造物质财富，所以机械产能的积聚是一个国家生产力增长的决定性因素。机械工业绝非所谓的"夕阳产业"，随着社会发展，高新技术不断为机械工程注入强劲的活力，始终是各国的战略前沿必争之高地。称机械工程为"兴国之器，强国之基"乃实至名归。

1.2.2 航空航天制造代表制造业的最高水平

世界主要工业国家都将航空航天工业定位为国家战略性产业，它既是一个国家国防安全的重要基础，也标志着一个国家工业发展的最高水平，是国家综合国力的体现。例如，美国国防预算中，三分之一以上的投资用于飞机项目。

与其他领域的制造业比较，航空航天制造业兼具高新技术产业和先进制造业的典型特征，领时代风气之先，代表了制造业的最高水平。现代航空航天产品是尖端技术的集成，先进航空航天高技术转移到非航空航天领域会促进通用产品制造业的技术进步，从技术上全面提升国民经济的水平。可以说，航空航天工业是带动尖端制造技术发展的引擎，引领了国民经济全产业的技术提升。

1.2.3 我国装备制造业的转型升级

改革开放以来，我国的装备制造业突飞猛进，经历了早期的仿制和改进设计阶段后，如今已迈入自主设计和创新研发阶段。我国制造业总体规模位居世界前列，综合实力和国际竞争力显著增强，我国正踏上由制造大国向制造强国转型的征途。

经过几十年的发展和积淀，我国航空航天制造业在信息化、数字化、自动化和网络化方面取得了长足的进步，但总体而言，尚处于机械化、电气化、自动化和信息化并进的状态，大部分企业还滞留在工业2.0向工业3.0转型的过渡期。与国际先进航空航天制造业相比，设计、制造的水平均有一定差距，短板突出，关键核心技术有待突破。军机方面，国产航空发动机的数量占我国现役军机配套总数的90%以上，但商用大涵道涡扇发动机尚有待发展。据我国业内的权威专家估计，中美航空工业的总体差距还较为明显，差距对比如图1.1所示。例如，在复合材料领域，仅杜邦公司所积累的工艺数据就是我国的25倍以上；而针对涡扇航空发动机所做的材料和工艺试验，我国不过相当于通用电气公司一家的5%。

面对全球新一轮工业革命浪潮，我国的机械工程和装备制造业必须迅速实现转型升级。要积极倡导智能制造（Intelligent Manufacturing）新模式，以摆脱我国产业长期处于国际产业分工链条中低端的局面。智能制造也是航空航天制造业落实创新驱动发展、实现工业转型升级和跨越式发展的关键领域。

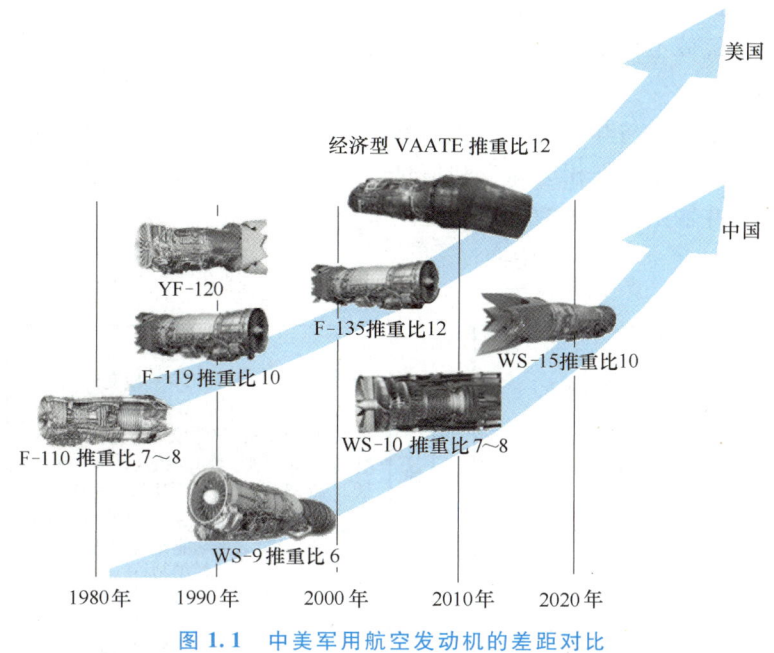

图 1.1 中美军用航空发动机的差距对比

1.3 机械工程的学科体系与课程体系

不同学科有不同的科学知识体系,学科体系讲究完整性和独立性。机械工程学科体系就是要构建从事机械工程相关工作所需要掌握的科学原理、理论知识和技能的知识体系。学科发展的目标是知识的发现和创新,而知识的发现和创新终极目标是要落地,孕育实业,促进生产,贡献社会。

课程体系则是指为了实现既定的学科知识体系而在授课方面的安排,涉及课程结构、教学内容、教学进程、考核方式等,是学科体系在人才培养上的具体化。课程体系的安排决定了学生通过学习将能获得怎样的知识和技能。课程体系是实现专业人才培养目标的载体,是为达成传授学科体系所含知识的目标服务的。也可以理解为,各门课程的内容都是学科的某一个细小分支。

1.3.1 机械工程的学科体系

机械工程学科是研究机械系统和产品性能,设计及制造的理论、方法和技术的科学,它包括机械学和制造学两大领域。图 1.2 给出了机械工程的学科构成示意。

机械学是研究机械结构和性能及其设计理论与方法的科学,包括制造过程、机械系统所涉及的机构学、传动学、动力学、强度学、摩擦学、设计学、仿生机械学、微纳机械学及界面机械学等。

制造学是研究制造过程及其系统的科学,涵盖产品设计、成形制造(铸造成形、塑性成形、连接成形、模具成形、表面工程等)、加工制造(超精密加工、高效加工、非传统加工、复杂曲面加工)和表面功能结构制造、微纳制造、仿生和生物制造、测量与仪器、装备设计及制造、制造系统运营管理等。

图 1.2 包括了机械工程相关的三个层次：机械设计及理论、机械制造及其自动化、机械电子工程。

机械设计及理论是在与其他学科融合的基础上对机械进行功能综合、定量描述和性能控制的科学。它的主要任务是把相关知识和信息注入设计中，加工成多学科融合的、机械制造系统能接受的信息并输出给后续的机械制造环节。

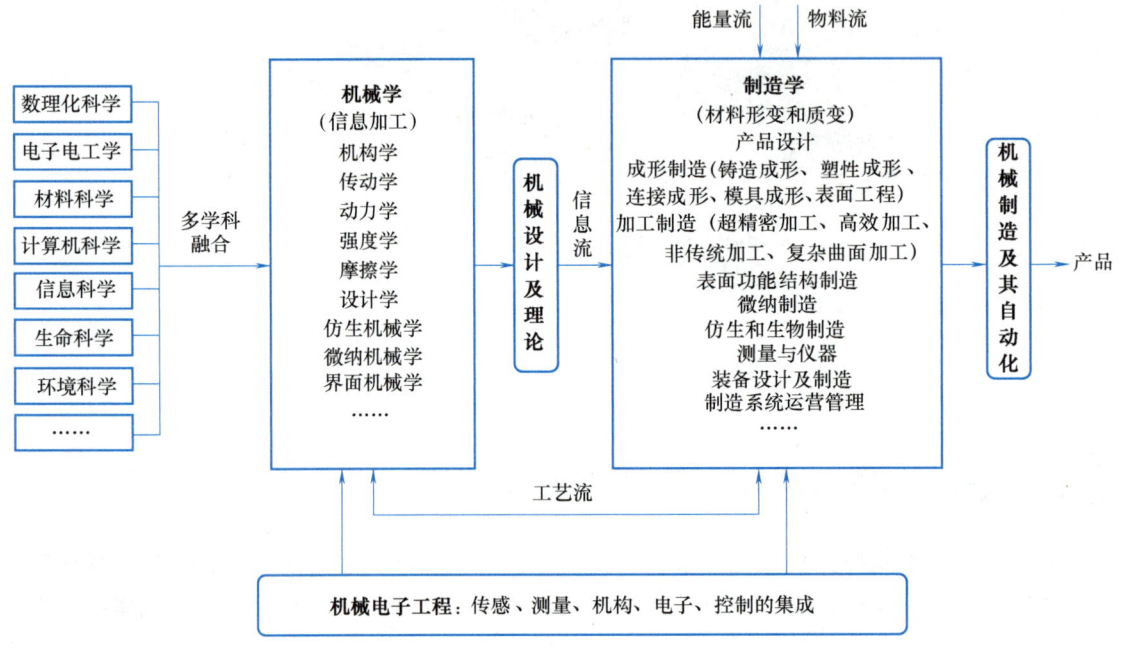

图 1.2 机械工程的学科构成示意

机械制造及其自动化是接收机械设计及理论层次输出的指令和信息，加工出合乎设计要求的产品的过程。因此，机械制造及其自动化是研究机械制造系统、机械制造过程手段的科学。在这里完成制造学与物料流、能量流、信息流、工艺流的整合及整个系统的集成，最终以产品（装备）的形式输出。

机械电子工程是 20 世纪 70 年代由日本提出来的用于描述机械工程和电子工程有机结合的术语。机械电子工程学科已经发展成为一门集机械、电子、控制、信息、计算机技术为一体的工程技术学科。现代机械工程无一不是机械设计及理论与机械电子学，或者机械制造及其自动化与机械电子学的结晶。

学习"机械工程概论"课程时，一个重要的任务就是要从宏观上理解学科体系的完整性和独立性，理解各分支学科在系统整体中的地位、与其他分支学科在架构上的有序性、逻辑性和内在联系。

1.3.2 机械工程的课程体系

就本科阶段而言，机械工程的课程体系如图 1.3 所示。除去思想政治、军事、体育、美育、劳育、博雅类课程之外，机械工程的课程体系大致划分为公共基础课程（数学与自然科学类、工程基础类)、专业基础课程(不同专业可从力/热/电学模块、设计模块、制造模块、测控模块、系统模块中选择,也包括通识课)、专业课程(不同专业也有不同模块,如机械设计及自动化、机械制造及自动化、机械电子工程等)。

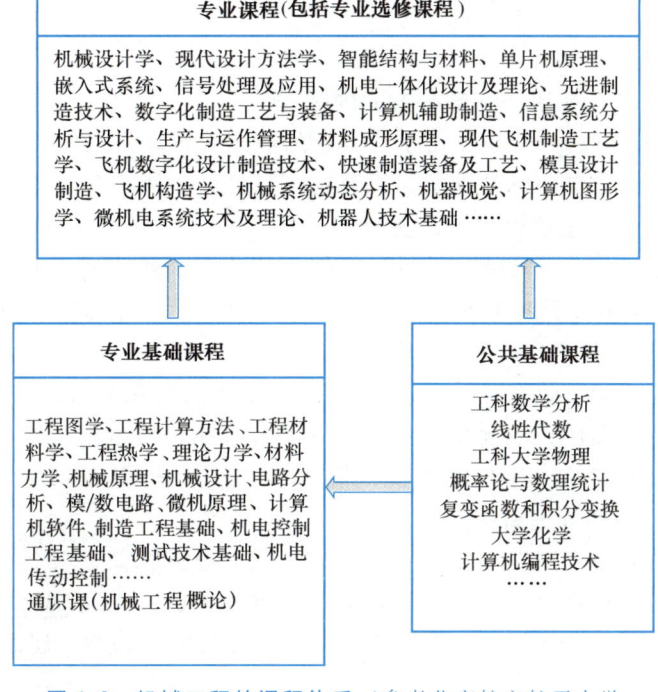

图 1.3　机械工程的课程体系(参考北京航空航天大学
机械工程专业 2017 版培养方案所列课程)

1.4　机械工程专业的培养目标

机械工程专业培养具备机械设计、制造、机电工程及自动化基础知识与应用技能,能在科研院所、企业、高新技术公司利用计算机辅助设计、制造及技术分析从事各种机械、机电产品及系统、设备、装置研究,进行数控设备的开发、计算机辅助编程,工业机器人及精密机电装置、智能机械、微机械、动力机械等高新技术产品与系统设计、制造、开发、应用,以及企业技术管理的专业人才。

机械工程师应具备如下技能。

1. 熟练应用机械设计手册

对于标准件和常用件的一些技术特征要熟记于心,如掌握各类轴承、带传动、链传动、齿轮传动、蜗轮蜗杆等的适用条件、使用方式、技术特征等。具体应用时,能参照设计手册的图表和公式进行具体设计计算。

2. 知晓常用件供应商,熟练运用相关产品样本

机械设计逐渐趋向于模块化,对于机械设备制造厂的模块化产品单元,要关注其部件组装应用,了解专业厂商生产或所提供的模块化单元的技术规格、功能。

3. 掌握原材料情况

了解自身业务常用到的材料、各类型材的规格尺寸和市场供应情况。这些鲜活的市场动态有时与设计手册里的相关资料会有很大区别，一切设计都应该从实际出发。

4. 深度了解各类常用机床的结构原理和性能特点

了解机床的不同功能、性能规格，对零件设计和加工工艺制订有很大帮助，可使结构设计更科学、工艺设计更合理。

5. 通晓一定的电气、液压、气动等方面的知识

了解机电工程交叉学科的知识，便于与专业的液压、气动、电气控制、软件工程师进行技术沟通和协调，甚至独自完成设计。知识结构宽厚符合学科融合的趋势。

6. 从工作和生活中积累机械设计的案例和经验

在工作和日常生活中，成功的机械设计案例比比皆是，甚至在各种展览会上留意观察、学习和拓展知识，然后在实践中积极借鉴，对于一个机械设计工程师来说也至为重要。

7. 知晓工业设计知识

好的产品，除了功能、效率、精度等一些技术性层面的东西外，外在造型、材质、手感，甚至感观是否赏心悦目、饱含匠心也极为重要，这些特质折射出产品工业设计的水平。以飞机制造为例，钣金零件占有极高比例，其造型是影响飞机空气动力学性能的重要因素。

8. 了解金属材料与热处理有关知识

关于金属材料与热处理知识，并非一定要熟记铁碳合金相图以及各类金属在不同温度、不同热处理工艺下的金相组织形态，但需要重点了解和掌握一些基础性的知识，如低碳钢、中碳钢、高碳钢、常见合金钢的一些常见特性，通用性材料的强度、屈服强度、材料热处理前后硬度特性等。

9. 熟练运用 CAD/CAE/CAM 软件

常见设计软件，如 AutoCAD、Creo、SOLIDWORKS、UG 等的建模、渲染、动画功能，能让设计工程师设计起来得心应手，如虎添翼。不同行业和企业往往有各自适用的设计及分析仿真软件，如 ADAMS、ANSYS 等。

1.5 机械工程专业的毕业要求

按照国际工程教育专业认证通用标准（简称 ABET 标准），机械工程专业的毕业生应达到以下 12 点毕业要求：

【毕业要求 1】工程知识：能够将数学、自然科学、工程基础和专业知识用于解决机械工程领域复杂工程问题。

【毕业要求 2】问题分析：能够应用数学、自然科学基本原理，并通过文献研究，识别、表达、分析机械工程领域复杂工程问题，以获得有效结论。

【毕业要求 3】设计/开发解决方案：能够设计针对机械工程领域复杂工程问题的解决方案，设计满足特定需求的机械系统、部件或工艺流程，并能够在设计环节中体现创新意识，考虑法律、健康、安全、文化、社会及环境等因素。

【毕业要求 4】研究：能够基于科学原理并采用科学方法对机械工程领域复杂工程问题进行研究，包括设计实验、分析与解释数据，并通过信息综合得到合理有效的结论。

【毕业要求 5】使用现代工具：能够在机械工程实践中开发、选择与使用合理有效的技术、资源、现代工程工具和信息技术工具，并了解其局限性。

【毕业要求 6】工程与社会：能够基于机械工程相关背景知识进行合理分析，评价机械工程实践及解决方案对社会、健康、安全、法律及文化的影响，并理解应承担的责任。

【毕业要求 7】环境和可持续发展：了解与本专业相关的职业和行业的生产、设计、研究与开发、环境保护和可持续发展等方面的方针、政策和法律、法规；能够正确认识专业工程实践对环境和社会可持续发展的影响，合理评价专业工程实践和复杂工程问题解决方案对社会、健康、安全、法律及文化的影响。

【毕业要求 8】职业规范：具有坚定正确的政治方向，良好的思想品德、社会公德和职业道德；具有人文社会科学素养、社会责任感和使命感；具有良好的身体素质和心理素质，能履行建设祖国和保卫祖国的神圣义务。

【毕业要求 9】个人和团队：有在多学科团队中发挥重要作用的能力。

【毕业要求 10】沟通：能够就机械工程领域复杂工程问题与业界同行及社会公众进行有效沟通与交流，包括撰写报告和设计文稿、陈述发言、清晰表达个人见解等，并具备一定的国际视野，能够在跨文化背景下进行沟通和交流。

【毕业要求 11】项目管理：具有一定的组织与工程管理能力、表达与人际交往能力，以及在多学科背景下的团队中发挥作用的能力。

【毕业要求 12】终身学习：具有自主学习和终身学习的意识，有不断学习和适应发展的能力。

1.6 本书的特色

本书是一本面向理工类普通高等学校本科机械工程专业学生授课的教材。"机械工程概论"可以归属于通识类课程，因此也适合非机械工程类专业的学生学习，以便新入学的学生能够初步、综合、宏观地了解整个机械工程学科的知识框架。

本书的特色可以总结为三个关键字，即新、变、创。

"新"，指既注意继承传统优秀教材的阐释逻辑，又舍弃若干陈旧的内容，尽量多地引进机械工程相关的最新成果，以及作者亲历的鲜活科研成果，推陈出新。

"变"，是在内容上避免与市面上诸多版本的《机械工程概论》内容雷同，力求差异化。本书在介绍以航空航天为特色的机械工程知识方面着墨甚多，可以说是为航空航天特色高校机械工程专业量身定制的教材。

"创"，指概论课程不过度拘泥于内容的细节，更强调知识脉络的把握和知识体系的大局观，注重学生创新品格的塑造，以回应新时代对创新人才的呼唤。

具体而言，本书的特色如下。

1.6.1 教学过程的课题导入和航空航天特色

本书各章节尽量导入实际课题，以便调动新生探索航空航天领域知识的好奇心、激发求知欲、挖掘学习积极性、达到好的教学效果。

教而不研则肤浅，研而不教则空泛。机械科学属工程领域，不同于数理化，重理论而轻实例的传统教学方法不合时宜。本书尽量从航空航天典型、实用的机械工程实例，或者作者亲自主持的科研项目成果中提炼出研究课题，如直升机减速器、矢量喷管、飞机起落架、卫星天线展开、导弹导引机构、月球车、A380 装配、飞机蒙皮拉形、飞船交会对接等，以问题为牵引来组织教学内容，围绕知识重点抽丝剥茧，条分缕析，展开讲解，营造研究性学习的氛围。在抽象和具象两者间，在传授知识和启迪思维两个层面上，概论教学更重视后者，因为机械设计的灵魂是创新和实践，从新生就要注重培养独立思考、推陈出新的能力。

1.6.2 形象教学

学习和实践机械工程都十分需要立体感、空间想象力和直观感，倚重实际经验和现场感悟，这一点与大学一年级学生所掌握的知识结构和理解力不大对称，也与传统数理化课程所看重的抽象思维有异。为了匹配大学一年级学生的接受能力，本书在内容和形式设计上注意把抽象的理论具象化，发挥 PPT、视频、图片等辅助教学手段便捷、具体、直观、形象的优点，把看不见、不容易理解的内容变成看得见、容易理解的东西，便于学生理解，启发学习兴趣，以取得较好的教学效果。

1.6.3 围绕大作业开展专题研习

专题研习即研究性学习，是一种以学生为主，辅以教师指导，由学生策划、执行及自我评估的学习模式。这种模式对培养学生精益求精、追求卓越的态度，以及发现问题、提出问题、解决问题的进取精神十分有益，是新工科教学理念所提倡的。本书从这个宗旨出发，安排了课程设计（又称为大作业）。在授课周期中段，课程设计题目将被分发给学生，让学生有足够的课外时间研讨完成作业。课程设计题目经过了精心设计，既注重取材的日常可感，又考虑到学生的知识和能力水平，旨在启发学生从日常生活和生产实践中获得设计灵感，挖掘学生在机械设计方面的潜能。

专题研习按照 TIDI 的模式开展，TIDI 的含义如下。

T（Topic）：以创意设计为重点主导选题取向，达到学习知识、运用知识、探究式学习的目标。

I（Interest）：创意选题尽量贴近学生的生活，符合低年级学生的知识结构和接受能力，也适合他们发挥想象力和创造力。

D（Discussion）：提倡以小组形式（最多以 5 人为宜）开展研习活动，也不排斥一个人单独完成题目。

I（Identity）：选出数个或十数个优秀作品，以研讨加答辩的形式开展成绩评估。学生可以当场发问、互评，最后由全体学生投票选出公认的高水平设计方案。教师在最后做出点评，讲解什么是较佳的创意，什么是精到的设计，体现教师的指导作用。

必须指出，课程设计的主线是创新引领，考核重点不在于设计方案是否实用，而应看重学生创意的活跃度和综合运用知识的能力。这个课程设计是机械工程专业低年级学生对创新设计的最初体验，在诠释问题和解决问题的全过程中，要求学生感悟一个优秀的工程师如何平等、心平气和地与合作者讨论问题，向他人学习，同时在比较中反省和测试个人的创新潜质。

 **思考题**

1-1　机械工程在国家战略上处于什么位置？

1-2　查阅资料了解一下小米和格力的"世纪豪赌"，其实质问题是什么？谁是赢家？为何？

1-3　"机械工程概论"为何突出"概论"这个关键词？

1-4　查阅资料了解我国定义的制造业包括多少个分行业，国际上又是如何定义的？

1-5　2025年我国制造业有多少从业人员？

思政拓展：装备制造业是为经济各部门进行简单再生产和扩大再生产提供装备的各类制造业的总称，是工业的核心部分，承担着为国民经济各部门提供工作母机、带动相关产业发展的重任，"彩云号"硬岩掘进机、"天鲲号"重型自航绞吸船都体现着我国装备制造业的先进水平，它们的成功研制也是制造业高端化、智能化、绿色化发展的例证，扫描下方二维码观看相关视频。

中国创造
彩云号

中国创造
天鲲号

第 2 章　机械发展史

【本章导读】

把历史长河划分成古代、近代、现代三个阶段，回望机械发展的若干高光时刻，比较中、外机械发展的不同轨迹和差异，尝试从能源、认知方式两个层面来解释为何西方后来居上，以及中华文明的振兴是未来可期的。

认识机械发展史的方法是辩证思维，目的是古为今用，为此应持三个观察角度：一是创新的规律，如薪火相传、持之以恒、理论与实践相得益彰等；二是专利在鼓励技术创新、保护新技术应用和市场推广方面所起到的作用；三是任何新技术都有两面性，要避免文明与环境的冲突，力求人类与自然和谐共存。

2.1　机械发展的三个阶段

人类历史久远悠长，机械发明多不胜数。限于篇幅，本书只能列举一些机械发展史中的亮点或史料中的一些趣闻轶事，以片段形式勾勒机械发展历史的脉络。一般来说，机械发展大致可以分为三个阶段，即古代、近代、现代（图 2.1），与人类文明进步历史的时期划分基本契合。

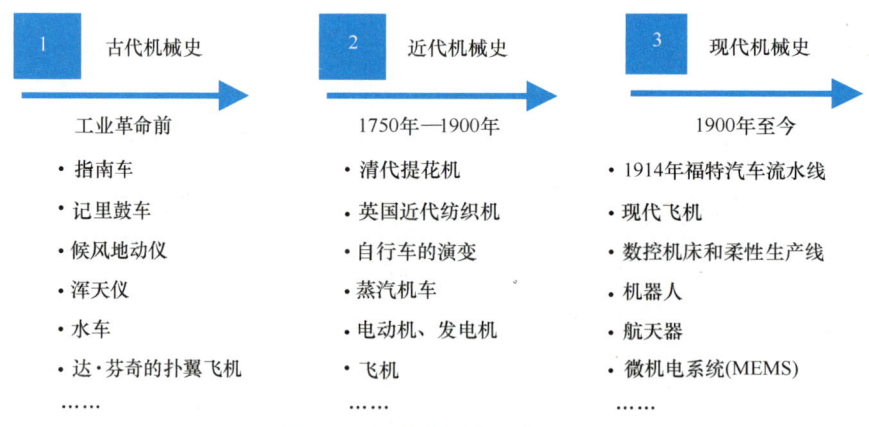

图 2.1　机械发展的三个阶段

2.1.1　我国古代机械发展史

1. 指南车（距今约 5000 年前）

相传黄帝发明了史上最早的车辆。黄帝又叫轩辕氏，据说取自横木为轩、直木为辕之意。可仅有交通工具，不辨方向难免吃亏。史书《通鉴夕院》载，距今约 5000 年前，黄帝与九黎氏族部落联盟首领蚩尤大战三年，交锋 72 次未占上风。蚩尤的优势在善呼风唤雨，又懂些许气象知识。某次借雾天之利，使黄帝的军士迷失了方向，遂取大胜。后得九天玄女下凡，赠黄帝《阴符经》一书，相当于今天的《机械原理》。靠此书指点迷津，黄帝顿开茅塞，凭借自己在机械制造上的悟性，发明了指南车，一举战胜了蚩尤。

指南车（图 2.2）的原理甚为巧妙，相传车箱内部设有一套可自动离合的齿轮传动机构。车子向正前方行进时，车轮与齿轮系分离，于是立于车箱上方的木人的手臂始终指向南方。车子向左、右方向转弯时，传动齿轮会做出相应的离合动作以抵消转弯的影响，致使木人的手臂始终指向南方，车主人便能迅速地辨认出东南西北。

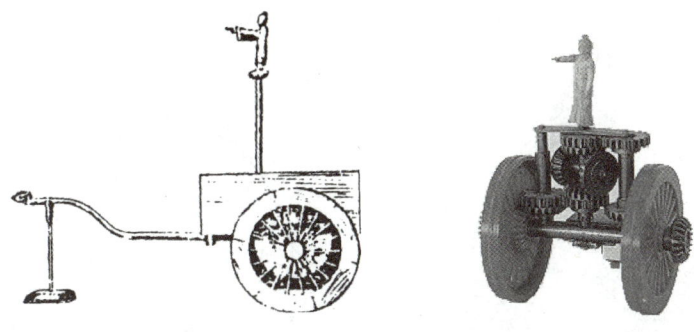

图 2.2　指南车

2. 筷子和杠杆（公元前 1000 余年）

"给我一个支点，我就能撬起地球！" 2000 多年前，古希腊学者阿基米德（公元前 287—212 年）曾发出这样惊世骇俗的豪言壮语。之所以有这般底气，在于他当时已经精通了杠杆原理。其实，中华民族的先人在远古时期就懂得运用杠杆原理了，筷子就是例证之一。古籍记载，商代末朝君主纣就已经使用"象箸"了，即后来的筷子，其时约在公元前 1144 年前后，以此推算，距今约 3100 多年前已出现了精制的象牙筷子。

筷子的费力杠杆原理如图 2.3 所示。与熟知的省力杠杆相比，筷子反其道而行之，是费力杠杆。力系支点在筷子的上端，接近虎口的位置。拇指、食指、中指轻轻捏住的位置为动力的作用点，即手指的施力处。筷子的前端夹取食物的位置是阻力的作用点。由图 2.3 可知，筷子（杠杆）的动力是手指对筷子的作用力。有学者指出，筷子进食会牵动人体 30 多个关节，共 50 多条肌肉。筷子的阻力来自于其前端被夹持食物的反作用力。显然，筷子的动力臂比阻力臂短，动力比阻力大，所以筷子是一个费力杠杆。费力杠杆以较大的出力为代价，换取动力移动距离的缩短，增加了操作的灵活性，扩大了前端的可控范围，彰显了中华民族的智慧。

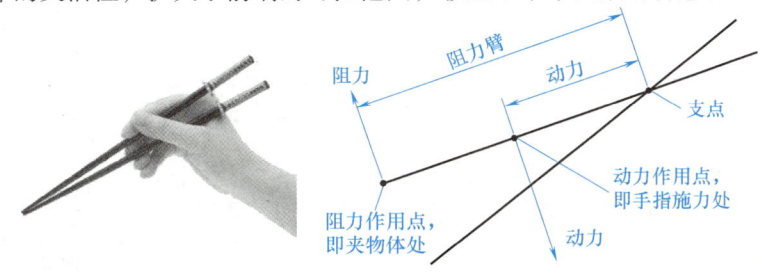

图 2.3　筷子的费力杠杆原理

阿基米德发现了杠杆定律。在他之前，无人能够解释清楚杠杆的力学原理。诺贝尔物理奖得主李政道曾经说过"中华民族是一个优秀的民族，中国人早在商代便使用筷子，如此简单的两根东西却巧妙绝伦地运用了物理学的杠杆原理"。但远古中华民族的先人看重灵感和经验，不大探究现象身后隐藏的科学原理。即便阿基米德前的一些古希腊哲学家，在解释杠杆力学现象时也一口咬定这是"魔性"使然。只有阿基米德不信邪，他善于观察、理性思维、分析问题，成功揭示了杠杆的力学原理。

3. 候风地动仪

世界公认最早的地震仪是张衡在公元 132 年制造的，可指示地震的发生和震源的方向。张衡的成名之作是候风地动仪，巅峰之作则为浑天仪。一个司地理，一个管天文，展示了张衡经天纬地的才华。不过，目前两个仪器的原件均已无从考究。图 2.4 是根据史料记载的只言片语所复原的模型和原理图。

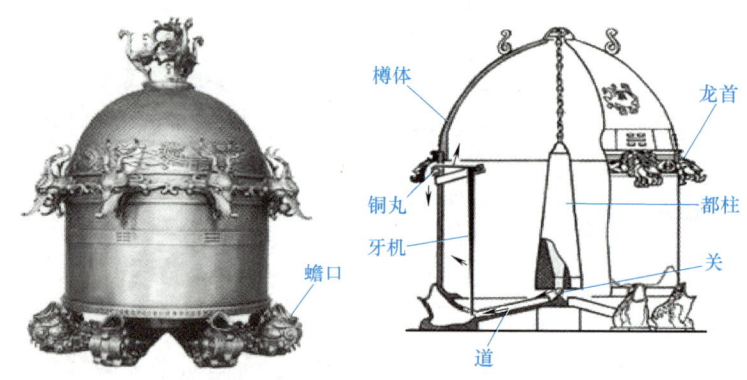

图 2.4 候风地动仪复原模型和原理图

复原模型的主体是一个直径约 2m 的金属桶（樽），其外部周边均布 8 条口含铜丸的小龙，面朝八方。各条龙的正下方有一尊蟾蜍张嘴蹲守以待。张衡将结构描述成"中有都柱，傍行八道，施关发机"。金属桶呈酒樽造型，实为瓮式音响共鸣器。"都柱"则是倒立于樽中央的一根铜柱，与近代地震仪的倒立式震摆相仿，重心高，不稳定，遇地震会发生共振致使铜柱失衡而倒入八条轨道中的一道。八道牙机（杠杆）穿过机体连接龙首上颌。一旦都柱倾入道中便推动杠杆抬起龙首上颌将铜丸吐出，落入蟾口报警。据推算，该地动仪可预报三级烈度的弱震。倒立摆的缺点是无法排除非地震的其他震动因素干扰，有时难免误判误报。据传某天某方向铜龙突然轻启双颚，落下铜丸，蟾口承接，锵锵作响。这点动静着实让值守人心头一紧，以为是天灾降临。后经查证，方知出自隔壁房间内的打斗，乃虚惊一场。

4. 水车（公元前百余年）

水车的发明在中国古代农耕社会发展史上占有重要地位。水车属于排灌机具，包括翻车、井车、筒车等不同类型（图 2.5），另外还可以充当纺织、磨粉、灌溉、矿石粉碎和锻造等作业的动力。唐代太和年间，中央政府就在关中地区推广翻车，两宋时代迎来水车的空前繁盛期。

翻车（图 2.6a），又称为龙骨水车，西汉（公元前百余年）末

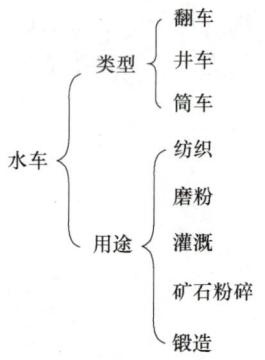

图 2.5 古代水车的类型和用途

年先用于皇家宫苑池沼灌水，经东汉末年及三国时期的改进，逐渐走入民间。翻车有一个长形木槽，内设龙骨，龙骨在位于两端的大轮轴和小轮轴（带齿轮）之间运转。龙骨的通周连接有很多块拨水板（板叶）。让小轮轴浸入水中，大轮轴则倚靠在岸边，踩动大轮轴拐木，拨水板在水槽中上下循环运动，把水刮上田岸。

井车（图2.6b），在元代末期《析津志》中有记载，这是一种借助人或畜力的提水机具，位于井口的井车立轮带动一串链索，链索挂满盛水筒，底部沉入井水中，随着链索上下循环，井水便被提升到地面。井车的动力是人力或畜力，人或牲畜在地面上推动水平轮转动，利用类似于锥齿轮的机构将转动转换成链索的上下循环往复运动。

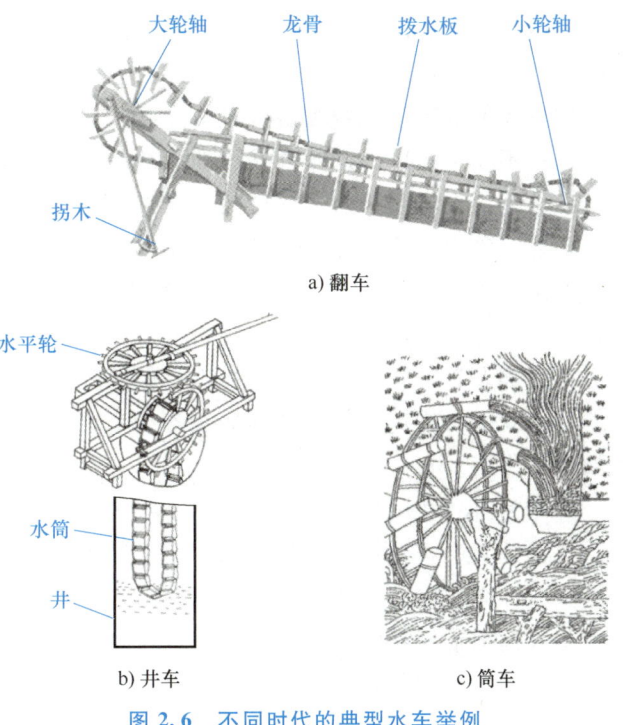

图 2.6 不同时代的典型水车举例

筒车（图2.6c）是隋唐时期发明的。筒车利用齿轮传动原理从深井汲水。筒车车身是一个大型木制水轮，轮辐上均布有受水板，若干竹水筒倾斜地系在水轮轮周上，下部浸入溪流中。受水板受水流冲击不停地推动大木轮转动，竹水筒便将河水舀出，行至高处又将水倾倒至农田中。在我国农村，筒车以甘肃、宁夏多见，大者高达20m，也称为"天车"。

在古代，水车也为其他作业机具提供动力。水磨就是一例，它是借助水车带动磨盘将谷物磨成粉状的机具。另一种机具——连机碓则靠水车带动其传动轴上的推板，后者频频举起、落下，锤头便敲击石臼里的米或面，舂打加工。

5. 被中香炉（1世纪）

被中香炉（图2.7）是我国古代用来盛纳香料的球形小炉，又称为"香熏球""卧褥香炉"。

图 2.7 被中香炉

被中香炉是古代隆冬时节一种熏香和取暖的容器，最早载于西汉文人司马相如的《美人赋》。古书《西京杂记》也有记载，说汉武帝时期首都长安有位名叫丁缓的巧匠，善做被中香炉。它堪称世界上已知最早的、构造精巧的常平支架。香炉内心承托香盂，悬挂在

"万向支架"的持平环中心。它包括内持平环和外持平环,两环的轴彼此垂直,前者避免香盂前后颠覆,后者防止香盂左右倾斜,使香盂可绕三个互相垂直的轴线自由转动。结果,无论香炉球体怎么转动,香盂虽有轻微晃动,但靠自身重量,能够始终与地面保持平行,香盂内的香料不发生倾撒。这样的香炉即使被放置于暖被中或藏于袖口里都无需担忧。1963 年,西安沙坡村出土了一个唐代银质被中香炉。球体外径约为 50mm,制作精细,镂刻雅致,它不仅是艺术珍品,而且是机械学的一项珍贵的发明。

被中香炉中"万向支架"结构与现代**陀螺仪**(Gyroscope)的原理相同。无论有多大风浪或气流,无论船体或机身怎样倾斜颠簸,陀螺仪能够始终保持水平状态,精准地辨别船体或机身的姿态和方向。欧洲最早提出类似原理的人当数达·芬奇,较我国晚了一千余年。遗憾的是,我国仅将这项杰出的创造服务于生活,而西方却用于航海,对科技和经济产生了巨大的推动作用。

6. 纺织机(13 世纪至今)

农耕社会衣、食、住、行这四项关乎民生的大事,穿衣排在第一序位。所以纺织机的问世是顺应社会发展的产物。纺织机,又称为纺车、纺机、织机、棉纺机等。相传我国纺织机的发明人是宋末元初的著名棉纺织家、技术改革家黄道婆(1245—1330 年)。时至清代,人们出于对她的敬仰,尊其为布业的始祖。但是,由于封建社会对劳动妇女的轻视,正史中甚至找不到关于黄道婆和她的纺织机的只言片语。

在纺织业发展的最早期,纺织机的驱动靠纺织女工的手工,一只手摇动纺织机,另一只手纺纱。元代(13 世纪)出现了用脚驱动的纺织机,于是腾出纺织女工的双手专注于纺纱操作(图 2.8),在一定程度上提高了作业的效率。明代(15—17 世纪)出现了提花机(图 2.9)。一般纺织机只能织出平纹织物,而提花机能织出复杂花纹,设备结构也因此复杂了许多,有的甚至需要多人操作。清朝(17—20 世纪)出现了改进的提花机——牵花机(图 2.10)。

图 2.8 元代(13 世纪)五锭脚踏小纺织机

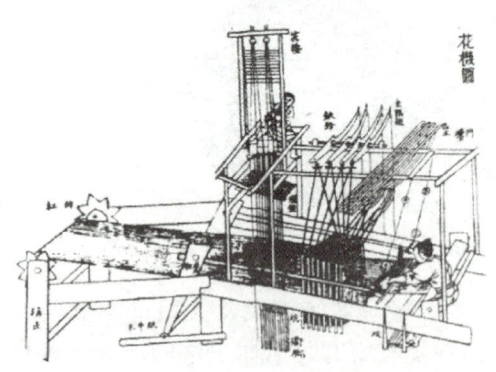

图 2.9 明代提花机(15—17 世纪)

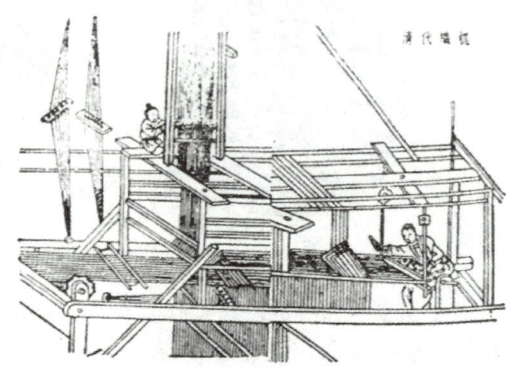

图 2.10 清代牵花机(17—20 世纪)

2.1.2　西方古代机械发展史

古代我国社会经济一直位居世界前列。有研究推算，唐代的 GDP 占全球 58%，宋代达到峰值的 60%。至于跨越 17—18 世纪的清代，学者的看法虽有出入，但其 GDP 大致在 10%～35% 的水平上。所以古代我国的科技水平，包括机械发明，在很长一段历史时期独步世界，傲视群雄。

将眼光转到西方。11 世纪后期到 14 世纪末，欧洲陆续建起了博洛尼亚大学、巴黎大学、牛津大学、剑桥大学等 60 余所大学，为欧洲的科技腾飞和近代科技的诞生积聚了力量。14 世纪中期至 16 世纪末的欧洲文艺复兴运动带动了天文学、代数学、物理学、生理学和医学，以及制造和航海技术的革命性飞跃，引发了欧洲工业革命。其后西方开足马力赶超了我国。文艺复兴前后西方机械领域的重大发明可以举出以下一些事例。

1. 达·芬奇的扑翼飞机（15 世纪 70 年代）

与米开朗琪罗（1475—1564 年）、拉斐尔（1483—1520 年）并称欧洲文艺复兴（14 世纪中叶—17 世纪初，相当于我国明末清初）三杰的达·芬奇博学多才，在数学、力学、天文学、光学、植物学、动物学、人体生理学、地质学、气象学，以及机械设计、土木建筑、水利工程等方面有不少杰出的发明和建树，是"古代多全才，近代出专才"的一个典型例证。

达·芬奇（1452—1519 年）出生于佛罗伦萨附近的芬奇村，他少年时代便显露出艺术和科技方面的天赋，15 世纪 70 年代，他发明了扑翼飞机。"扑翼"是指飞机结构模仿鸟、蝙蝠或翼龙，靠扇动翅膀升空。达·芬奇在飞机上沉浸多年，研究了很多物理学原理，画了很多设计草图（图 2.11），从理论上讲，扑翼飞机既具备推力，又具备升力，是能够飞起来的，但它在实践上未获成功。

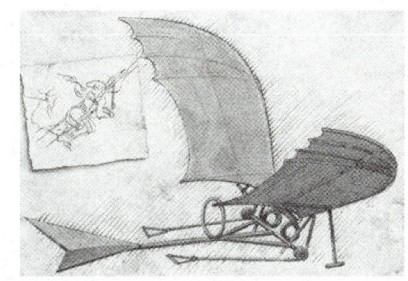

a) 直升机设计草图　　　　b) 扑翼飞机设计草图

图 2.11　达·芬奇的飞机设计草图

2. 珍妮纺织机（1765 年）

在欧洲，纺织机最先出现在英国。1765 年，纺织工人哈格里沃斯（1721—1778 年）发明了珍妮纺织机（图 2.12），揭开了工业革命的序幕。这其中有一段佳话。1764 年的一天，哈格里沃斯夫妇正在家中的手摇纺车前劳作，一个纺纱，一个织布。哈格里沃斯无意中碰翻了纺车，只见纺锤由水平状态变为直立，却依然转动不停，由此引起哈格里沃斯的灵感。他动手制作了一部由 4 根木腿组成，机下有转轴，机上有滑轨，带有 8 个竖立纺锤的纺纱机，并以爱女珍妮的名字为这台新机器命名。而后，经多次改进，纱锭逐渐增多，效率极大提高。1768 年，哈格里沃斯将纺织机的纱锭增加至 80 个，并获得专利。四年后，英国已有两万台珍妮纺织机了。珍妮纺织机的发明在纺织史上占有重要地位，恩格斯曾把它称为"使英国工人的状况发生根本变化的第一个发明"。

纺纱机的改进带动了织布机的发展。1768年，阿克莱特（1732—1792年）发明了水力织布机，使织布效率提高了40倍。1800年，英国棉纺业基本实现了机械化。当时的纺织厂和织布厂必须傍水而建，以便借助水力来驱动纺纱机和织布机。但是河流水量的丰欠随季节变化，设备运行状态往往不稳定，促进人们研制新的动力驱动方式。1785年，瓦

图 2.12 珍妮纺织机

特的改良型蒸汽机开始被用作纺织机械动力，并很快推广开来，引起了第一次工业革命的高潮，人类从此进入了机器和蒸汽时代。到1830年，英国整个棉纺工业已基本完成了从工场手工业到以蒸汽机为动力的机器大工业的转型。

最后，需要花费一些笔墨介绍一下徐光启为17世纪中西文化交流做出的重要贡献。明代著名科学家、政治家徐光启（1562—1633年）无疑是一位杰出的先驱。他毕生致力于数学、天文、历法、水利等方面的研究，勤奋著述，在数学方面的最大贡献当推他与意大利传教士利玛窦（1552—1610年）合译的欧几里得（公元前330—公元前275年）巨著《几何原本》中的一部分（图2.13）。此书是利用公理化的方法建立数学演绎体系的典范之作，在西方被称为"数学的圣经"。"几何"一词，以及点、线、面、直角、锐角、钝角、垂线、对角线、曲线、曲面、立方体、体积、比例等众多名词都是由徐-利两人切磋后引入、沿用至今的。梁启超评价"徐-利合译之《几何原本》，字字精金美玉，为千古不朽之作"，实非过誉之言。

  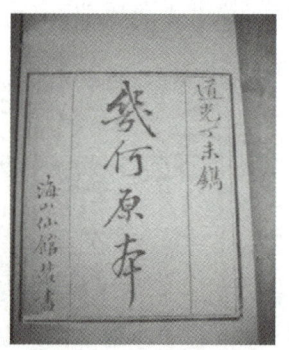

图 2.13 徐光启、利玛窦及《几何原本》

2.1.3 西方近代机械发展史

清代的中后期，即所谓康乾盛世之后，由于列强瓜分、封建集权、重农抑商、闭关锁国等原因，我国GDP的世界占比一路下滑，从1820年前后的20%左右，骤跌到1840年的约10%。近代我国在机械工程领域的发明创新可以说是"乏善可陈"，与工业革命后快速崛起的西方渐行渐远。欧洲资本主义工商业的发展提出了大量自然科学领域的研究课题，提供了日益丰富的经验和空前良好的科学实验条件，导致系统实验科学水到渠成。资本主义迫切需要科学，推动了近代科学的产生和发展。在阅读西方近代机械发展史时，我们既要借鉴，也

要留心它给人类社会提供的经验和教训,如专利制度、环境污染、资源浪费等。下面举一些西方近代机械发明的典型事例。

1. 自行车

世界上第一辆自行车究竟是谁发明的?这一问题的答案有多种版本,众说纷纭。从史料来看,最早的自行车构想应该出现在1493年达·芬奇的手稿中(图2.14),其构成与今天的自行车约略相仿,比第一辆链条传动的自行车问世早了将近400年,遗憾的是没有做出实物来。

1790年,法国人西夫拉克被堵在一处狭窄的街道里,一辆疾驰而过的马车溅了他一身泥水。他非但没有生气,反倒突发灵感:如果将马车从中间劈成两半,会车空间不就小了吗?回到家里,他制作了一个木马,前、后各装了一个轮子,人骑在上面,脚踏前行,西夫拉克称之为"木马轮"(图2.15)。但由于没有转向装置,转弯比较费事,必须停下来抬起自行车转向。

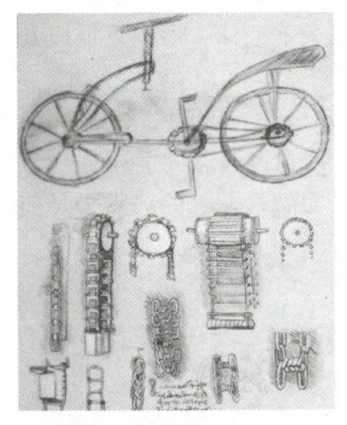

图 2.14 达·芬奇的自行车构想

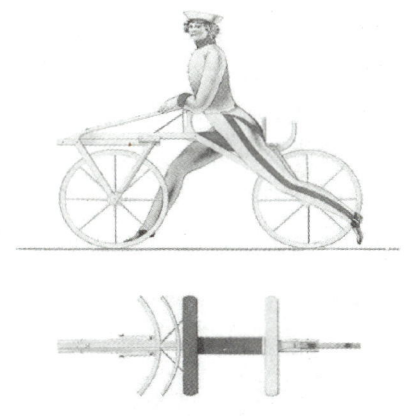

图 2.15 木马轮

1817年,德国男爵德莱斯(1785—1851年)制成木轮车,样子跟小木马差不多,但前轮加装了车把,可控制方向。车子仍靠人的两只脚蹬踩地面前行,故戏称为"小马崽"(图2.16),同年,德莱斯为小马崽申请了英国专利。因为它具备了现代自行车的雏形,且拥有专利权,所以德莱斯一般被认为自行车的发明人。

1840年,英国人麦克米伦改进了小马崽,在后轮的车轴上装上曲柄,再用连杆把曲柄和前面的脚蹬连接起来(图2.17)。这样一来,骑车者不用再蹬地,而是靠双脚交替踩动脚蹬踏板使轮子滚动,结果一下子就提高了行驶速度。这辆自行车先用木制车轮,后改装上实心橡胶轮胎。车子前轮小、后轮大,鞍座被放低,减轻了颠簸程度,这是一项大胆睿智的创举。麦克米伦摔了很多跤,受到不少讥讽。市民们嘲笑他单靠两个轮子根本站不稳,岂有不摔跤之理?但他认定在动态行进中自行车能够保持平衡,坚持下来,最终取得成功。1842年,麦克米伦改制成功铁质的自行车,骑上这辆被改良的自行车,一天跑了近20km。它现在被珍藏在伦敦的维多利亚·阿尔伯特博物馆。

1861年,法国马车修理匠米肖父子在前轮上安装了转动的脚踏板,鞍座架在前轮上,这使得骑车者除非技术高超,否则就会抓不稳车把而掉下来。这辆两轮车被正式冠以"自行车"的雅名,并于1867年在巴黎博览会上展出,让观众大开眼界。后来鞍座移到了车架上(图2.18)。

图 2.16 小马崽

图 2.17 带脚蹬的小马崽

1869 年，自行车改用滚动轴承、飞轮、弹簧等部件。1870 年，英国有人改用辐条拉紧轮圈，用钢管制成车架，还用上实心橡胶带，使自行车的重量锐减，行进变得更加轻快。

1871 年，英国人斯塔利设计了大小轮自行车。后轮只有几十厘米，前轮却有近 2m 高，这种设计虽然可以骑得更快，但骑着这种车子如同坐在轮子上一样，遇到下坡极其危险，因为重心靠前，而且制动在前轮，有很大的风险发生前滚翻。

1874 年，英国人劳森别出心裁地给自行车换上链条和链轮，改用后轮驱动整个车体前行，又将曲轴传动改进为链条传动（图 2.19）。结果，无论在行驶速度上还是在节省力气等方面，都向前迈进了一大步。但此阶段自行车的结构尚显简陋，显著的缺点仍是前轮大、后轮小，而且没有车闸，尚无协调性与稳定性可言。

图 2.18 脚踏板能转动的自行车

图 2.19 自行车传动从曲轴到链条

1886 年，英国机械工程师斯塔利（1854—1901 年）成为自行车的"集大成"者。他从机械学、运动学的角度设计出了新的自行车样式，为自行车装上前叉和车闸，大小相同的前、后轮能很好地保持平衡，并采用了钢管菱形车架和后轮链条驱动。斯塔利不仅改进了自行车的结构，还创造了许多生产自行车部件用的机床，为自行车的大批量生产和广泛应用开辟了道路。这时的自行车车型已经与今天的自行车相差无几了。因此，他被后人称为"自行车之父"，也算是实至名归。

1888 年，爱尔兰兽医邓洛普（1840—1921 年）从医治牛胃胀气得到启示，将家中花园里浇水的橡胶管粘成圆圈形，打足了气充当轮子，参加骑自行车比赛，结果名列前茅，开创了充气轮胎的先河，从此奠定了现代自行车的雏形（图 2.20）。充气轮胎是自行车发展史上一个划时代的里程碑，它改善了自行车的骑行性能，增大了车轮与路

图 2.20 充气轮胎自行车

面的摩擦力，大幅度提高了骑行的速度，完善了自行车的功能，使人免受路面颠簸之苦。

自行车诞生于欧洲，迄今经历了200多年的沧桑。始料未及的是，到了20世纪中叶，我国自行车得到了井喷式的普及和发展。截至2019年，我国自行车社会保有量已近4亿辆、电动自行车近3亿辆，均位居世界第一，是一个名副其实的自行车王国。

2. 蒸汽机

瓦特（1736—1819年）出身工人家庭。他先在其父的工厂做工，后转到一家钟表店当学徒，1757年，他赴苏格兰格拉斯哥大学任仪表修理工。其实，瓦特并非蒸汽机最早的发明者。早期的蒸汽机，如1705年苏格兰铁匠纽克曼发明的蒸汽机，因其耗煤量大、效率低，故实用性不大。从1765年起，瓦特对这种蒸汽机进行了一系列重大改进，如分离式冷凝器、汽缸外设绝热层、油润滑活塞、行星齿轮、连杆机构、离心式调速器、节气阀、压力计等，使蒸汽机的效率提高了3倍多，成为现代意义上的蒸汽机。新机械的发明和应用在蒸汽机中大放异彩。

1769年，瓦特制成了一台单动式蒸汽机（图2.21），并取得了专利，开启了一个以动力机械代替手工劳动的技术革命新时代，引发了第一次产业革命。人们开始发明和制造各种各样的机械，如蒸汽机车、纺织机、火车、汽轮船等。工具和机具的发展使制造业更得心应手。

1804年，英国特里维西克（1771—1833年）发明了铁路用的蒸汽机车（图2.22）。这台蒸汽机车的锅炉上安置了一个水平汽缸，有两对靠齿轮驱动的主动轮，还配有一个大飞轮，借助它的惯性力，活塞得以克服死点，保持往复运动。机车重4.5t，时速达8km，能牵引10t货物，搭载70名旅客。铁路蒸汽机车证实，光滑的铁制车轮可以在光滑的铁轨上行驶，而且可以拖动比自己重得多的货物。

图2.21 世界第一台单动式蒸汽动力车　　　图2.22 特里维西克及其发明的铁路用蒸汽机车

1829年，英国人斯蒂芬森（1781—1848年）发明了"火箭号"蒸汽机车（图2.23）。这台机车参加了蒸汽机车比赛，以可靠和快速获奖，最高时速达47km。"火箭号"重4t，采用卧式多烟管锅炉，产生蒸汽快，压力大。锅炉后侧有两个成35°角斜置的汽缸，可牵引12t重的车厢。机车前部有一对动轮，左、右各装有互成直角的曲拐，使机车在任何位置均能顺利起动，具有了现代蒸汽机车的雏形。为纪念斯蒂芬森的贡献，英国政府将其肖像和"火箭号"印在了5

图2.23 "火箭号"蒸汽机车

英镑面值的纸币上。火车汽笛的声声鸣响，向全世界宣告了铁路时代的到来。

3. 电动机

电现象被发现后，欧洲很多科学家和技师做了长期的相关探索。法拉第（1791—1867年）、伏特（1745—1827年）、丹尼尔（1700—1782年）、安培（1775—1836年）等科学家提出了很多新的独创性理论。其中，磁铁和线圈的相互作用是一个极其重大的发现。一段轶事对人们应该如何正确看待创新发明颇有启发意义。1832年，英国物理学家法拉第将磁铁反复插入、拔出线圈，发现了著名的线圈产生感应电流的现象。这个实验公之于世时，一位观众问他"这种新的玩具有什么用处呢？"法拉第当即给出了睿智的作答"你知道刚生出来的孩子能干什么吗？"而事实上，这是一个划时代的发现。

法拉第的实验解释了机械能转换为电流的发电机原理，以及把电能转换为机械能的电动机原理。接下来发明实用发动机和电动机的路程则凝聚了众多科学家百折不挠的努力。第一台具有实用意义的发电机（图2.24）是1870年比利时人格拉姆（1826—1901年）发明的，采用环状电枢，芯部是软铁线圈，周围缠绕绝缘铜线，由蒸汽机驱动，能够连续发出电流而不致过热。

图2.24 格拉姆及其发明的发电机

应该说，电动机的发明是一次必然中的偶然。在1873年维也纳世界博览会的发电机展区，由于参展人员操作失误，不慎把外部电流接入了发电机，结果发电机突然转动起来。这一偶然的发现揭示了一个物理现象：把直流电接入发电机，可以直接把发电机变成一台直流电动机。就这样，一个偶然发现让电动机在实用化的道路上迈出了可喜的第一步。后来，电气机车、电动汽车陆续问世。由于功率大、无噪声、易操控，电动汽车问世后风头一度压过汽油汽车。但是不久后，电池重、占地空间大、续驶里程短、必须反复充电等缺点逐渐暴露出来，电动汽车淡出市场，一度销声匿迹。蛰伏到20世纪后半叶，电动汽车再度进入人们的视线。

4. 缝纫机

缝纫机的发明也是人类机械文明史的高光时刻。远古时代，人类的祖先用石针、骨针在树叶或兽皮上穿孔，以取自动物的筋或植物的藤作为缝线缝制衣服，遮身护体，抵御寒暑。直到18世纪末，人类一直靠手工缝纫解决穿衣问题。工业革命促进了纺织工业的发展，织物产量迅速增加，导致手工作坊式的服装制作方式再也无法适应纺织业的迅速扩张和人们对新式服装的需求了，缝纫机应运而生。

取代人工缝纫必须首先从如何完全摆脱手工缝纫的运针动作起步，而一直到19世纪中叶，富有创新性的发明才得以问世。下面列举三项与之相关的、有代表性的创新发明。

（1）**双线锁式线迹的发明**　1790年，英国人赛特发明了世界上第一台单线锁式线迹手摇缝纫机。1834年，纽约工人亨特兄弟发明了针尖带孔的双线锁式线迹（图2.25）缝纫机，克服了单线锁缝容易散脱的缺点，由一条串在针上的面线和一条钩在下面的底线互相串套而成，其弹性和强度都较单线锁式线迹更好，不易散脱。这种线迹的发明促进了缝纫机结构的重大创新和突破。

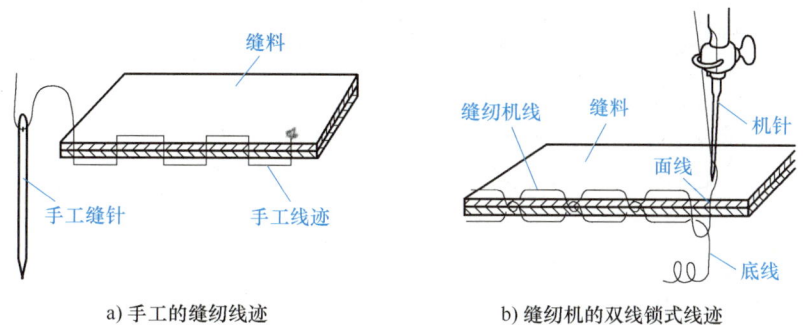

图2.25　缝纫线迹

（2）**缝针的发明**　从公元前出现缝针以来，人们一向认为缝针的穿线针孔位于尾部是天经地义的，毫不生疑。同样是亨特别出心裁，发明了一种与众不同的新缝针，针孔从针尾移到针尖（图2.26）。虽然只前移几厘米，却走出了现代缝纫机发展史上划时代意义的一步。遗憾的是，亨特担心大批生产自己所发明的缝纫机会导致成千上万缝纫女工失业，结果他放弃了专利申报权，也没有进一步去改进它。

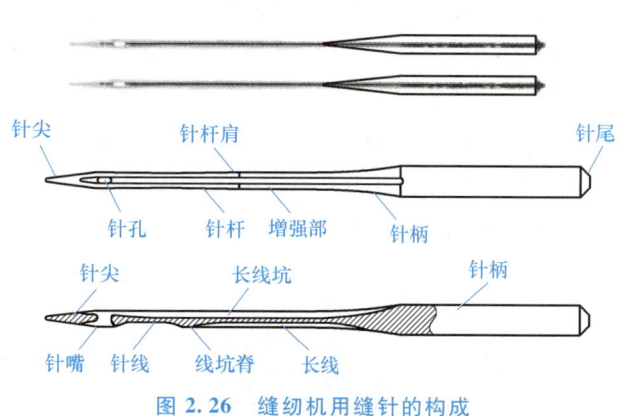

图2.26　缝纫机用缝针的构成

（3）**旋梭**　手工缝合通常用一条线（针孔位于针尾）上下轮番穿过缝料即可。双线绞合缝纫的原理虽不复杂，可是用机械方法以极高的节拍形成往复运动的双线连锁线迹却并非易事，对整台缝纫机各部分的运动协调具有较高要求。将图2.25和图2.27结合起来可对旋梭的作用原理做出简要的描述。让面线和底线双线绞合，形成连锁迹线，必须把面线绕在缝料上方的上线轴上，底线绕在缝料下方的线轴上，然后借助缝纫机针将面线从布的上线轴拉出，再引入缝料的下方形成一个线环，绕过旋梭，缝针接着向上收紧，便会在两层缝料之间和底线组成一个交合点。周而复始上述动作，即可形成一组长长的双线连锁线迹。因此，旋梭在形成线结上发挥了关键作用。

真正具有实用价值的缝纫机是1843年美国马萨诸塞州棉纺织工人伊利埃斯·豪研制出的一台手摇锁式线迹缝纫机，比敏捷的缝纫工手工操作的效率高出5倍，而且线迹整齐美观，这项发明于1846年取得了专利（图2.28）。因此，从法律的角度讲，伊利埃斯·豪是

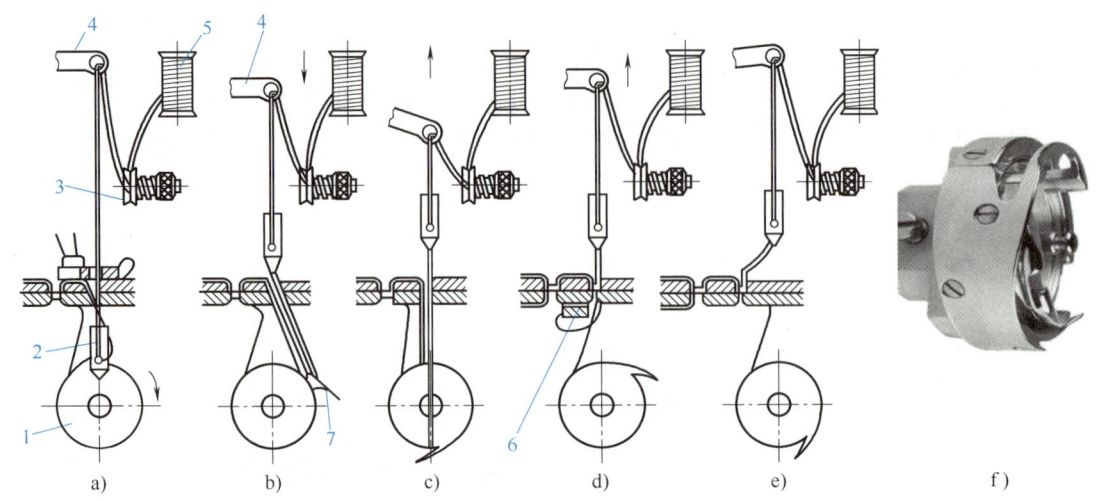

图 2.27 旋梭形成锁式线迹的过程

1—旋梭 2—机针 3—夹线器 4—挑线杆 5—上线轴（线团） 6—送布牙 7—梭尖

世界上锁式线迹缝纫机的最早发明者。

此后，缝纫机被反复、不断地改进，衍生出曲折线迹缝纫机、钉扣机、锁眼机、刺绣机、上袖机、上袋机、三线包缝线迹缝纫机等多种形式的特种缝纫机。爱迪生（1847—1931年）发明了电动机后，1889年，胜家公司发明了电驱动缝纫机，从此开创了缝纫机工业的新纪元。就这样，19世纪末期，各类缝纫机的改革和新式缝纫机纷纷涌现。缝纫机问世后，缝纫就开始步入省力化和机械化的时代，为今天的缝纫机奠定了雄厚的技术基础，也造就了世界服装工业今天的辉煌。

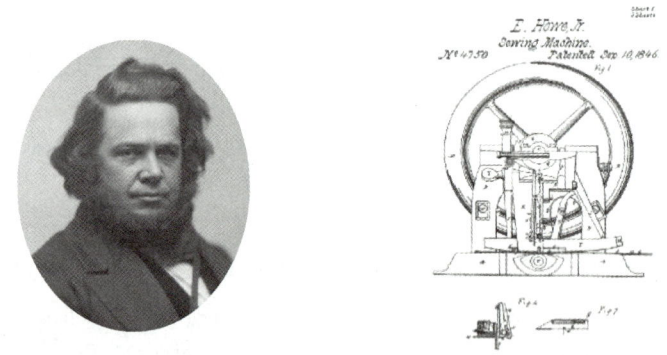

图 2.28 伊利埃斯·豪和他的 474750 号专利

5. 内燃机和汽车

蒸汽机以煤炭为燃料，在锅炉中形成蒸汽，蒸汽经过管道进入气缸做功。这种工作原理决定了它很笨重，体积大。因此，人们探索能否直接把燃料放到气缸里燃烧做功，实现动力装置的小型化、轻量化。

1861 年法国铁路工程师罗夏提出进气、压缩、做功、排气的四冲程发动机工作原理，这成为后来内燃机的理论基础。1876 年，德国人奥托（1832—1891 年）试制出第一台实用的活塞式四冲程煤气内燃机（图 2.29），奠定了内燃机的技术基础，成为一种划时代的新动力源。

四冲程发动机在功率和性能方面具有明显的优点，因此一下子就在市场上大获成功。1872年，奥托成立德意志发动机公司，亲任总经理。在随后的十年中，这种发动机销售了三万多台。不过1886年，奥托拥有的四冲程内燃机德国专利权被取消，代之以罗夏在1862年获得的法国专利权。事实是罗夏提出了发明的构想，而实物样机是奥托做出来的。

巧合的是日后大名鼎鼎的戴姆勒（1834—1900年）当时就在奥托的公司任技术主管。他在这里大约

图2.29 奥托和他的第一台四冲程煤气内燃机

用了十年时间潜心钻研内燃机技术。1882年，戴姆勒辞去工作，与迈巴赫（1846—1929年）共建了一个汽车试验厂。1885年，戴姆勒造出一台装有发动机的自动两轮车，1886年又发明了历史上最早的四轮汽车"戴姆勒一号"（图2.30），配备了一台1.5马力（1马力＝735.499W）的发动机，利用摩擦离合器将动力传至车轮，时速可达18km。

图2.30 戴姆勒和历史上最早的四轮汽车"戴姆勒一号"

无独有偶，几乎同时，在完全没有与戴姆勒沟通的背景下，出生于德国卡尔斯鲁厄的技师本茨（1844—1929年）在1885年制造出世界上第一辆以汽油为动力的三轮汽车"奔驰一号"（图2.31），并于次年为发明专利立案，因此1月29日被认为是世界汽车诞生日，1886年被认定为世界汽车诞生年。

图2.31 世界上第一辆以汽油为动力的三轮汽车"奔驰一号"

在随后几年中，戴姆勒和本茨各自将自己发明的内燃机技术推广到其他领域，并分别创立了以自己名字命名的汽车公司。后来这两家公司合并，成立了闻名于世的戴姆勒-本茨公司。不过那已是1926年的后话了。

迈巴赫是一个孤儿。1865年，19岁的迈巴赫与戴姆勒在一个车间邂逅。凭借绘图方面

的非凡天分，两人成为挚友。在奥托工厂，戴姆勒任四冲程发动机研发工作的技术主管，年仅27岁的迈巴赫任设计室主任。日后迈巴赫成为戴姆勒-奔驰公司的三位主要创始人之一，也是首辆梅赛德斯-奔驰汽车的发明者之一。他一生的传奇在于创造了两个举世闻名的豪华品牌——梅赛德斯与迈巴赫，迈巴赫因此被誉为"设计之王"，在豪华车领域留下了一段脍炙人口的佳话。

稍晚些出生的狄赛尔（1858—1913年）在内燃机发明历程中也留下了浓重的一笔。狄赛尔从儿童时代就喜欢参观科技博物馆，经常记录下学习各种机械的心得。大学期间他十分努力，平时不只听老师讲课，还爱独立思考问题。1880年，他从学校毕业，获得了慕尼黑工业大学建校以来最优秀学生的美誉。1893年狄赛尔出版了《合理的热发动机的理论及其装配》一书，阐述了迄今仍被认为是最经济的发动机原理。该原理的突出优点是可以使用柴油为燃料。1897年，新式的狄赛尔发动机在德国工程师协会大会上亮相（图2.32）。

图2.32 狄赛尔与他的柴油发动机

18世纪中叶到19世纪，人们集中精力改进了车辆结构，提高了运输速度。始料未及的是，车辆的改进反过来促进了道路的改良。此前，欧洲流行标准的碎石路。碎石路很适合马车。车轮周边套装了铁圈的马车行驶在碎石路面上会将一些细石块碾压进缝隙中，起到粘接和加固下层碎石的作用。不过随着车速提高，市民开始对路面噪声不胜其扰，要求改进道路的怨声日隆。另外，汽车问世后，碎石细砂很容易被嵌入橡胶轮胎的纹沟里，成为驾驶人的烦心事，于是柏油马路和混凝土马路应运而生。

6. 机床

机床是指制造机器的机器，也称为工作母机或工具机，一般分为金属切削机床、锻压机床和木工机床等。但凡加工精度要求较高和表面粗糙度值要求较小的零件，一般都需要在机床上用切削方法进行最终加工。机床在制造业起着重大作用，所以有必要介绍一下它的发展史。

制造钟表催生了螺纹车床和齿轮加工机床问世，而武器生产促进了炮筒镗床诞生。

瓦特能够完善蒸汽机，要感谢一个人，就是机床发展史中大名鼎鼎的威尔金森（1729—1808年）。此人是一位大炮生产商，发明了炮筒镗床（图2.33），这种镗床带有一种空心圆筒形镗杆，两端安装在轴承上，能加工出高精度炮膛。他找出了瓦特蒸汽机漏气的原因在于汽缸内壁凹凸不平，于是就用这种机床顺带加工出了一个精密汽缸，装到瓦特蒸汽机一试，功率轻易地提高了5~8倍。无奈的是，在之后的20余年中，威尔金森只能充当瓦特精密汽缸的独家供应商，再无更大的建树，因为瓦特一直牢牢地控制着汽缸的专利权。如果没有专利的保护，瓦特或许就会从历史名人榜中消失。有趣的是，威尔金森还是一位建

图2.33 威尔金森的炮筒镗床（1776年）

造炼铁炉的大师。1808 年,威尔金森去世,就葬在自己设计的铸铁棺材内。

1797 年,英国人莫兹利(1771—1831 年)做出了全金属的、带进刀装置的车床,借助丝杠传动刀架实现机动进给和螺纹车削,成就了机床结构的一次重大变革,这台机床至今还保存在伦敦科学博物馆里(图 2.34)。莫兹利因此被称为"英国机床工业之父"。

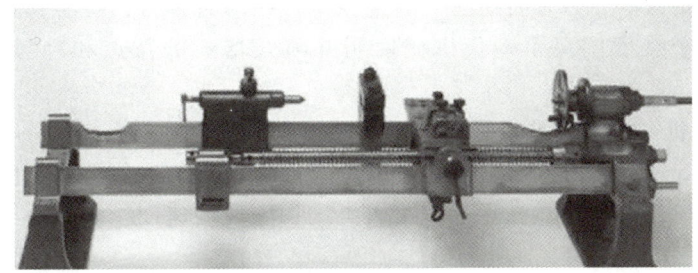

图 2.34 莫兹利及其做出的带有进刀装置的车床

莫兹利还是一位机械制造的优秀导师和伯乐,他把自己的工厂办成一所培育全英国机械技工的学校,经常到现场和工人们一起劳动,从中挖掘有潜质的工匠。他以极大的热情培养了许多优秀的机械技师,日后他们成为英国机械工业的中坚力量,他自己也因此获得了崇高声誉。

莫兹利发明过多种其他机床。他的工厂迅速扩张,当时蒸汽机和船舶的发动机几乎都产自他的工厂。不过智者千虑必有一失。莫兹利不大重视保护自己的发明,结果有不少人模仿了他的发明,并将之申报成自己的专利,反过来对他提出侵权控告。

19 世纪,在纺织、动力、交通运输机械和军火生产推动下,各种类型的机床,如龙门刨床(1817 年)、卧式铣床(1818 年)、万能外圆磨床(1876 年)、滚齿机(1835 年)和插齿机(1897 年)等相继出现。世界工业技术中心也悄然从英国移向美国。在这个转移过程中,美国人惠特尼(1765—1825 年)功不可没。惠特尼聪颖过人,颇具远见卓识,堪称机械工程发展史中的一位佼佼者。1818 年,惠特尼制造了世界上第一台普通铣床(图 2.35)。早在 19 世纪 40 年代,惠特尼工程公司(延续至今仍活跃)就率先研制成功转塔式六角车床,旋转固定了工具的转塔,就可以把不同工具转换到所需的位置,大大缩短了加工的辅助时间。

图 2.35 惠特尼发明的铣床

电动机被发明后逐渐取代蒸汽机。电动机先是集中驱动机床,后来进步为单独驱动。20 世纪,精密制造大行其道,铣床、刨床、磨床、钻床等基本定型。为了适应汽车和轴承等大量生产的需要,人们又研制出各种自动机床、仿形机床、组合机床和自动生产线等。被世人誉为"汽车之父"的福特(1863—1947 年)提出汽车应该是"轻巧、结实、可靠和便宜"的理念。为了实现这一目标,他研制出高效磨床。第二次世界大战后,数控、群控机床及自动生产线雨后春笋般大量涌现,机床发展进入自动化时代。经过 100 多年的风风雨雨,机床家族日臻成熟,机械领域的"工作母机"实至名归。

2.1.4 现代机械发展史

20世纪是科学技术的世纪,发明和发现之多、之快,非前世代可望其项背。发展至今的21世纪又是科技深入生活的时代,数不胜数的机械新产品纷纷面世,服务社会,深入千家万户,给人类带来福音。这一时期在生产组织管理方面也孕育了许多创新性的变革。不同学者从多个维度阐释了现代机械发明井喷式增长的特点和趋势。归纳起来,有下面一些观点。

1. 新机械问世的数量呈现爆发式增长

爆发式增长得益于社会已经进入一个知识爆发的时代。联合国教科文组织的一项研究表明,这个时代新兴信息技术加速了人类知识更新的速度。表2.1给出了不同时代的知识更新周期。

表2.1 不同时代的知识更新周期

时代划分		知识更新周期
近代	18世纪	80~90年
	19—20世纪初	30年
现代	20世纪前半叶	5~10年
	20世纪后半叶	5年
	21世纪初	2~3年

表2.2列出了我国发明专利授权数量的增长情况。

表2.2 我国发明专利授权数量的增长情况

年份	2005	2006	2007	2008	2009	2010	2010年后
我国发明专利授权数量	20705	25077	31945	45590	65391	79767	年增长率20%以上

2. 新机械向大、小两个极端方向延伸

小的极端方向主要体现在微机电系统(MEMS)/纳机电系统(NEMS)。微电子技术问世后,人们就尝试用它制作微型化机械产品。结果诞生了由微米级的元器件集成的微型机电装置,如MEMS加速度计、MEMS传声器、微电动机、微泵、MEMS光学传感器、MEMS压力传感器、MEMS陀螺仪(图2.36)、MEMS湿度传感器、MEMS气体传感器等,以及它们的集成产品。

常见MEMS产品的外形轮廓尺寸一般都在3mm×3mm×1.5mm左右,甚至在毫米级以下,它们的共同特点是:①体积小、重量轻,产品边长<1mm,器件核心质量仅为1.2mg;②成本低,价格便宜;③可靠性高,平均工作寿命超过10万h,能承受1000g的冲击;④测量范围大。

MEMS陀螺仪是利用科里奥利定理,将旋转物体的角速度转换成与角速度成正比的直流电压信号,其核心部件采用掺杂技术、光刻技术、腐蚀技术、LIGA(光刻、电镀和注射)技术、封装技术等,通过批量生产得到的。

大的极端方向典型示例是盾构掘进机。这是一种专门用于隧道工程的大型高科技综合施

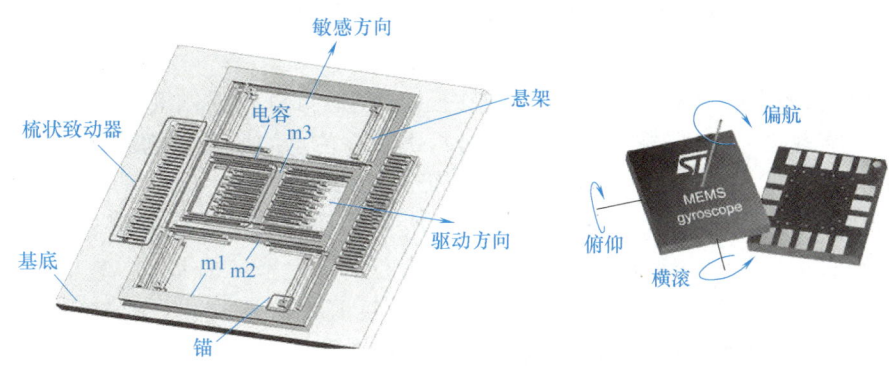

图 2.36 MEMS 陀螺仪

工设备。盾构机有一个可以移动的钢结构外壳（盾壳），内装开挖、排土、拼装和推进等机械装置，进行土层开挖、渣土排运、衬砌拼装和盾构推进等一系列操作，使隧道结构施工一次完成。

图 2.37 所示为目前世界上最大的盾构机，直径为 17.5m，长为 110m，总质量为 7000t，挖掘速度可达 3.6m/h。

3. 系统化、智能化

虽然 MEMS 产品仅有毫米级的尺度，但它们也属于系统级的产品，集成有感知、控

图 2.37 世界上最大的土压平衡盾构掘进机 Bertha（美国）

制、运动等功能。MEMS 器件一般包括传感器、信号处理器（或称为控制器、CPU 或 MCU）和执行器（或致动器）三部分。传感器用于接收外界的信息，信号处理器对从外部接收的信号进行处理，执行器则接收来自控制器的指令并做出适当的动作反应。其工作过程与人体通过五官接收外界信息，经大脑思维发出指令，四肢等则依从指令做出相应的动作的机制相仿。

现代大产品更是如此。波音 747 系列飞机总共有 600 多万个零件，分别组成了机翼、机身、尾翼、起落装置和动力装置五大主要部分。细分的话，它们各自还包含各种仪表、通信设备、领航设备、安全设备和其他设备等。而按照功能系统划分，飞机包括空调系统、自动驾驶系统、通信系统、电源系统、防火系统、飞控系统、燃油系统、液压系统、防冰系统、仪表系统、起落架系统、灯光系统、导航系统、氧气系统、引气系统、水系统、发动机各系统、主飞行控制系统、驾驶舱控制系统、照明系统、内装饰系统、水/废水系统、应急撤离系统、风窗温控和刷水器系统、航电系统、空气管理系统等。各系统都具有一定的可控性和智能化程度。

2.2 认识机械发展史的观察角度

2.2.1 追寻文明的脚步，从中得到启示

古代我国科技水平在很长一段历史时期内独步世界，傲视群雄，而后我国人民的独创精

神受到压抑，与工业革命后快速崛起的西方渐行渐远。分辨中西方文化的差异和各自的比较优势，可以为今天中华民族的伟大复兴提供新动能。

1）**站在巨人的肩膀上发展科技**。从科技进步的轨迹可以看到，重大的科技成果都是一代一代工匠、学者、工程师、科学家们持续努力、薪火传承的结果。要敬畏前人，站在巨人的肩膀上不断前行。

2）**科技发明与发现要持之以恒**。每一项重大的科技发明、科技成果都会经历上百年，甚至数百年的积累，不会一蹴而就。前面介绍的自行车、汽车、纺织机、蒸汽机等成果无不如此。就是机器人，迄今也有将近70年的历史了，目前尚处于方兴未艾的阶段。

3）**实践与理论相伴相生、相得益彰**。在实践和理论的关系上，直觉、实践、技能、经验是一些古代和近代机械发明的成功因素，很多发明和创新是单一的个体行为，个人的聪明才智、天赋、灵感、经验等起到决定性的作用。例如，交直流发电机的发明者格拉姆，他在学校里成绩一向欠佳，不过他的双手非常灵巧，是摆弄电气设备的一把高手，所以虽然法拉第和亨利早已从原理上论证了发电机的可行性，但他们做出的发电机只是些实验装置、样子货，真正能用于工业生产的发电设备出自格拉姆这位工匠之手。不过，依赖实践经验的创新过程比较漫长，发展速度相对较缓，个人认识的局限性很难避免错误，成功需要经历反复试错的过程。

现代机械工程领域的研究对象变得非常宽泛，涵盖机械、能源、海洋工程、生物、微电子、材料等，需要融合机械技术、微电子技术、自动化技术等多学科知识。现代的飞机、高铁、计算机等都是体量很大的巨系统和跨学科的创新产物，均受惠于这些理论研究对实践的指导作用。与古代和近代相比，现代机械发明创新除了仍旧离不开经验和灵感外，更重要的是靠系统理论体系的支撑，理性思维和多学科的融合。实践与理论相伴相生，相得益彰可能是当代机械工程发展的一个规律。

2.2.2 专利对发明的促进和知识产权的保护作用

15—19世纪，以英国为代表的资本主义国家为适应引进技术、建立新工业的需要，建立和完善了专利法。迄今，西方专利制度已有300多年的历史。回溯西方机械发明的历史，同样可以看到专利在鼓励技术创新，用法律保护新技术应用和市场推广、促进新技术公开和传播方面所起到的巨大作用。例如，瓦特之所以能长期坚持研究发明，除了个人的执着和坚守外，还得益于专利。通过出让专利，他获得了较为丰厚的收益。一些有识之士（如罗巴克、博尔顿等人）由于预估到蒸汽机未来的潜力，还通过购买预期的专利转移权出资支持瓦特的研究发明。奥托、狄赛尔、戴姆勒等发明家也凭借自己的专利权获得了巨款支持，否则他们很难名垂青史。

当然，也有反例。早期缝纫机的发明者，纽约人沃尔特·亨特因为担心大批生产自己发明的缝纫机会导致成千上万的缝纫女工失业，放弃了专利申报，也没有进一步去改进它，结果事业受到损失。另一位发明家惠特尼在轧棉机专利被他人侵权后曾感叹道"一个发明可以变得如此有价值，而它的发明者却因为得不到专利而一文不值"。

我国在清朝末期（1898年）和民国初期（1912年）都曾颁布过涉及专利的法规，但均未得到认真实施。1985年，我国颁布了《中华人民共和国专利法》。现在我国已经成为专利大国，但非强国，表现在专利的科技含量不高，转化率以及专利对GDP的贡献低。了解了专利对发明的意义和对知识产权的保护作用，就能更好地发挥专利的作用。

2.2.3 探究技术与文明之间的辩证关系

科学技术是一把双刃剑，有两重性。机械也一样，一次次的机械发明与革新，在推动社会进步的同时，也往往伴生相应的问题。现在，在承认科学发明积极作用的同时，认识其负面影响的必要性已经得到世人的广泛共识。人类文明离不开机械，它已经成为人类社会不可或缺的一部分，但背后也潜藏隐忧，人类必须以辩证的思维对待机械工程的发明与进步。

空调机的发明改进了室内环境的空气温度、湿度、洁净度和流通速度等，在一定程度上能满足人体的舒适感需求或某些工艺制造过程所需的氛围条件。但是由于其制冷剂氟利昂是一种含氯的化学物，其排放会使大气环境受污染，甚至导致臭氧层被破坏、温室效应加剧等。

20世纪初，爱因斯坦创建了狭义相对论，并给出了描述高速世界运动规律著名的方程式：$E=mc^2$，这个简单的方程式意味着一点点物质就能转化为巨大的能量。据此，人类获得了一个改变世界的强有力的手段，即核能发电在经济上和环保上都很合算。但是在第二次世界大战期间，美国据此理论完成了原子弹的研发和使用，这也引发了堪称经典的爱因斯坦的预言"我虽然不知道第三次世界大战什么时候爆发，但是我知道第四次世界大战，人类一定是在用石块打仗。"

当下，人工智能（AI）的发展已成大势所趋，无论家电、手机还是汽车，AI开始融入各种硬件，无处不在。同时，AI对安全的影响也受到前所未有的关注。因为经过人类的开发，人工智能将会自行发展，加速重新设计自己。由于受到缓慢的生物演化的限制，人类无法与其发展速度相比，这引发出人类是否最终将会被人工智能取代的焦虑。

回顾科技和机械的发展史，可以预见科技将更迅猛地改变人们的生活、工作和思维方式。对于科技发明，人类要用其所长、避其所短，让它发挥最大优势，而将危害降到最低，维持人类与科技之间的最佳平衡。"科技不是为了战争、不是为了商业利润，而是为了造福于社会"。

2-1 上网查阅资料，举出一个中外机械发明史的例子，图文并茂地加以说明。

2-2 我国人民最初对自行车的认识有哪些？

2-3 举出导致缝纫机突破技术瓶颈的三项发明。

2-4 上网查阅资料，然后简述自平衡自行车的稳定控制机制。

2-5 美国马萨诸塞州棉纺织工人伊利埃斯·豪（Elias Howe）研制出一台手摇式锁式线迹缝纫机。这项发明于1846年取得了发明专利。因此，从法律的角度讲，伊利埃斯·豪是世界上锁式线迹缝纫机的最早发明者。请上网查阅资料并简述伊利埃斯·豪取得这份专利的曲折而戏剧性的经历，并认识专利的重要性。

第 3 章　机器与机构

【本章导读】

本章以航天器折叠式展开机构的例子引入，介绍了机械工程中与机械原理相关的内容。

本章分前、后两部分。前半部分涉及机械原理共性的内容，如机器、机构名词术语、基本概念、表达方式、组成原则等，偏重于综合、抽象的概念，因此是基础；后半部分针对典型的机构分别讲解，如连杆机构、带传动、链传动、齿轮传动、凸轮机构、间歇运动机构等，学习的重点是分清和掌握各种类型机构的构型特点、空间布局、运动特性（传动比、方向转换、运动规律）、适用场合、典型应用示例等。

3.1　引言

在展开本章内容之前，先来看一个实用机构的例子——航天器的折叠式展开机构。

太阳能帆板展开机构或大型天线展开机构等折叠式展开机构对卫星或空间站来说不可或缺。这一类机构须做到重量轻、折展比大、展开后锁定的可靠性高。入轨前为了减少升空阶段迎面空气动力流的影响，机构应呈折叠状态收纳在整流罩内，待进入轨道后再展开成足够空间尺度的结构物。所谓折展比，指收拢和展开两个位形的长度比例。太阳能帆板表面贴敷太阳能电池组件，将太阳能转化为电能，然后储存起来，供卫星、宇宙飞船使用，有供电和充电两大功能，相当于一个小型发电站。例如，美国 GPS 卫星用于星地信号转发供电的太阳能帆板展开后的面积达 13.4m^2，按照功率面积比约 $<100\text{W}/\text{m}^2$ 折算，供电功率为 1136W。图 3.1 给出了折叠式太阳能帆板收拢与展开的状态。

 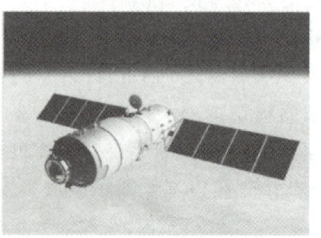

图 3.1　折叠式太阳能帆板收拢与展开的状态

铰接桁架在伸展臂中应用十分广泛。图 3.2 所示为这一类折叠式展开机构在 NASA 航天飞机外侧天线上的应用实例。该机构的优点是折展比大，收拢率高，桁架结构稳定，刚度好。

由图 3.2 可见，发射前整个伸展臂处于收拢状态。球铰接头占据横梁框架的四个角点。角点处有导向轮组，它们置于套筒内壁的导向滑轨中。由于导向轮的运动受限于滑轨，桁架各单元组在与套筒套装的驱动螺母带动下只能依次直线推出（展开）或缩回（收拢），一旦进入套筒内部，各单元的导向轮就被弧状滑轨限制而旋入，即收拢，紧紧叠放在一起。一旦旋出套筒，桁架的横向框架就完全展开到位，然后锁定斜拉索，保持张力和完整的构形，保证整个桁架在展开后具有足够的结构刚度。这一套 NASA 航天飞机外侧天线的折叠式铰接桁架伸展臂伸开长度达 60m，收拢后纳入套筒的长度是 2.92m，折展比大约为 1∶20。桁架式可展开天线结构简明，工作原理清晰，是目前大型卫星天线理想的结构形式。NASA 航天飞机外侧天线的折叠式铰接桁架伸展臂是一个十分经典的、巧妙的创新设计。

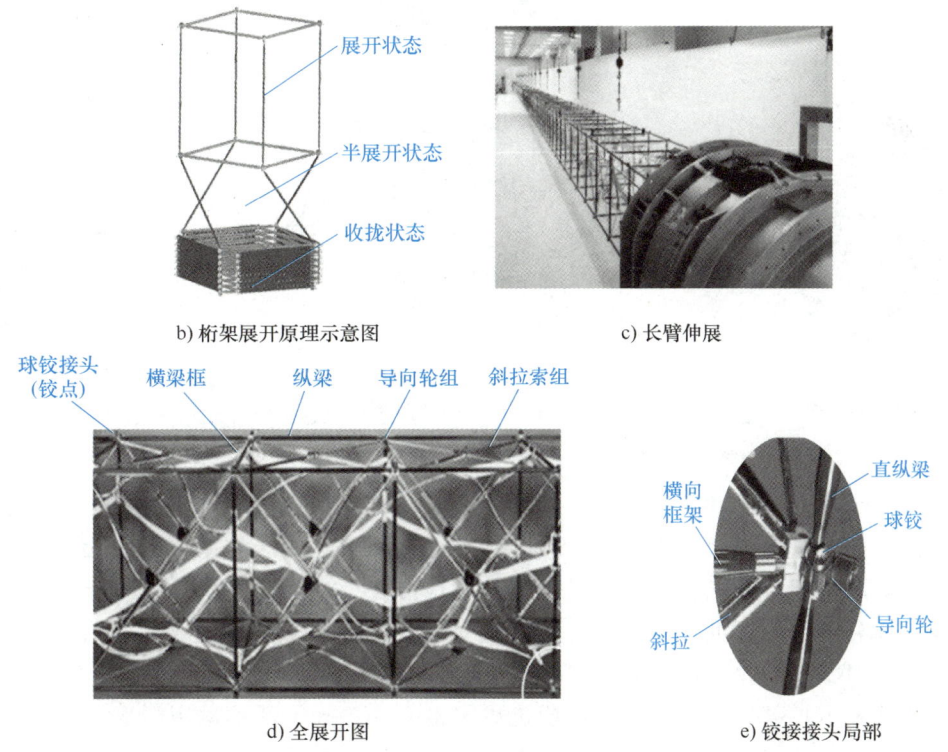

图 3.2 NASA 航天飞机外侧天线的折叠式铰接桁架伸展臂

3.2 机器与零件、机构与构件

高质量的、令人称奇的设计不会一蹴而就，而是需要扎扎实实的机械工程的理论和丰富的设计经验，所以本章从基础内容学起。

3.2.1 机构、零件、机器的工程表达方法

语言是人类社会最重要的交际手段，在机械工程领域，工程图学（Engineering Graphics）就是机械工程师之间交流设计思想的国际化、专业化、高效的图形和符号语言。其特点是借助图形、符号和简单文字来表达所设计的设备、机器、零部件、机构。

在工程图学中，文字是辅助性的，用于对设备结构做必要的描述，如技术要求、装配要求、几何公差等。工程图学中的文字贵在言简意赅。图形蕴含大量信息，而且要采用一套机械工程领域专用的、规范的、公认的表达形式。之所以称图形表达方式为"工程语言"或"机械工程师的语言"，是因为这种方式具有规范的、业界公认的、专业人员都能读懂的一整套完备的表达手段。

下面介绍几种常用的图形类型，它们各自用在不同场合，起到相应的作用。以单缸四冲程内燃机为例（图3.3）说明。

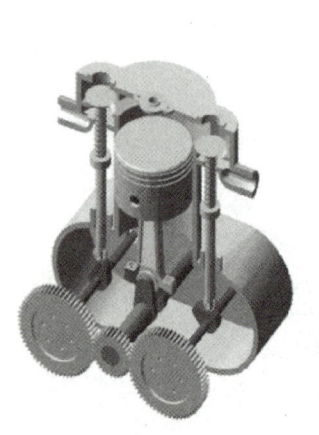
a) 三维实体造型图

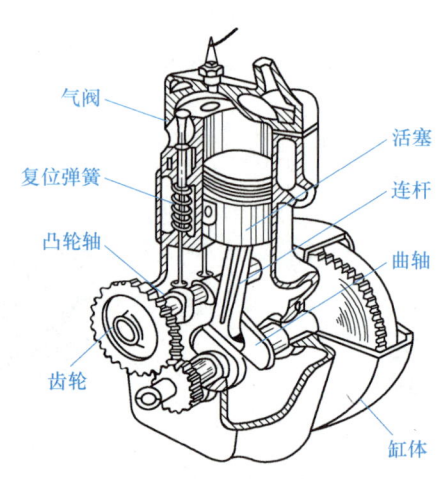
b) 立体装配图(轴测图)

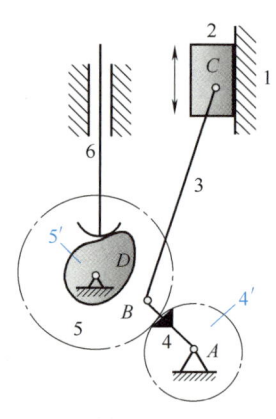
c) 机构运动简图

图 3.3 机器的工程表达方法

图 3.3a 所示的三维实体造型（3D Solid Modelling）图是建立在计算机建模基础上的图形表达方式，依此构建的设备几何模型具有较强的材料质感、立体感、逼真感和外形保真度，所以它是最接近实物视觉直观感受的一种表现形式。正因为是立体图，所以某些细节可能被遮挡，部分图面不可见，不够完整，而且对绘图技术的要求也比较高。图 3.3b 所示的立体装配图（3D Assembly Drawing），从功能上看与三维实体造型图差不多，但基于线框造型，不仅能够展示零部件的立体感，手段也更丰富一些，如灵活地运用剖视、剖面，清晰地表达设备中各种零部件之间的装配关系、支承关系、连接关系等，虽然绘制相对麻烦，但比较直观。图 3.3c 所示的机构运动简图与实物对象的真实形象相去甚远，是利用人为定义的

图形符号来简明、抽象地描述机器设备中各元素之间的运动关系、连接特点和约束关系。**机构运动简图**（Kinematic Diagram of Mechanism）不关心构件具体的几何尺寸和形状，在运动学分析和力学计算中十分好用。可见，工程图学的不同表达形式各有各的用途。

另外，还有剖视图、立体图、爆炸图、零件（工作）图等，分别如图3.4~图3.7所示。

图3.4所示为一个球阀组件的立体剖视图，从纵向剖开后，清楚地表达该组件的结构、组成、各种零部件之间的装配关系。

图3.5所示为单个零件（气缸缸体）立体图。它建立了零件的立体造型，为了解零件的真实结构的细节提供了方便。过去需要用几个平面（二维）视图才能清楚表达单个零部件，现代设计软件UG、SOLIDWORKS等已经可以直接从三维零件图转换成平面的零件工作图了。

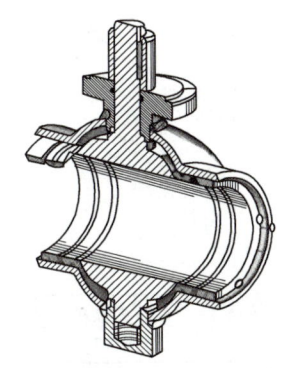

图3.4 焊接球阀纵向剖视图

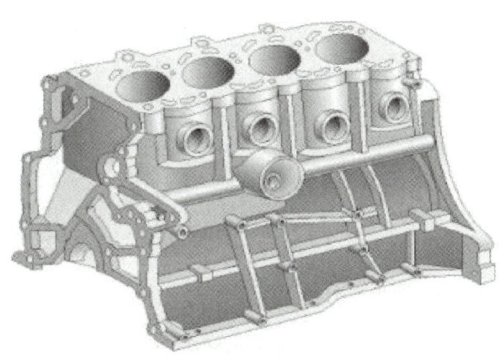

图3.5 气缸缸体零件立体图

图3.6所示为一个微型风力发电机爆炸图。家电用品使用说明书中常附有爆炸图，它是一种利用图解方式来说明各构件装配关系的分解说明图。爆炸图的立体感强、直观效果好，非专业人士也能一目了然地读懂产品结构。爆炸图往往是常用绘图软件装配功能模块中的一个选项，选用这个功能，设计人员在绘制立体装配示意图时会更得心应手。

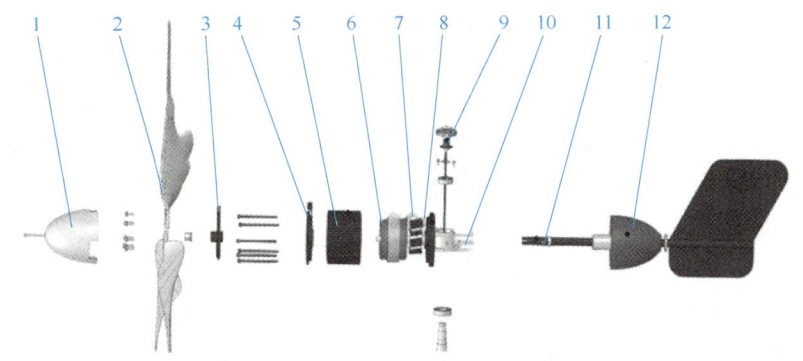

图3.6 微型风力发电机爆炸图

1—风罩 2—风叶 3—风叶法兰 4—前盖 5—壳体 6—定子 7—转子 8—集电环
9—回转体 10—小立杆 11—尾舵 12—后风帽

图3.7所示为航空发动机轮盘螺钉零件图。零件图将被直接送到一线车间，交到工人手中去加工，所以它上面展现的零件信息必须十分完整，必要时可以借助少量的文字，以技术

要求的形式加以补充说明。

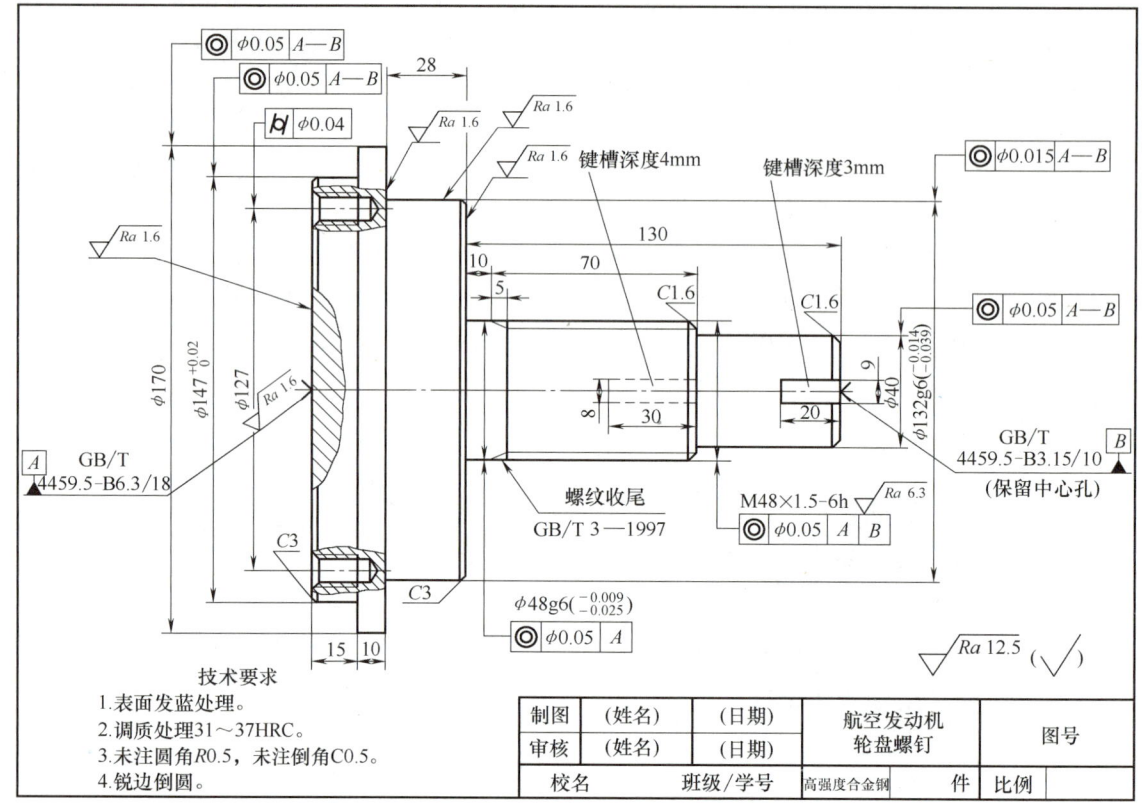

图 3.7　航空发动机轮盘螺钉零件图

3.2.2　机器与零件、机构与构件的关系

1. 机器

机器（Machine）必须具有以下三个特征：①是人工加工物的组合；②各个部分之间具有确定的相对运动；③用来代替或减轻人类的劳动，完成有用机械功（如起重机、洗衣机和金属切削机床等）或者转换机械能（如内燃机、发电机等）。图 3.8 所示的内燃机就是一部典型的机器，符合上述三个特征，即组成内燃机的零件，连杆、活塞、曲轴、凸轮轴、弹簧、齿轮等都是人工加工物，它们组合起来后彼此之间按照四冲程的运动规律做相对运动，并将燃料的化学能转换成为机械能。

2. 零件

机械零件（Machine Element）又称为机械元件，是构成机械的基本元件，是组成机械和机器的不可分拆的单个制品。机械零件是机器及各种设备的基本组成单元（有时也将用简单方式连接成的单元称为零件，如轴承、轴等）。机械零件既是一门研究和设计各种设备中机械基础件的分学科，被包含在机械设计及理论学科中，也是零件和部件的泛称。机械零件是从原料人为加工制造出来的单元实体，因此它也涉及加工制造零件的学科，即机械制造及其自动化学科。

零件是加工制造的最小单元。机器运动时，零件内部一般不存在相对运动，例如，曲柄

a) 内燃机零件　　　　　　　　b) 内燃机

图 3.8　零件组成机器——内燃机

连杆中的连杆体、连杆盖、轴瓦、螺栓和螺母等都称为零件，分别加工，装配后成为一个整体，在使用中彼此之间的几何关系固定不变。在机械制造中，通常把零件分为两大类：一类为通用零件，它们在各类机械中均能经常遇到，如螺栓、螺钉、螺母、垫圈、键、滚动轴承等，通用零件一般按国家标准做成一定的规格和尺寸，又称为标准件；另一类称为专用零件，它只出现于某些特定的机械中，如汽轮机中的叶片、内燃机中的活塞等。

3. 机构

机构（Mechanism）仅具有机器的前两个特征，即：①是人工加工物的组合；②机构的各个部分之间具有确定的相对运动。如内燃机中活塞、连杆、曲轴和气缸体组成的曲柄连杆机构，车床中使滑移齿轮能在花键轴上滑移的一套操纵机构（拨叉、连接轴、销、手柄等）等。

机构学中常借助机构运动简图来描述机构。以图 3.9 所示的光学变倍镜组切换机构为例，图 3.9a 给出一种适合光学变倍镜组切换的四杆装置设计，其优点是占据空间小、切换速度快。组成该机构的零件主要包括曲柄、连杆、摇杆、机架，附件包括限位、轴承盖、轴承、连接件等。从组成、自由度、功能、运动学和力学的角度分析机械装置时，需要化繁为简，将零件抽象成一个个的构件，则原装置可被抽象成图 3.9b 所示的机构运动简图。图 3.9a 中的实体零件曲柄 1、连杆 2、摇杆 3、机架 4 在该机构运动简图中分别被抽象成线条所表示的构件 1~4，构件名称仍可称为曲柄、连杆、摇杆和机架。图 3.9b、c 的区别仅在于描述机架的符号略有不同，都表示构件是与固定坐标系（多数指地面坐标系）固接的，功能相同，均有效，无原则差别。

可以看出，经过由具象到抽象的过程，机构简图借助线条和符号把原机构运动特性相关的要素完整地描绘出来。从实际机构抽象得来的机构运动简图更能反映机构运动的本质，图 3.9c 所示机构简图就是典型的四杆机构的运动简图。

一般来说，机构不关注机器中的能量流动问题，所以如果撇开机器做功和转换能量方面的考量，单从结构和运动特点观察，机器与机构之间并无明显区别。至于机械，是机器和机构的总称，而机构是机器的创新之源。

4. 构件

组成机构的各个实体称为构件（Part）。凡彼此之间没有相对运动，而与其他零件之间有相对运动的零件组合体称为构件。构件可以是单一的整体，也可以是由几个零件组成的刚性连接体。界定构件的准则是看它是否属于独立的运动单元体，而不在意它由几个零件组合

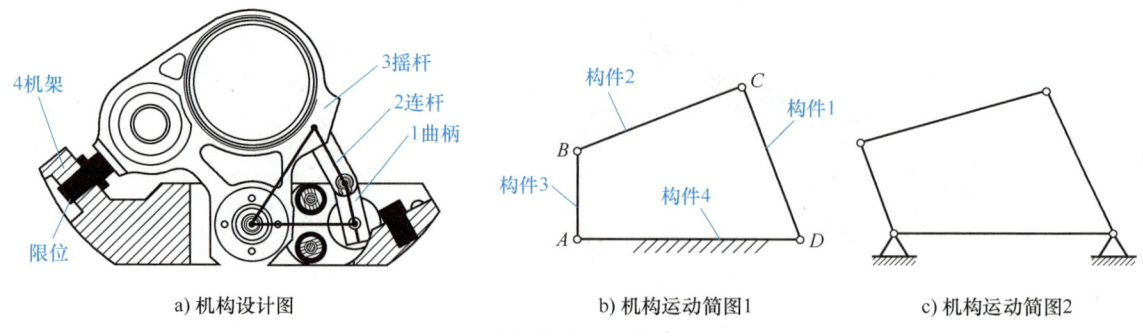

a) 机构设计图　　　　　b) 机构运动简图1　　　　　c) 机构运动简图2

图 3.9　光学变倍镜组切换机构与构件

而成。例如,内燃机中的连杆由连杆体、连杆盖、轴瓦、螺栓和螺母等几个零件组成,它们刚性连接组成一个独立的整体运动单元,所以连杆应该算是一个构件。构件是机构运动的最小单元。

综上,构件是从机器运动的角度去考察的。机构研究机器构成的原理、规律、组合原则,是隐形的、抽象的,为分析机构的运动学、动力学、运动轨迹及受力等提供方便。既然是抽象的,构件的尺度和形状就可以按照需要变化。零件则是个性化的,在结构、工艺、应力分布、材料方面是具象的、活生生的。

3.3　机器的组成

一部机器通常由动力系统、传动系统、执行系统、操控系统和辅助系统五大部分组成,如图 3.10 所示。

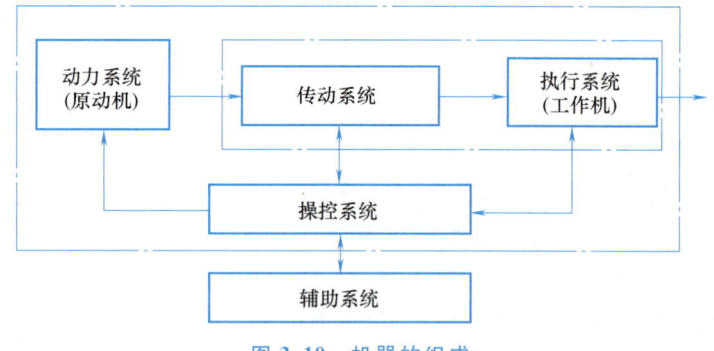

图 3.10　机器的组成

3.3.1　动力系统

动力系统(Power System)包括动力机及其配套装置(动力源)。根据能量转换的性质不同,可以分为一次动力机和二次动力机。

(1) 一次动力机　一次动力机把自然界的能源(一次能源,如燃油、天然气)转变为机械能,多用于移动设备,如内燃机、汽轮机、燃气轮机等,其中汽轮机、燃气轮机多用于大功率机器中。

(2) 二次动力机　二次动力机把二次能源(电能或由电能产生的液能、气能)转变为机械能，如电动机、液压马达、气动马达等，输出通常为高转速转动，二次动力机的体积较小。

在直升机中，其动力机属于一次动力机，主要有活塞式发动机和涡轮轴发动机两种。涡轮轴发动机主要由压气机、燃烧室和涡轮三大部件组成，燃油在燃烧室燃烧，将化学能转换为涡轮的动能，再传至机翼产生空气动力。涡轮轴发动机大部分为自由涡轮式涡轮轴发动机，还有一些定轴式涡轮轴发动机仅用于一些功率较小的发动机中。

3.3.2 传动系统

传动系统（Driven System）处于动力机系统和执行系统之间，扮演"二传手""桥梁"的角色，由传动链及它们的附属装置组成。

传动路线有长有短。根据用途，传动系统可包括变速装置、起停和换向装置、制动装置及安全保护装置等。为了实现传动和保证安全，汽车的传动系统包括离合器、变速器、传动轴、差速器等。

图 3.11 所示的直升机传动系统略复杂，由主减速器、中间减速器、尾减速器、主减速器与发动机之间的动力传动轴组件、尾传动轴组件等组成。发动机轴的输出通过减速和换向，转换为执行系统的驱动力，分旋翼和尾桨两路。

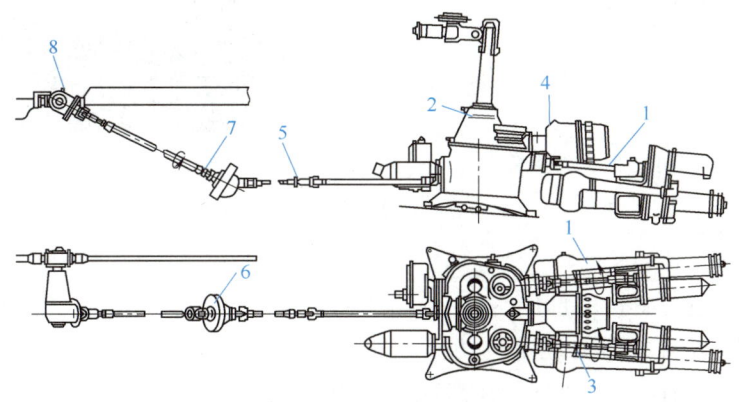

图 3.11 直升机的传动系统

1、3—主轴 2—主减速器 4—通风装置传动轴 5—尾轴 6—中间减速器 7—中间轴 8—尾减速器

3.3.3 执行系统

执行系统（Executive System）又称为工作机，用来直接完成机器的特定功能。动力系统和执行系统往往分置于机器的前、末两端。执行系统通常与作业对象直接接触，例如，汽车的车轮、搅拌机的叶轮、洗衣机的波轮、割草机刀片、车床刀具等均属于执行系统的末端零件，它们都与系统的作业对象直接接触。执行机构应该胜任的功能可以概括为以下两大类。

1）变换运动形式，如实现转动-移动、转动-摆动、连续-间歇等运动形式变换。

2）完成特定工作任务，如夹持、搬运、输送、分度与转位、检测、切削等。

根据任务不同，执行机构的复杂程度也不同。直升机的执行系统包括旋翼和尾翼，如图 3.12 所示，它们的任务是提供直升机的推力和升力。旋翼系统的组成比较复杂，由旋翼轴、桨和若干片桨叶组成。

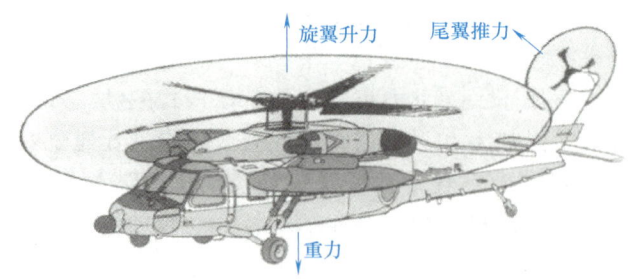

图 3.12　直升机的执行系统（旋翼和尾翼）

执行系统的驱动方式有气压驱动、液压驱动和电气驱动等，气压驱动的仿人手臂如图 3.13 所示，其前部配有仿人手，运动关节较多，灵活度较高。液压驱动的重型摇摆台 Stewart 平台如图 3.14 所示，它是模拟海况波浪运动的大型执行机构。

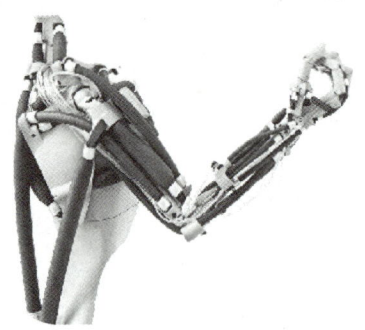

图 3.13　气压驱动的仿人手臂

图 3.14　液压驱动的重型摇摆台 Stewart 平台

3.3.4　操控系统

操纵与控制系统（Manipulation and Control System）简称**操控系统**，其作用是负责各个系统协调运行、准确可靠地完成整机功能。机器中操纵与控制的内容包括起动、离合、制动、变速、换向，或者各部件间运动的时序、准确的运动轨迹及行程等，此外还有换刀、测量、冷却与润滑的供应与停止等，根据整机功能的不同而各异。

直升机的操纵系统如图 3.15 所示。汽车中的操纵系统由转向盘、变速杆、制动装置、节气门等组成。

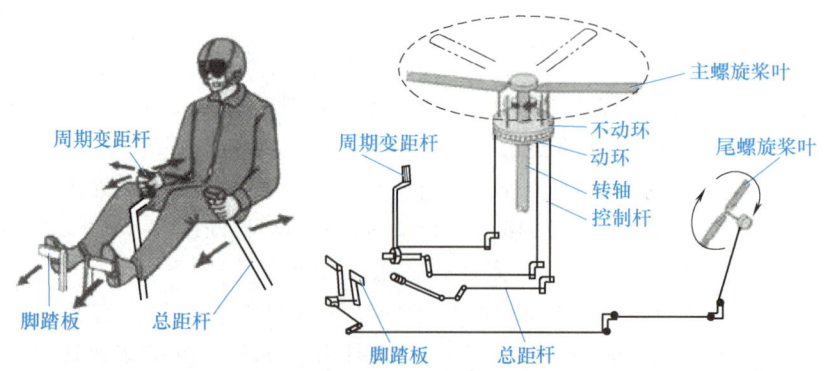

图 3.15　直升机的操纵系统

现代飞机操控系统的发展趋势是电传操控系统。电传操控系统由驾驶杆（或侧杆）及力敏传感器、各输入信号及反馈传感器、飞行控制计算机、伺服舵机和助力器等组成。电传操控系统是将驾驶人的操纵输入通过变换器变成电信号，经计算机或电子控制器处理，再通过电缆传输到执行机构的一种操控系统。具体而言，控制系统往往由接触器、继电器、按钮开关、行程开关、电磁铁等强电器件，以及计算机、微处理器、PLC、硬件电路、传感器等弱电器件组成。

军机首先采用电传操控系统。20世纪80年代后，得益于可靠性和抗干扰性的提高，空客A320率先向民机引入电传操控系统，随后在大中型客机推广，同时，为安全起见，仍部分保留机械传动连接备份。近期出现光导纤维传递信号的光传操控技术，抗干扰性能更高。

3.3.5 辅助系统

辅助系统（Auxiliary System）是为主要系统服务的系统，它满足五花八门的需求。

汽车中的辅助系统包括车灯、仪表盘、后视镜、刷水器、天窗开闭、空调器、吊装环等。飞机的功能十分复杂，因此辅助系统更庞大，甚至可分为辅助动力系统、备用辅助电源、座舱环境控制系统、防冰排雨系统、燃油管理系统等子辅助系统。现代大、中型客机都备有辅助动力系统，其功能是在主发动机停止状态下为飞机供应电力，使飞机不依靠地面器材就可滑行，辅助动力系统还可以保证发动机在空中停车后再起动，进而保障飞行安全。此外，航空发动机驱动发电机发电，主电源存储电力而保障飞机飞行期间的供电，一旦主电源发生故障，则备用辅助电源立即充当应急电源。

3.3.6 支承系统

除以上五大部分外，也有分类方法将支承系统作为机器中的一个系统单独研究。**支承系统**（Support System）是机器的基础，用于支承传动系统和执行系统等。例如，底座、立柱、横梁、箱体、工作台和升降台门等均可归属于支承系统。

飞机中，起落架就是最重要的支承系统，其主要功用是在飞机滑跑、停放和滑行过程中支承飞机，吸收飞机在滑行和着陆过程中的振动和冲击载荷。图3.16所示为三种不同类型的飞机起落架，图3.16a所示为波音767的支柱式起落架，图3.16b所示为直升机上的构架式起落架，图3.16c所示为雅克-130教练机的摇臂式起落架。

a) 支柱式主起落架　　　　　b) 构架式起落架　　　　　c) 摇臂式起落架

图3.16 飞机起落架

3.3.7 润滑、冷却与密封系统

该系统的功能是减小摩擦，降低温升，避免泄漏和污染，保证各子系统在规定的温度范围内正常工作，延长寿命。

3.4 典型机构

3.4.1 运动副与约束

运动副（Kinematic Pair）是两构件直接接触并能产生相对运动的**活动连接**（Movable Connection）。在这里"连接"意含着彼此关联，学术上称这种关联为"**约束**（Constraint）"，它是构件之间合乎逻辑的相互关系，以保证构件在连接之后会有预设的、确定的运动。

（1）转动副 图 3.17a 中的构件 1 限制了构件 2 的所有移动，构件 2 只能相对转动，这种运动副称为**转动副**（Revolute Pair）。转动副引入 2 个约束。转动副也称为**铰链**（Joint）。

（2）移动副 图 3.17b 中的构件 2 只能沿构件 1 轴向做相对移动，这种运动副称为**移动副**（Prismatic Pair）。移动副也引入 2 个约束。转动副和移动副都属于面接触，统称为**低副**（Lower Pair），而且运动副在接触部位的局部压强比较低。

（3）平面高副 图 3.17c 所示中的构件 2 相对于构件 1 既可沿接触点 A 处的切线方向滑动，又可绕接触点转动。这一类运动副引入 1 个约束。约束的元素是点接触或线接触，称为**高副**（Higher Pair），点或线接触的运动副在接触部位的局部压强较高，容易磨损。图 3.17d 中的构件 2 尖端与构件 1（凸轮）点接触，受制于接触点的约束特性，它们之间的相对运动保留沿着轮廓切线方向的滑动和绕接触点的转动，属于高副。

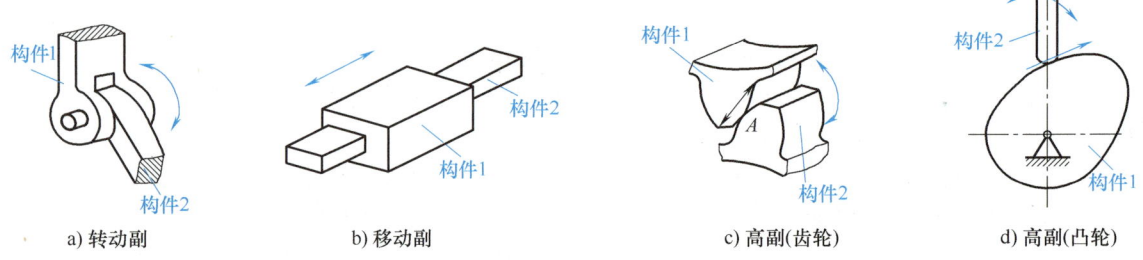

a) 转动副   b) 移动副   c) 高副(齿轮)   d) 高副(凸轮)

图 3.17 典型的运动副

3.4.2 平面连杆机构

平面连杆机构（Planar Linkage）的基本形式是铰链四杆机构，其他形式均是由铰链四杆机构演化而来的。

铰链四杆机构（图 3.18）的结构特点是四个运动副均为转动副，由机架、连杆和 2 根连架杆，共四根刚性构件组成。固定构件 AD 称为机架；连架杆 AB、CD 分别直接与机架相连。与机架相对的构件 BC 称为连杆。所有构件（包括杆件和关节）上的点的运动均在一个平面内，故称为平面四杆机构。根据各构件的尺度变化，连架杆可以呈现曲柄

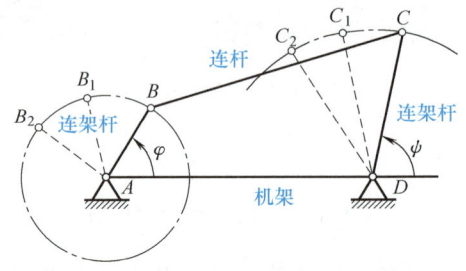

图 3.18 铰链四杆机构运动简图

（整周转动）、摇杆（摆动）等构型特性，称为平面四杆机构的演化，下面举几个例子说明。

1. 公交车车门开闭机构

如果铰链四杆机构的连架杆与机架的尺度比例合适，则两根连架杆均可演变为曲柄，而且它们的角位移、角速度和角加速度始终相等。这种机构在公交车车门开闭机构中得到应用（图3.19）。也可以将曲柄改成彼此转向相反的反双曲柄机构（反平行四边形机构）。拉杆由气缸拉动，它驱使主动曲柄 AB 转动，再通过连杆 BC，使从动曲柄 CD 朝相反方向转动，从而保证左、右两扇车门同步开启和关闭。

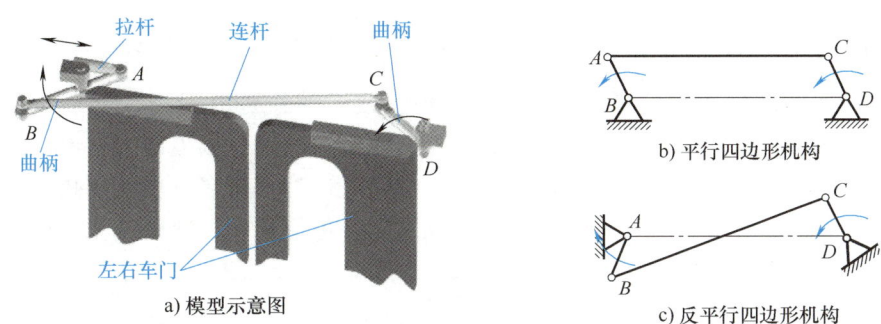

图 3.19 公交车车门开闭机构

2. 压水机

压水机是常见于我国农村的一种水泵，如图3.20所示，它由压杆、手柄、活塞杆、活塞（皮碗）和筒体组成，分别对应于四杆机构的曲柄、连杆、滑块和机架。汲水时，人工往复摇动手柄，带动活塞（皮碗）上下移动排除空气，造成内、外气压差，于是井水在气压作用下被提升。活塞下行，皮碗产生一定的变形，在外界大气压的作用下，水通过皮碗与筒体之间的间隙进入皮碗上方腔室；活塞上提时，皮碗带动水从上方的喉管流出。此时，由于活塞下方腔室内的气压下降，在气压差作用下，下方腔室水位抬高，为下一次汲水做准备。活塞在圆筒中往复运动，水就被源源不断地抽取出来。这种机构称为移动导杆机构，此时曲柄并非做360°整周转动。

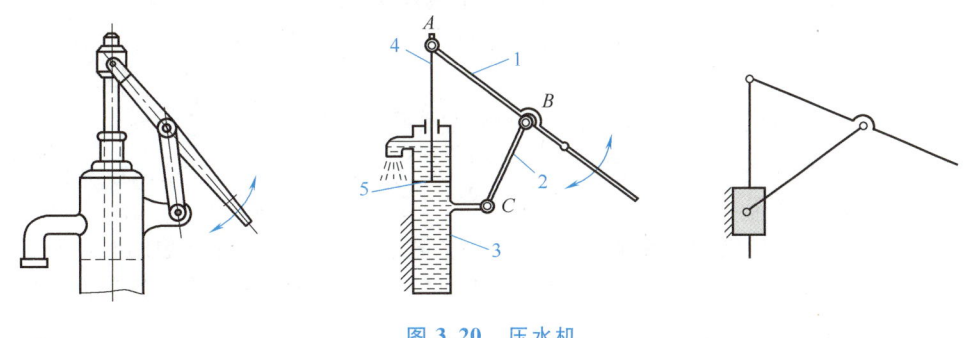

图 3.20 压水机

1—手柄 2—压杆 3—筒体 4—活塞杆 5—活塞（皮碗）

3. 鹤式起重机

图3.21所示的鹤式起重机又称为门座式起重机，从原理来看也是一个平面铰链四杆机构。鹤式起重机的主体机构是一个双摇杆机构，各构件间的尺度关系决定了两根连架杆 AB、

CD 均为摇杆。主动杆 CD 输入摆动时，从动杆 AB 也摆动，满足起重机作业的特点，即保证吊物点 M 的运动轨迹 MM′ 近似水平，不造成货物倾覆。

从图 3.19～图 3.21 所示的例子可以看出，平面四杆机构可以演化成不同构型，如平行四边形机构（公交车车门开闭机构）、移动导杆机构

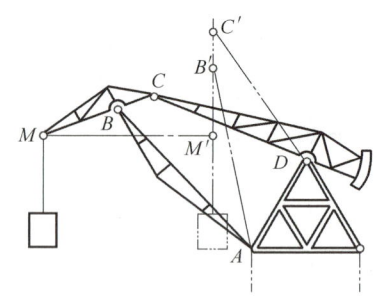

图 3.21 鹤式起重机

（压水机）、双摇杆机构（鹤式起重机）等。这种演化或者通过改变构件的形状、尺寸比例和运动副的种类而实现，或者选取不同构件作为主动件、机架而派生出来。灵活地运用四杆机构的不同演化构型，往往会对机构的选型、分析和设计带来诸多方便。演化后的新机构甚至可以收到衍生新运动功能、改善受力状态等效果，一种演化例子如图 3.22 所示。

图 3.22 曲柄摇块机构在自卸货车中的应用

3.4.3 凸轮机构

凸轮机构是一种常见的运动机构，是由凸轮、顶杆和机架组成的高副机构。其机构运动简图如图 3.23 所示。凸轮机构广泛应用于各种自动机械、仪器和操纵控制装置中。

1. 内燃机配气装置

图 3.24 所示为凸轮机构在内燃机配气装置中应用的例子。有下置凸轮轴式（图 3.24a）和顶置凸轮轴式（图 3.24b）的区别，后者的结构相对简单。

图 3.24b 所示的凸轮机构由凸轮、从动件（顶杆）、机架三个基本构件组成一个往复运动机构，复位弹簧起辅助作用。在内燃机配气装置中，凸轮的作用是控制气阀按特定规律往复移动，从而保

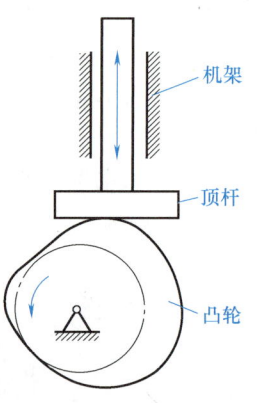

图 3.23 机构运动简图

证内燃机燃烧室进气、排气按照正确的时序和位移量开闭。为了按照理想的时序和位移开闭气门，配合活塞四冲程运动，复位弹簧始终迫使顶杆紧贴在凸轮轮廓曲线的表面，准确地复现预定的运动规律。

2. 飞机机枪射击协调器凸轮机构

机枪射击协调器的功能是在飞机飞行中协调机枪与螺旋桨之间的动作时序，使它们互不干涉。因为机枪子弹必须从旋转桨叶的空隙间射出，否则，击中自己飞机的螺旋桨叶会酿成大祸。机枪射击协调器的关键在于当桨叶与枪管成一条直线时，机枪自动停止射击。于是设计师想到了凸轮机构。

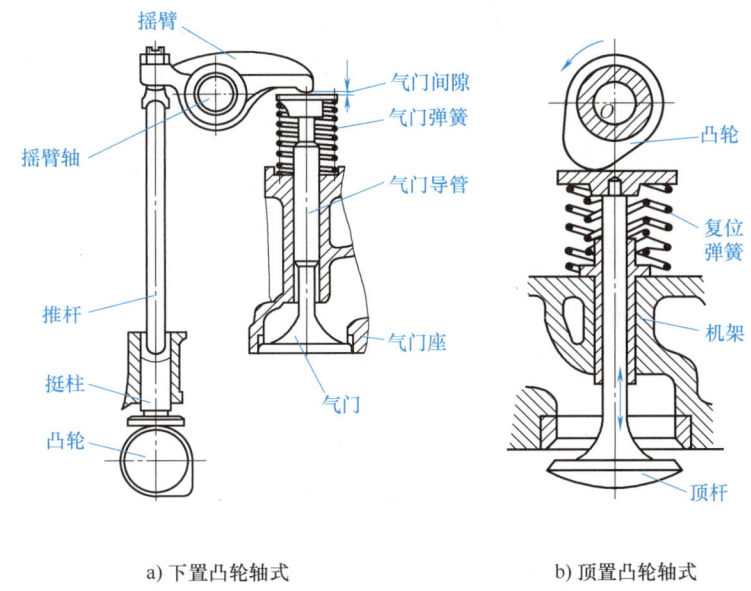

a) 下置凸轮轴式　　　　　　b) 顶置凸轮轴式

图 3.24　内燃机配气装置中的凸轮机构

如图 3.25 所示，机枪枪管下方安装凸轮机构，在任何转速下，只要叶片即将转到枪口下，凸轮上面的凸位就将凸轮顶杆顶起，通过一条传动链传到机枪扳机位置，将其释放，停止射击。叶片离开后，凸轮转过凸位，又带动顶杆重复压住扳机，触发射击。

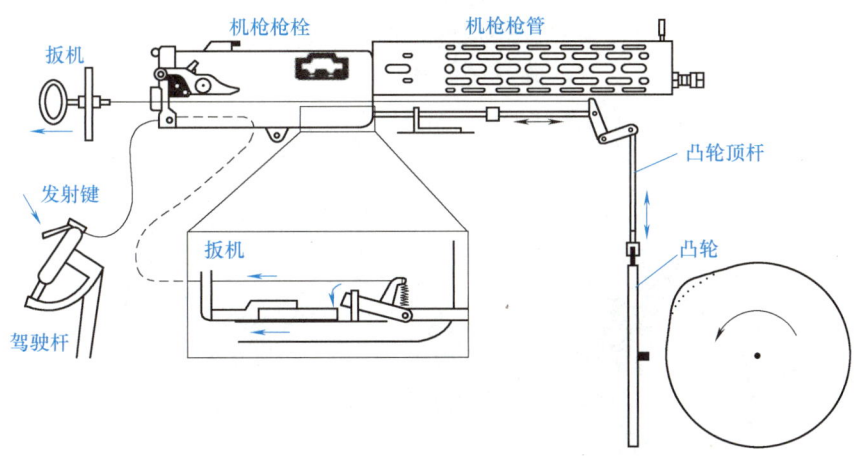

图 3.25　凸轮机构在机枪射击协调器的应用

3.4.4　间歇运动机构

主动件连续运转，从动件完成周期性"运动-停歇-运动"规律的一类机构称为**间歇运动机构**（Intermittent Motion Mechanism）。例如，电影放映机的送片运动就是靠间歇运动机构实现的。间歇运动机构广泛用于实现分度、进给和超越运动等。

间歇运动机构的类型主要有棘轮机构、槽轮机构、不完全齿轮机构、不完全摆线针轮机构和连杆式间歇运动机构。

下面以棘轮机构为例对间歇运动机构做简单介绍。

棘轮机构（Ratchet and Pawl Mechanism）是由棘轮和棘爪组成的一种单向间歇运动机构。

图 3.26 所示为常用棘轮机构的工作原理。棘轮 3 的轮齿通常设计成单向齿，棘爪 2 铰接于摇杆 1 上。摇杆 1 逆时针方向摆动时，驱动棘爪 2 插入棘轮齿，推动棘轮同向转动；摇杆 1 顺时针方向摆动时，棘爪 2 在棘轮 3 的齿面上滑过，棘轮 3 便停止转动。为了确保棘轮 3 不反转，在固定构件上加装止动爪 4。摇杆 1 的往复摆动可借助曲柄摇杆机构、齿轮机构和摆动液压缸等其他机构实现。若传递的动力很小也可改用电磁铁直接驱动棘爪 2。棘轮 3 每次转过的角度称为动程。动程的大小可利用改变驱动机构的结构参数或遮齿罩的位置等方法调节，也可以在运转过程中加以调节。

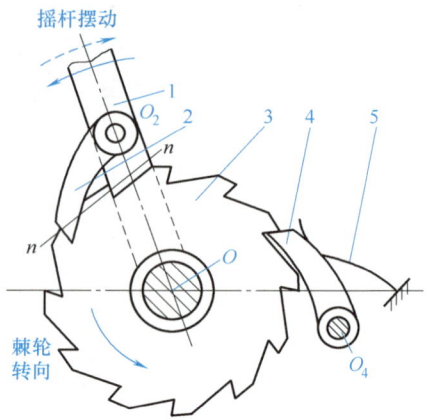

图 3.26　常用棘轮机构的工作原理
1—主动摇杆　2—棘爪　3—棘轮
4—止动爪　5—弹簧

自行车飞轮也是棘轮机构的一种典型应用。图 3.27 所示为自行车飞轮的工作原理。自行车飞轮由后轮轴 1（与后轮固接为一体）、千斤 2（棘爪）、飞轮外套 3（内棘轮）、止动爪 4、铰链固定端 5、千斤簧 6 组成。飞轮外套 3 的外圈有沿周向分布的链轮轮齿（外齿），内圈加工出一圈内齿。外齿与链条啮合（图中未示出），内齿即棘轮轮齿。飞轮内部设有千斤 2，其齿尖被千斤簧 6 撑起，棘爪嵌入棘轮内齿。千斤簧 6 是直径为 0.3~0.45mm 的细弹簧钢丝，富有弹性。当千斤簧 6 被棘轮内齿压下时，棘爪就不再嵌入轮齿，后轮轴与飞轮之间的接合便滑脱。止动爪 4 与千斤簧 6 对置，其一端是铰链固定端 5。

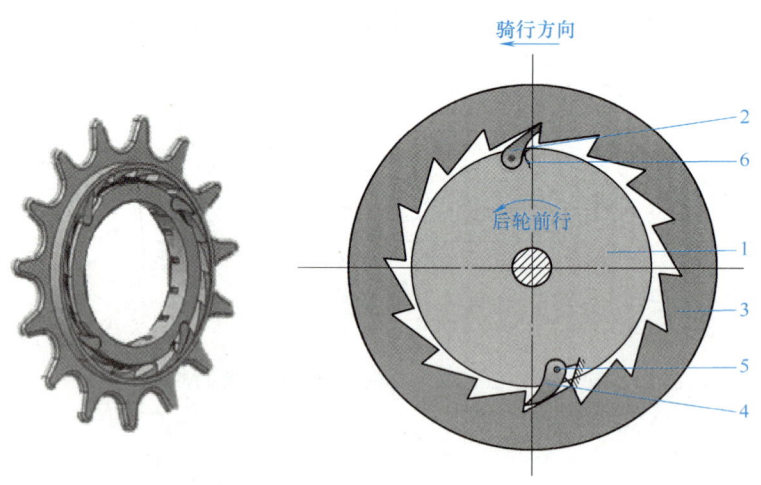

图 3.27　自行车飞轮的工作原理
1—后轮轴　2—千斤（棘爪）　3—飞轮外套（内棘轮）　4—止动爪　5—铰链固定端　6—千斤簧

骑手蹬踏自行车脚蹬，链条带动飞轮外套转动，棘轮内齿与千斤啮合，运动从千斤传至后轮轴，后轮和后轮轴成为一体转动，于是自行车向前方行驶。骑手停止蹬踏后，链条和飞轮均不转动，在惯性作用下，后轮与后轮轴成为主动件，带着千斤继续转动，因为飞轮已经停止转动了，所以千斤在棘轮的内齿面上相对滑动。由于千斤簧的弹力作用，随着滑落换齿而有"嗒嗒"声。骑手恢复蹬踏脚蹬，棘轮内齿与千斤就会再次啮合，于是后轮轴获得新的前行动力。

3.4.5 齿轮机构

齿轮（Gear）外形最显著的特点是在轮缘上均布着一圈齿，靠齿与齿的连续啮合在两轴之间传递运动和动力。齿轮机构齿廓与齿廓之间的接触（啮合）所形成的约束属于高副机构。齿轮传动平稳可靠，效率高，既能增速也可减速，甚至改变运动方向，故而应用极其广泛。

1. 齿廓形状

理论上，满足齿轮啮合定律的齿廓曲线有无穷多种。但是从工程（制造、刀具、检测等）角度考虑，仅有极少数种有实用价值。应用最广的就是渐开线齿廓，其次是摆线齿廓（钟表、仪器）、修正摆线齿廓（摆线减速器）等（图3.28）。

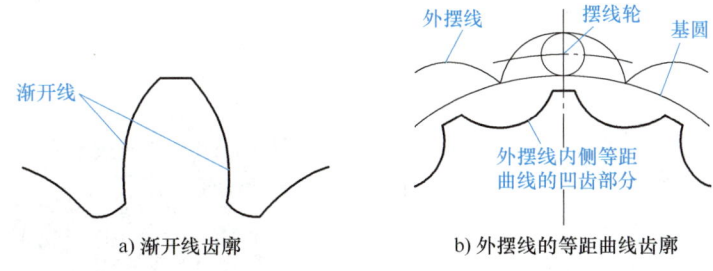

图 3.28 常用的齿轮齿廓形状

2. 齿轮的种类

齿轮应用极广泛，齿轮种类相当多，一般可按外形、齿线形状和轮齿所在的表面等分类。

1）按外形，齿轮可分为圆柱齿轮、锥齿轮、非圆齿轮、齿条、蜗杆蜗轮等。
2）按齿线形状，齿轮分为直齿轮、斜齿轮、人字齿轮、曲线齿轮等。
3）按轮齿所在的表面，齿轮分为外齿轮、内齿轮等。

齿轮材料和热处理对其承载能力、尺寸和重量有很大影响。齿面有软、硬齿面两种。前者承载能力较低，但制造简单，磨合性好，多用于空间和重量无严格限制、小批量生产的一般机械中。在配对齿轮中，小齿轮负担重，为使大、小齿轮寿命大致相等，小齿轮齿面硬度应比大齿轮高。

图 3.29 所示为几种典型齿轮的例子。

3. 齿轮应用举例

（1）微小齿轮应用 手表里的传动机构（图3.30）有很多直径仅数毫米、宽度不足1mm的小齿轮和小齿轮组。实际上，微米级的极小齿轮在MEMS中已经有应用。

（2）汽车变速器 如图3.31所示，汽车变速器的齿轮传动主要采用斜齿轮。理由是直齿轮在啮合过程中整个齿同时进入、同时退出，齿与齿之间会产生相当大的正面冲击力，振动也比较明显。而斜齿轮换挡采取逐渐进入、逐渐脱离的啮合方式，比较柔和，负荷也是逐渐增加的，故工作比较平稳。斜齿轮虽受轴向力，但能起到减轻挂挡撞齿的效果，有利于增加齿轮寿命。实际上，仅有少量车型出于经济性及紧凑性考虑，一挡和倒挡齿轮采用直齿轮，其他挡位多使用斜齿轮。

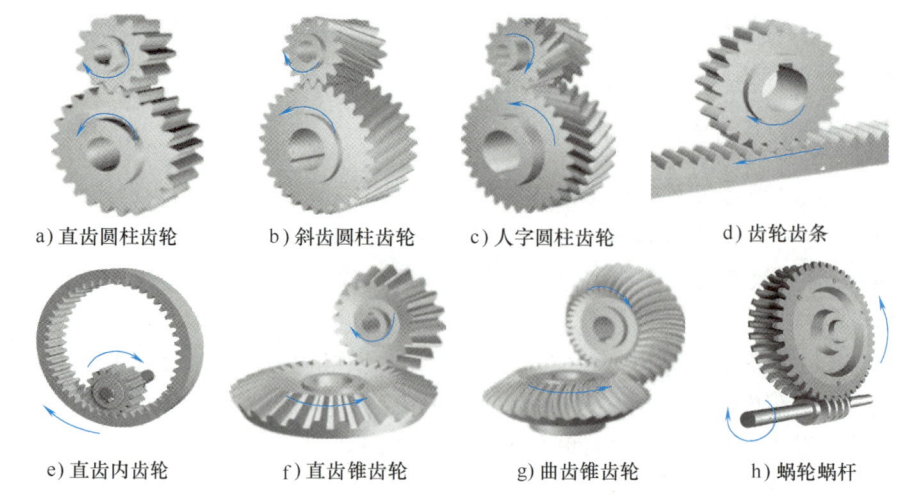

图 3.29　几种典型齿轮的例子

图 3.30　手表里的微小齿轮应用

图 3.31　汽车变速器齿轮传动

（3）航空器中的面齿轮传动　直升机主减速器齿轮的圆周速度高、传递功率大，但同时要求传动系统占用尽量小的空间。面齿轮传动正好能够满足这些要求。20 世纪 30 年代，美国提出了面齿轮传动的概念，但因啮合机理不清，且当时未找到合适的加工方法，故一段时期以来无法实现面齿轮的实际应用。直至 20 世纪 90 年代，美国军方和 NASA 率先将面齿轮传动技术用于军机来取代原来的螺旋锥齿轮，使传动系统的体积、功率、可靠性、寿命等性能指标都得到了满意的结果。迄今，美国一直将面齿轮相关技术作为一项国家核心机密对所有国家严格封锁。

如图 3.32 所示，面齿轮传动主要包括一个面齿轮和一个圆柱齿轮，用来传递主动传动轴与从动传动轴之间的运动。与锥齿轮相比，面齿轮的一个突出优点在于多了一个轴向装配自由度，因此对安装位置和装配误差不敏感，接触率高。由于面齿轮传动具有诸多优点，美国军方已经将面齿轮传动应用到第四代直升机——阿帕奇武装直升机上，结果，传动系统的

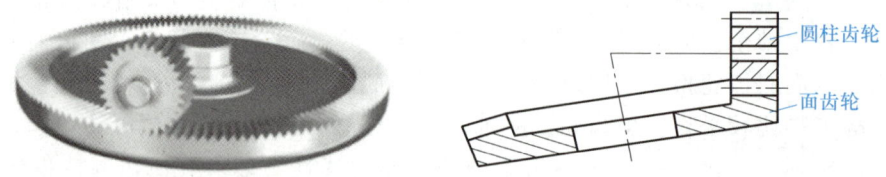

图 3.32　面齿轮传动

体积降低了 40%，承载能力提高了 35%。在面齿轮传动代替锥齿轮传动方面表现出极好的前景。

3.4.6 轮系

由一系列齿轮啮合组成的传动系统称为**轮系**（Gear Train）。轮系广泛用于机械中，轮系的主要功能如图 3.33 所示。

1) **大传动比传动**。两轴间需要较大的传动比时，若仅用一对齿轮，则两轮的直径不得不相差很大，如图 3.33a 中的 1′2′。

2) **两轴远距离传动**。当两轴相距较远时，若仅用一对齿轮，则两轮的直径需要很大，如图 3.33b 中的 1 和 3′。若改用轮系传动，增加中间轴和中间齿轮，就可避免上述缺点。

3) **变速和换向传动**。在主动轴转速不变的条件下，可以利用轮系实现多级转速换挡，甚至换向。如图 3.33c 所示，动力从轴 I 输入。齿轮 4、6 为双联齿轮，可沿轴Ⅲ轴向滑移。离合器接合，可使轴 I 与轴Ⅲ直接连通输出；离合器脱开，传动路线改变。双联齿轮有三个滑移档位：齿轮 4 与齿轮 3 啮合，齿轮 6 与齿轮 5 啮合，齿轮 6 与齿轮 8 啮合，于是轴Ⅲ能对应获得三种不同速度。需要提及，齿轮 6 与齿轮 8 啮合时，由于受到中间的惰轮 7 的影响，轴Ⅲ被反向驱动。

4) **分支传动**。分支传动是利用轮系主动轴上的若干齿轮，将运动分别传给若干个不同的执行机构，以完成作业需要的各种动作和运动规律。例如，在图 3.33d 所示的滚齿机主传动系统中，主轴 I 上有两个齿轮 1 和 1′，一条路线是齿轮 1 经齿轮 2 将运动传给滚刀 7；另

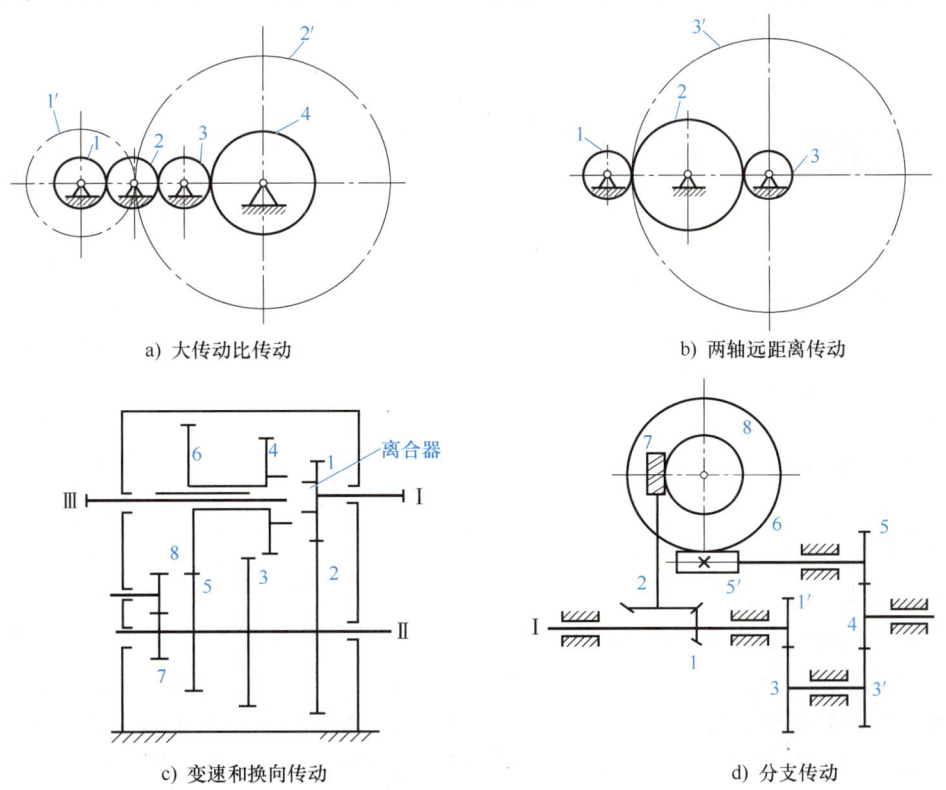

a) 大传动比传动　　　　　　　　　　b) 两轴远距离传动

c) 变速和换向传动　　　　　　　　　　d) 分支传动

图 3.33　轮系的主要功能

一条传动路线是借助齿轮 1′与齿轮 3 啮合,再经过齿轮 3′-齿轮 4-齿轮 5,蜗杆 5′-蜗轮 6 的传动路线,带动工作台及台面上固定的被切齿轮 8 转动,与滚刀共同完成切齿的展成运动。这两条分支传动路线都是由轮系完成的。

3.4.7 带传动机构

带传动机构(Belt Driven Mechanism)是利用张紧在带轮上的柔性带进行运动或动力传递的一类机构。除用于传递动力外,带传动有时也用来运载物料、整理和排列零件等。

1. 带传动的类型

如图 3.34 所示,根据传动原理的不同,带传动分为如下两大类。

(1)**摩擦型带传动** 靠带与带轮间的摩擦力实现传动。根据带截面形状不同,摩擦型带传动的带有平带、V 带、圆带等。平带材料一般为硬橡胶和(或)加强型合成材料。V 带靠两侧面加大摩擦面积来增加摩擦力。

(2)**同步带传动** 靠带与带轮上的齿彼此啮合实现传动,带与带轮间圆周速度同步,无滑动。同步带的优点是长度方向的变形小,齿间啮合精度高,所以传递的运动精度相当高。其缺点是高速时噪声大,因为吸振效果不明显。同步带传动的带有直齿带、人字齿带等。

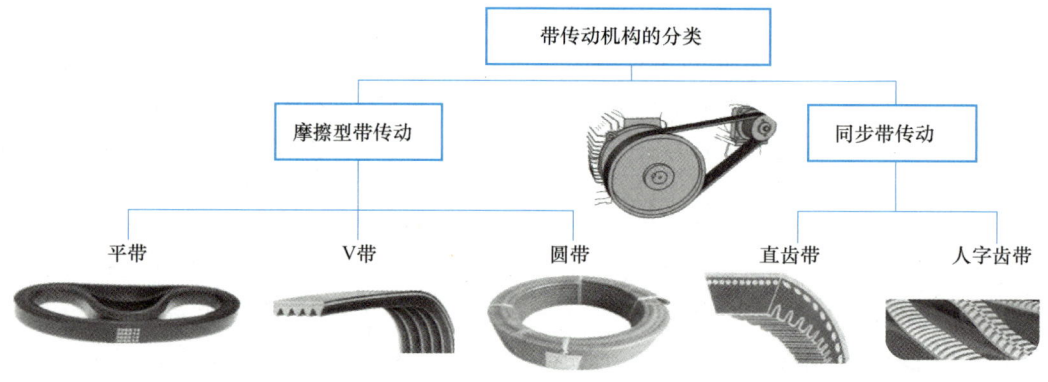

图 3.34 带传动的类型

带传动结构简单,传动平稳,缓冲吸振,适合大轴间距和多轴传动,且具有价廉、免润滑、维护容易等特点,故在传动中十分常见。摩擦型带传动虽有上述优点,但传动比不准确(滑动率约为 2%);同步带传动精度高,但吸收振动差,高速运转难免有噪声。

2. 带传动实例

(1)**同步带长距离传动** 图 3.35 所示为平面直角坐标机器人,采用电动机+减速器+同步带传动形式驱动。X 轴电动机固定在机座上,经中间带轮将动力传至 X 轴,实现直角坐标机器人横梁移动。该轴传动路线较长,正好发挥带传动长距离传动的长处,且平稳、吸振,无需润滑。同步带不打滑,传动比比较准确。X 轴中间传动轮也可充当张紧轮。同步带传动重复定位精度较高,为 0.2~0.5mm。至于 Y 轴,虽也采用同步带,但传动路线相对较短。

(2)**发动机的多楔带(V 带)传动和张紧轮** 图 3.36 所示为 V 带在发动机上的应用。带由多条 V 带排列组成多楔带,增加了摩擦力和传动的可靠性。发动机多楔带由曲轴输入动力,带动发电机、起动电动机、凸轮轴、机油泵等,执行多项任务,张紧轮保证运转的可靠性。

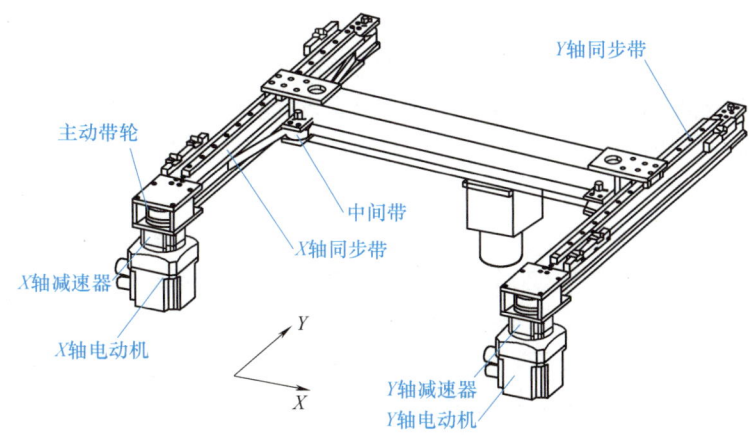

图 3.35 同步带传动的平面直角坐标机器人

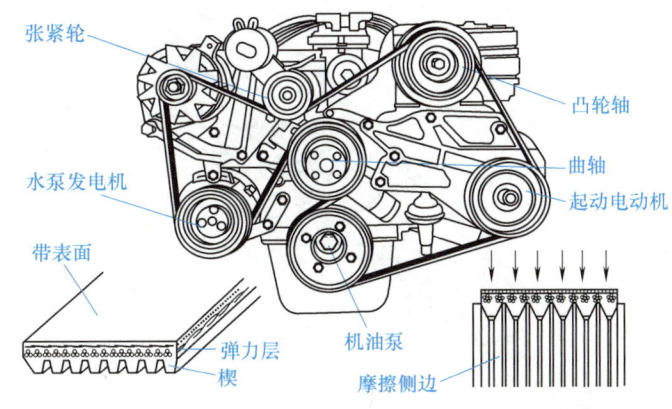

图 3.36 发动机的多楔带（V带）传动和张紧轮

3.4.8 链传动机构

链传动机构（Chain Driven Mechanism）是利用链节与链轮轮齿的啮合传递动力和运动的一类机构。链传动机构主要由主动链轮、从动链轮、链条组成，链条属于中间挠性件。

链传动类型丰富，按照所使用链条大致分为图 3.37 所示的三大类：输送链、套筒滚子

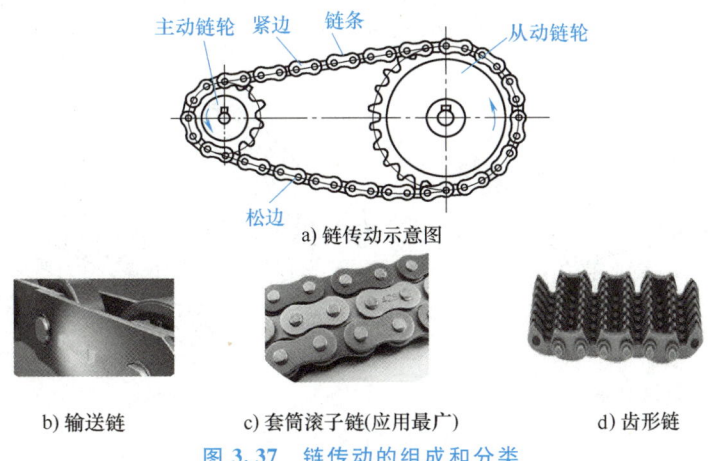

图 3.37 链传动的组成和分类

链和齿形链。

链传动适合长距离传动，不打滑，传动比准确，且适合在高温、潮湿、多尘、污染环境中工作，寿命为带传动的 2~3 倍。由于上述优点，它的用途极其广泛。链传动的缺点也很突出，如运转瞬间速度不稳定，有冲击、振动和噪声，制造要求高等。下面列举两个典型的链传动机构的应用实例。

1. 自动扶梯

图 3.38 所示为自动扶梯中借助输送链传动的例子。自动扶梯的驱动机组配置在扶梯的顶部，由扶手驱动链轮、梯级牵引链轮、梯级牵引链条等组成。自动扶梯的核心部件是并列于左、右两侧的两根梯级牵引链条，它们共同驱动踏脚梯级，必须严格配对，保证等长。驱动橡胶扶手胶带的是一条异形带式输送链，安装在扶梯机架内，由扶手驱动链轮与一组踏脚梯级联动，引出动力。扶手胶带与踏脚梯级的移动速度应该同步，让乘客感到平稳、舒适。

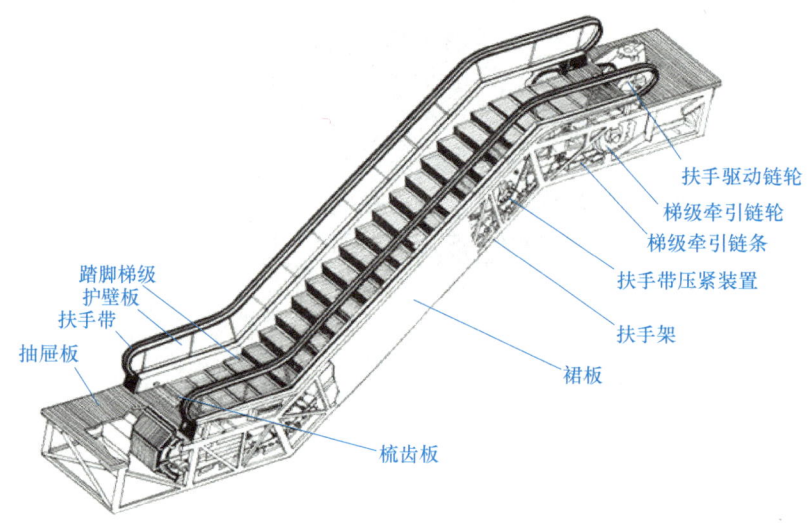

图 3.38 自动扶梯牵引链传动机构

带动自动扶梯踏脚梯级的梯级牵引链条是一条改型的板式输送链，如图 3.39a 所示，靠永久性润滑的支承轮支承，使梯级牵引链条上的梯级牵引链轮可沿导轨系统、驱动装置及张紧装置的链轮平稳运行，还能起到均布负荷、防止导轨系统过早磨损、保证链条整体运行稳定性的作用。图 3.39b 所示为梯级牵引链条张紧装置的结构。该装置由牵引链轮、轴、张紧

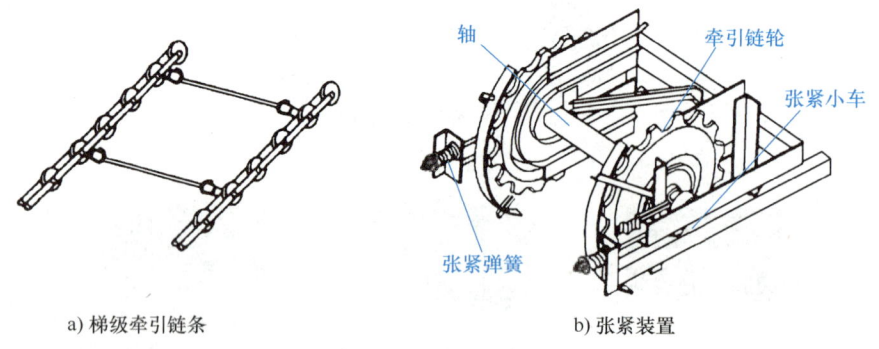

a) 梯级牵引链条　　　　　　　　b) 张紧装置

图 3.39 梯级牵引链条

小车及张紧弹簧等组成。张紧弹簧借助螺母调节张力,保证牵引链条在扶梯运行时处于良好工作状态。

2. 履带

履带由主动轮、支重轮、诱导轮、托链轮、履带组成,驱动则靠主动轮,如图3.40所示,主动轮通过齿轮与履带板啮合,将减速器的动力传给履带使坦克行进。它是坦克的所有轮子中唯一带齿的轮子,其位置一般处于整个履带最靠前或最靠后的部位,且处于两排车轮的上方,完全不承受车身重量。

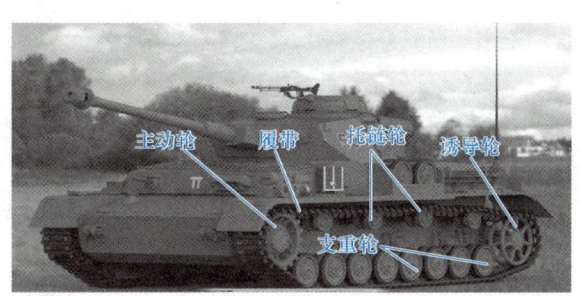

图3.40 德国虎式坦克

诱导齿用来规正履带,防止其倾斜或转向行驶时脱落。诱导轮是从动轮,通常不带齿,用来诱导和支承履带保持适合的形状,并与履带调整器一起调整履带的松紧程度。托链轮用来承托位于上方的履带,减少履带的振荡和撞击。托链轮轴的一端牢固地固定在车体上,其直径比支重轮小,故轴承的转速要高得多。它只支承上方履带,大约负担履带重量的1/3。支重轮的边缘光滑,用来承受坦克的重量和规正履带。参与负重的支重轮数量较多,以使每个轮子所分担的重量减轻,对地面的压力分布更加均匀,这样有利于提高坦克的通行性能。支重轮只负责承重,不提供任何动力。

3.4.9 组合机构

随着应用的拓展,基本机构的单一功能有时呈现一定的局限性,为了扩大基本机构的使用范围,在实际机械中将相同或不同类型的基本机构组合起来使用,这样的机构称为**组合机构**(Combined Mechanism)。

所谓组合机构并不是若干基本机构的简单串联,是几种基本机构相互协调和配合的传动系统,并被赋予新的运动功能。组合可以在同类机构之间,也可以在不同类机构之间进行,不过都需要基于科学的构型方法和设计分析来实现。例如,有凸轮-连杆组合机构、齿轮-连杆组合机构、凸轮-齿轮组合机构等。下面对组合机构的应用举一个例子来说明。

图3.41所示为机加工常见的转塔刀架分度机构,由凸轮机构、齿轮齿条机构、曲柄滑块机构、锥齿轮机构、圆柱凸轮机构、槽轮分度机构等组成。除了主切削运动外,刀具和被加工工件的相对运动关系有两个,一个是刀具的更换,一个是刀具的锁定。与之对应需要两路输入运动:一路从齿轮机构一端输入周期性整周转动,经过锥齿轮对传动改变转向,由圆柱销拨动槽轮分度机构,最终完成刀盘的间歇分度运动(槽轮圆周被划分为6个等分间隔),实现换刀功能;另一路是从凸轮机构整周转动输入的运动,再借助齿轮齿条机构、曲柄滑块机构、圆柱凸轮机构,驱动圆柱凸轮摆杆前后移动,摆杆作用于压紧弹簧,按要求一

张一弛，相当于给转塔刀盘加装了锁紧装置，根据切削工序的安排，在槽轮分度前摆杆拔出，将转塔刀盘解脱，分度完毕后摆杆插入槽轮分度机构，立即将转塔刀盘自动锁紧，保证安全切削。

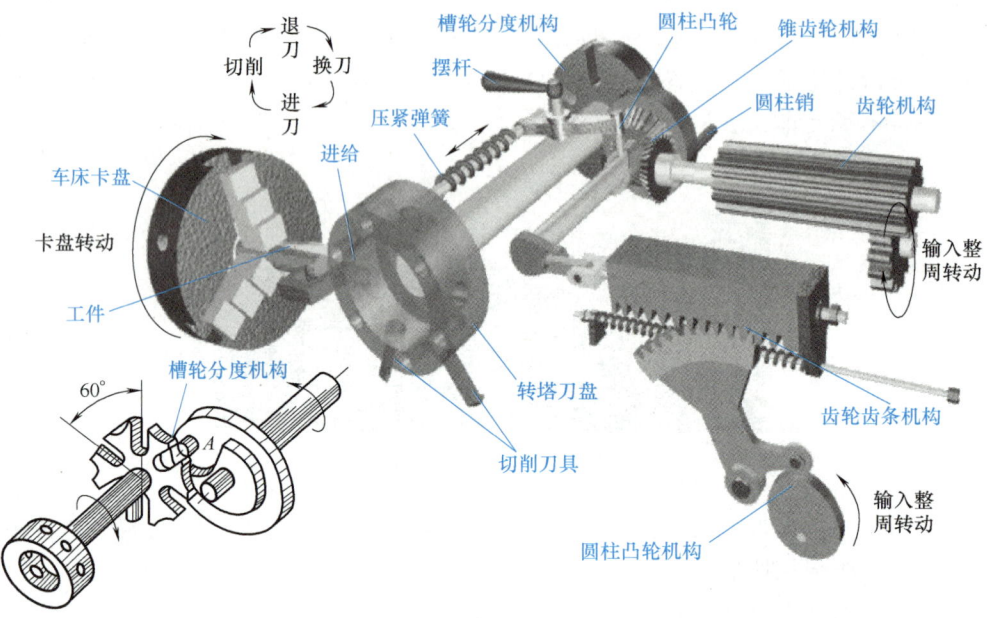

图 3.41 转塔刀架分度机构

思考题

3-1 上网查阅资料并扼要介绍神舟九号飞船太阳能帆板的功率是多少？维持飞船运行一天的耗电量是多少？帆板的重量大约为多少？

3-2 图 3.42 所示为金属切削作业常用的车床。请将车床与机器组成的五大部分对照，加以说明。

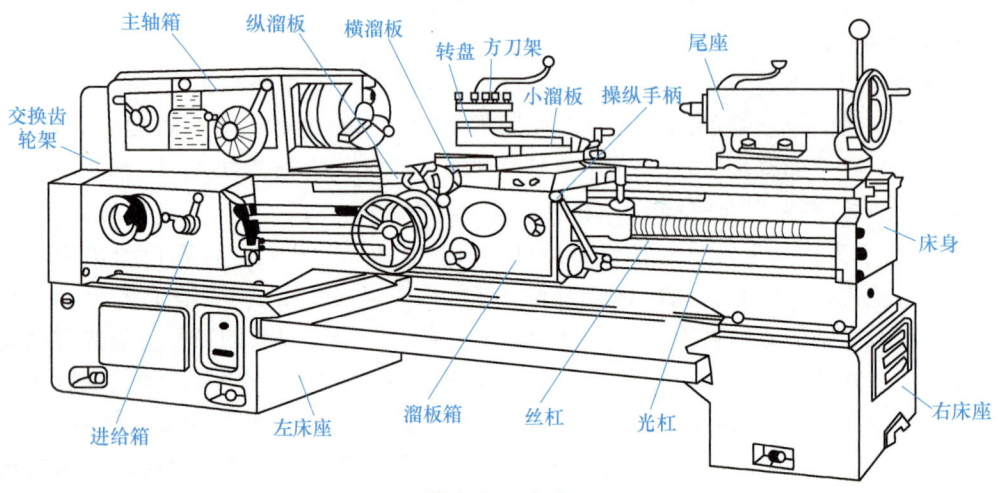

图 3.42 车床

3-3 　内燃机的每个气缸里的活塞都是四冲程的。上网查阅资料，了解为何内燃机一般都设计成四缸、六缸、八缸。

3-4 　市面上有不带飞轮棘轮棘爪功能的自行车吗？如此的话会发生什么情况？简要说明。

3-5 　从生活中的观察寻找平面四杆机构、凸轮机构、间歇运动机构、齿轮机构、带传动（或链传动）的例子，并尝试用图形和常用的符号来表达说明。

3-6 　为何链传动设计时一般将链条的链节数取为偶数，链轮齿数取为奇数？

3-7 　据记载，冯如是第一位飞上天的中国人，但他是在美国上天的中国人。那么，谁是第一位在中国飞上天的中国人呢？谁是中国的第一位女飞行员？请上网查阅资料，并简述情况。

思政拓展："齿轮传动是机械设备中应用最广泛的机械传动方式之一，具有传动比准确、效率高、结构紧凑、工作可靠、寿命长的特点。扫描右侧二维码观看中国第一座 30 吨氧气顶吹转炉相关视频，分析其中齿轮传动的作用原理。

信物百年
中国第一座30吨
氧气顶吹转炉

第 4 章　机械设计过程

【本章导读】

本章剖析了两个机械设计过程实例。第一个是战机推力矢量喷管机构,重点介绍机构运动学设计,如运动学优化、仿真等。第二个是指向机构,虽然以民用的喷泉摇摆台来讲解,但也有很广的军用背景。实例涵盖了产品研发的全过程,包括运动学和力学分析、零件设计、仿真、制造、调试、现场试验等。实例中具体结构、公式等无须掌握,只要求缕清机械设计的脉络。

4.1　机械设计概述

设计,指设计师有目标、有计划地进行技术性的创作与创意的活动。设计的任务不只是为生活和商业服务,同时也伴有艺术创作的特质。

设计是人类造物活动的预先计划。当代,设计已经深入人类社会和生活各个领域,如日常遇到的工业设计、建筑设计、室内设计、网站设计、服装设计、平面设计、环境设计、影视动画设计、机械设计等。

机械工程概论重点涉及机械设计(Mechanical Design)。机械设计是根据客观需求提出任务,运用已掌握的各学科知识及相关信息,通过构思和创新对目标机械系统或机械产品的外观、工作原理、运动形式、能量传递方式,开展结构、材料、尺寸、润滑方式等细节设计,再经过分析计算,形成设计图样和技术文档,建立高性价比的产品技术系统的工作过程。

机械设计是机械工程的重要组成部分,是机械生产的第一步,是决定机械性能的最重要的因素,也是机械工程领域创新工作最活跃、最关键的内容之一。

机械设计的努力目标是在各种限定条件(如材料、加工能力、成本、理论知识和计算手段等)下设计出最好的产品,即完成所谓的优化设计(Optimal Design)。设计者的任务是按具体情况权衡利弊,统筹兼顾,使设计的机械有最优的综合技术经济效果。

与各产业领域相关的机械设计,特别是系统整体的机械设计必须依托于各自产业技术所形成的独立学科。因此出现了农业机械设计、矿山机械设计、纺织机械设计、汽车设计、船舶设计、泵设计、压缩机设计、汽轮机设计、内燃机设计、机床设计等专业的机械设计分支学科。不过,这诸多专业设计又具有不少共性技术、类似的设计步骤和规律、通行的设计方法、约定俗成的表达方式等。将机械设计的共性技术与设计方法汇集成为一门独立的、综合性的机械设计科学,是机械工程实践和教育工作者孜孜以求的目标。

按照内容来划分，机械设计分为机构分析与设计、机械传动设计、零部件设计、强度设计等（图 4.1）。

在人类社会生活涉及的不同领域的设计中，机械设计和<u>工业设计</u>（Industrial Design）的关系最为密切。工业设计又称为工业美术设计。伴随现代机械设计的进步，工业设计的地位越来越重要，往往应该与机械设计、系统控制、电气设计同步、并行地展开，即所谓的"<u>并行设计</u>（Concurred Design）"。下面通过日本本田公司研发双足人形机器人的过程（图 4.2）简述工业设计对机械设计起到的影响。

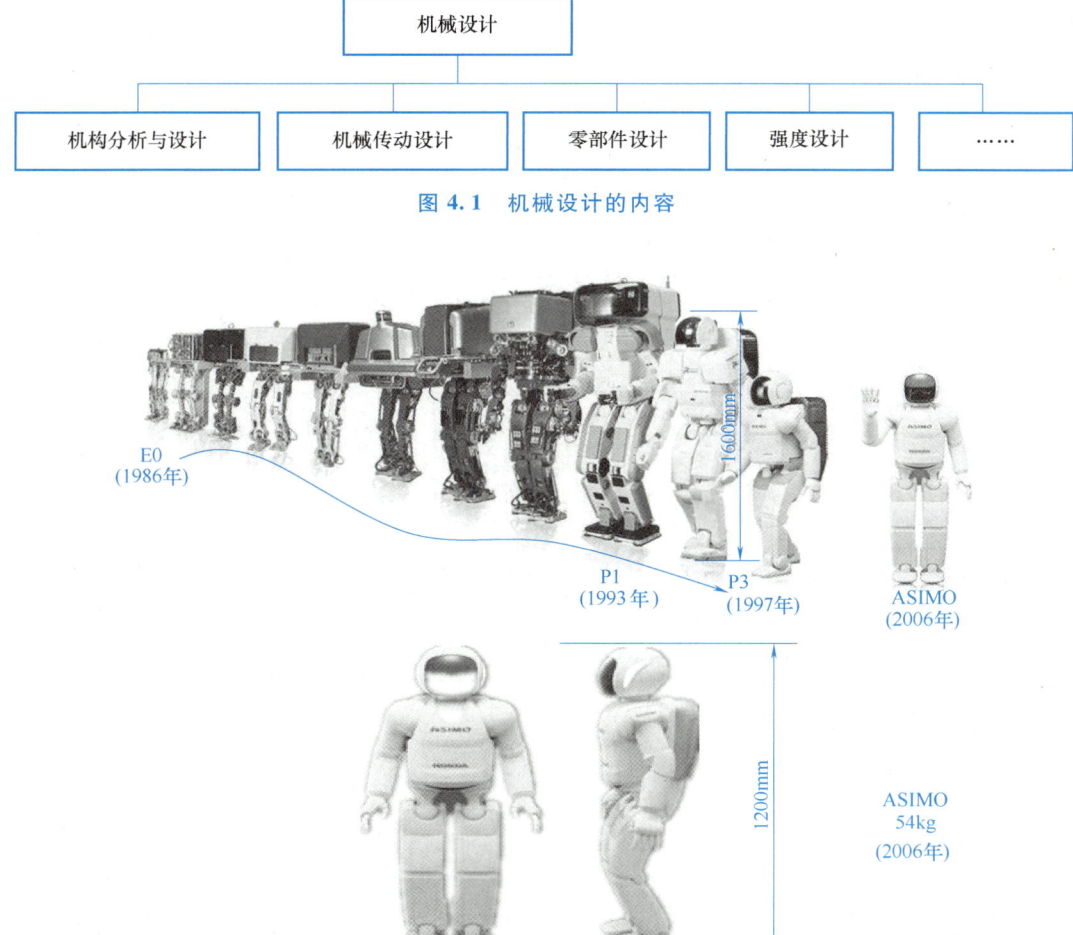

图 4.1　机械设计的内容

图 4.2　本田双足人形机器人高度的演化过程

1986 年，日本汽车制造商本田公司启动了双足人形机器人的开发项目，2000 年末正式发布第一代产品 ASIMO，它被公认为世界第一款真正意义上的双足行走机器人。此后，直到 2011 年，本田公司又相继推出三代 ASIMO 机器人。在本田公司历时 20 余年研发双足行走机器人期间，前前后后进行了七次产品迭代。其中一个困扰设计工程师的问题是，作为人类的伙伴，它的个头与常人相比是高还是低？究竟多高才相宜？这就涉及工业设计，同时也折射人类作为使用者的心理问题。

ASIMO 早期产品 P1 型（1993 年）高达 191.5cm，体重为 175kg。这样的大块头难免会给主人造成存在不安全感的隐忧。据分析，人形机器人身高体重大致相当小学生的水平比较适合。于是此后，ASIMO 的外形设计改弦易辙，一路减肥、降高，最终 ASIMO 的身高锁定在 1.2m，体重为 54kg，行走速度为 0~9km/h，成为工业设计与机械设计并行开展的一个典型范例。

4.2 机械设计的一般流程

4.2.1 机械设计工程师所必需的知识体系

图 4.3 大致归纳了一位专业机械设计工程师所需掌握的知识体系。

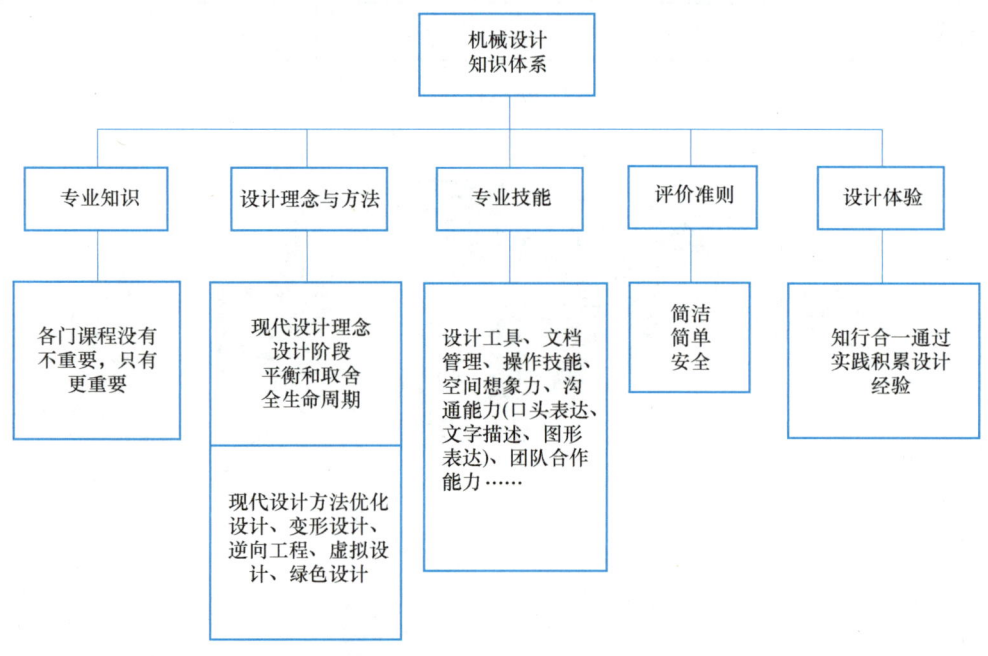

图 4.3 机械设计工程师所需掌握的知识体系

未曾受过现代高等教育系统训练的工程人员参加机械设计和创新活动的例子古今屡见不鲜，不过这类设计和创新主要靠灵感、经验、兴趣，与现代设计不可同日而语。现代科学技术的分工越来越细，各学科交汇融合，设计任务纷繁复杂，设计所需要的知识越来越丰富，因此，只有通过系统地学习专业知识，达到自觉、规范、优化地运用专业知识开展设计，才能更好地驾驭设计和创新活动。前人云"梨园讲科班，和尚讲受戒，仕途讲科举"，就是指专业素养的重要性。图 4.3 有以下几个要点。

（1）**专业知识** 机械工程的各门课程都是精选出来的，内容经过了多年的积累和凝练，是一位合格的工程师必须掌握的基本知识和专业知识。这些课程没有不重要，只有更重要，要力戒偏科。

（2）**设计理念与方法** 当代科技发展迅猛，人们归纳出很多设计理念和方法，试图对应各种设计约束条件，做到综合性能最优。应该说各种设计方法的效用性都有前提条件，所以选用设计方法要讲究针对性和有效性，正所谓"一把钥匙开一把锁"。

(3) 专业技能 专业技能就是借助各种现代设计工具和表现手段，将个人的设计理念、创新构思清晰地、淋漓尽致地呈现出来，将内在反映到外在，将里像折射到外像。机械工程制图方法是工程师的语言，丰富的现代设计软件为交流设计思想提供了有力的手段。必须指出，机械设计专业技能需要在实践中积累和培养。仅仅停留在脑中而无法与他人分享，那不是设计。沟通能力包括三个方面：文字描述、口头表达、图形展示。

(4) 评价准则 衡量一项成功的设计或一个好产品的标准可以归纳为3S：简洁（Succinct）、简单（Simple）、安全（Safe）。评价设计的水平和质量，就是评估未来产品的质量。有统计指出，机械产品50%的事故是由设计不当诱发的，而产品成本的70%~90%在设计阶段就已经决定了。所以把好设计这一关，客观评价设计的水平，是提高产品质量的第一步。

(5) 设计体验 设计体验就是工程技术人员一定要在工作中践行"实践-认识-再实践-再认识"的原则，做到知行合一，重视生产现场的经验积累，特别是设计失败的教训更弥足珍贵。理论是由前人实践总结出来的事物发展的规律，所以掌握理论很重要。但是实践是认识之源，面对当今社会发展的新需求和新问题，工程师不仅需要熟练掌握专业知识，能将专业知识应用于实践，而且也需要创新思维，不断总结新理论，获得提高设计水平的新动力。

由图4.3可以归纳出设计中必须秉持的一些主要理念。一个理念是设计通常都无法达到完美的境界。设计师要善于从面对的多对矛盾中做到取舍和平衡，达到综合最优。其实，综合最优本身也是相对的。例如，性能和价格就是一对矛盾体，设计师的任务就是权衡性能和价格之间的权重。再如，结构的复杂性与可靠性也是一对矛盾，盲目地追求机器功能和复杂性往往是不明智的。一般来讲，系统越复杂，可靠性就越低。为了提高复杂系统的可靠性，也许需要增设备用系统，这又会不可避免地提高设备成本。

另一个理念是在设计阶段要尊重科学，严守流程，根据规章制度按部就班地完成设计阶段的每个环节。这是航空航天项目管理的一条纪律，尤为重要。

4.2.2 机械设计的一般流程

设计关系到机械产品的成本，甚至最终产品的成功与否，因此，可以说一部机器的质量在很大程度上受到设计质量的左右。设计阶段虽是产品开发的起步阶段，却是决定机器好坏的关键。设计过程是一个守成与开新的过程，既应该尽可能多地借鉴成功经验，又需要创新和创造，只有把借鉴与创新有机地结合起来，才能设计出高质量的机器。

一部机器往往是一个复杂的系统。要提高设计质量，必须遵循科学的设计流程。虽然很难归纳出一个在任何情况下都适用的唯一的标准流程，但是，根据长期经验，机械设计的一般流程大致分为五个阶段（图4.4）。

设计流程中遵循的主要准则是创新性、简单化、可迭代性。

1. 阶段一：产品规划阶段

根据针对用户订货、市场需求的调研，结合新科研成果制订设计任务，进行产品可行性分析，明确机器所应具有的功能，梳理自身条件和能力，做到有所为有所不为。最后撰写产品设计可行性论证报告。对新产品而言，本阶段尤其重要。产品目标的失误将造成经济上的重大损失，甚至全盘皆输。A380的成就与窘境就是近年来全球典型的产品规划阶段失策的案例。

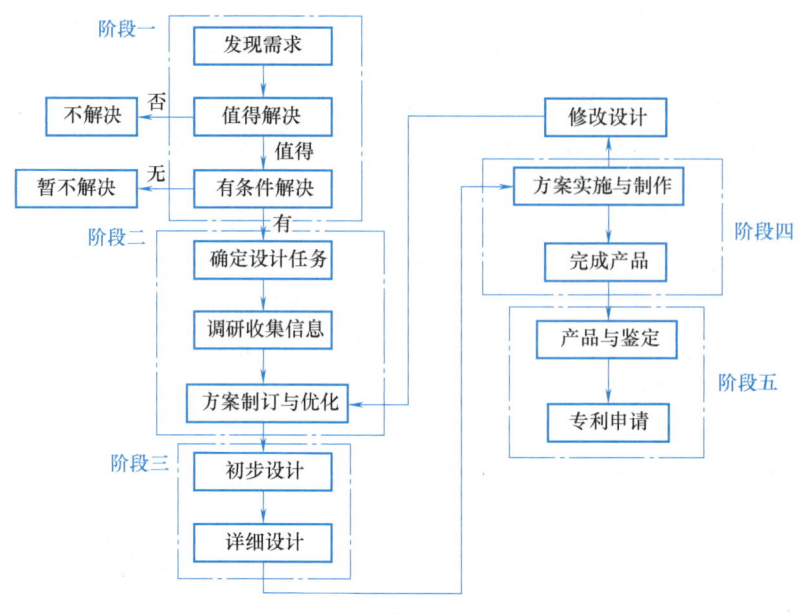

图 4.4 机械设计的一般流程

从 2000 年开始，空客公司先后投入 200 亿英镑研发 A380。2007 年，这款四发动机 544 座级的超大型远程宽体客机首飞成功，在飞行器技术上无疑取得了巨大成功，但是却未取得预期的商业成绩。按预测，A380 的盈亏平衡点为 350 架，期望销售量为 750 架。但实际订单仅为 331 架，低于预期，盈亏失衡已成定局。于是空客决定在 2021 年停止 A380 的生产。这一决定未来可能影响 3000～3500 个工作岗位。A380 技术上的成功、商业上的失败应该归咎于产品规划阶段的失误。原因大致有以下几点。

1）误判"大"和"快"的变化趋势。A380 本想与波音 747 一比高下。殊不知当代客机竞争的热点已经从"大"转到了高效率、高效益上。在飞机发展的进程中，"快"是永恒的追求。波音 747 之所以赚得盆满钵满，是因为在正确的时机、以正确的产品定义与构型满足了客户的需要。A380 以大取胜的产品定义已经时过境迁、生不逢时了。

2）错估远程直航对商业格局的影响。绝大部分乘客的消费观念发生了变化。当今，尤其是年轻乘客已经不再愿意把时间浪费在从航空枢纽站再转机到支线航站上了。波音 787 和 777、空客 A330 和 A350 等体积小、经济性好的双发动机宽体客机的点对点远距离直航更受乘客青睐，因此获得了大量商业订单。

3）对机场设施兼容性等综合决策论证不够。

4）激情有余、理智不足。从"协和"到 A380，欧洲屡屡受挫，这也许要归咎于欧罗巴大地上的浪漫情怀太过炽烈、取胜心态太过急切、对技术突破太过痴迷、对新技术实用化期望过高而判断失准。

我国商用飞机 ARJ21、C919 在定义与新型号构型方面就借鉴和吸取了全球客机发展的经验与教训，充分考虑军民融合、军民兼用，正确地规划了商业路径。

2. 阶段二：概念设计阶段

制订设计任务的全面要求及细节，在此基础上有针对性地收集、调研国内外相关技术信息，提出若干套方案，加以权衡、论证和决策，遴选出最佳方案，最后，作为本阶段的总结，应该形成和提交设计任务书。本阶段是构思产品新结构、新功能的关键阶段。在此阶段激发设计工作小组成员的头脑风暴，凝聚团队的智慧十分重要。

设计任务书应包括机器的功能、经济性及环保性的评估，制造方面的瓶颈预判，基本使用要求，以及完成设计任务的预计期限等。此阶段不必苛求对上述要求及条件面面俱到，给出一个合理的范围即可。

3. 阶段三：技术设计阶段

这是详细而具体地开展技术设计的阶段，分成初步设计和详细设计两大块。

初步设计包括确定机械的工作原理、基本结构形式和基本尺寸，进行运动学设计，分析主要零件所受的载荷，开展动力学分析、进行结构设计并初步绘制总图，以及完成初步审查等。

初步设计完成以后，仍有大量的零件结构细节需要在详细设计阶段加以推敲和确定。详细设计阶段的任务是在贯彻标准化、系列化、通用化原则的基础上，最后完成绘制零件工作图、部件装配图和总装图的任务。在详细设计中要力求全部零件有最合理的构形，对重要零件要做精确校核计算，还应该充分考虑零件的加工和装配工艺性，以及它们在加工中、加工后的检验要求和实施方法等。

计算机技术在机械设计中得到了日益广泛的应用。多种高效设计、分析、仿真软件及专家系统为详细设计阶段进行多方案对比、复杂结构强度和刚度分析、动力学特性的精确分析和计算提供了有力工具。例如，可以用 ADAMS 软件分析机械系统的运动学及动力学特性，用 Pro/M 软件分析机械装置的动态特性，引入 ANSYS 软件分析应力，借助有限元法准确分析复杂零件的应力分布和变形等。此外，计算机虚拟样机仿真大大方便了对设计可行性的验证。计算机技术正在改变机械设计的进程，它在提高设计质量和效率方面的影响是难以预估的。

这一阶段的任务还包括全部技术文件的编制。技术文件的种类较多，常用的有设计计算说明书、使用说明书、标准件明细表等。编制设计计算说明书时，应包括方案选择及技术设计的全部结论性内容。使用说明书是供用户在调试和掌握设备时参考的，故它应面向用户介绍机器的性能参数范围、使用操作方法、日常保养及简单的维修方法、备用件的目录等。其他技术文件包括采购清单、制作工艺单、检验合格单、外购件明细表、验收条件、包装运输要求、生产进度及人员安排等，这些文件可视具体需要一一编制。

4. 阶段四：产品制作阶段

进入这一阶段，意味着前期产品的信息加工环节告一段落，转而进入让材料发生形变或质变，即产品加工制造的环节。零件工作图、装配图、技术文件是本阶段所有生产活动的技术依据。在经过上述步骤后，单件或小批生产的机械产品可以根据设计图样投入正式生产；成批或大量生产的机械产品在正式生产前要试制样机，进行功能试验和鉴定，评估后再按批量生产工艺进行批量试生产，批量试生产中产品所暴露的问题在履行相应的设计修改手续后方认定完成定型设计程序，留待正式大量投产使用。

5. 阶段五：总结评估阶段

完成产品制作后，要进行产品鉴定、专利申报、定型设计等。

新产品鉴定是从技术、经济和生产准备等方面对产品进行全面评价，出具能否定型生产的结论性意见。鉴定内容包括是否符合技术任务书、国家标准和其他技术文件的规定，设计资料、结构工艺性文件、技术经济评估是否齐备、先进，是否符合环境保护和卫生安全的要求，还应评价零部件的制造、装配质量及试验结果等。

上述五个设计阶段可以依产品不同合理进行取舍。比较简单（如一般产品的继承设计或改型设计等）的机械设计可省去初步设计程序，批量或大量生产的产品要进行定型设计。在设计的每个步骤中都可能发现前面步骤中的某些瑕疵，这就需要折返到前面对应的步骤去修改不合理之处，完善设计。

专利作为一种无形资产，具有巨大的商业价值，既是企业创新能力和核心竞争能力的体现，也是提升企业竞争力的重要手段。在新产品研发过程中和总结阶段，企业要重视将新技术成果转化为专利，保护自有知识产权的工作。

最后还应该强调一下贯彻机械设计标准化原则的问题。标准化原则就是在设计全过程的所有行为都应该满足相关的标准化要求，包含如下内容。

1）概念标准化：指设计所涉及的名词术语、符号、计量单位等均应符合标准。

2）实物形态标准化：指零部件、原材料、设备及能源等的结构形式、尺寸、性能等都应按统一的规定选用。

3）方法标准化：指操作方法、测量方法、试验方法等都应遵循相应的规定或规范实施。从运用范围上来讲，现行的标准可以分为国家标准、行业标准和企业标准三个等级。

图 4.5 给出了产品研制项目不同阶段费用的比例。项目研制周期按照 10 年，经费总额度按照 100% 计算。概念设计阶段的开销并不多，约总额度的 1%，但花费约 2 年时长，占到整个周期的 1/5，说明在设计全过程中，概念设计是非常重要的环节，要反复权衡，周到地考虑各种约束条件，做出大量关键决策。初步设计加详细设计阶段花费的时间约为整个周期的 45%，经费约占 1/5。更多的时间和经费则用在研制和生产上。

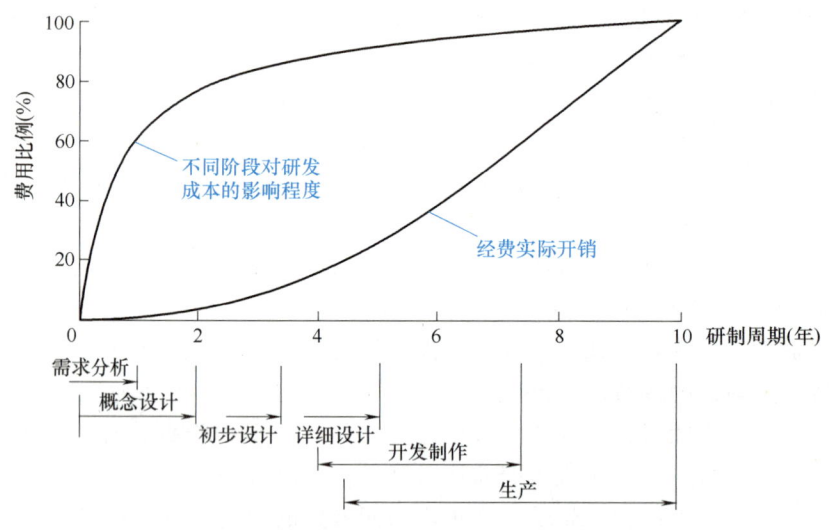

图 4.5　产品研制项目不同阶段费用的比例

4.3　案例：飞机研制的一般流程

经历半个世纪的不懈努力和发展，我国航空工业研制飞机的方法和手段逐步得到提高和完善。飞机研制流程一般分为五个主要阶段，包括论证、方案设计、工程研制、设计定型和试生产(生产定型),如图 4.6 所示。与民机研制项目的不同在于军机研发的计划更细致、更严格,可靠性要更高,而前者更具有指令性要求。

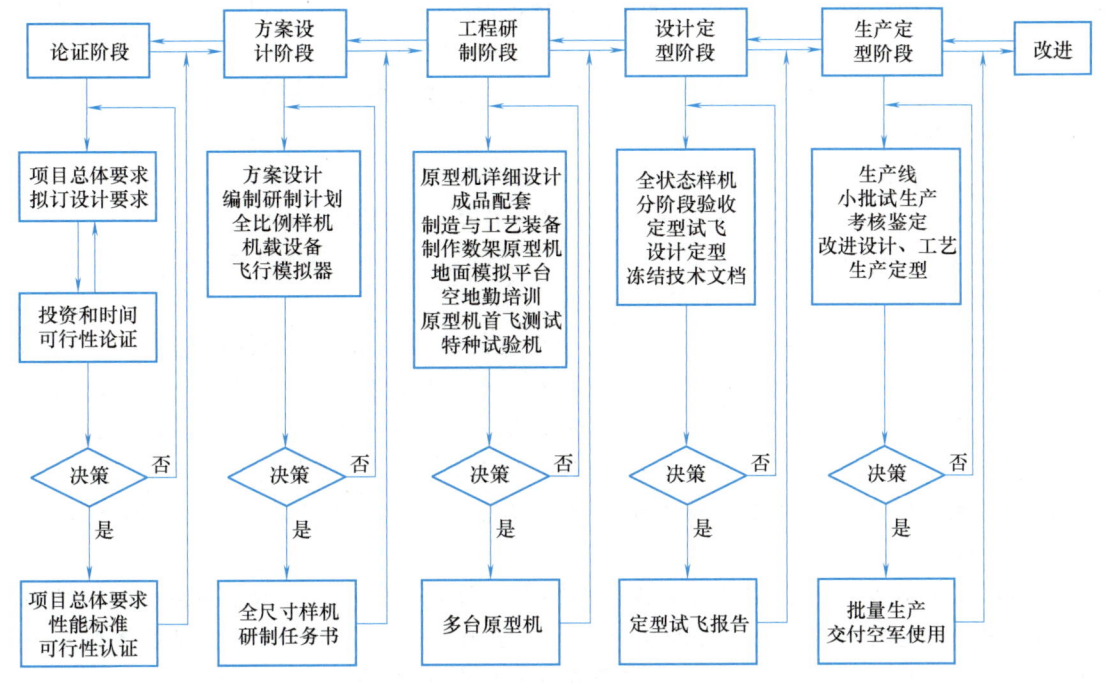

图 4.6 飞机研制的一般流程(与机械设计的一般流程基本一致)

4.3.1 论证阶段

论证阶段是由航空科研部门根据作战部队提出的技术和型号要求,或者由科研部门根据部队的潜在需求,针对特定产品进行技术战术性能和可行性开展的论证工作。

论证阶段的重点是:①确定项目的总体要求,如飞机整体研制条件和性能标准等;②确定项目的投资规模、概算、时间;③研发单位与使用单位彼此进行指标协商和协调,确认可行性。

经过论证阶段认定后的科研方案上报主管和使用部门,由上级单位组织方案论证会或采取投标竞争等方式,最终确定技术方案的标准和需要保证的技术参数和性能标准。

4.3.2 方案设计阶段

1)方案设计是对飞机的气动布局、性能指标、动力装置、结构工艺和雷达火控等进行论证,确定飞机研发的总体设计规范、新材料和新工艺的项目和类型。

2)列出飞机研发所需要的成品科研和基础试验的项目与周期。

3)对方案进行具体设计和试验,确定飞机气动布局和结构设计标准,然后按照设计图样制造数字模型和全比例金属样机。金属样机应在外形和大部分结构上与实机接近,但最终设计仍然允许做一定调整,如歼-10 金属样机与最后设计之间就存在比较明显的差异。

4)依据设计结果和机载设备、成品构成与配套的方式,开发地面专用飞行模拟试验台。

4.3.3 工程研制阶段

工程研制阶段是将经过验证的设计转换成物理产品的阶段。该阶段的主要工作大致有以下几方面。

1) 按照图样设计、基础试验和样机制造的成果，对方案进行完善，然后转入详细设计和制造工艺装备的环节。

2) 按照设计图样准备生产用的工装、夹具和样板。

3) 发出设计图样后按要求的数量和标准制造出可飞行的原型机。

4) 原型机最首要的工作是测试飞机的气动、结构、操纵和动力性能。待这些方面的可靠性和成熟性达到标准后方着手开展后续工作。

工厂研制的原型机需要经过首飞测试。原型机机体内部结构（舱体内部的布置和重量分配、电传操纵系统等）通常都与正式机型存在一定的差异。为飞行安全起见，原型机需要调整重心位置及采取可动部分的代用措施等。首飞原型机不会安装正式产品所配置的全部设备和成品，通常采用配重铅块来替代原有设备，以便节约出80%的机舱空间，加装众多的测试设备。这样做，就将系统简化到复杂度最低的程度，有利于防范新机首飞的风险。

该阶段需要制造多架结构和技术状态相同的原型机。例如，大型客机C919的研制至2019年已投入六架原型机试飞。在原型机首飞前必须先完成静强度试验，证明飞机结构设计标准达到技术要求，然后进入首飞。六架试飞机的分工如下。

1) 第一、二、三架试飞机接受性能、结构、操纵性等方面的试飞测试。

2) 第四架试飞机开展航空电子设备、照明等方面的试飞测试。

3) 第五架试飞机进行舱内环境控制、客舱系统、高温高寒等试飞测试科目。

4) 第六架试飞机承担客舱系统、功能可靠性等试飞测试科目。

在首飞的原型机首飞后，还应根据试飞飞行检验所暴露的缺陷，对飞机的动力、系统、结构和操纵等方面进行修改，以达到可以交付调试试飞的技术状态。同时可以在原型机的基础上同步开展其他特殊用途机型的改型设计，例如，在歼-7的基础上就开发了歼-7低信号试验机、歼-7FS气动和结构试验机、歼-8空中加油试验机和歼-8ACT主动控制试验机等后续机型，以及基于战斗机平台发展而来的电子设备和发动机试验机等验证平台。

4.3.4 设计定型阶段

完成全状态样机试验项目和试飞科目，即可转入设计定型阶段。

1) 全状态样机分阶段试验验证。定型试飞前，试验样机要按照试飞大纲的指标和试验步骤，依照标准，分阶段验证飞机、发动机、机载成品、电子设备等的相关性能，评价飞机气动、动力和机载设备的配套性和兼容性，全面验证产品是否达到设计标准，并且通过战术和武器试验评估飞机的作战能力，并将试验飞行取得的数据与计划书和技术指标规划进行比对。这样的试验机也称为全状态样机。

2) 全状态样机定型试飞。应该说，设计定型阶段的定型机与正式装备的飞机之间已经没有大的差异了，此时，试飞工作主要是针对与作战有关的技术指标进行测试检验，该阶段的试飞也可称为鉴定全状态样机试飞或定型试飞。

3）冻结设计技术文档。一旦进入定型阶段，即标志飞机的结构和气动设计已经满足指标要求。而全状态样机完成了基本科目的试飞和试验也标志飞机已经不存在重大的问题，这时飞机的设计图样、工装、型架设计、成品选择方案都将被确认，并处于技术冻结的状态。

4.3.5 生产定型阶段

（1）**小批试生产** 全状态样机在完成试验项目后即可进入小批量试生产阶段。此时，原型机和全状态样机归试飞单位使用和掌握，而小批量试生产的飞机则应交付最终用户。

（2）**用户考核鉴定** 用户将根据需求标准对试生产的飞机进行全面的考核鉴定，对于军机，应根据飞机性能研究战术方式和作战方案，编制飞行训练的相关标准与应用手册。小批生产定型验证试飞是用户按使用标准对飞机进行最后检验的步骤，为完善飞机性能和后续的改进改型提供最终的技术和实践上的依据。

（3）**小批试生产检验** 这对进一步改进飞机性能和完善生产工艺的促进作用是非常明显的，例如，歼-8飞机提高滚转性能、低空大表速稳定性的改进工作就是依据空军使用单位提供的反馈意见而开展的。

（4）**生产定型的鉴定申请** 试生产阶段完成后，该机型就可以进行生产定型的鉴定申请。

经过多年的发展和积累，我国航空工业的技术水平得到了极大的提高，在航空技术装备和成品技术标准上大幅度缩小了与发达国家的差距，部分成品和尖端技术已经达到了世界较先进的水平。不过，国内很多项目的进步都是在模仿国外先进产品的基础上演进而来的，我国只有在学习、借鉴、积累的同时更注重航空技术的创新，才能取得更大的成功。

4.3.6 歼-9项目研制举例

在我国的歼击机序列中，唯独缺少了歼-9这个型号。歼-9的全称为全天候高空高速要地防空截击机。

实际上，1965年，沈阳601所即立项启动了歼-9型号的研制，历经14年、三上三下的经历，该机型于1980年寿终正寝。歼-9多舛的命运对飞机研制的规律提供了借鉴。

1966年，歼-9第一研制方案的主要设计指标是：最大马赫数为2.4，升限为21000m，最大航程为3000km，作战半径为600km，续驶时间为3h，飞机总质量为14t。

1967年，经风洞实验发现，歼-9Ⅳ方案的机动性不够理想，无尾三角翼方案（前缘后掠角为60°，翼面积为62m²）被提出，但由此带来升降副翼刚度、操纵功率等方面的问题。

1970年，601所分迁500人到成都建立了611所，即第二歼击机研究所。歼-9经过性能指标和气动布局的多次修改，选择了鸭式布局，腹部或两侧进气（歼-9Ⅵ）方案。

歼-9的设计思想虽然前卫，但始终无法达到原定指标，910发动机的进展也成为阻绊，结果，在1972年，歼-9项目被暂缓，而后夭折。空军最终选择了歼-8。

歼-9（图4.7）可以说是我国第一个也是唯一一个完全自主研制的战机系统，实际上，它的每个环节都成为如今诸多新机型的奠基石。虽然歼-9从来没有飞上蓝天，但仍不愧为一座丰碑，如以歼-9Ⅳ为基础演进成"枭龙"，以及从歼-9Ⅵ涅槃重生的歼-10，可以说，没有歼-9也就没有这两款拥有我国自主知识产权的三代半战斗机。

歼-9夭折有很多主观和客观的原因。主观原因是该机的性能指标具有极强的超前性，其先进性虽可与美苏同时代战机比肩，却大大超出我国航空工业当时的能力。客观原因是用户对歼-9的性能指标一改再改，原本就勉为其难，之后又多次升级，最终不得不放弃。所幸后来吸取教训，以务实、求稳的路线，选择歼-8为新一代主力歼击机机型，最终取得成功。

图 4.7　全天候高空高速要地防空截击机（歼-9）

4.4　设计举例1——推力矢量喷管机构设计

4.4.1　需求与任务的确认

以垂直/短距起降飞机的推力矢量喷管机构为例简要描述飞机设计的流程。

垂直/短距起降飞机是指在垂直或短距离内起飞和着陆的固定翼飞机。一般来说直升机、热气球等不属于垂直/短距起降飞机的范畴。

垂直/短距起降飞机的研制主要出于军事需要。

1. 垂直/短距起降飞机的性能需求

固定翼飞机的飞行一般可分为起飞、平飞、降落三阶段。起飞和降落的传统方式是滑跑，需要较长的跑道。具有垂直起降功能的固定翼飞机不需借助长距离跑道滑跑，甚至可以原地垂直起飞、降落、悬停或短距离滑跑，这是军机追求的目标之一，其原因如下。

1）滑跑式起飞，机场跑道易受攻击。

2）飞行中飞机依靠升力来克服重力，借助流经机翼上、下表面气流速度差导致的压差，因此对速度有要求，需要数百米甚至上千米的跑道来提供飞机起飞降落时加速、减速的滑跑距离。

3）航空母舰甲板跑道比较短，难以满足传统固定翼飞机滑跑距离的要求。

与此相反，垂直起降飞机往往能够拔地而起，垂直着陆。它们具备分散、灵活、隐蔽、可突袭的优点，提高了飞机的机动性和生存率。

垂直/短距起降飞机具有由垂直推力状态转为水平推力（巡航飞行）状态，或者由水平推力过渡为垂直推力（起降或悬停）状态的能力。实现垂直/短距起降通常有两种技术路线，如图4.8所示，一种是推力和升力一体化的路线，另一种是推力和升力分立的路线。

2. 鹞式战斗机

英国霍克·西德利公司（后被罗尔斯-罗伊斯公司收购）从1957年开始研制鹞式战斗机（图4.9），1966年获得成功。鹞鹰是一种性情凶猛的鸟，像鹰，但比鹰小，捕食小鸟，可垂直起落、前后飞行。1982年英国-阿根廷的马岛之战，鹞式战斗机首次参战，击落对方战斗机16架，一举成名。由于英国国防经费拮据，加上该飞机事故频发，2010年，最后的16架鹞式战斗机退役。

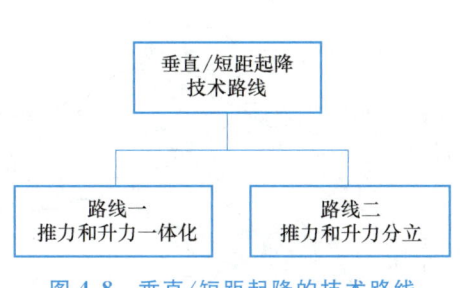

图 4.8 垂直/短距起降的技术路线

图 4.9 鹞式战斗机

鹞式战斗机的主要性能要求是单座单发,最大起飞质量分别为 8595kg(垂直起飞)、14061kg(短距起飞),最高时速为 1085km/h,作战半径为 1100km,可携带导弹、炸弹、火箭和机炮等多种武器。最引人注目的性能是能在航空母舰上完成短距或垂直起降(借助跑道起飞的最短距离是 435m,而 F-35B 战斗机只需 170m)。

3. 推力和升力一体化的垂直/短距起降原理

鹞式战斗机安装有一台英国罗尔斯-罗伊斯公司的"飞马"MK104 涡扇发动机。它与一般喷气式飞机的不同点在于采用了独特的设计:发动机的前部、尾部各装有 2 个偏转喷管,这 4 个偏转喷管能做出 0°～98.5°的旋转动作,产生垂直向上和水平向前两个方向的推力,为鹞式战斗机垂直起降、过渡飞行和常规飞行提供所需的动升力和推力,如图 4.10 所示。飞机垂直起飞时,4 个喷管同时向下偏转,直至完全垂直于地面,发动机产生的推力通过垂直喷管把飞机托起,垂直上升。升至空中后,飞行员便逐渐操纵喷管向后转动产生水平推力,飞机重力则由机翼产生的升力平衡,发动机产生的推力推动飞机前行。而若改为短距起飞,则喷管先是水平向后产生向前的推力使飞机加速滑行,然后迅速向下旋转 60°,再借助头部甲烷喷嘴的作用,使飞机脱离地面起飞。飞机着陆时,喷管完全垂直于地面,飞机由于悬停在空中而失去了前进的动力,机翼上的升力随之消失,飞机重力完全靠发动机产生的垂直推力平衡。随后,飞行员逐渐关小油门,减少供油量,垂直推力随之变小,飞机便徐徐下降,直至着陆。此外,四个喷管还可以从向下的垂直位置再向前偏转 8°,这时飞机如果正在地面着陆滑行,就可以产生这股反推力进行制动,如果是在空中飞行,飞机就可以倒退飞行。总之,靠机翼翼尖、尾部和头部的多个甲烷喷管共同控制和调整飞机的姿态,改善失速性能,实现在垂直起落和悬停时对飞机的操纵。

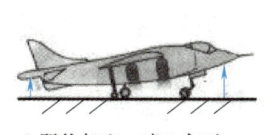  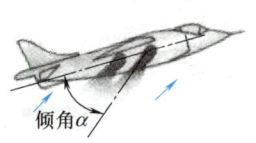 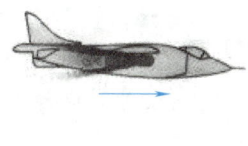

a) 即将起飞,喷口向下　　b) 垂直起飞,喷口向下　　c) 过渡到水平飞行,喷口后斜　　d) 水平飞行,喷口向后

图 4.10 鹞式战斗机垂直起降偏转喷管工作原理

鹞式战斗机具有中低空性能好、机动灵活、配置分散、可随同战线迅速转移等特点,最大缺点是垂直起飞时航程和活动半径小、载弹量少,后勤保障困难。

图 4.11 所示为英国鹞式飞马发动机解剖图。

该发动机采用升-推一体化（燃气+常温气）结构设计。低压压气机将常温气体从前面两个可偏转的前喷管排出，高温气体经燃烧室和涡轮从后面两个可偏转的尾喷管排出。四个可旋转喷管的四束气流共同产生（一体化）垂直起降、空中悬停、水平前飞动力，且相对于机身的重心对称。

通过十年间对多种机型的反复试验研究，英国先后推出了三代上翘角度不同的滑跃甲板，分别是上翘角度9°的竞技神号航空母舰、12°的无敌号航空母舰、14.5°的皇家方舟号航空母舰。借助滑跃技术，在后两代航空母舰上，鹞式战斗机的

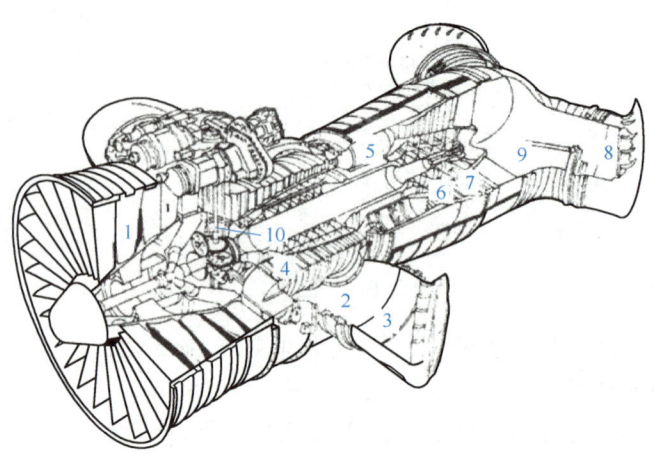

图 4.11 英国鹞式飞马发动机解剖图
1—二级风扇 2—两侧风扇空气管道 3—两侧可偏转前喷管
4—压气机 5—环形燃烧室 6—带动压气机的高压涡轮
7—带动风扇的低压涡轮 8—两侧可偏转尾喷管 9—喷
管同步转动连接杆 10—附件传动轴

滑跑距离缩短到原来的1/3。第二代鹞式战斗机最终能够以不到130m的滑跃距离完成14.6t质量的起飞，取得了非常了不起的成绩。所以后来很多国家都引入了滑跃式起飞的形式来构建各自的海上航空力量。

不过，在鹞式战斗机服役后，其安全性存在若干令人担忧的缺点，导致事故率空前。美国海军陆战队1971年引进鹞式战斗机后，在非作战条件下发生过300多起事故、900多起险情、45名飞行员死亡。其原因经分析，可能与四个喷管与飞机重心距离太近，控制稳定性不好所致。结果鹞式战斗机在2010年正式退役。

需要说明一下，尽管滑跃甲板的上翘角度直接决定了舰载机的助跑距离和挂载能力，不过，滑跃角度并非越大越好：在合适范围内上翘角度较大的滑跃甲板虽可显著缩短舰载机的助跑距离，增加燃油和武器挂载量，但是如果甲板上翘角度超过12°，舰载机就必须要加强机体结构，即增重，才能承受起飞时的压力，这显然会挤占一部分燃油和武器挂载量。辽宁舰滑跃甲板的上翘角度为14°，而001A型国产航母改为12°。

4. 推力和升力分立的垂直/短距起降原理

鹞式战斗机的问世引发了全球垂直/短距起降战斗机的研发热潮。1971年，由苏联雅克夫列夫设计局设计的雅克-38原型机试飞成功，但它的主要技术路线不是垂直起落，而是短距起落。迄今，美国最成功的垂直/短距起降机型是F-35B。

F-35是世界上第一架超声速垂直/短距起降战斗机，其推力和升力采用分立式布局。所谓分立，指在结构上，产生推力和升力的发动机是彼此分离的。飞机前部有升力风扇，其驱动力来自位于飞机中部的巡航推力发动机，在传动上借助驱动轴和离合器来离合风扇。起降时离合器接合，升力风扇排出常温气流提供升力；前飞巡航时离合器脱开，升力风扇停止工作。在接近机尾处有三轴承喷管，可以控制燃气喷出的方向。在布局上升力风扇前置，发动机居中，升力风扇和三轴承偏转喷管两者之间拉开的距离比鹞式战斗机明显加大。这样操纵

力矩变长，操控性和安全性好。分立布局虽有优点，但往往带来超重的问题。

分立结构是一个技术上的创新，使垂直/短距起降成为可能，但是也对常规涡扇发动机提出前所未有的挑战，美国虽投入巨资，但F-35B的试飞仍一再拖延，问题层出。洛克希德公司的X-35经过10年研制，1999年首飞。图4.12、图4.13所示分别为推力和升力分立式垂直/短距起降飞机动力装置的布局图和解剖图。

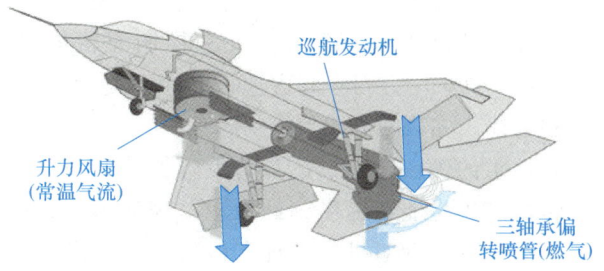

图4.12　F-35B 动力装置布局图

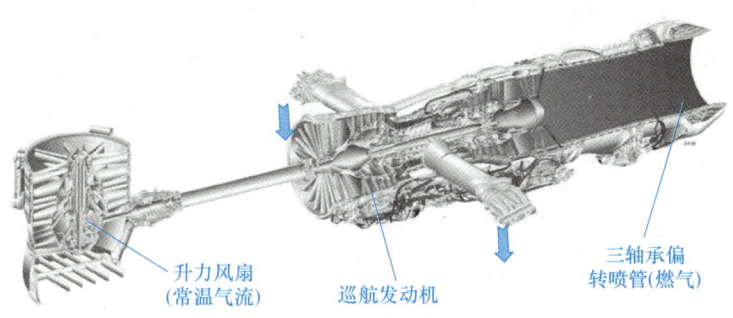

图4.13　F-35B 动力装置解剖图

1968年，我国立项研发垂直/短距起降战斗机，取名"四号任务"，由歼6-2改装（图4.14）。

四号任务立项时间虽比英国晚，但仅略逊于苏联2年，早于美国10年。不过，1972年四号任务下马。下马的原因主要是：①基础差，积累少，经验不足；②协调控制四个风扇起降技术复杂；③推力有限，装油有限，航程短。直到2015年3月，中航工业披露中国海军正在开展短距起降STOVL推进系统探索项目。该项目涉及推力矢量发动机TVC，这是第四代战机和固体火箭发动机的关键技术。

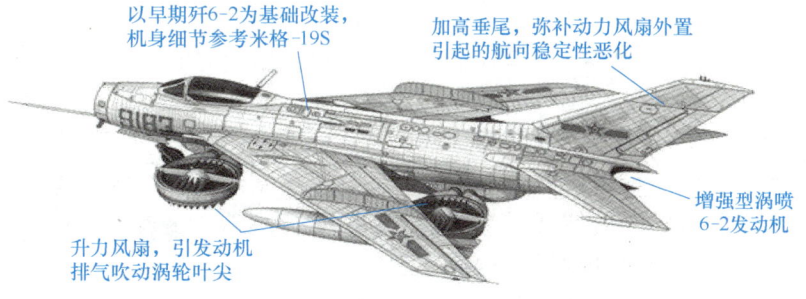

图4.14　歼6-2改装的垂直/短距起降战斗机

4.4.2　垂直/短距起降飞机设计任务的重要指标

推力矢量发动机=传统喷气式发动机+推力矢量喷管。

传统飞机的喷流与飞机轴线重合，推力沿轴线指向前方，此时推力仅用于克服空气阻力，给飞机加速。至于飞机的机动、转向、变姿等均借助机翼、机尾操纵舵面的变化来实现。矢量推进技术则不然，它提供额外的操纵力矩，可在低速、大攻角条件下机动飞行，即便操纵舵面几近失效，仍可保证和控制飞机的机动。实际上，由于**推力矢量喷管**（Thrust Vectoring Nozzle）可朝不同方向偏转，于是就在对应的方向上产生了推力，飞机由此获得附加控制力矩，实现姿态变化控制。

该技术的优点是在失速状态下可保持升力、提高机动性、实现短距起降。喷管上下、左右偏转的结果是能够提供俯仰力矩、偏航力矩，换言之，这就是全矢量飞机。

推力矢量喷管对机械设计和机械结构提出了严峻的挑战。其中，轴对称推力矢量喷管相对简单一些。轴对称喷管也就是传统的圆形喷管，它分为两类：一种是只能上下偏转的二元喷管，另一种是可做全向偏转的三元喷管。

推力矢量喷管在设计和制造方面主要有如下难点。

1) 材料的耐高温性能要求高。喷管的工作温度为2000K（1726.85℃），一般的材料很难在高温、高压（0.5MPa）下保持长时间的工作寿命。例如，（俄）苏-30MKI推力矢量喷管的寿命仅为200h。另外，喷管偏转处弯喉的密封既要保证发动机的高温高压燃气流安全穿过，又不得漏气，也是一个严峻的挑战。

2) 轻量化设计难。推力矢量喷管位于发动机尾部，重量过大不利于整机配平。例如，F-22推力矢量喷管就占到整个发动机重量的25%、价格的30%。

3) 推力矢量喷流与飞机绕流之间的干扰大，对控制的要求很高。

4) 与垂直起降比较，短距离起降在结构上更易继承原来的发动机系统。

4.4.3　轴对称推力矢量喷管的初步设计与详细设计

由上可知，喷气式飞机实现垂直/短距起降的方式主要是使发动机喷管可以转向。

目前在第四代战机广泛应用的推力矢量技术是轴对称矢量喷管（AVEN）。美国通用电气公司、惠普公司从20世纪末就着手研究。AVEN的主要特点是它的轴对称收扩式喷管具有良好的气动性能，若在结构上增加一套偏转驱动机构，使扩张调节片可在360°范围内偏转约20°，其结果便可大幅度提高飞机的机动性和敏捷性，增强隐身和短距起降能力。

1. 结构类型

AVEN大致有两种驱动和设计类型：一种是已经在雅克系列、F-35B发动机应用的三轴承偏转喷管（3BSD）。3BSD的工作原理示意图如图4.15所示，主要由三段喷管筒体、三套轴承、连接装置、作动器等组成。具有截面斜角的三段筒体通过三套密封圆形轴承连接并实现相对转动，产生较好的推力矢量特性。外部电动机驱动旋转段上的齿轮使尾喷管向下弯曲，在此过程中，前段和后段可保持不动，只是中段旋转180°。前端轴承负责偏航控制，可以在垂直起降模式中对喷管进行横向偏摆。

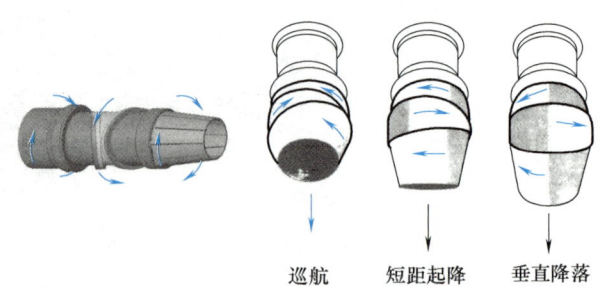

图4.15　三轴承偏转喷管的原理示意图

另一种AVEN如图4.16所示。它是由双Stewart平台A8、A9构成的复杂空间机构，各自借助 6 套液压作动器（Hydraulic Actuator）驱动。它们的尾部都通过铰链固定在机匣的特定部位，其中，动平台是核心部件，分别定义为 A8 调节环（又称为收敛调节环）和 A9 调节环（又称为转向控制环）。双 Stewart 平台之间又并联了十余组 RSRR-RRR 空间机构，其功能是控制由特殊内曲面制成的收敛调节片和扩张调节片的可变形几何体的位姿，形成预定的包络空间，实时调节喷管矢量的转向，同时改变喷口截面 S 的收缩与扩张。

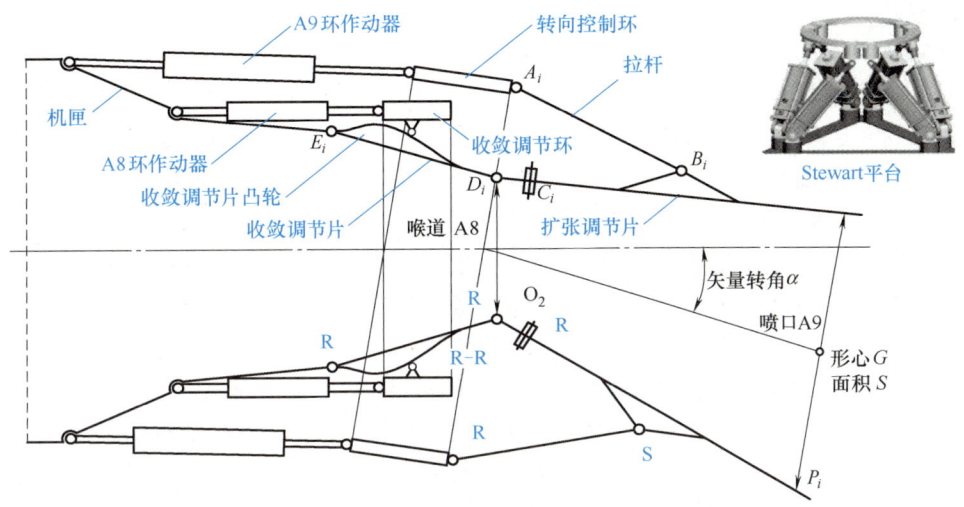

图 4.16　液压-连杆驱动的 AVEN 结构装置简图

A8 调节环的位置较 A9 稍偏前，由一组 6 个 SPS 作动器协同动作，操纵收敛调节片的位姿和包络，最后完成调节喉道 A8 面积的任务。

A9 调节环的位置较 A8 稍偏后，它的一组 6 个 SPS 作动筒既有同步伸缩模式，也有相对于发动机轴线的偏转模式，经过若干并联空间 RSRR-RRR 运动链操纵扩张调节片，起到调节喷管的矢量转角 α 以及喷口 A9 张角（出口面积 S）大小的作用。

由上可知，A8 平台做单自由度运动，A9 平台做 3 自由度运动。A8、A9 既可独自运动，也可联动。A8 圆周共有 24 片鱼鳞片、12 片调节片和 12 片密封片。

A9 圆周的调节片和密封片也采用类似的鱼鳞片结构。

2. A8 调节喉管面积的原理

A8 环作动器只做同步伸缩联动，于是驱动收敛调节环（动平台）仅沿发动机轴线前后位移，收敛调节环上的滚子沿收敛调节片上的凸轮表面（曲面）运动，带动收敛调节片围绕机匣轴线转动，控制 A8 喉管面积的收缩或放大。

3. A9 调节矢量转角 α、喷口张角的原理

A9 环动平台有 6 个自由度，但是实际上仅需要实现喷管沿发动机轴线的位移，以及 2 个与该轴线垂直方向的转动自由度就够了。因此，理论上简化为 3 个驱动即可，这为 AVEN 后来的改进留下余地。

1）喷管张角（出口面积）的调节：A9 作动器沿发动机轴线同步伸缩，带动并联在 A8、A9 以及机匣之间的运动链 RSRRR-RR，操纵扩张调节片收放，控制喷管的开口，即喷口的面积 S。

2）矢量转角 α 的调节：如果 A9 各作动器沿发动机轴线的伸缩位移输出量不相等，则

A9 环法线就会相对发动机轴线产生偏移角 α。借助 AVEN 机构的运动学分析可以解算出 α 与作动器位移的关系。

3) A8/A9 面积比的调节：A8 调节喉管面积时，即使 A9 环不动，在 RSRRR-RR 机构带动下，A9 面积会与 A8 反向变化，影响 A8 与 A9 的面积比例。另外 A9 偏转角度 α 也影响面积比例。具体的影响规律可通过对 A9 机构的运动学分析来实现（因涉及复杂分析过程及公式，在此忽略）。

4. AVEN 驱动机构多目标优化

面对一项设计任务，常有多个解决方案。所以，尽管前面对 AVEN 驱动机构的一个设计方案进行了讨论，事实上应该还有其他解决途径，有的甚至可能把任务完成得更好圆满。这里仍以 AVEN 为例简单介绍一下优化在机械设计中的重要性，说明任何设计都可以更臻完善，"只有更好，没有最好"。这里谈及的优化设计，基本思路限定在遵循原有构型的框架下，仅通过装置的尺度优化使设计更合理。优化设计是现代机械设计中很重要的一个方法。在"工程中的计算方法"及"机械优化设计"等后续课程中将涉及。

优化设计的数学模型主要涉及三个重要概念，即目标函数、设计变量、约束方程。

(1) 目标函数 AVEN 装置最期望达成的两个设计技术指标是 A9 转向控制环喷口的面积 S 和矢量转角 α，即 $\alpha=20°$ 时，A9 喷口面积达到设计要求。在此基本前提下优化的主要目标是 A9 环的矢量转角 α 尽可能小。这所对应的物理意义是，A9 转向控制环的转角 α 越小，A9 转向控制环作动器的工作行程范围越容易满足，而且驱动平台的定心精度越高，越有利于精确地完成 α 和 S 的控制。为此，该优化问题应视为多目标优化任务，目标函数主要由以下部分组成，它们可以表达为

$$f_{\min}=(\alpha_{加力})+(\alpha_{非加力}) \tag{4.1}$$

式中，$(\alpha_{加力})(\alpha_{非加力})$ 分别代表发动机在加力状态、非加力状态下，A9 转向控制环转角 α 的大小，以其和最小为主要目标函数。

此外，把调节片末端许用的最大宽度 $M_{D\omega}$ 和最小宽度 $N_{D\omega}$ 作为第一次要优化的目标函数，数学表达式为

$$f_{\text{sub1}}=p_1[(\delta_1-N_{D\omega})+(M_{D\omega}-S_w+\delta_z)] \tag{4.2}$$

式中，p_1 为平衡加权函数，用于平衡扩张调节片末端最大宽度与最小宽度在总体优化中所占的比率；δ_1 为扩张调节片末端所允许的最小不干涉余量，一般取 3~5mm；δ_z 为扩张调节片与密封片之间的最小搭接余量，一般取 3~5mm；S_w 为密封片末端宽度。

另一个次要的优化目标函数是相邻扩张调节片的切向偏转的一致性，数学表达式为

$$f_{\text{sub2}}=p_2\max|\gamma_i-\gamma_{i-1}| \tag{4.3}$$

式中，p_2 为加权函数，一般取其值为 $180/\pi$。

基于上述三个目标函数，AVEN 装置的多目标优化函数为

$$F=\min(\omega_1 f_{\min}+\omega_2 f_{\text{sub1}}+\omega_3 f_{\text{sub2}}) \tag{4.4}$$

式中，ω_i 为加权函数，三个加权函数取值分别为 $180/\pi$、1、1。

(2) 设计变量 AVEN 驱动机构的几乎所有几何参数对于矢量喷管尾部的喷口张角面积 S 和矢量转角 α 都有影响，但是影响程度有相当大的差别。对单个参数的影响分析得知，A9 控制环半径 R_1、收敛调节环前铰链分布圆半径 R_2、宽度 l_t、拉杆长度 l_{AB}、收敛调节环前后铰链间长度 l_{ED}、总长度 l_e、扩张调节片前段长度 l_{BC}、扩张调节片挂点高度 l_h 以及扩张调节

片末端的宽度 E_W 和扩张密封片末端的宽度 S_W 对 AVEN 的影响比较大,其他参数可以根据限制条件或经验确定。因此为了降低优化设计的维数,就把上述几个参数选为设计变量。于是,设计变量为

$$X = (R_1, R_2, l_t, l_{AB}, l_{ED}, l_e, l_{BC}, l_h, E_W, S_W)^T \tag{4.5}$$

(3) 约束方程　任何目标函数所涉及的内在联系一定是通过一组设计变量来描述的。在优化设计中,目标函数和设计变量之间应该存在一定的函数关系。设计变量的取值不仅要使目标函数最优,而且必须满足强度、取值范围、几何关系等方面的制约。优化方法通常是在受到某些约束条件的限制下,借助数值算法寻求线性或非线性规划问题的解。约束条件用约束方程体现出来。具体到 AVEN,考虑的约束方程如下。

1) 矢量转角。在加力和非加力两种工况下,A9 的矢量转角均应满足给定的设计要求,即

$$\begin{cases} G_1(X) = (\alpha_{A9加力} - \alpha_0) - \varepsilon > 0 \\ G_2(X) = (\alpha_{A9非加力} - \alpha_0) - \varepsilon > 0 \end{cases} \tag{4.6}$$

式中,α_0 为设计的矢量转角;ε 为误差容限。

2) 作动器工作行程。各作动器的工作行程应该在允许的行程范围 Δ 内,即

$$G_3(X) = (l_{max} - l_{min}) - \Delta \leq 0 \tag{4.7}$$

3) A9/A8 膨胀比系数。A9 的面积既要满足设计要求(误差小于误差容限 ε),而且在非矢量状态下,A9 与 A8 的面积比应该满足膨胀比系数的限制,即

$$G_4(X) = |A_9 - A_{90}| - \varepsilon \leq 0 \tag{4.8}$$

$$G_5(X) = 1.03 - \phi_9/\phi_8 \leq 0 \tag{4.9}$$

$$G_6(X) = \phi_9/\phi_8 - 1.05 \leq 0 \tag{4.10}$$

式中,A_9 为喷口计算所得面积;A_{90} 为喷口面积设计值;ϕ_9 为喷口截面直径;ϕ_8 为喉道口直径。

4) 各设计变量取值范围。分别以 X_{up}、X_{lp} 表示设计变量的上界和下界,则设计变量取值的约束方程为

$$G_7(X) = X - X_{up} \leq 0 \tag{4.11}$$

$$G_8(X) = X_{lp} - X \leq 0 \tag{4.12}$$

5) 装机空间。AVEN 装置的结构空间也有限制,转向控制动环 A9 上 A 点运动副到发动机轴线距离的最大值应该小于给定的装机空间尺度,表达为

$$G_9(X) = R_{装机空间} - R_A > 0 \tag{4.13}$$

(4) 优化结果　AVEN 装置优化结果示例见表 4.1。

至此,从机械产品设计流程的角度看,大体完成了初步设计阶段。由表 4.1 中的数据可以看出,经过优化设计,AVEN 装置的 A9 矢量转角、密封片的密封性能、作动器的工作行程、偏转机构的布局空间等完全能够满足设计要求,机构的重要参数已经悉数理清了。

初步设计后,AVEN 应转入详细设计,即在贯彻标准化、系列化、通用化原则的基础上,完成零件的尺寸、形状设计,绘制零件、部件装配和总装图。另外,开展仿真、受力和强度分析、虚拟样机、流场分析等校核工作,另外要充分考虑零件加工和装配工艺性,以及加工和加工后的检验规范、实施方法等,然后转入方案实施、制作验证、产品鉴定阶段。

表 4.1　AVEN 装置优化结果示例

性能指标	工作状态	
	加力	非加力
A9 矢量转角	19.8°	20.4°
作动器工作行程	107.4mm	
密封片最小搭接量/干涉量	-2.4mm(干涉)	3.4mm(搭接)
扩张调节片最大干涉量	-2.7mm	—
切向偏转的不均匀性	3.3°	4.9°
扩张密封片悬挂空间	10.2mm	—

（5）计算机仿真　AVEN 是复杂的空间多自由度运动机构，约有 200 个运动构件，300 个运动副，它们在一个环形空间相互交叠运动，单凭人工手段研究其运动机理和相互关系是相当繁复和困难的。因此在 AVEN 试验件的研制中，计算机仿真必不可缺，这主要包括以下两方面工作。

1）运动机理仿真：任务目标是研究 AVEN 的运动机理、审核运动学/动力学计算的正确性和合理性、主要运动构件的相互运动关系、A9 操纵作动器与喷管扩散段的位置关系等，从而给出 AVEN 的运动位置和控制规律。

2）实体仿真：AVEN 的计算机实体仿真内容如图 4.17 所示。

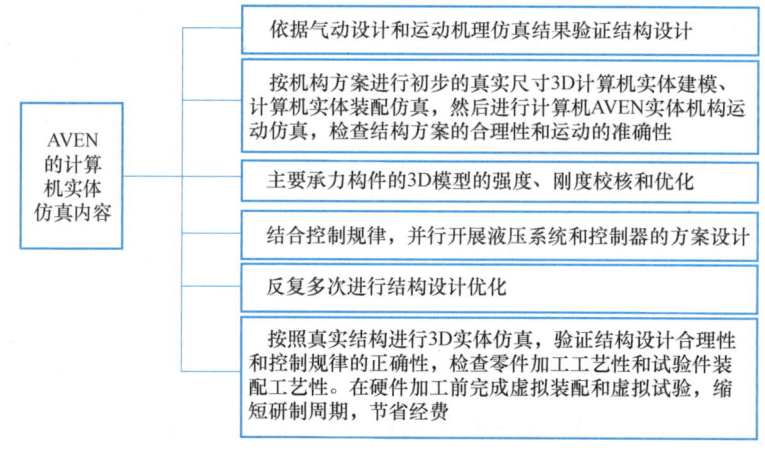

图 4.17　AVEN 的计算机实体仿真内容

图 4.18 所示为 AVEN 运动机理仿真显示界面的例子。

4.4.4　方案实施与验证

这一阶段的工作大致包括方案实施，冷、热态试验件的试验验证，产品鉴定等几项。

1）冷态运动机理及模型试验件的研制和试验。为验证针对运动机理所开展的计算机仿真结果的正确性，考察 AVEN 机构结构设计的合理性，

图 4.18　AVEN 运动机理仿真显示界面的例子

首先要开展冷态下运动机理及模型试验件的试验。这涉及两套试验件，第一套是 AVEN 扩散段缩比运动机构试验件，研究其可控性和偏转运动时构件间的运动协调和干涉；第二套是真实发动机 1∶1 尺寸的冷态原理样机，研究 AVEN 运动机构结构合理性，验证控制规律和控制系统的可行性。通过这一项工作获得 AVEN 运动机构直观、清晰的认识，掌握操纵方法，找到优化途径。图 4.19 所示为完成总装配的 J10BAVEN 图片。

2) 热态试验件的试验。所谓热态试验件试验，涉及安放在发动机平台上的全加力状态热态台架试车、相关控制系统的施工和联调，其目的在于验证 AVEN 的气动性能、结构设计、强度刚度、自动控制、材料与工艺、冷却与隔热、密封与封严、测试与试车等多项关键技术。图 4.20 所示为洛克希德·马丁公司 jsf-se611 发动机轴对称矢量喷管台架试验现场。

3) 技术验证及热态试验件的改进。
4) 确定目标平台 AVEN 的最终方案。
5) 产品文档、鉴定。

目标平台的热态试验件达标后应该对相关工作进行认真总结、分析、优化，确定目标平台 AVEN 的最终方案和需要攻克的技术难点。

由如上设计过程可知，航空产品的设计和研制需要经过一套非常严谨、严密而漫长的过程。

图 4.19　完成总装配的 J10BAVEN 图片

图 4.20　jsf-se611 发动机轴对称矢量喷管台架试验现场

4.5　设计举例 2——指向机构设计

指向机构又称为跟踪指向机构，属于一类回转型机电运动控制装置，是对给定目标或基准进行跟踪或指向调节的机构，在侦察、预警、火控、制导、通信、激光武器等装备中得到广泛应用，应用在导弹的导引头、天线跟踪指向、激光星间链路终端跟踪指向、光学跟踪指向（望远镜、扫描镜、可见光和红外相机等）、航天器及太阳能电池板的姿态控制等场合，在民用领域也有应用。

如果应用于跟踪指向任务场合，则其静态、动态特性要求相当严格，需要具有多自由度、轻量、高精度、高稳定度、高分辨率、小惯量、快响应、低功耗等性能。

4.5.1　导引头

1. 精确制导导弹

精确制导技术是以高性能的光电探测器为基础，借助目标识别、成像跟踪及对应的跟踪方法，控制和引导导弹，确保在复杂战场环境中准确命中目标的技术。

精确制导导弹是精确制导技术的典型应用之一，它能准确制导武器命中选定的目标乃至要害部位，一发中的。导引头又称为精确成像制导系统，是安装在导弹前方的目标跟踪装置，用来测量导弹偏离理想运动轨道的失调参数，据此形成控制指令，传送给弹上控制系统进而操纵导弹飞行。按照接收信号种类的不同，导弹的导引头大致可分为雷达、红外、电视（可见光）、激光等导引模式，也有将以上几种模式叠加在一起做成复合导引头的形式。图4.21 所示为红外制导的地狱火导弹的结构组成。图 4.22 所示为几种精确制导导弹导引头的例子。

导引头负责执行末段制导任务，其重要指标是准确、自动寻找目标的能力和轻小型化的程度。下面以图 4.22a 所示的红外成像导引头为例，对导引头的工作原理做简要介绍。

通常，红外成像导引头占据导弹前部的舱段，一般由红外摄像头、图像处理电路、图像识别电路、跟踪处理器和稳定系统等几大部分组成，它们被安装在随动平台上。从机械的角度看，随动平台就是指向机构，其上安装的红外摄像头不断跟踪前方视场范围内的目标和背景，接收红外辐射信息，根据各部分辐射强度的差别获得反映目标和周围景物分布特征的二维图像，然后由图像处理电路进行预处理和图像增强，得到可见光图像并以视频显示输出。与此同时，图像经数字化实时处理后送给图像识别电路，通过特征识别算法从背景信息和干扰中提取出目标图像，由跟踪处理器按照预定的匹配跟踪算法计算出光轴相对于目标的角偏差，最后通过稳定系统驱动红外镜头运动消除相对误差，实现目标跟踪。

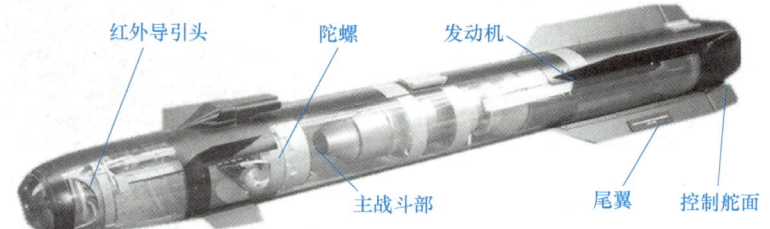

图 4.21 红外制导的地狱火导弹的结构组成

a) IRIS-T 导弹红外成像导引头

b) "幼畜"激光制导导弹

c) 空舰导弹主动雷达导引头

d) X-T29 电制导导弹

图 4.22 精确制导导弹导引头的例子

2. 指向机构

指向机构（Pointing Mechanism）在民用产品中也有应用，如用于卫星通信、机器人腕部、声呐、虚拟现实装置、天线调向、风洞试验、天文望远镜、喷泉等。图4.23所示为Omni-WristⅢ指向机构的典型应用示例。

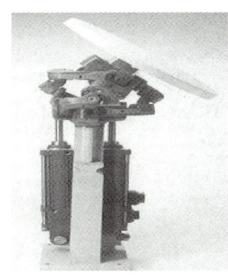 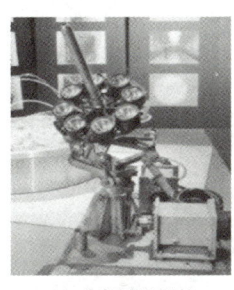 

a) 激光束调向平台　　　　b) 喷泉摇摆机构　　　　c) 格罗夫农贸市场喷泉

图 4.23　Omni-WristⅢ指向机构的应用示例

图4.23a所示为1999年由美国开发的Omni-WristⅢ专利技术，属于两自由度并联球面运动空间机构，有效载荷约为2.5kg，后获美国空军资助，开发为新一代激光束调向平台。2002年春，美国水景设计公司以此为基础，设计了景观喷泉摇摆台Oarsman，获得商业成功，如图4.23b、c所示。

4.5.2　喷泉摇摆台的研发

喷泉摇摆机构有一个更专业化的名称——喷泉摇摆台。下面介绍以Omni-WristⅢ为参照开展的喷泉摇摆机构的设计和研制项目。

1. 喷泉摇摆台的主要技术指标

喷泉摇摆台的主要技术指标见表4.2。

表 4.2　喷泉摇摆台的主要技术指标

项目	技术指标	备注
驱动方式	电动机驱动	—
喷泉高度	≥20m	各喷泉水柱高低误差≤0.1m
喷口直径	24mm	—
喷口流量	700L/min	—
喷头压力	0.16MPa	—
旋转角度	−90°~90°	—
旋转直径	0°~360°	以喷头本身为旋转轴心
最大旋转频率	0.50Hz	—
同步误差	0.5°	—
连接方式	螺纹或法兰	—

2. 运动学分析

图4.24所示为所选的喷泉摇摆台主体机构——Omni-WristⅢ实体模型。Omni-WristⅢ由四条相同支链组成，为4-4R并联机构。每一条支链包括2根L形杆、1根V形杆，4个转动

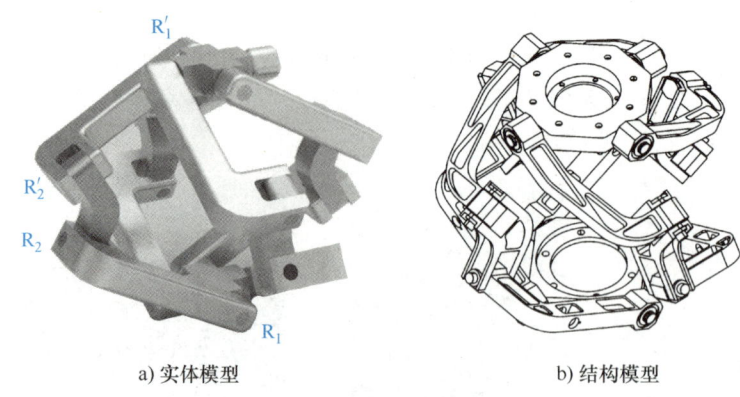

a) 实体模型　　　　　　　　b) 结构模型

图 4.24　Omni-Wrist Ⅲ 模型

副 R_1、R_2、R_1'、R_2'。

分析机构运动学的意义在于，位移分析可估算动平台的转动范围、规划路径或轨迹，速度分析可实现对机构的运动控制。由于该机构特有的镜像对称性，大大简化了其运动学分析过程。运动学分析的详细过程因涉及"机械原理"及"机器人技术基础"等后续课程中的复杂知识，在此忽略。

3. 载荷分析

（1）载荷分析　对重要机械零件具体的几何形状、尺寸和结构进行设计时，往往必须计算它所承受的载荷，甚至所承受的应力状态，校核强度和刚度等指标。具体到喷泉摇摆机构，主要是从水力学出发，推导喷口水柱的反作用力，以此为考虑摇摆台零部件几何尺寸和形状设计的基本。

具体可依据两种方法开展喷泉摇摆机构的载荷计算。一种是根据力学原理对水柱的反作用力进行建模计算，另一种是根据水力学总流量恒定的动量方程求解。无论哪种方法，都涉及"流体力学"等后续课程的相关知识，因推导过程复杂，在此从略。

（2）驱动转矩计算　喷泉摇摆台的载荷分析还包括各构件承受的载荷和电动机的驱动转矩分析。驱动电动机所做的功中，有一部分用来克服构件重力和惯性力、驱动摇摆机构运动，另一部分用来抵消水流的反作用力，因此，驱动电动机的转矩 T 应该由三部分组成，即重力矩 T_g、水流的反力矩 T_f、惯性力矩 T_α。这需要继续做出若干假设，然后针对各轴电动机驱动力矩进行建模来加以分析计算。

4. 虚拟仿真

虚拟样机（Virtual Prototype）仿真技术是建立机械产品的数学模型后让它在计算机上运行，以便对该模型的运动和动力学进行模拟、检验和完善。机构的运动仿真可以完成机械工程中非常复杂、精确的机构运动分析，在机器投入实际制造前利用三维数字模型进行运动仿真已成为现代 CAD 工程中的一个重要方向及课题。它所能完成的任务有位移、速度、加速度、力的解算，运动分析计算公式正确性的验证，机构运行过程中零件间干涉的查验，零件彼此施加的作用力、反作用力的求解等问题。

在实现数学模型向计算机仿真的转变过程中，选择仿真软件和编制程序是解决问题的关键，常用的机构运动仿真软件有 ADAMS、ANSYS、UG 等。

图 4.25 所示为在喷泉摇摆台完成三维模型设计后所开展的运动仿真研究的一组典型位

姿截图，零件的三维几何尺寸和造型都与实际设计相符。对比图 4.24 和图 4.25，前者主要供运动学分析用，而后者基本上接近真实机构，能够在相当程度上反映真实机构的工作样态。

图 4.25　喷泉摇摆台的计算机运动仿真

5. 零件加工与设备调试

因为喷泉摇摆台机构属于并联机构，各构件均通过铰链完成连接，所以铰链孔中心距的一致性和几何公差在加工和装配方面的精度要求比较高，否则机构的装配、调试和运动均不易顺畅，这在零件制造加工和装配中应予以注意。

6. 样机调试和样机现场试验

将喷泉摇摆台机械装配、控制器开发和控制软件编制三个分系统分别调试好，在实验室环境下进行系统机械-电控-计算机联机调试。

样机调试阶段的任务是考核和验证喷泉摇摆台的性能是否达到设计目标，如机械结构的外观尺寸、行程空间、位置、速度、加速度是否符合设计初期的性能指标，设备机械部分的运行是否顺畅、是否与仿真结果一致，软件程序、硬件各项指标的正确性、位置控制的准确性、响应快速性，人机界面的合理性等。样机调试一般在实验室环境下开展。实际上，就本例而言，实验室除了不具备大型水池，即无法让喷管喷水之外，其他工作完全和样机现场试验要求的内容基本吻合。

样机现场试验阶段的任务就是在完全满足工况条件（电源、蓄水池、水泵、水管、喷管等）下，带负载运行，观察设备是否满足初期设计任务书的要求，考验设备的整体质量。这两个阶段的作业现场分别如图 4.26 和图 4.27 所示。

图 4.26　样机实验室调试　　　　　　　　图 4.27　样机现场试验

结合图 4.26 和图 4.27 可知，上述两个阶段的工作均得到确认，喷泉摇摆台遵循上述研发流程开展设计、制造的样机完全符合设备预期性能指标。在上述两个阶段完成后，研发工作就应该转入撰写试验报告或测试报告的阶段。

7. 技术文档编制

完成上述任务后，经过少量修改，开发工作就可以进入技术文档编制阶段。技术文档包括设计说明书、操作说明书、完整的零件图样、电气图、接口定义、软件源程序清单、易损件清单等。整理技术文档也是为下一步产品的定型做准备。当然，对于一个产品来说，接下来还有相关专利的申报、小批量试生产和新产品鉴定等工作内容。

最后需要指出的是，本书介绍的喷泉摇摆台的研发过程主要体现了仿制设计的过程。因为基本原理和设计理念已经有成熟的经验可以借鉴，所以风险较小，主要的工作量是针对个性化需求做应用改进设计，创新工作量偏少。实际上，基于新科学原理的新产品研制会因为没有经验可以借鉴，而风险比较大。

4.5.3 指向机构的拓展应用

1. 激光音乐喷泉

室内场地不好解决水景水池、管路、水回收等防渗防漏，以及占有较大空间的问题，故为了拓展应用，改变思路，可将水景改为光影，以激光光束模拟水柱喷泉。例如，把原来的喷泉摇摆台尺寸缩小，将5台指向机构组成一个系统，把喷管改为激光笔，让激光与音乐旋律相配合，也能得到演示效果颇佳的激光音乐喷泉光影，如图4.28所示。

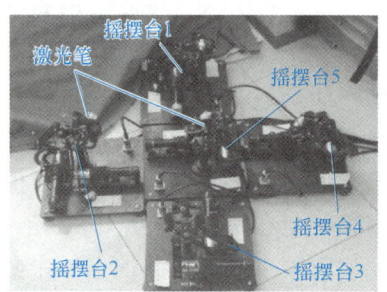 

图4.28 摇摆台在激光音乐光影喷泉的应用

2. 航天器喷气推力发动机万向架

图4.29a所示为飞船乘员舱传统的喷气推力发动机结构。通常，在乘员舱的圆周上均布4组推进单元，每组单元固定四套彼此正交的喷气推力发动机。这样，为了调节飞船乘员舱姿态，总共需要16个喷气推力发动机协同工作，大大加剧了舱体结构和姿态控制的复杂性。

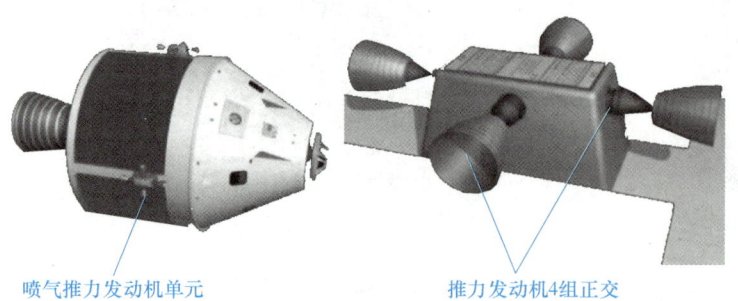 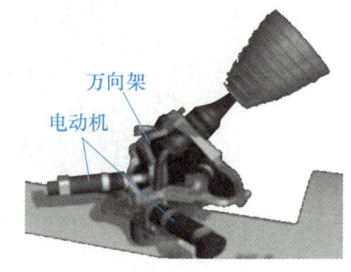

a) 传统的喷气推力发动机结构　　　　b) 引入了万向架的喷气推力发动机结构

图4.29 喷气推力发动机结构

图 4.29b 所示为引入了万向架的喷气推力发动机结构，仅装一台喷气推力发动机即可实现推力在一个半球形空间的方向变化，4 组这样的万向架配合起来同样可以调节飞船乘员舱空间的 3 个姿态。与传统固定推进方式相比，飞船乘员舱的结构得到简化，机动性和可控性得到改善。此项成果是美国田纳西技术大学与 NASA 马歇尔太空飞行中心的研究人员合作取得的。

类似上面电动机结合万向架的构型也被引入飞船或卫星太阳能帆板的姿态控制中，如图 4.30 所示。为了保证太阳能电池给航天飞行器充分供电，既要通过调整帆板的姿态尽量跟踪太阳并吸取尽可能多的太阳能，又应该考虑避开太阳直射超冷推进剂造成过热现象。电动机结合万向架的驱动模式简化了传统方案，取得了预期效果。这种模式还有一个优点，因为电动机固定在机架上，不会引起关节转动带来的电缆缠绕问题，于是省去了安装电力滑环的麻烦。

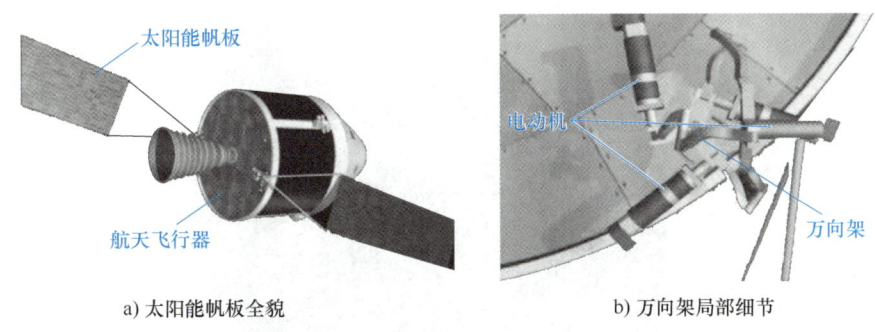

a) 太阳能帆板全貌　　　　　　　　　b) 万向架局部细节

图 4.30　电动机结合万向架调节太阳能帆板姿态

3. 导引头平台

传统的导引头平台如图 4.31a 所示，属于典型的串联万向框架式结构。外框进行方位指向，内框进行俯仰指向，它们均与各自的电动机同轴，后者经多级齿轮传动减速后驱动前者。图 4.31b 所示的 Omni-Wrist Ⅲ 是指向机构的一种型式，由四条相同的 4-4R 支链并联组成，属于空间二维并联转动机构中的一种特殊类型，它不大适合用作导向头平台，因为四条支链惯性和所占空间都无法满足导引头的要求，此外，它的动平台法向矢量有自转动现象，且误差比较大。图 4.31c 所示的定转心 RR/2-RRR 并联机构是更适合的选择。

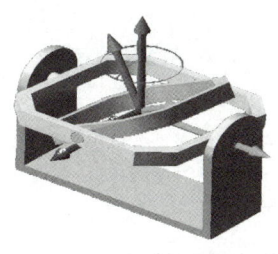　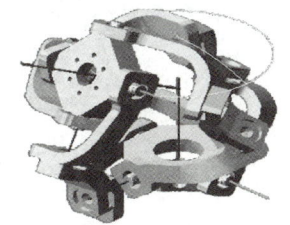　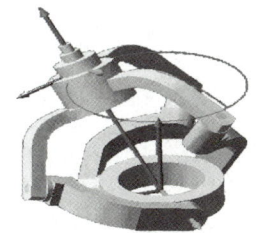

a) 万向框架式结构　　　b) Omni-Wrist Ⅲ 型式　　　c) 定转心并联机构型式

图 4.31　几种导引机构结构型式

万向框架式串联导引头平台与定转心 RR/2-RRR 并联导引头平台的性能比较，见表 4.3。

表 4.3 串联式导引头平台与并联式导引头平台的性能比较

性能	串联式	并联式
追踪探测范围	较小(存在过顶盲区和两轴自锁现象)	较大,无盲区,可实现无奇异运动
惯量	较大(内框架电动机成为惯量负载)	小(电动机固定在机架上)
结构所占空间	占用空间较大	紧凑
固有频率	较低	较高
响应速度	慢	快
定位精度	多级齿轮传动累计误差影响精度	较高
电缆缠绕问题	内框架引入滑环以避免电缆缠绕	无
结构强度	框架部分抗冲击性偏弱	结构强度好,抗冲击性强
寿命	较短	较长

由表 4.3 可知,并联式导引头平台具有更优的性能。图 4.32 所示为定转心 RR/2-RRR 并联机构导引头平台的实物照片。它的研发步骤与前述类似。

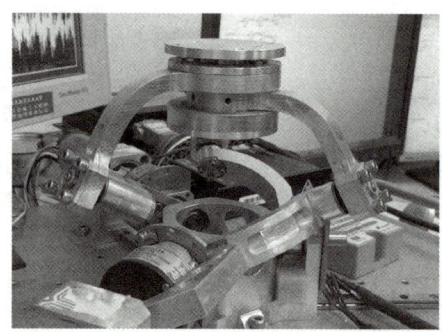

图 4.32 定转心 RR/2-RRR 并联导引头平台的实物照片

4.6 现代机械设计方法

在本章的最后,再回到机械设计的方法论上来。当下流行的现代设计方法是在传统机械设计方法的基础上发展而来的。它们之间的比较见表 4.4。

表 4.4 传统与现代机械设计方法的比较

比较项目	设计方法	
	传统机械设计方法	现代机械设计方法
发展路径	早期靠直觉、经验、半理论-半经验设计,20 世纪后基于理论归纳和试验研究积累大量试验数据和设计经验,借理论、公式、图表、手册、规范的结合,形成一套半理论半经验设计方法	近 30 年科技迅猛发展,计算机为机械设计带来了革命性的变革。精密计算、自动设计、与制造一体化成为可能,是传统设计的深入、丰富和完善
方法依据	理论:靠长期积累的设计理论和试验数据 经验:靠已有设计方法与经验公式,或者进行类比设计	以计算机工具和编程为核心实现自动设计;以科学性和系统工程为基础建立设计理论
设计准则	静态,强度首选安全系数,机-电设计分离	动态,设计准则多元化,机-电设计并行
设计参数	常量	变量
精度	近似、定性为主,精度低	数字化建模,精度高
设计手段	手工计算,二维绘图,低效	数字化处理,计算机三维造型,高效

（续）

比较项目	设计方法	
	传统机械设计方法	现代机械设计方法
系统性	设计个体化,设计对象局部化	设计工具智能化,设计对象系统化
现实的有效性	方法迄今仍有效,也称为常规机械设计方法	大型复杂设备设计普及较快

有必要对表 4.4 做几点进一步说明。

计算机的普及给机械设计带来了革命性的变革。追溯到 20 世纪 70 年代，计算机首先使计算和绘图手段变得非常强大和便利，接着就催生了各种新的设计准则。笼统地说，现代设计方法大约发轫于 20 世纪末期。

绝大多数零件（如齿轮等）进行传统设计时，设计的准则往往仅从刚度、强度两方面考虑，带有一定的经验性和盲目性，很难取得优化的结果。得益于计算机，现代设计方法汇集了多个专业和领域的知识，形成一门交叉学科，于是会跳出传统设计限制，形成一套新的理论方法和准则，在符合一系列条件的前提下，求出满足结果最优的设计参数解。

此外，从效率方面比较，传统设计依赖个体劳动，人工资料查阅、数据检索、手工计算和绘图等都需要较多的时间和人力，设计质量严重受到个体差异影响。反观现代设计，利用计算机能够汇集人类的大量经验和海量数据，计算机的高效运算能力可以为设计引入系统分析、数据对比、形态仿真、动静态性能模拟等辅助设计方法。设计完成后，产品模型可以经过网络直接进入计算机辅助工艺规划（CAPP）系统进行工艺规划和数控机床编程。

现代机械设计把对象置于大系统中，在全生命周期（原料、加工、装配、回收等）的时间跨度上开展设计，在人-机-环境三者之间合理分配机械的预定功能。

现代机械设计强化了传统机械设计对强度准则的要求，而且将设计准则拓宽到更多领域，如有限元、断裂力学、可靠性等，甚至涉及艺术和美学方面的要求。

传统的设计往往实行机-电-液串行、分时、分离设计，而现代设计提倡机-电-液并行设计。并行设计使新产品样机的设计管理更合理，迭代周期更短，研发效率更高。

常见的现代机械设计方法包括计算机辅助设计（CAD）、优化设计、有限元法（FEM）、模态分析（Modal Analysis）、可靠性设计（Reliability Design）、并行工程（Concurrent Engineering）、虚拟设计（Virtual Design）、反求（逆向）工程设计、绿色设计（Green Design）、机电系统建模仿真与控制设计等。

思考题

4-1 2019 年初，空客宣布 2021 年将停止生产 A380。上网查阅资料并简述其停产是研制流程中的哪一个环节出了问题导致的。

4-2 上网查阅美国 Boston Dynamics（波士顿动力）官网，选出其中任一款机器人，列出它的性能规格。

4-3 对 AVEN 装置的操纵来说，飞行员在操纵飞机时经常用到的是正解还是反解？

4-4 飞机设计制造的现代模式有何特点？

4-5 试小结一下，定转心 RR/2-RRR 并联导引头平台与框架式结构相比有何优点。

4-6 查阅资料，简述 Omni-Wrist Ⅲ 机构与定转心指向机构相比有何优缺点。

第 5 章　机械结构详细设计

> 【本章导读】
>
> 本章讲述机械结构详细设计，是机械工程课程体系中的核心内容。机械结构涉及形形色色的零件，详细设计的总体要求就是"细节决定一切"。优秀的工程师应该通晓各种设计软件，以便工作更便捷，表现手段更丰富，将效果发挥到极致。

5.1　概述

第 4 章介绍了机械设计的一般流程，流程中的第三阶段是技术设计阶段。该阶段分成初步设计和详细设计两大部分内容，它们的任务之间既有区别，又有联系。详细设计阶段要着力贯彻标准化、系列化、通用化原则，更必须关注结构细节，准确地满足各类零件在实际应用中的功能要求，进而完成零件图、部件装配图和总装图的绘制。除了追求零件合理的几何外形之外，对重要零件还应该做校核计算，同时必须充分考虑零件的加工工艺性和装配工艺性，以及它们在加工中、加工后的检验规范和实施方法等。

图 5.1 所示为机械结构详细设计阶段包括的主要内容。图 5.2 所示为机械零件详细设计的一般步骤。

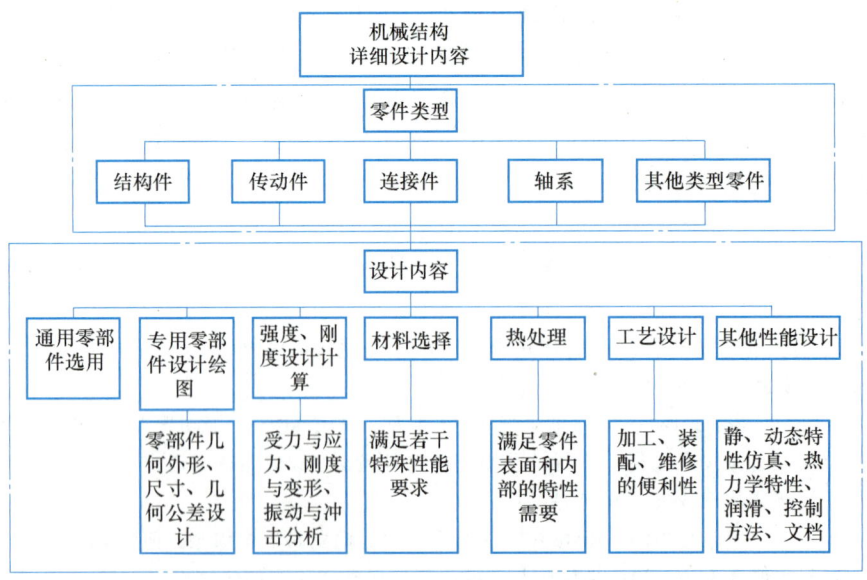

图 5.1　机械结构详细设计阶段包括的主要内容

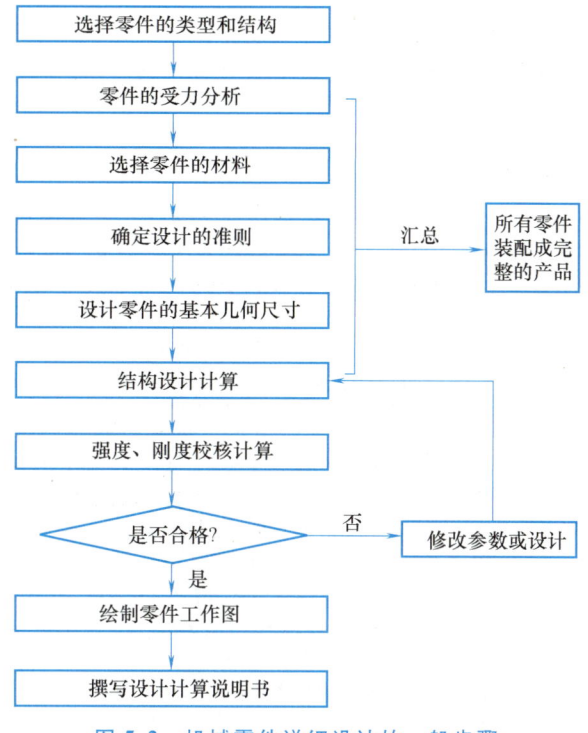

图 5.2　机械零件详细设计的一般步骤

5.2　绘制零件图

1. 零件图的基本功能

能够规范、完整、唯一地定义和表达一个零件的图样即是零件图,其基本功能就是按照设计者的意图描述所设计的零件(部件)。零件图是指导零件加工、制造、检验的依据。

对一张零件图的基本要求是清楚表达零件的几何外形、几何尺寸、材料、数量、结构工艺性、技术要求等。绘制规范、标准的零件图是一个机械设计工程师的基本功。

2. 产品定义技术发展的三个阶段

采用合适的形式准确、清晰、客观、简洁地定义和表达零部件,应是工程师追求的目标之一,机械零件图的发展脉络清楚地印证了这一点。图 5.3 所示为产品定义技术发展的三个发展阶段。1795 年,法国科学家蒙日提出以投影几何原理为依据的画法几何方法,于是,工程图得以在规范化、唯一化的原则下表达与绘制出来,从此,零件图成为工程界定义产品的"语言"。此即二维设计、二维出图的产品定义模式。

受工具制约,零件二维平面图的传统表达方法只能依赖手工绘制。而对于设计人员来说,绘制复杂产品的零件二维平面图和装配图并非一项轻松的工作。20 世纪 60 年代,计算机辅助设计(CAD)问世,开创了人机交互式图形学应用的新纪元。20 世纪 80 年代,计算机的普及使 CAD 迅速推广,汽车行业捷足先登,航空航天和电子产业紧随其后,从此设计人员逐渐摆脱繁重琐碎的二维手工制图工作。计算机绘制的一个简单的箱体零件图如图 5.4 所示。

【第一阶段】二维设计、二维出图　在近代工业革命的催生下，1795年，法国科学家蒙日提出了以投影几何为主线的画法几何方法，推动工程图表达与绘制的规范化、唯一化，成为工程界定义产品的"语言"。此即二维设计、手绘二维出图的产品定义模式。20世纪60年代，计算机辅助绘图（CAD）代替了图板手工绘图。20世纪90年代，以AutoCAD为代表的二维CAD软件在我国得到普及。

【第二阶段】三维设计、二维出图　随着三维建模技术的发展，产品设计演变为以二维工程图为主、三维模型为辅的模式，即先用三维CAD软件构建立体模型，再用软件自动完成投影生成、图线消隐，生成二维工程图，经必要修改和标注后，图样即可交付生产链下游。该设计模式发挥了三维CAD系统的几何表现力，但尚欠缺制造工艺、检验信息和足够的表达手段，故产品加工过程中仍少不了二维工程图样作为辅助参考。

【第三阶段】　全三维数字化设计 MBD　1997年，美国机械工程师学会（ASME）与波音公司合作发起三维标注技术及标准化项目。2003年、2006年、2009年，美国、ISO和我国先后颁布了相应标准。国际主流工业软件供应商在各自的CAD软件产品中增补了MBD相关功能模块，使产品设计和制造摆脱了二维工程图。当下，发达国家航空产品设计已实现MBD产品定义方式的升级，美国空军JSF战斗机和空客A380均为成功范例。波音制定了BDS-600系列MBD技术应用规范，并在2004年波音787项目中推行，结果研发周期和工程中的返工分别减少40%和50%。波音的转包生产也促进了我国MBD全三维数字化设计工作。如今我国航空航天企业正在开展"三维模型下车间"活动，CATIA、UG、Pro/E等高级全三维设计规范得到普及。我国飞机、卫星、火箭等典型产品的生产环节已基本打通了整个数字化设计与制造的一体化流程。

图 5.3　产品定义技术发展的三个阶段

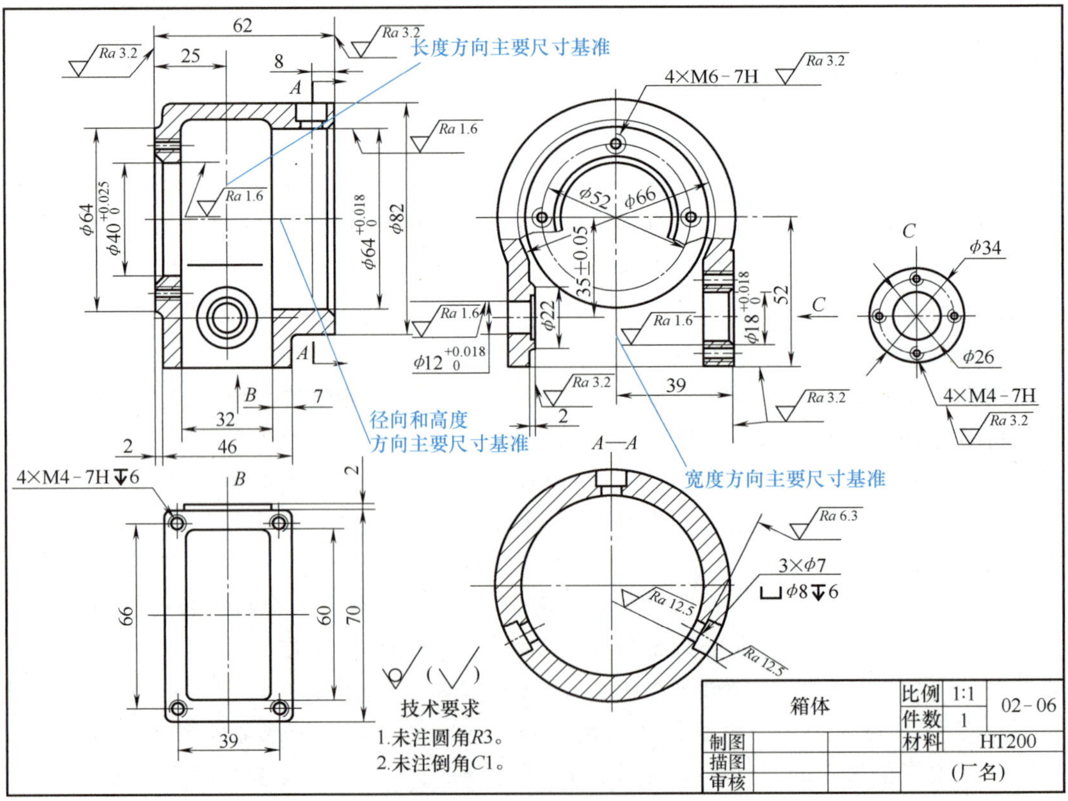

图 5.4　简单箱体零件图举例

尽管 CAD 能代替手工绘图，但是碍于计算机起步阶段性能的限制，当时 CAD 图样与手绘图样的绘图表达效果并无大异，绘图软件只能提供平面设计，欠缺立体感和真实感。三维绘图技术打破了这一桎梏，设计 3D 实体化能够更加充分地表达设计师的意图。于是产品的定义方法进入"三维设计、二维出图"阶段。事实上，目前世界上大部分飞机型号都采用三维数模为主、二维图样为辅的设计和生产管理模式。

在设计与制造之间存在信息脱节的弊病，二维信息的生成和传递既耗时又费力，更改、管理也会不便。从三维到二维，再从二维反推三维，在这个转换过程中容易出现理解偏差和错误。波音公司为保持行业的领先地位，率先开始在设计部门推进全三维数字化定义技术，其典型特征是基于模型的定义（Model Based Definition，MBD）技术，并逐步应用于制造环节，为企业带来了巨大效益。以波音 777 为例，它是第一架利用无纸化的 CAD 技术开发的商用客机。通过 MBD 等技术广泛的应用，设计师们能够整合飞机上超过 300 万个单独的零部件的设计和分析结果，并且在产品制作之前实现虚拟样机的研制和测试，飞机可以更快、以更低成本推向市场。鉴于国外航空企业的成功经验，我国航空业也开始研究 MBD 技术，并尝试应用于产品设计、制造的各环节。

由上可见，以投影几何为主线的画法几何表达方法成熟后，人们对零件图的关注先是聚焦在如何更准确、省力、快捷地完成繁重的绘图作业，后来又向后端延伸，探索设计、制造、管理诸环节之间一以贯之、无缝连接的技术。MBD 也被称为数字化产品定义技术，是一种面向计算机应用的产品数字化定义技术，其核心思想是用一个集成的三维实体模型完整地表达产品定义的全部信息，实现面向制造的设计，进而实现 MBD 与基于模型的企业（Model Based Enterprise，MBE）结合的愿景。

随着 MBD 技术的不断发展完善，飞机的设计方法也在不断地变更、进步。基于 CATIA 的虚拟产品生命周期管理（VPM）系统的应用使设计手段发生变革，产品结构设计从传统的"自底向上"模式转变为"自顶向下"的模式。图 5.5 所示为 CATIA 环境下 MBD 数据集

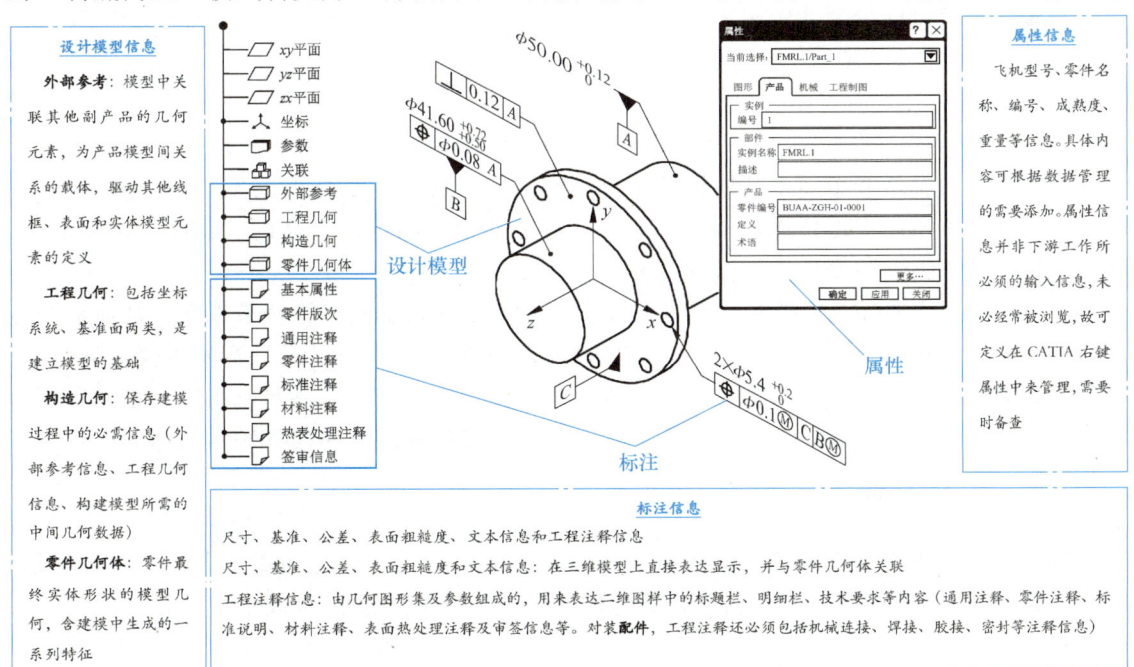

图 5.5　CATIA 环境下 MBD 数据集的表达方式

的表达方式。MBD 对产品定义的表达方式特点是在三维模型（直观、可视化、准确表达）上又集成了注释项或属性项（含产品全生命周期的几何信息和非几何信息），使之成为生产制造过程中的唯一依据。

从设计制造技术的发展来看，MBD 技术取代传统的二维制图是大势所趋。MBD 技术将大大提高整个产品全生命周期的运行效率。但在初期，设计人员和工艺人员需要投入更多的时间和精力来完成三维模型的创建和三维标注工作。而且 MBD 技术对工程师提出了更高的要求，工程师必须了解 MBD 的内涵并熟练掌握相关的三维设计工具。

5.3 运动支承部件

在机械系统中，支承和连接机械部件并允许机械部件在其上做相对运动的导向部件称为运动支承部件。运动支承部件承载和引导相对运动的部件按给定的约束性质运动，平面运动中两种最典型的运动形态为转动和移动，相关的运动支承部件的分类如图 5.6 所示。

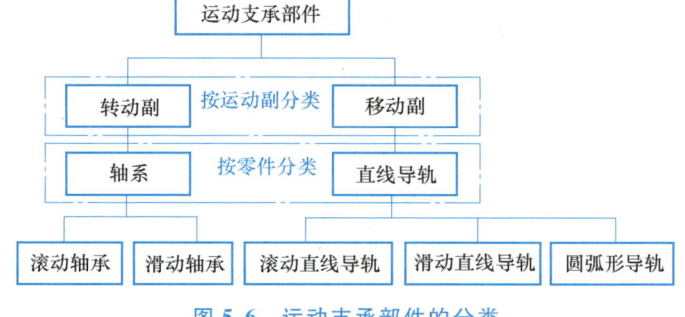

图 5.6　运动支承部件的分类

如果约束的性质属于转动副，则运动支承部件用于支承其上零件的旋转，传递转矩，称为**轴系**（Shafting）。若约束的性质属于移动副，则运动支承部件用于保证运动部件沿着一定的轨迹（直线或圆弧）和方向运动，并承受其上的载荷，称为**直线导轨**（Linear Guide）。

支承部件提供摩擦的性质主要分为滑动摩擦、滚动摩擦两大类。

5.4 轴系

轴系有主轴轴系和中间传动轴轴系之分。轴系通常直接承受外力（力矩）。一般，对中间传动轴系要求不高，能传递运动和力即可。对主轴轴系则有比较高的、具体的性能要求，如旋转精度、刚度、热变形及抗振性等要求。

旋转**精度**（Accuracy）指在轴系完成装配后，在无负载、低速旋转条件下，轴前端的径向圆跳动和轴向窜动量。轴系的**刚度**（Stiffness）反映轴系抵抗静、动载荷发生变形的情况。轴系的振动有受迫振动和自激振动两种形式。引起振动原因包括轴系自身组件质量分布不匀引起的动不平衡、轴的刚度差及单向受力等，它们直接影响旋转精度和轴承寿命。

5.4.1　轴系的组成

轴系属于一类部件或组件，由若干零件配装后完成运动支承的功能。主要组成包括轴、轴承、传动体（安装于轴上）、密封件、定位组件五大部分，它们组成一个回转运动支承系统（图 5.7）。

图 5.7 中轴承安装在轴承座内。轴承座前、后孔的安装决定了轴系的中心线。轴围绕轴

承的中心线旋转。键槽是引入外部动力的机械接口。传动体（如齿轮、带轮等）通常与轴固接成一体，但也可以分体，甚至在轴上滑动（如变速器齿轮），是向外传递运动和动力的渠道。密封件、定位组件等其他组成部分均可以视为附件，都是保证轴系正常工作所必需的，它们可以选用多种形式。例如，图 5.7 中右侧的两处轴端，由于选用的轴承类型不同，轴向定位的结构就有区别。

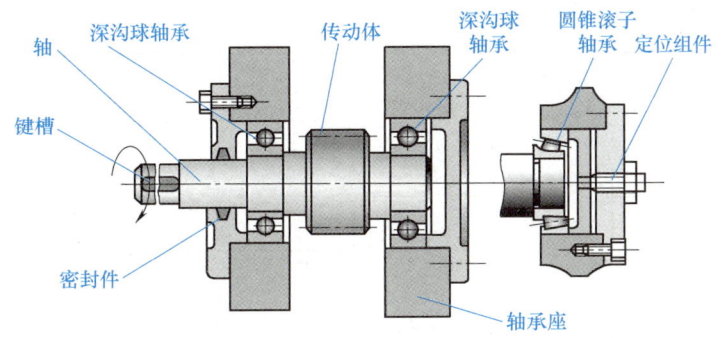

图 5.7 轴系的组成

5.4.2 轴

在设备中，凡旋转的机械零件都要安装在轴上来实现运动，所以轴（Shaft）是轴系的核心零件。常见轴的类型如图 5.8 所示。

图 5.8c 所示的软轴值得一提。软轴一般都是钢丝软轴，能把回转运动灵活地传递到任何位置和角度，在振动场合可以起到缓冲和减振的作用。当然还有以结构形式分类的方法，有光轴、空心轴、阶梯轴、半轴、十字轴、花键轴、偏心轴、凸轮轴等，不一而足。

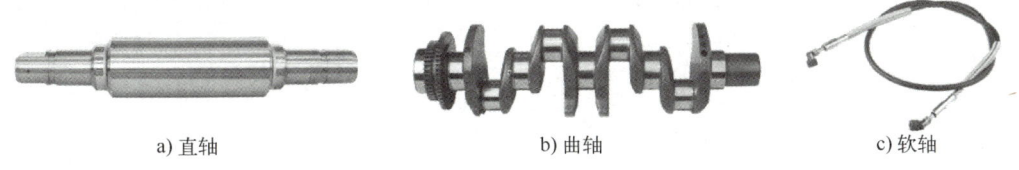

a) 直轴　　　　　　　　b) 曲轴　　　　　　　　c) 软轴

图 5.8 常见轴的类型

1. 轴的材料

对于通用机械来说，轴的材料一般以碳素钢和合金钢为主。前者价格比较便宜，对应力集中的敏感性较小，所以应用较为广泛。

传统飞行器传动轴材料的短板表现在抗拉强度、韧性、可加工性能等方面，因此需要研发飞机传动轴的新一代材料。近年来也有人尝试将纤维增强复合材料应用到直升机的传动轴上，较之传统钢、铝合金材质，碳纤维增强复合材料传动轴在减振和增加稳定性方面表现出了一些长处。

2. 轴的零件工作图

零件工作图是具体指导生产的图样，应该保证图面的规范、正确、完整，经审批后方可投入生产。图 5.9 给出齿轮泵主动齿轮轴的零件工作图示例。齿轮轴是轴类中比较典型的、中等复杂程度的零件，由于轴上连接着齿轮，所以应该在图面的右上角绘制表格，标注齿轮的主要参数。在右下方需要注明对材料调质处理等热处理工艺要求。

该齿轮轴为阶梯直轴，轴颈部分与支承零件一起回转，传递运动、转矩和弯矩。原则上，一般建议将齿轮轴安排在传动链的高速级（即低转矩级），并将齿轮与轴设计成一个整体。齿轮轴的加工工序比较多，要按照粗、精加工分阶段实施，同时照顾到粗、精加工的工艺基准和时序要求，预留足够的加工余量，合理安排热处理工序，保证齿轮轴的力学性能及加工精度，改善材料加工性能。

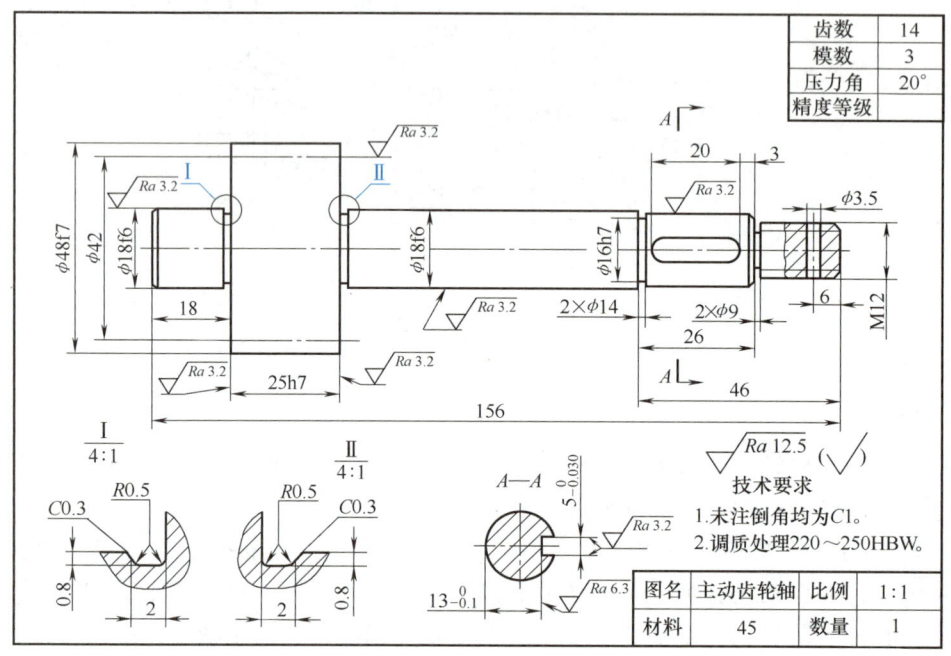

图 5.9　轴零件工作图示意

5.4.3　轴的强度和刚度

1. 轴的强度

轴强度校核计算应根据轴的具体载荷条件和应力情况采取相应的方法，选取恰当的许用应力。有三种强度校核的方法：许用切应力计算、许用弯曲应力计算、安全系数校核计算。

上述三种计算方法可以单独使用，也可逐个使用。一般，转轴按照许用切应力计算就足够可靠了，不一定再引入安全系数法校核。借助安全系数法校核的轴，也未必非要用许用弯曲应力法再复核。如果强度计算不能满足要求，那么就应该修改轴的结构。对于受力情况比较复杂的轴，往往需要强度计算和结构修改两者相互配合，交替进行，多次迭代。以上内容属于后续"材料力学"和"机械设计"课程的范畴。

2. 轴的刚度

在轴的运转过程中，其上所承受的载荷会引起轴的弯曲或扭转弹性变形，为此对应三个变形参数：挠度 y、转角 θ、扭角 φ。变形过大，往往会影响轴上零件的正常工作状态，因此须限制轴在承受载荷后的变形量不超过最大允许变形量。例如，电动机轴承受的弯矩过大，会导致轴挠度 y 超标，以致改变转子和定子之间的间隙，影响电动机的性能。又如内燃

机凸轮轴的扭角 φ 过大，就会影响到气门开闭的时序。换成轴上装有齿轮的场合，若该处有过大的转角 θ 变形，就会导致轮齿偏载，影响啮合等。因此设计机器有时需要关注轴的弯曲刚度或扭转刚度的计算问题。具体计算方法及公式须在后续"材料力学"课程中学习。

3. 飞行器轴类零件的抗疲劳设计

1953—1954 年，英国生产的世界上第一款商业客机"哈维兰彗星"号（图 5.10）接连发生了三起坠毁事故，伤亡惨重，不得不停飞，导致金属疲劳的话题被航空界持久关注。调查发现，在增压效应和循环飞行载荷联合作用下，飞机的方形增压舱窗口出现裂纹，裂纹随时间的推移逐渐变宽，最后导致机舱解体。自此以后，疲劳强度（Fatigue Strength）被认定为飞行器零部件设计的重要准则之一。

图 5.10　全球首款喷气式客机"哈维兰彗星"号

通常，设计人员在零部件设计阶段最关注的安全因素是总体强度。静强度破坏是由于零件危险截面的应力大于其抗拉强度，该截面发生断裂而破坏，或者危险截面的应力超出屈服强度导致残余变形过大而最终失效。为满足零件的总体强度，设计者往往在可预见的极限静载荷上加一个安全系数，但是忽略载荷周期变化和循环作用的特点。疲劳设计推翻了传统意义的强度概念，疲劳被定义为"由单次作用不足以导致失效的载荷的循环或变化所引起的失效"。在循环应力作用下，疲劳破坏往往发生在零部件局部应力的最大处，由微裂纹开始，逐渐扩大成宏观裂纹，结果一发而不可收，最终造成材料断裂。棘手的是，微小缺陷和应力集中几乎永远无法避免的，因此，承受严酷循环应力的飞行器疲劳强度设计就成为零件强度设计新的准则。

轴类零件在飞行器中随处可见，例如，在直升机主旋翼与主减速器之间，主减速器与中间、尾部减速器之间，以及附件之间均有传动轴和联轴器彼此相联而传递功率，所以传动轴是直升机核心的动力输出构件之一。飞行器对传动系统高速、重载、长寿、轻量化的要求越来越高，轴类零件所承受的应力越来越严酷，于是，疲劳损伤成为一类重要的损伤形式，结果，提高抗疲劳性能成为飞行器轴类零件设计值得重点关注的问题。

飞行器轴类零件抗疲劳设计的主要思路是在初始设计阶段依据轴类零件受力分析，借助材料的 S-N 曲线计算出轴类零件的 S-N 曲线，分别归结出无限寿命设计（指让零件在低于可靠疲劳极限的疲劳载荷条件下工作）和安全寿命设计（指让零件在高于可靠疲劳极限的疲劳载荷条件下工作）两种抗疲劳设计的方法。

图 5.11 所示的 S-N 曲线描绘材料或构件在所承受的应力水平下发生疲劳破坏时所经历的应力循环次数的关系曲线。它一般是对标准试样施加对称循环交变应力，进行疲劳试验获得的数据。图 5.11 中纵坐标表示试样承受的疲劳应力幅值，有时也换成最大应力，两者均用 σ 代表。横坐标表示应力循环的次数，用 N 度量。为方便计，S-N 曲线往往近似为双对数坐标系下的两条直线（也可仅将横坐标取为对数）。若选择按 S-N 水平线部分进行设计，则称为无限寿命设计；若按 S-N 斜线部分进行设计，则称为有限寿命设计。对于后者，疲劳累积损伤是重要依据，前者主要是计算其安全系数。该曲线通常由如下三个区域组成。

1) A-B 区：低周疲劳区。材料在该区处于接近或超过屈服强度的循环应力条件下，经

过 $10^4 \sim 10^5$ 次塑性应变循环即产生显著塑性变形而失效。

2) B-C 区：有限寿命区。图 5.11 中斜线部分呈现出试样承受的应力水平与疲劳破坏（Fatigue Failure）对应的应力循环次数之间的关系。在低于屈服强度循环应力作用下，经过 $10^5 \sim 10^7$ 次循环后，材料失效。利用该斜线，由某一工作应力水平即可找出对应的疲劳寿命。试样或材料所承受应力水平与应力循环次数之间存在关联，所以称为条件疲劳极限或疲劳强度。

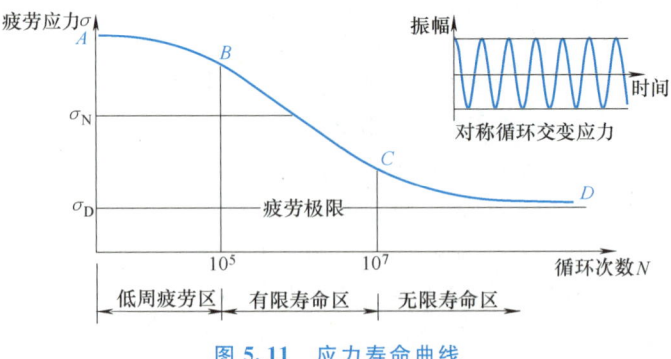

图 5.11 应力寿命曲线

斜线部分是零件疲劳强度的有限寿命设计计算的主要依据。材料或构件到发生疲劳破坏时所经历的应力循环次数称为疲劳寿命（Fatigue Life），它通常是疲劳裂纹的萌生寿命与扩展寿命之和。

3) C-D 区域：无限寿命区。S-N 曲线中的水平线部分呈现出经过无限次应力循环（例如钢的无限次就定义为 10^7 次以上）后材料都不会发生破坏的疲劳极限，记为 σ_D。该区域应力水平一般较低，在弹性范围内，应力与应变是成比例的。

实际上，机械零件往往在非对称循环载荷条件下工作，所受应力多半由一个交变应力分量和一个平均的或静应力分量叠加而成，如齿轮承受脉动弯曲疲劳载荷、内燃机连杆承受非对称拉压疲劳载荷等。此时，不宜简单套用材料在对称循环条件下的特性，而需考虑应力比以及平均应力对疲劳强度的影响，找出并根据某些经验规律，在已知材料某些性能的基础上，估算出材料在不同应力比和平均应力条件下的疲劳极限。

提高轴类零件疲劳强度的途径有选用优质材料、合理地设计结构、减少应力集中等。对最弱环节的表面层采用适当强化工艺能显著提高疲劳强度。总之，采用疲劳强度设计方法对保证机械在给定的寿命内安全运行十分有效。

5.4.4 轴承

由图 5.6 可知，轴类零件的支承靠转动副，即轴承（Bearing）。轴承是支承轴颈的部件，有时也用来支承轴上的回转零件。

我国自古就使用轴承。周代（公元前 11 世纪）就有人用油脂充当轴承润滑剂了。明代科学家宋应星的著作《天工开物》中记载有一种"南方独推车"（图 5.12），其结构中就有滑动轴承的雏形。英国科学家李约瑟（1900—1995 年）推算，1965 年在陕西出土的滚动轴承套圈应问世于 2100 多年前，是世界滚动轴承的鼻祖。达·芬奇也对滚动轴承做过研究，

图 5.12 《天工开物》中记载的"南方独推车"

如保持架等，不过其时已是相当晚了。

根据轴承工作过程中摩擦性质，分为滑动轴承和滚动轴承。

1. 滚动轴承

（1）**结构组成** 滚动轴承（RollerBearing）是标准件，由专业轴承工厂成批生产。设计中只需要根据工作条件选用合适的类型和尺寸，对轴系组合结构开展设计即可。它们安装方便，价格便宜，应用广泛。

典型滚动轴承的构造如图 5.13，由内圈、外圈、滚动体和隔离罩组成。内、外圈分别与轴颈及轴承座孔装配，起支承作用。多数是内圈随轴回转，外圈静止不动或偶做少许转动。轴承内部的滚动体是核心元件，位于滚道间，使相对运动表面间的滑动摩擦变为滚动。滚动体有球形、滚子（圆柱形、圆锥形、鼓形）、针形等，如图 5.14 所示。隔离罩

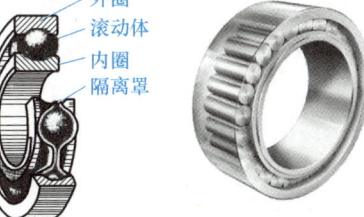

图 5.13 典型滚动轴承的构造

又称为保持架，均匀地分隔滚动体，既防止它们脱落，又避免彼此摩擦，否则发热和磨损会比较严重。

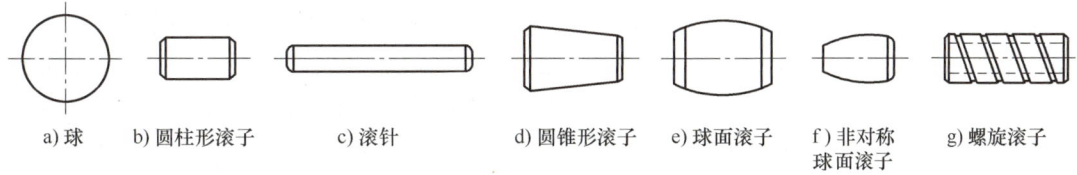

图 5.14 常见滚动体

（2）**滚动轴承的失效形式** 滚动轴承是标准件，设计时通过供应商订货即可，在选购滚动轴承时应考虑的重点问题是失效（Failure）。

滚动轴承的失效形式一般有点蚀、塑性变形、破裂、锈蚀、磨粒磨损和黏着磨损等几种。点蚀是最常见的失效形式。所谓点蚀，是轴承在承受相当大的载荷运转时，滚动体与轴承的内、外圈均承受变化的接触应力，在经历一定的时间后，各元件的接触表面均可能发生疲劳性表层剥落，即点蚀（图 5.15）。

轴承中任何一个元件在出现疲劳点蚀前运转的总转数（或在一定转速下的工作小时数）称为轴承寿命。疲劳点蚀通常是核算轴承寿命的主要依据。严重的点蚀会导致轴承无法继续顺滑、平稳地工作，失去原有的效能。

图 5.15 圆锥滚子轴承内圈的点蚀

依据疲劳点蚀核算滚动轴承寿命计算过程应在后续"机械设计"课程中学习。

（3）**滚动轴承轴系的结构设计** 为了保证轴系发挥正常的功能，除了合理选择轴承类型和型号、正确计算轴的载荷、强度和刚度外，轴系的总体结构布局也至关重要，特别要精心考虑轴承的组合设计。轴系的详细结构如图 5.16 所示。

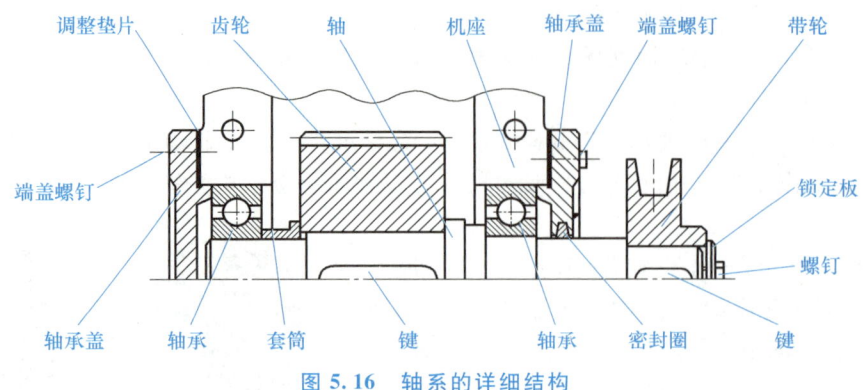

图 5.16 轴系的详细结构

2. 滑动轴承

滑动轴承（Sliding Bearing）全称为滑动摩擦轴承，特点是工作平稳、可靠、噪声低。若能保证充分的液体摩擦润滑，即滑动表面彼此被润滑油分离，处于非直接接触状态，那么就可以有效地降低摩擦损失和表面的磨损。不过，普通滑动轴承的起动摩擦阻力比滚动轴承大得多。

图 5.17 所示为水平剖分式滑动轴承，由轴承盖、轴承座、上轴瓦、下轴瓦和螺栓组成。轴瓦与轴颈的接触表面有相对转动，为工作表面。为防止轴承盖与轴承座之间相对错动，剖分面往往加工成阶梯状，即所谓的"止口"。剖分式轴承的可装拆性好。有时在剖分面加装调整垫片，这样，一旦工作表面磨损，可以将调整垫片减薄，再刮研轴瓦，就可将磨损后工作表面的间隙补偿过来。剖分式轴瓦有水平剖（正剖）、斜剖两种。图 5.18 所示为整体式滑动轴承。从外形看，它与图 5.17 所示剖分式轴承在结构上的区别主要就体现在整体和分体上。

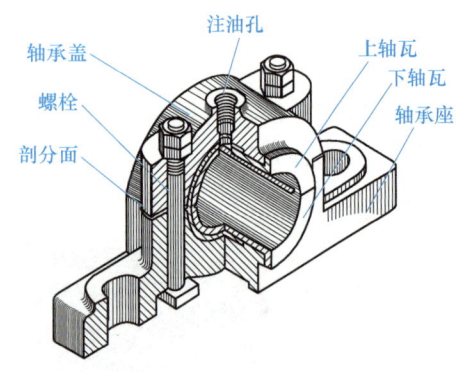

图 5.17 水平剖分式滑动轴承

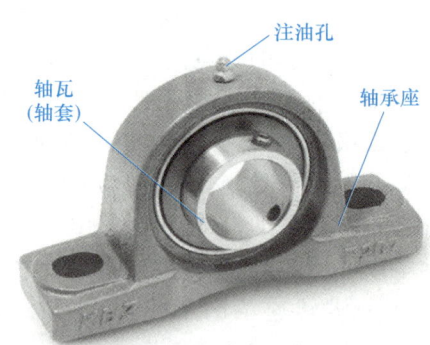

图 5.18 整体式滑动轴承

5.4.5 轴承在航空航天中的应用

1. 航空轴承

现代航空器，无论是客机、直升机、战斗机、太空推进装置、飞船等都用到大量规格各异的轴承。飞机附件齿轮箱（AGB）、飞行控制系统（FCS）及副翼、襟翼（前缘、后缘）、扰流器、方向舵、升降舵、起落架和辅助动力装置等的轴系里都有轴承，既有滚动轴承，也有滑动轴承。

航空轴承（Aircraft Bearing）最突出的特点是对质量的要求特别高。下面举一个由单个轴承部件损坏引起飞机故障的典型案例。2013 年，天津航空公司主力机型 E190 的一架飞机从贵阳机场起飞时，左内侧主轮轮轴的圆锥滚子轴承完全碎裂损坏，滚动体、密封、支架、卡环等解体。所幸巡场人员在起飞机场跑道尽头及时拾到一块直径约为 8.5cm 的圆形金属残片，并迅速通知前方预着陆的太原机场，经守候的机务人员查验，发现了解体的轴承，避免了后续飞行可能发生的事故。

2. 航空发动机用轴承

航空发动机是现代工业技术的集大成者，轴承在航空发动机中发挥着重要的作用。航空发动机轴承主要是滚动轴承，它们集中应用在传动系统和转子系统两个主要的部位。

（1）**航空发动机传动系统轴承** 航空发动机传动系统轴承与其他领域应用的普通轴承结构相似，但是转速高、重量轻，对可靠性的要求更苛刻。图 5.19 所示为航空发动机附件传动齿轮箱轴承。另外，一些大涵道比涡扇发动机齿轮驱动的风扇需要借助滚动轴承支承行星架和行星齿轮实现运动传递。

航空发动机轴承的许用预期寿命一般较通用轴承短，通常仅设定为 500~2000h，而后者允许延长至 5000~20000h。

图 5.19 航空发动机附件传动齿轮箱轴承

（2）**航空发动机转子系统轴承** 转子系统轴承支承着整个发动机的要害部位，通常称为主轴承（图 5.20a）。一款主轴轴承新产品从开发到成熟应用的周期约为十年。除了主轴承自身性能之外，轴系设计也是十分复杂的系统工程，涉及轴系的振动、减振器、润滑状态、新材料等。

飞机涡轮机发动机有涡轮喷气发动机、涡扇发动机、涡轮螺旋桨发动机和涡轮轴发动机四种类型。图 5.20b 所示为商用航空发动机主轴承布置示意图。喷气发动机通常有两个主轴，一个用于高速/高压端的压缩机/涡轮机区段，另一个用于低速/低压端的风扇/涡轮机区段。

a) 主轴承

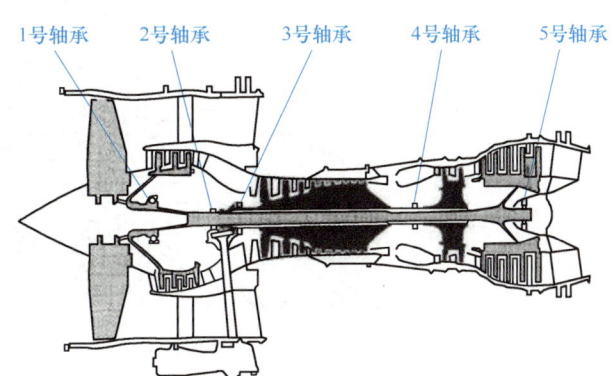

b) 主轴承布置示意图

图 5.20 主轴承及商用航空发动机的主轴承位置

（3）**磁悬浮轴承** 磁悬浮轴承（Magnetic Bearing）是利用磁力作用将转子悬浮于空中，使转子与定子之间避免机械接触的一种机械传动轴承。事实上，磁悬浮轴承已被列为 21 世纪先进航空发动机的关键技术之一,发达国家已经验证了磁悬浮轴承在航空发动机应用的可行性。

图 5.21a 所示为磁悬浮系统工作原理示意图。系统由转子、位置传感器、控制器和执行器四大部分组成,而执行器则包括电磁铁和功率放大器两部分。假设在参考原点(平衡位置)转子受到一个向下的扰动,它就会偏离该参考位置向下,而位置传感器将检测出转子偏离参考原点的位移,控制器中的微处理器将检测到的位移变换成控制信号,然后传给功率放大器将控制信号转换成控制电流,控制电流在电磁铁中产生磁力,驱动转子,试图把它拉回原平衡位置。因此,不论转子受到向下或向上的扰动,转子始终能稳定地处于悬浮平衡状态。

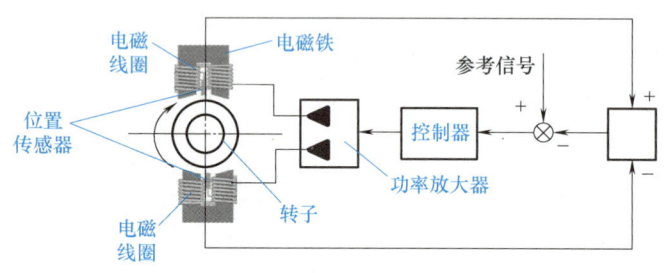 

a) 磁悬浮系统工作原理示意图　　　　b) 永磁同步电动机的磁悬浮轴承

图 5.21　磁悬浮系统和轴承

用磁悬浮轴承(图 5.21b)取代传统机械轴承有望成为大推重比航空发动机和全电发动机的关键技术之一。据估计,如果磁悬浮轴承取代机械滚动轴承,电气传动附件代替齿轮传动,取消润滑与密封,可使发动机性能提高 5%,重量减轻 10%~15%。

图 5.22 所示为航空发动机中应用磁悬浮轴承的设计示例。该发动机主轴呈全悬浮状态,磁悬浮轴承提供 5 个自由度的悬浮,其中,径向磁悬浮轴承(涡轮端和尾端)各提供 2 个自由度,轴向磁悬浮轴承提供 1 个自由度。当然,这样的结构也可能带来若干新的挑战。

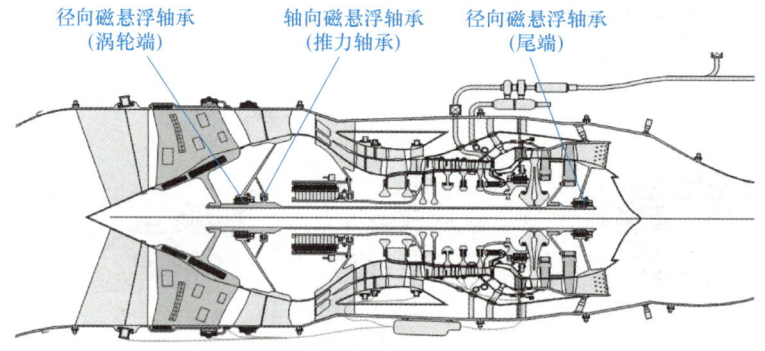

图 5.22　磁悬浮航空发动机主轴的设计示例

3. 直升机轴承

直升机的很多部位都用到轴承,如主旋翼系统、尾旋翼系统、执行器、发动机系统、齿轮箱、起落架系统等。从图 5.23 所示新型武装直升机回转三点接触球轴承可见,其内圈带齿圈,外圈是轴承结构,再往外的圆环边缘设有与机座连接的法兰和安装孔。此外,轴承内环通常做成剖分式,这种设计不仅仅便于装配,更重要的是使轴承在承受机动载荷时仍能起到平稳可靠的支承作用。

4. 发动机主轴轴承的冷却

航空发动机备有润滑油的循环供应系统。润滑油除润滑轴承外，还起到交换发动机主轴轴承部件的热量、冷却主轴轴承的作用。发动机内部温度一般高达 1500℃ 以上，润滑油油路经过主轴轴承会带走大量的热量在冷却器完成热交换，进行散热冷却。因而，主轴轴承的运行温度可以保持在 300℃，从而耐受

图 5.23　武装直升机回转三点接触球轴承

高温。所以，主轴轴承是从选用高温材料制造和润滑油路降温两个措施来保证正常工作的。

5.4.6　轴承的润滑与密封

1. 润滑

轴承组合设计时要同时考虑合理的润滑（Lubrication）和密封（Sealing），它们往往影响到轴系能否正常的工作。润滑的目的是降低摩擦阻力和减轻磨损，同时也有吸振、冷却、防锈和密封等作用。合理的润滑对提高轴承性能、延长轴承使用寿命有重要意义。

滚动轴承润滑剂（Lubricant）主要取决于工作速度、载荷、温度等工作条件。例如，先进飞机机种的主轴轴承润滑脂通常把轴承的适用工作温度定为 250℃。合理的轴系设计和有效的润滑条件可使工作温度达到 316℃，使用寿命提升至上万小时。

2. 密封

轴系的密封主要就是轴承的密封，其目的是阻止润滑剂从轴承中流失、外溢，并防止外界灰尘、水分等侵入。密封不合理将大大影响轴承的工作寿命。按照密封原理不同，有接触式密封和非接触式密封两大类。接触式仅可用于线速度较低的场合，非接触式密封则不受速度限制。

下面介绍两种先进的密封技术。

（1）磁流体密封技术　磁流体密封技术是将磁流体注入磁场的间隙，磁流体充满整个间隙后形成一种液体 O 形密封圈，于是在把旋转运动向外传递的同时能减少泄漏，它常用于真空密封。

1）磁流体：磁流体是磁性流体的简称，让强磁性微细粉末（平均粒径仅约为 10nm）在水、油类、酶类、酯类等液体中稳定分散呈现胶态液体状，就形成了磁流体。通常，磁流体在离心力和磁场作用下既不沉降也不凝聚，且具有超顺磁性，能被磁铁所吸引。

2）磁流体密封原理：磁流体密封原理是利用磁流体对磁场的响应特性来实现密封的，如图 5.24 所示。

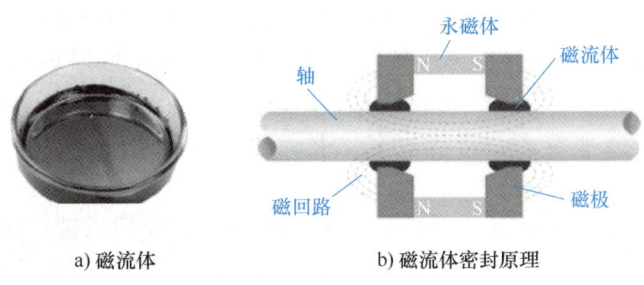

a) 磁流体　　　　　　b) 磁流体密封原理

图 5.24　磁流体及其密封原理

由图 5.24 可知，永磁体呈圆环形，极靴 N、S 与轴构成磁回路，磁场把置于轴与极靴缝隙之间的磁流体聚集成一个所谓的"O 形环"，将缝隙堵死，起到密封的效果。磁流体密封技术是一种先进密封技术，可以实现"零泄漏"。

3）磁流体密封结构举例。图 5.25 所示为磁流体密封悬臂轴组件结构设计的例子。

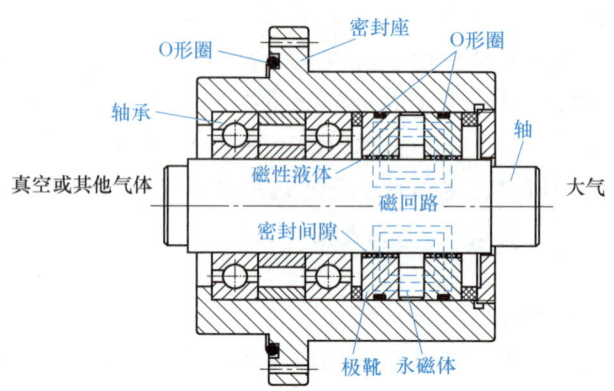

图 5.25 磁流体密封悬臂轴组件结构设计的例子

20 世纪 60 年代中期，美国首先成功地将磁流体应用于宇航服可动部分的真空密封，并用于解决失重状态下宇宙飞船液体燃料的固定问题。磁流体用于舰船螺旋推进器的主轴密封，代替传统的盘根密封，结果主轴功率损耗降低了 10%~40%，明显提高了舰船的航行速度。水陆两栖坦克动力传递轴也有磁流体密封的应用实例。

(2) 金属蜂窝封严技术

1）蜂窝结构。**蜂窝结构**（HoneycombStructure）是由一个个正六边形单元背对背对称地排列组合起来。这种结构有着优秀的几何力学性能，因此在材料学科有广泛应用。航空器设计师从蜂窝结构得到启示，例如，美国 B-2 隐形轰炸机的机体元件多采用三明治蜂窝结构，即在两块高强度薄板间胶合了密度很低的蜂窝夹芯层，使机体强度增高、重量大大减轻。航天飞机、人造卫星、宇宙飞船内部也大量采用蜂窝结构，卫星的外壳几乎全部是蜂窝结构。图 5.26 所示为蜂窝复合材料结构示意。蜂窝面板由 4 层各向异性的碳纤维材料组成，夹芯采用铝合金材料。

2）蜂窝封严技术在航空工业的应用。封严指为防止转动部件和非转动部件间发生泄漏所采取的一种处置方式。航空发动机上使用封严技术的部件很多，如主流道密封、空气系统二次流密封、主轴承油腔密封、附件传动机匣传动附件输出轴密封等。

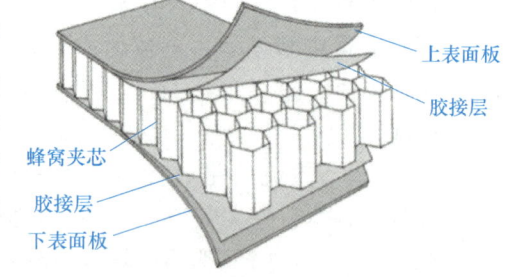

图 5.26 蜂窝复合材料结构示意

利用特殊加工工艺将蜂窝汽封带和汽封体结合成一体。蜂窝汽封带由六边形小蜂窝孔组成，其对边距离为 0.8~6mm，深度为 1.6~6mm。蜂窝汽封的阻尼和刚度很大，稳定性好，用在汽轮机、航空发动机等高速运转流体机械轴系中能明显起到减低工作介质、润滑介质或冷却介质外泄的效果。因此航天飞机、火箭、U2、F-16 战斗机，以及我国的新型战机、民用飞机的发动机都采用了该项技术，密封效率比普通梳齿式汽封平均提高 10%，寿命在两倍以上。

图 5.27 所示为涡轮机蜂窝封严设计的例子。将涡轮机叶顶间隙、级间或轴端密封改为金属蜂窝封严结构，可使叶尖与机匣之间的间隙减至最小，降低漏汽，效率提高 2%。有研究表明，封严泄漏量每减少 1%，可使发动机推力增加 1%，耗油率降低 0.1%。对于先进战

斗机发动机来说，在转速和涡轮转子进口温度保持不变的条件下，高压涡轮封严泄漏量减少1%，推力可增加 8%，耗油率降低 0.5%。发动机涡轮的径向间隙每增大 0.13mm，发动机单位耗油量约增加 0.5%；反之，减少 0.25mm，涡轮效率提高 1%。由此可见，无论对于军用航空发动机还是民用航空发动机，密封技术直接影响发动机的性能。

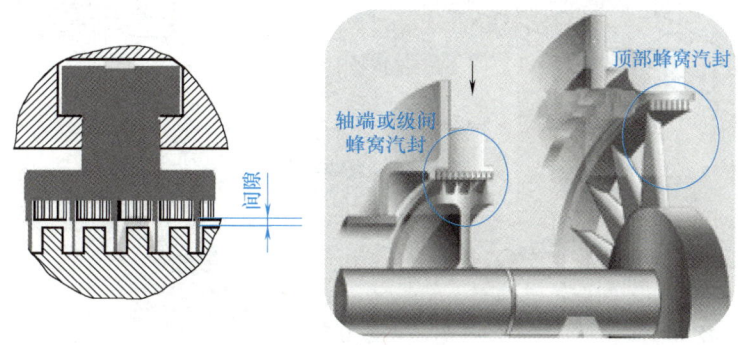

图 5.27　涡轮机蜂窝封严设计的例子

5.5　直线导轨

导轨（Guide）的发展是与直线运动系统的普及应用相伴相生的。首先问世的工业导轨是滑动导向系统，后来衍生出滚动导向系统。实践证明，滚动导轨（Rolling Guide）更适用于高速运动，与滑动导轨（Sliding Guide）相比，两者最高直线速度大约相差 10 倍。紧接着，工业导轨中又有直线轴承和直线导轨问世，这两者外形尺寸虽然相近，但直线导轨（Linear Guide）采用全导轨支承结构，不易折弯，刚度高，因此在承载能力方面，直线导轨比直线轴承更强。

直线导轨又称为线轨、滑轨、线性导轨、线性滑轨等，能在重载下实现高精度直线往复运动，也可以承担有限的扭矩，逐渐成为导轨系列的主流产品。直线导轨可分为滚动直线导轨、滑动直线导轨、圆弧直线导轨（直线的特殊形式）三种，它们支承和引导上方搭载的滑块，按给定的方向做往复运动。如果按摩擦性质分类，直线导轨又可以分为滑动摩擦导轨、滚动摩擦导轨、弹性摩擦导轨、流体摩擦导轨等。

5.5.1　直线导轨的工作原理

以图 5.28 为例说明直线导轨的工作原理。它可以理解为是钢球在滑台和导轨之间做无限循环滚动的一种滚动导引机制，从而使滑台上承受的负载沿着导轨轻快、低噪声、高精度地运动，摩擦系数大致是传统滑动导轨的 1/50。直线导轨已经被设计加工成一类标准的机械产品，设计时进行选用即可。直线导轨需要一个承载、安装、调校导轨的平面。

图 5.29a 所示为标准的直线滚动导轨，靠钢球实现滚动摩擦。图 5.29b 所示为圆弧滚动导轨，可视为直线导轨的特例，目前它可让其上的滑块实现直径 >5m 的圆弧运动，是传统旋转轴承的补充。该装置的组装、拆卸、重组十分方便。

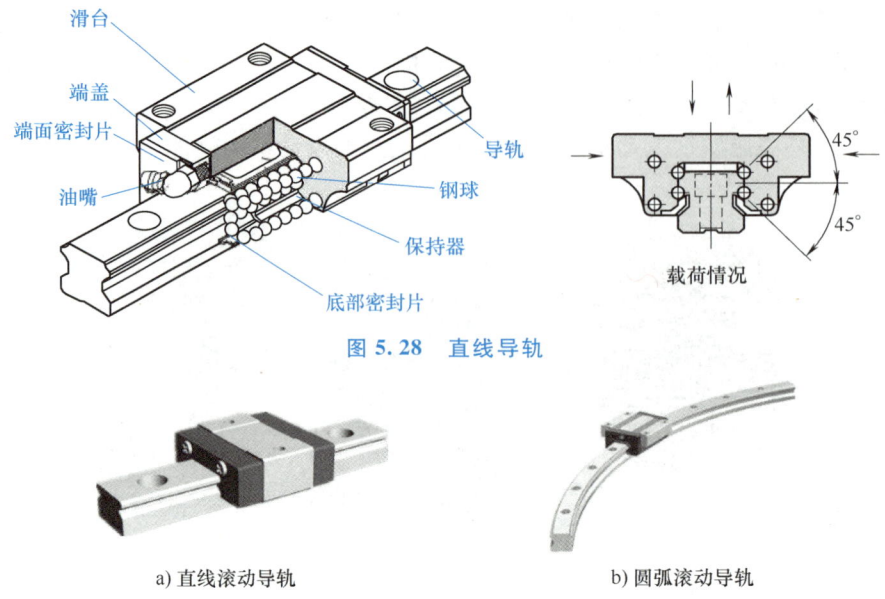

图 5.28 直线导轨

图 5.29 滚动导轨
a) 直线滚动导轨　b) 圆弧滚动导轨

5.5.2 直线运动单元应用举例

1. 直线运动单元

将直线导轨、滚珠丝杠或同步带、传感器、伺服电动机（或步进电动机）、滑台、铝合金型材等组合起来就形成一类广泛用于自动化工程的单轴**直线运动单元**（Linear Motion Unit），又称为直线模块、直线滑台等。它们能通过灵活的构型变化将各个模块组合起来实现多轴复合（直线、曲线）运动，以及准确的运动定位控制。目前，直线运动单元已广泛应用于各种测量、激光焊接、激光切割、涂胶机、喷涂机、小型数控机床、雕刻机、绘图机、移载机等场合。用户可以委托制造商定制特殊规格的直线运动单元。不过，实际应用场合更多的是从厂家提供的现成构型方案中选取一款。

图 5.30 所示为步进电动机结合同步带驱动的单轴直线运动单元结构的爆炸图。直线导

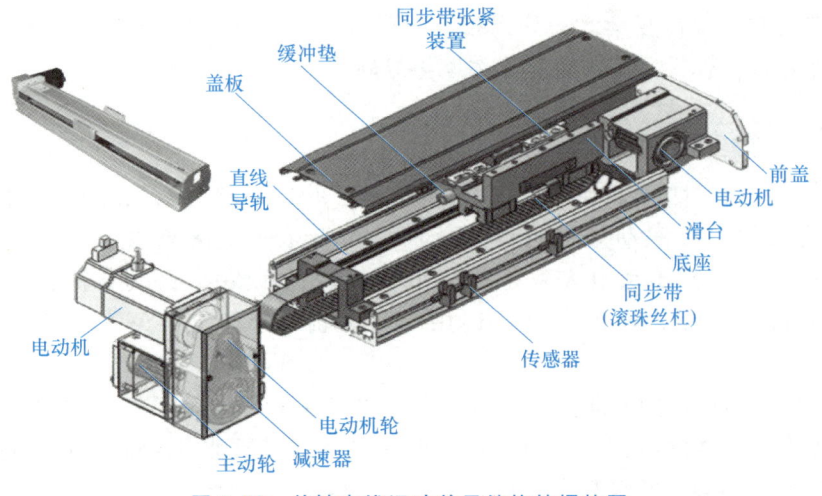

图 5.30 单轴直线运动单元结构的爆炸图

轨用于滑台导向；同步带安装在直线滑台两端的传动轴上，可选一侧作为动力输入轴；滑台与同步带固接；通常，同步带型直线滑台有调节同步带松紧程度的张紧装置。直线滑台规格不同，负载容限不同。滑台的运动定位精度一般为 0.1~0.2mm。如果改为滚珠丝杠驱动，则精度会更高一些。

2. 直线运动单元组合应用

图 5.31 所示为三个直线运动单元组合应用的例子，它构成一个平面直角坐标机器人。由图 5.31 可见，Y 轴的跨度比较大（一般>1.5m)，故引入 2 个直线运动单元，借助同步传动轴将左、右两个滑台的输入轴连接起来，由 X 轴电动机驱动，达到同步运动的效果。Y 轴直线运动单元上配装了 2 个滑台，这样可以承受更大的载荷，运动重心也更加平稳。

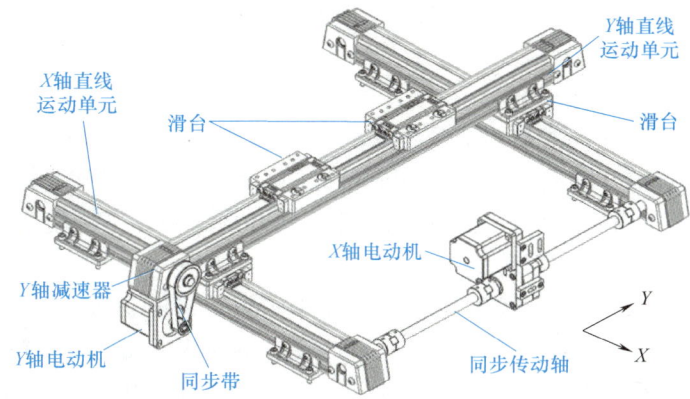

图 5.31　由直线运动单元组合成一个平面直角坐标机器人

5.6　传动件

本书第 3 章从机构的视角介绍了典型的传动装置和传动件。本章则从机械设计的视角来介绍传动件。机器中包括多种传动类型，按工作原理，通常可分为机械传动、流体传动、电力传动和磁力传动四大类。而机械传动又有多种形式，主要有两类：第一类是摩擦传动，包括带传动、绳传动和摩擦轮传动等，靠机件之间的摩擦力传递动力和运动；第二类是啮合传动，包括齿轮传动、链传动、螺旋传动和谐波传动等，靠主动件与从动件（或中间件）之间的啮合传递动力或运动。

5.6.1　制订机械传动方案的一般原则

面对特定的应用场合，事实上往往有多个传动装置的设计方案，为了筛选出更合理的方案，在机械设计初期制订传动方案的阶段，设计者应该重点权衡以下几个方面的问题。

（1）**传动比**　机器传动链需要选择传动比，以便设备的执行机构运行在最合理的工作速度范围。例如，金属切削机床主轴的速度应符合切削规范的区间，汽车应根据路况、载重、坡度等因素变速行驶等。

（2）**效率和功率**　效率 η 是衡量传动系统在能量利用方面优劣的指标，也可以间接地评定传动系统磨损和发热的情况。对于大功率传动，设计者尤其要关注节能高效的问题。

（3）圆周速度 不同传动类型圆周速度受限的主因是不一样的。例如，摩擦传动是接触面的磨损，平带传动关注离心力，V带传动重点考虑带进入和退出带轮的弯曲频率，链传动应尽量避免冲击，齿轮传动受制造精度制约等。通用机械的速度一般都不太高，因此从驱动单元到执行单元，运动往往需要减速。

（4）同步性 摩擦传动和流体传动一般无法保证严格的同步性，这时若有必要，则应改为齿轮传动或链传动。

（5）质量和尺寸 类似地，质量和尺寸两项指标也与传动类型密切相关。

（6）环境因素 高温、潮湿、多粉尘、易燃易爆场合宜采用链传动或闭式齿轮传动、蜗杆传动等。

下面重点介绍齿轮传动，其他传动件设计应在后续"机械设计"课程学习。

5.6.2 齿轮传动

齿轮传动（Gear Drive）的适用范围极其广泛，传递功率最高可达数万千瓦，圆周速度可达150m/s甚至更高，单级传动比达到8或略高些。与其他机械传动形式相比，齿轮传动的优点是工作可靠、寿命长、瞬时传动比为常数、传动效率高、结构紧凑等；缺点是制造齿轮需要专用机床、成本较高、不宜用于轴间距过大的传动等。

齿轮精度影响齿轮运动传递的准确性、传动平稳性、瞬时速度波动性、载荷分布均匀性、传递侧隙的合理性等。GB/T 10095.1—2008规定圆柱齿轮分为13个精度等级，0级是最高的精度等级，而12级是最低的精度等级。一些领域机器常用的齿轮精度等级见表5.1。

齿轮传动的设计、生产、科研主要是围绕齿廓曲线、强度、制造精度、加工和装配方法，以及热处理工艺等展开的，其目的在于满足齿轮传动的精度、平稳（振动、冲击、噪声、恒瞬时传动比）和承载能力（轮齿强度、耐磨、工作寿命）这三项要求。

表5.1 一些领域机器常用的齿轮精度等级

机器类型	精度等级										
	2	3	4	5	6	7	8	9	10	11	12
测量齿轮		──	──	──							
汽轮机用减速器			──	──	──	──					
金属切削机床			──	──	──	──	──				
航空发动机			──	──	──	──	──				
轿车					──	──	──				
内燃机车和电气机车					──	──	──				
载货汽车及通用减速器						──	──	──			
拖拉机及轧钢机小齿轮						──	──	──	──		
起重机械							──	──	──	──	
矿山用卷扬机								──	──	──	
农业机械								──	──	──	──

1. 齿轮传动的失效形式

齿轮传动的设计计算与其失效形式有密切关系。因此在介绍齿轮传动几何计算的准则之前，需要先掌握一些与齿轮传动失效相关的知识。

齿轮传动主要的失效形式有轮齿折断和齿面损伤两类。齿面损伤又有多种表现形式。

（1） 轮齿折断　轮齿折断通常发生在齿根部位，如图 5.32 所示。轮齿折断有疲劳折断和过载折断两种形式，疲劳折断由多次重复弯曲应力和应力集中诱发，过载折断由短时过载或冲击载荷造成。两种折断都出现在轮齿受拉应力的一侧。

视断口与齿宽的占比情况，轮齿折断形式分别呈现全齿折断（图 5.32a）、局部折断（图 5.32b）。采取增大齿根过渡曲线的半径、降低表面粗糙度值或采用表面强化处理（喷丸、辗压）等措施有利于提高轮齿的抗折断能力。

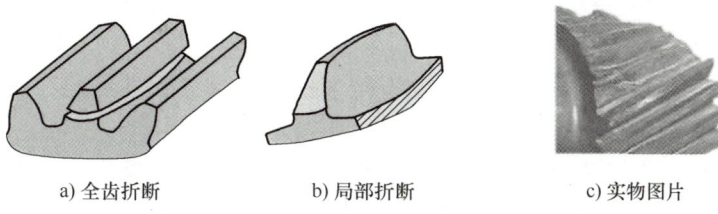

a) 全齿折断　　　b) 局部折断　　　c) 实物图片

图 5.32　齿轮轮齿折断失效

（2） 齿面接触疲劳磨损（点蚀）　点蚀是润滑良好的闭式齿轮传动常见的失效形式。由于轮齿齿面受到交变接触应力的反复作用，在齿廓的节线附近且靠近齿根一侧表面往往产生若干小裂纹，被封闭在裂纹中的润滑油受压力作用，会产生楔挤效应使裂纹扩展，最后导致齿面表层呈现小片状剥落而形成麻点。在齿轮传动中称这样的疲劳磨损现象为点蚀（图5.33）。点蚀将造成齿轮传动的振动和噪声，影响平稳性，严重者甚至无法正常啮合工作。

（3） 齿面胶合　高速重载齿轮传动若表面相对滑动速度过高，往往产生瞬时高温，导致油膜破裂，引起齿面间的黏焊。随着黏焊处被撕脱，轮齿表面沿滑动方向便会形成明显的沟痕，称此为齿面**胶合**（Gluing）（图 5.34）。

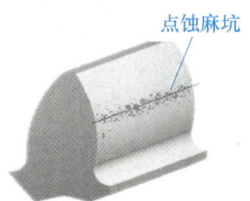

图 5.33　齿轮齿面点蚀失效

（4） 齿面磨粒磨损　如果一对啮合轮齿彼此的表面硬度相差比较大，在相对滑动中质地较软的一方轮齿往往会被表面粗糙的硬齿划伤，造成齿面发生磨粒磨损（图 5.35）。磨损的后果是齿厚减薄，最后轮齿因强度不足而折断。

　　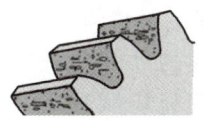

图 5.34　齿面胶合　　　　　　　图 5.35　齿面磨粒磨损

2. 齿轮材料及其热处理

对齿轮材料的要求是：①齿面具有足够的硬度，这样抗点蚀、抗胶合、抗磨粒磨损的能力比较强；②有足够的弯曲疲劳强度；③良好的加工和热处理工艺性；④价格便宜。

举例来说，最常用的材料有锻钢、铸钢、铸铁（普通灰铸铁和球墨铸铁）、非金属材料。齿轮涉及的热处理有整体淬火、表面淬火、渗碳淬火、渗氮、碳氮共渗、正火和调质等。

3. 齿轮结构

齿轮结构形式由毛坯材料、几何尺寸、加工工艺、生产批量、经济等因素决定，各部分的具体尺寸由经验公式求得。图5.36所示为几种典型的齿轮结构。下面做一些解释。

1）整体齿轮：一般用于齿数很少的小齿轮。当分度圆直径 d 与轴的直径 d_s 相差很小（$d<1.8d_s$）时，可将齿轮与轴做成一体结构，此时可称之为齿轮轴。如果齿轮直径比轴的直径大得多，两者就应分体，这对节约材料和制造都是合理的安排。

2）锻造齿轮：顶圆直径 $d_a \leq 500mm$ 的齿轮通常是锻造的或铸造的。锻造齿轮推荐采用腹板式（圆盘式）结构。

3）铸造齿轮：顶圆直径 $d_a > 400mm$ 的齿轮常选用铸钢或铸铁材料。铸铁齿轮建议设计成轮辐式结构。

4）组合式齿轮：为了节省材料，更大尺寸的齿轮适宜将齿圈套装于轮心上，而采用组合式结构。齿圈选较好的钢材，轮心则用铸铁或铸钢，然后借助过盈方式将两者连接起来，一般要在配合接缝处加装4~8个紧定螺钉。

5）焊接齿轮：单件生产的大齿轮则可采用焊接结构。

图5.36 几种典型的齿轮结构

a) 整体 b) 齿轮轴 c) 腹板式 d) 孔板式 e) 轮辐式 f) 组合式

4. 航空齿轮

随着齿轮传动技术的进步，齿轮被应用于对传动性能和精确度要求更高的飞机发动机上，这无疑对齿轮的结构设计和材料选择提出了更高的要求。图5.37所示为大功率航空齿轮箱的例子。与传统齿轮比较，航空齿轮具有以下特点。

1）涡扇发动机显著的特点是"双涵道"，风扇吸入的气流一部分送进压气机（内涵道），另一部分则直接从涡喷发动机壳的外围向外排出（外涵道）。传统发动机借助气流变化控制发动机各部件的转速比，这往往带来发动机运转不稳定的风险。航空设计师想到了齿轮传动技术，在发动机结构不变的基础上加装一个可靠的齿轮减速器，通过调整齿轮对的传动

图5.37 罗尔斯-罗伊斯研发的全球最大功率的航空齿轮箱

比即可改变发动机各部件的转速，从而减轻发动机的振动，同时改善稳定性；另外，齿轮传动节省空间，允许风扇做得很大，使其他部件（压气机和涡轮）均可稳定地运行在最佳转速下。不过，发动机主轴转速高达数万转每分，这对齿轮箱耐受摩擦和过热的性能提出了高要求。

2)除了采用标准压力角20°外,航空齿轮的压力角有时也取25°。增大压力角会导致齿面的主接触压力和切应力下降,增强齿根弯曲疲劳强度有利于提高齿轮副的强度和抗点蚀能力,这对飞机发动机来说很适合。不过,这将导致径向压力加大,对轴和轴承刚度的要求更苛刻。不过对摩擦力矩的影响不大。

3)由于工作条件更加严酷,故航空齿轮对齿形精度、几何公差、几何尺寸精度有更高的要求。由表 5.1 可知,航空发动机齿轮的精度一般为 4~8 级,比通用齿轮要求至少高 1~2 级,加工工艺也更加讲究。

5. 齿轮零件图

图 5.38 所示为直齿圆柱齿轮零件工作图示例。

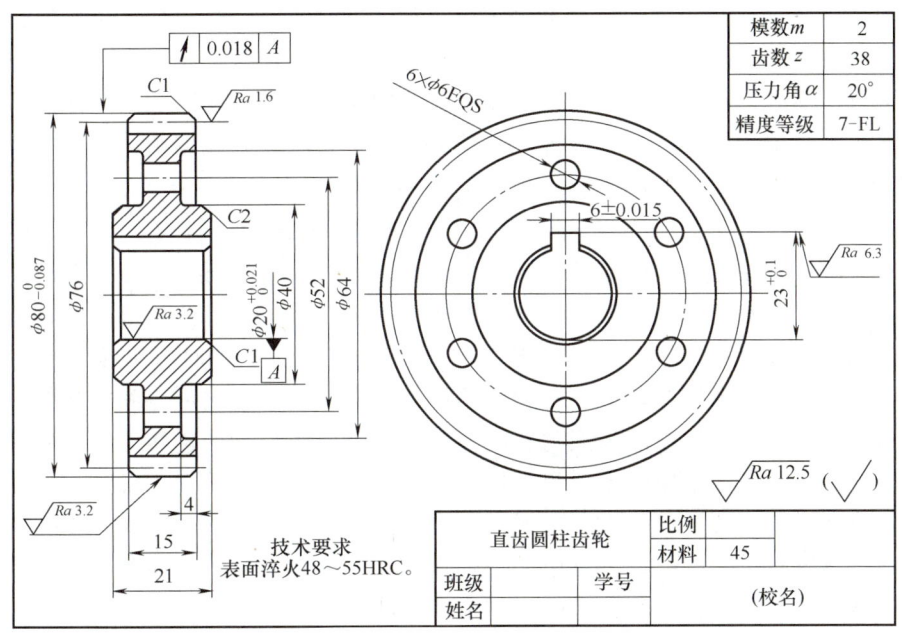

图 5.38 直齿圆柱齿轮零件工作图示例

绘制和标注直齿圆柱齿轮零件工作图的要点如下。

1)视图。一般用两个视图来表达齿轮的几何形状和结构。图形上应该标注齿轮的几何尺寸,如基本参数、基准面、分度圆直径等,以及尺寸公差和几何公差,如轴向圆跳动、同轴度等。

2)标注齿廓表面粗糙度及其他加工面的表面粗糙度等。

3)根据《齿轮手册》《机械设计手册》或《机械设计》等查找公差值,并在图样右上角以列表形式绘制啮合特性表。该表可分参数和公差两部分。在公差部分标注精度等级、齿轮传动检验项目、齿圈径向跳动公差、侧隙及齿厚极限偏差、公法线长度变动公差等。参数部分用于描述齿轮参数的,图 5.38 采用的是简化形式,更详细的具体格式可参照规范的齿轮零件工作图。

4)技术要求。技术要求包括热处理方法、热处理后应达到的硬度值,未注圆角、倒角的要求,以及其他特殊说明。

5.7 连接

5.7.1 概述

由于使用、结构、制造、装配、运输等原因,机器中总有相当多的零部件需要彼此连接。所谓**连接**(Connection),就是利用不同方式把机械零件连成一体。连接所采用的零件称为**连接件**(Connector)。

连接的种类很多,以下简述两种不同的分类方式。

(1) 可拆连接和不可拆连接 可拆连接和不可拆连接的区别在于拆开时是否要将连接件毁坏。常见的可拆连接有螺纹连接、销连接、楔连接、键连接和花键连接等。可拆连接通常是因为结构、维护、制造、装配、运输和安装等的需要,重新安装后可继续正常使用;常见的不可拆连接有铆接、焊接和胶接等,一经拆开,很难恢复到能够继续使用的状态。不可拆连接通常由于工艺需要而采用。

被连接件始终处于紧固状态的连接件称为紧固件,如螺栓、螺钉、螺母、垫圈和铆钉等。紧固件多为标准件。紧固件连接通常不允许被连接件出现相对运动,一般用于连接需要有较大刚性或紧密性的场合,如气缸盖的螺栓连接等。

(2) 动连接和静连接 动连接指被连接件的相对位置在工作时可以按需要变化,如轴与滑动轴承、变速器中齿轮在轴上的滑动等连接;静连接指被连接件之间的相对位置在工作时不能也不允许变化,如蜗轮的齿圈与轮心、减速器中齿轮与轴的连接等。

设计连接很重要的一条原则是等强度概念,即力求使连接件与被连接件的强度相同,从而两者对各种可能的失效情况具有均衡的抵抗力。采用等强度设计,目的在于使连接中各零件的承载能力都得到充分发挥。不过由于受到结构、工艺和经济等方面条件的制约,等强度设计往往不易满足。这时,连接双方的强度由连接中最薄弱环节的强度决定。另外,设计连接时还应根据使用要求和工作条件,使其满足紧密性、刚性、牢固性、同心性等方面的要求。

下面分别以螺纹连接和铆接为例,对连接设计技术做简要介绍。

5.7.2 可拆连接举例:螺纹连接

螺纹连接(Screwed Joint)是一种利用螺纹零件构成的可拆连接。

螺纹紧固件是螺纹连接最常见的应用形式,包括螺栓、双头螺柱、连接螺钉、紧定螺钉等。按照受力状况不同,螺栓连接可分为受拉螺栓连接和受剪螺栓连接两种,由此螺栓的结构型式和零件结构的细节也有一定区别。

1. 受拉螺栓连接

这种螺纹连接不需要在被连接件上切制螺纹,使用上不受被连接件材料的限制,用于被连接部位不太厚,能制成通孔且连接力较大的应用场合。这种连接结构简单,装拆方便,如图 5.39 所示。采用这种连接,螺栓与孔壁间留有间隙,螺栓上切制螺纹的长度也不必贯通,适度即可。

2. 受剪螺栓连接

普通螺栓连接能承受横向（径向）和纵向（轴向）的载荷。承受横向载荷时，在受剪状态下，螺栓有普通螺纹连接和铰制孔螺栓连接两种方式。普通螺栓在螺母拧紧后，两工件被紧紧地压在一起，如图 5.40a 所示。因为螺杆直径和孔壁之间有间隙，故靠接合面之间的摩擦力抵抗横向外力，阻止两工件之间的相对移动，工程中大多数螺栓连接都采用这种方式。图 5.40b 所示为铰制孔螺栓连接，在横向外力作用下工件处于受剪状态时，由于螺栓孔是

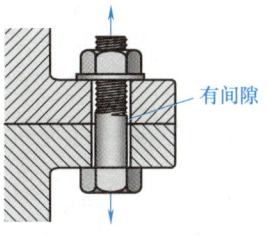

图 5.39　受拉螺栓连接

经过铰制的，孔壁与螺杆之间属于过渡配合（无间隙）。因此，当被连接件之间有相对滑动倾向时，螺栓依靠自身的抗剪能力而保持不动。

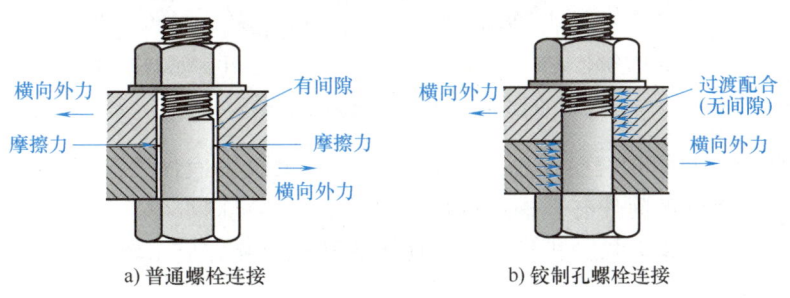

图 5.40　受剪螺栓连接

3. 双头螺柱连接

双头螺柱两头均制有螺纹，双头螺柱的下端旋入被连接件之一的螺纹孔中，上端的连接方法与普通螺栓无异，如图 5.41 所示。双头螺柱用于被连接件之一较厚，不宜加工成通孔，且要求连接力较大的应用场合，如机械密封座、减速器等一些大型设备的地脚螺栓。

4. 螺钉连接

两个被连接件，一个带有内螺纹孔，另一个带通孔，不需要螺母配合，仅用螺钉即可形成紧固连接，这种形式称为螺钉连接，如图 5.42 所示。螺钉连接可形成光整的外露表面，应用场合与双头螺柱相似，但不宜用于频繁装拆的连接处，以避免损坏被连接件的螺纹孔。

5. 紧定螺钉连接

将紧定螺钉旋入被连接件之一的螺纹孔中，让其末端顶住另一被连接件的表面或预制的凹坑中，如图 5.43 所示，即可起到限制两个零件轴向和径向相对位置的作用。但是这类连接传递的力或力矩不可过大。

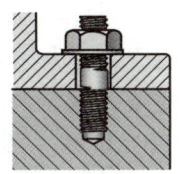

图 5.41　双头螺柱连接

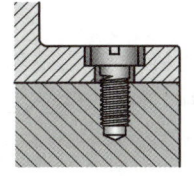

图 5.42　螺钉连接

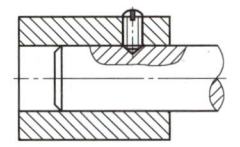

图 5.43　紧定螺钉连接

6. 螺纹连接的防松

设计螺纹连接时应考虑防松。冲击、振动、变载荷甚至温度因素都可能引起螺纹连接松

动，诱发事故。除了预紧力之外，防松还应防止螺纹副的相对转动。防松的具体处置措施很多，从工作原理来看，不外利用摩擦锁合、机械锁合和破坏螺纹副三种。

（1）**摩擦锁合** 摩擦锁合是利用摩擦使拧紧的螺纹紧固件之间不因外载荷变化而失去压力，始终保持摩擦阻力而防止连接松脱，如图 5.44 所示。

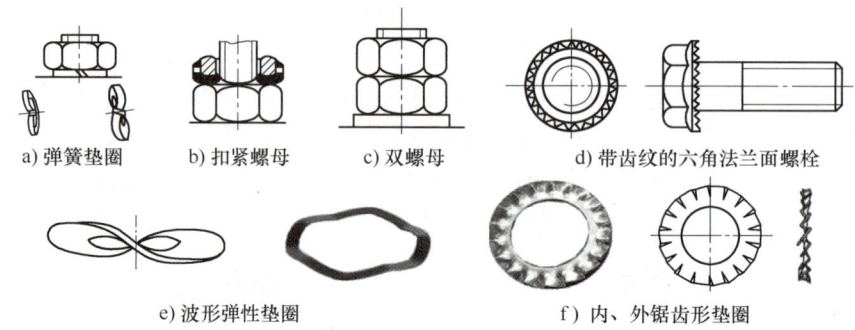

图 5.44 摩擦锁合防松举例

（2）**机械锁合** 机械锁合是借助某些附件固定在螺纹紧固件之间或螺纹紧固件与被连接件之间。螺纹紧固件的附件有开槽螺母加开口销、止动垫圈、串联金属丝等，它们均是阻止零件之间的相对转动来防松。机械锁合的防松方法较可靠，应用较多，如图 5.45 所示。

图 5.45 机械锁合防松举例

（3）**破坏螺纹副** 破坏螺纹副是把螺纹副转变为非运动副，从而排除了螺纹连接各零件之间的相对运动趋势，这实际上就是一种不可拆的防松方法。可采用定位焊、冲点、涂胶黏剂等措施把螺母固定在螺栓或被连接件上，起到防松效果，如图 5.46 所示。

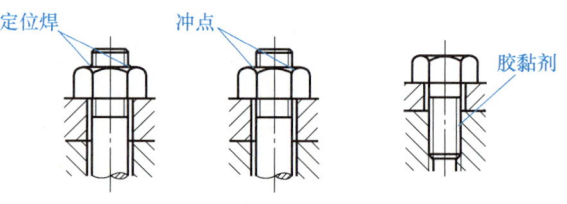

图 5.46 破坏螺纹副防松举例

5.7.3 不可拆连接举例：铆接

铆接（Riveted Joint）也称为铆钉连接，是利用铆钉把两个或两个以上的零件连接为整体的一种不可拆连接。在轻金属结构中，铆接至今还是不可拆连接的主要方式。与焊接相比，铆接在承受冲击载荷时比较可靠，接合质量也容易从外部检查，但在经济性、紧密性等方面比焊接逊色。

1. 铆接工艺过程

图 5.47 所示为铆接工艺过程示意图。铆钉杆穿过钉孔后在铆接工艺中要经历一个镦粗的过程，最后使铆钉的另一端闭合，形成铆合头。铆接通常分为冷铆和热铆两种。$d > 10\text{mm}$

的钢铆钉宜用热铆，一般要将铆钉加热到 1000～1100℃后镦粗，再闭合出铆合头。热铆连接的紧密性较好，但铆钉杆与铆钉孔之间易出现间隙，难以参与力的传递；冷铆钉杆在常温下铆接镦粗，铆钉杆与铆钉孔之间原有的间隙被填充。一般情况下，$d \leqslant 10mm$ 的钢制铆钉和有色金属、轻金属合金铆钉等适合冷铆。

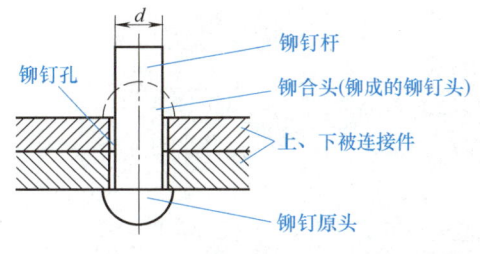

图 5.47　铆接工艺过程示意图

2. 飞机制造装配中的铆接

飞机制造装配中常见的螺栓连接、铆接、胶接和焊接等连接形式中，比较起来，铆接应用最广泛。一架飞机所用的铆钉成千上万，应用铆接具有如下好处。

1）飞机蒙皮薄（一般为 2mm），多用铝合金，铝合金焊接性能极差，即便能焊接，难度也很大，不利于批量生产，只能从铆接或螺栓连接中二者取一。

2）飞机高速飞行时，蒙皮受拉力、振动和循环载荷，易引起焊接性能退化，而铆接比较相宜。

3）铆接有利于飞机减重。

3. 航空制造中的先进铆接技术

随着航空制造业的发展，飞机零件对铆接技术的要求越来越高，出现了电磁铆接技术、自动钻铆技术等。

（1）电磁铆接技术　电磁铆接是电磁成形方法之一，与一般的钣金电磁成形相比，成形过程相对复杂一些。如图 5.48 所示，它并非基于电磁力直接成形，而是在成形设备中增加了一次绕组、二次绕组和电磁放大器等。放电时，一次和二次绕组之间产生强大的涡流磁场，并伴随巨大的冲击力。如果加载速率极高，且以应力波的形式传播，即形成应力波铆接。应力波在放大器中传播并经过反射和折射，铆钉便可在极短时间（微秒级）内完成塑性成形。

1958 年，首台电磁成形设备面世。现在，电磁铆接已经广泛应用于航空制造业，显示出传统铆接方法无法取代的优势，已在 A340、A380 及波音系列飞机上得到应用。

（2）自动钻铆技术　图 5.49 所示波音飞机公司传统人工铆接作业现场。工人正往机身舱段钻铆钉孔。每个舱段类似的铆钉连接多达 60000 处，波音公司每月有约 1800 万个铆钉需要完成类似的制孔加工，作业任务繁重。每个制孔工位前都粘贴了标

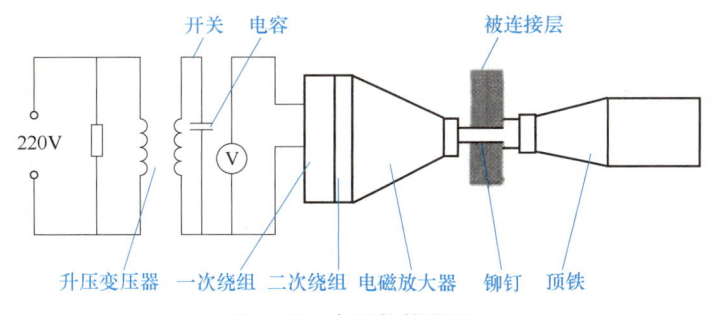

图 5.48　电磁铆接原理

志制孔位置的纸质模板，实际工作中，人为因素对制孔精度和质量一致性的影响不可小觑。

自动钻铆技术借助自动化设备，集中、连续地完成找准、夹紧、钻孔、锪平、注胶、放铆、铣平等一系列铆接工序。图 5.50 所示为波音飞机舱段装配线机器人柔性自动钻铆系统。

图 5.49 传统人工铆接作业现场

图 5.50 飞机铆接装配线上的机器人柔性自动钻铆系统

该系统包括 2 台 KUKA 机器人（制孔、铆接各一台）、视觉系统、钻铆主轴头及自动化工装，有时也配备 3D 自动坐标测量机。铆接、制孔机器人分别位于待装配飞机舱段的内部和外部，可沿预先敷设的导轨移动。制孔机器人前端配备高速、高精度多功能末端执行器，也称为钻铆主轴头，具有压紧被连接件、法向检测、制孔、吸屑、送钉、铆钉定位等功能，它一次进给可完成孔径误差 <0.005mm 的制孔切削，可控制铆钉锪平孔的深度在 ±0.01mm 以内。铆接机器人置于制孔机器人对面，末端安装铆接单元，可与制孔机器人协同作业，实现压紧、铆接等功能。视觉找正系统的任务是搜索壁板上的特征点（如定位钉或小孔），实现自动找正和修正。图 5.51 所示为机器人柔性自动钻铆系统末端执行器钻铆主轴头的细节。控制系统由上位机、KUKA 机器人控制器、UMAC 控制器、I/O 模块、A/D 模块、送钉控制单元、电磁铆接控制单元等组成，可完成机器人沿导轨移动、2 台机器人多轴协调控制、末端执行器的主轴进给、工位转换、顶铁和铆枪进给控制、铆钉输送和电磁铆接能量控制等。系统的铆接位置精度高，钉头高度一致性好，而且能保证钉杆在铆钉孔中饱满的充盈度，避免手工铆接的弊

图 5.51 机器人柔性自动钻铆系统末端执行器钻铆主轴头的细节

病，得到改善铆接质量、提高接头疲劳强度的效果。据报道，波音 767、777 飞机翼梁装配引进自动钻铆工艺后，作业效率提高了 14 倍，废品率和作业费用分别降低了 50% 和 90%。

5.8 机械设计的发展趋势

近二三十年来，机械设计学科的内涵、内容、方法、工具都发生了相当大的变化。设计方法更为科学、完善，计算精度和速度大幅度提高，计算机辅助设计工具的功能更为强大。主要体现为以下几个方面的变化。

1. 基础理论得到进一步深化和拓展

具体地说，研究逐渐从宏观向微观深入。例如，发展出了 MEMS、固体力学等。固体力

学是在 20 世纪 50 年代创立的一个断裂力学分支，它着重从微观裂纹及其扩散规律的角度研究物体的强度问题。由于航天工业等的发展，传统的强度设计理论（把材料和结构看成是无裂纹的完整体）已经无法适应超高强度材料强度计算的需要了，必须研究材料对裂纹扩展的抵抗能力，于是断裂力学应运而生。

2. 从静态设计向动态设计过渡

从传统的零部件静态设计向以多类零部件综合或整机系统为对象的动态设计过渡。例如，机械系统动力学从刚性机械系统的动力学拓展到考虑弹性、间隙副、变质量等因素的系统动力学问题。

3. 机械设计新方法不断问世

社会进入信息时代，为了使产品设计更科学、完善、有市场竞争力，新的现代机械设计方法不断出现，如优化设计、可靠性设计、模块化设计、价值工程、绿色设计、全生命周期设计、虚拟设计、反求设计、稳健设计等。

4. 计算机辅助设计系统使工程师如虎添翼

计算机辅助设计系统为现代设计工作，其应用极大地缓解了机械设计工程师从事设计计算、信息存储、图形绘制等方面的工作量，为设计工程师进行图形编辑、修改、布局等带来极大便利，显著提高了工作效率。近年来，计算机辅助设计系统出现随行业细分的趋势。机械工程中常见的计算机辅助设计系统软件有 AutoCAD、UG、Greo、CATIA、SOLIDWORKS 等。

1）AutoCAD 主要用于工业设计，如工艺管道仪表流程、机械结构、建筑结构、机械产品构造、电子产品构造等设计图样的绘制。AutoCAD 多用来绘制二维图样，相对来说，三维使用较少。

2）UG 的曲面功能、三维功能很强大，操作简单，尤其是所含的模具设计模块简单易用，适合模具，尤其是注射模具设计，目前在模具设计工程师中的普及率大于 80%。

3）Greo 的参数化设计功能很灵活，在家电、数码、通信电子、日用品等很多行业的产品结构设计中得到很多工程师的青睐。

4）CATIA 的曲面功能、三维功能都很强，擅长实现高品质的曲面造型，常用于汽车、航空等行业，尤其适合造型设计人员。

5）SOLIDWORKS 简单易用，符合设计人员的操作习惯，功能较全，与其他软件的兼容性好，文件导入、导出方便，图形渲染、仿真、模具设计等也都较易操作实现，二维和三维设计和运动仿真等模块均可供选用，在从事机械设计、设备自动化的工程师中相当流行。

思考题

5-1 一张零件图应包括哪些主要的信息？以齿轮零件图为例进行说明。

5-2 产品定义技术经历了哪三个发展阶段？为何说 MBD 是航空制造业产品定义技术今后的发展趋势？

5-3 滚动轴承最常见的失效形式是什么？是如何产生的？

5-4 航空发动机主轴轴承的性能要求有哪些？

5-5 齿轮零件图图样右上角的两个部分分别标注哪些内容？

5-6 列举机械连接的主要种类。

5-7 试介绍飞机制造自动钻铆系统的组成和所能完成的工序。

第 6 章　机电一体化

【本章导读】

本章内容是对前述机械系统向机电系统的扩展，具体涉及机电一体化的概念、组成和关键技术，并以航空航天用驱动器——电动及电液作动器为例，介绍典型机电一体化系统的设计流程。

通过对机电一体化系统的学习，读者应能从系统的视角认识日益发展的机械工程学科及产品。

6.1　机电一体化的概念

机电一体化，英文为 mechatronics，是英文机械学 mechanics 的前半部分与电子学 electronics 后半部分的组合体，从词语构成上看是机械学与电子学的结合体，但并非两者的简单叠加，而是两者的有机融合（图 6.1）。业界普遍认可的对机电一体化的定义是日本机械振兴协会经济研究所在 1983 年所给出的定义，即"机电一体化乃是在机械的主功能、动力功能、信息功能和控制功能上引进的微电子技术，并将机械装置与电子装置用相关软件有机结合而构成系统的总称"。我国通常称之为机电一体化或机械电子学。

机电一体化系统的主要功能是对输入的物质、能量、信息或其相互结合体按照要求进行变换、传递和存储，进而输出具有所需要特性的物质、能量与信息，具体功能包括变换（加工、处理）功能、传递（移动、输送）功能及储存（保持、积蓄、记录）功能。传统意义上的机电一体化主要指机械方面与电工、电子及电气控制大方面的一体化，并且侧重于机械方面。随着科技的进步，新兴交叉学科的发展，机电一体化的内涵不断延展，利用电子技术、信息技术等使机械实现柔性化和智能化，发展成为在信息论、控制论和系统论

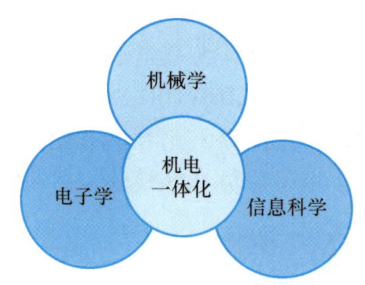

图 6.1　机电一体化的概念

基础上建立起来的应用技术。机电一体化的基本特征是从系统的观点出发，综合运用机械技术、微电子技术、自动控制技术、计算机技术、信息技术、传感技术、测控技术、软件编程技术、伺服控制技术，以及机器人技术、人工智能技术等，合理设计各功能单元，实现机电系统特定的目标功能，提高质量和可靠性，降低能耗，并使整个系统的性能达到最优。

机电一体化产品与智能制造、航空航天、日常生活等均息息相关。在智能制造领域，广泛应用的各类数控机床、微电子生产设备（光刻机）、工业机器人、自主移动机器人、自动

化生产线等都是典型的机电一体化产品。在航空航天领域，月球车、火星车、空间机械臂、零重力试验装置等也是典型的机电一体化产品。在日常生活领域，教育机器人、送餐机器人、自动平衡车、按摩机器人、自动驾驶汽车等是近年涌现的新型机电一体化产品。典型的机电一体化系统及产品如图 6.2 所示。

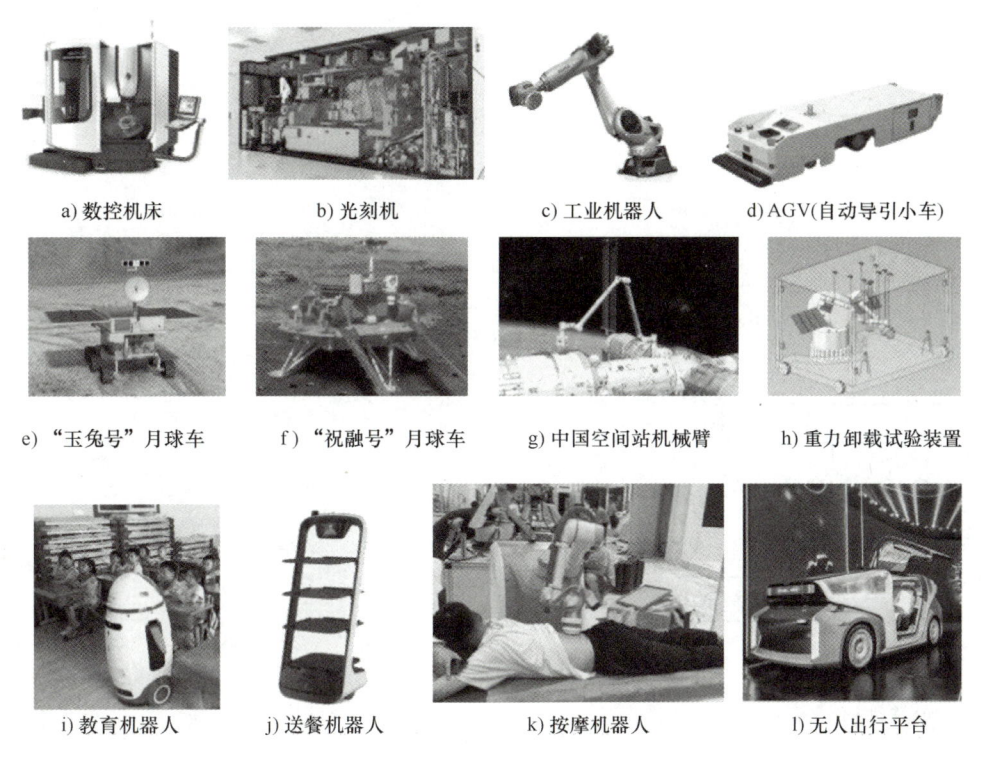

图 6.2 典型的机电一体化系统及产品

6.2 机电一体化系统的组成

人体可视为机电一体化系统组成的参照物。如图 6.3 所示，人体构成要素包括大脑、感觉器官、躯干、四肢及内脏（含血液）。其中，内脏通过摄入食物提供人体所需的能量，维持人体活动；大脑处理各类信息并对其他要素进行控制；四肢执行动作；躯干把人体各要素有机地联系为一个整体。通过类比可以发现，机电一体化系统的五大构成要素与人体构成要素的功能几乎一一对应，包括信息处理与控制单元（计算机）、传感检测单元（传感器）、机械本体（机构）、伺服驱动执行单元（如伺服驱动器、电动机、气缸等）、能源动力单元（动力源）。对应组成要素也可归类为结构组成要素、感知组成要素、动力组成要素、智能组成要素、运动组成要素。

数控机床（Numerical Control Machine Tools）是按加工要求预先编制程序，由控制系统发出数字信息指令进行加工的机床。可见，数控机床是将计算机、电子技术、传感器技术等与传统机床结合的产物，具备典型的机电一体化系统特征。

对照图 6.4 所示两种典型系统，机电一体化系统主要由如下组成单元构成。

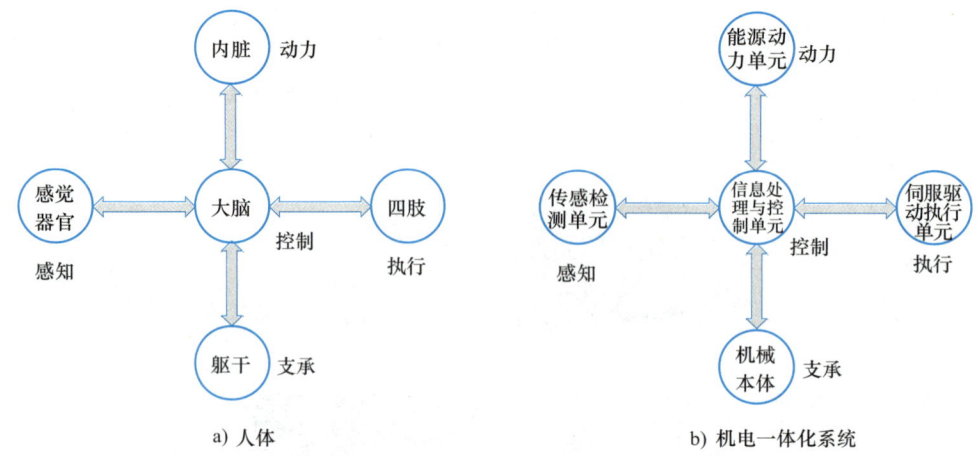

图 6.3 人体组成与机电一体化系统构成要素之间的对应关系

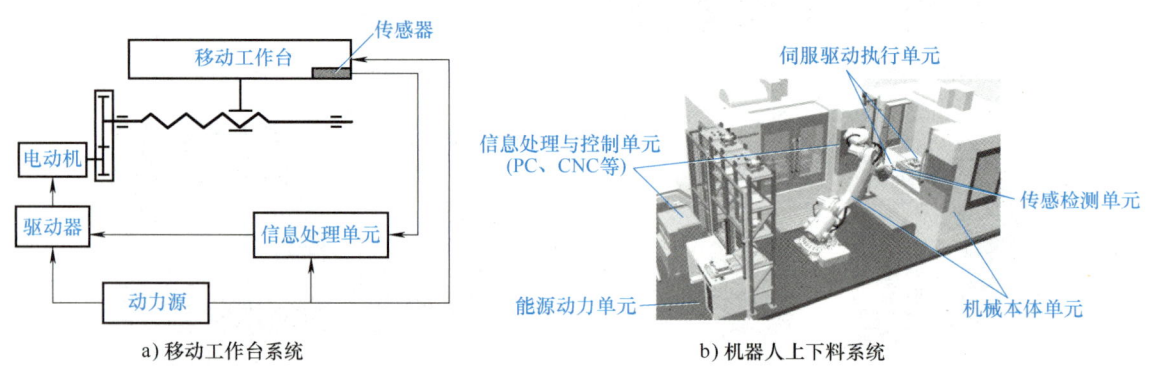

图 6.4 典型受闭环控制的机电一体化系统

1. 机械本体单元

机械本体单元用于支承和连接其他机械、电路硬件等，形成机电一体化系统的有机整体。机械本体为机电一体化系统所有功能要素提供机械支持结构，一般包括机身、框架、支承、连接等部分。

2. 信息处理与控制单元

控制系统主要用于按照预期的方式保持或改变机器、机构或其他设备内的可变量。控制系统主要由控制器、被控对象、执行机构和传感检测四个环节构成。

3. 传感检测单元

传感检测单元将机电一体化系统在运行过程中所需要的自身和外界环境的多种参数及状态转化成能够测定的物理量，同时利用检测系统对这些物理量进行测定，并转换成可识别的信号，传输给信息处理单元，经过分析、处理后产生相应的机电一体化系统运行和控制所需的多种信息。

4. 能源动力单元

能源动力单元依据系统控制要求，为系统提供能量去驱动执行机构执行工作任务以完成预定的主功能。能源动力单元包括电、液、气等多种动力源。

5. 伺服驱动执行单元

伺服驱动执行单元在控制信息的作用下完成所要求的动作，实现机电一体化系统的主功能。伺服驱动执行单元是实现系统功能的直接执行者，其性能好坏决定着整个系统的性能，因而是机电一体化系统的重要组成部分。伺服驱动执行单元一般是运动部件，常采用机械、电、液、气动等机构。伺服驱动执行单元因机电一体化系统的种类和作业对象不同而有较大的差异。

机电一体化系统是比较复杂的，构成机电一体化系统的几个要素并不是并列的。其中，机械部分是主体，系统的主要功能必须由机械装置来完成，否则就不能称之为机电一体化系统。例如，电子计算机、手机等的主要功能由电子器件和电路等完成，机械居于次要地位，这类产品应归属于电子产品，而不是机电一体化产品。因此，机械本体单元是实现机电一体化系统功能的基础，需在结构、材料、工艺加工及几何尺寸等方面满足机电一体化产品高效、可靠、节能、多功能、小型轻量和美观等方面的要求。除一般性的强度、刚度、精度、体积和重量等指标外，机械本体单元技术开发的重点是模块化、标准化和系列化，以便机械系统能够快速组合和更换。另外，机电一体化的核心是电子技术，电子技术包括微电子技术和电力电子技术，但重点是微电子技术，特别是微型计算机技术或微处理器技术。例如，非数控机床一般为电动机驱动和电器控制，但它不是机电一体化产品。除了微电子技术以外，其他技术则根据需要进行结合。

6.3 关键技术

机电一体化系统是由多种技术及相关组成单元构成的综合体，而机电一体化技术是由多种技术相互交叉、相互渗透形成的一门综合性技术，它所涉及的技术领域非常广泛。概括起来，机电一体化设计的关键技术涵盖下述七个方面。

1. 系统总体技术

系统总体技术是从整体设计目标出发，用系统的观点和方法，将机电一体化产品的总体功能分解为若干功能单元，找出各个功能的可行技术方案，再把功能与技术方案组合、分析、评价形成机电一体化系统总体方案。机电一体化系统总体设计需遵循简单、实用、经济、安全、美观等基本原则，进行系统综合性设计。研究内容涵盖主要技术参数及技术指标的制订、机电系统原理方案设计、结构方案设计、控制方案设计、软件方案设计、总体布局与环境设计、可靠性与安全性设计等。系统总体设计的主要目的是在机电一体化产品各组成部分技术成熟、组件性能和可靠性良好的基础上，通过协调各组件的相互关系和所用技术的一致性来保证实现系统的经济、可靠、高效率和操作方便性等。系统总体技术是最能体现机电一体化设计特点的技术，也是保证机电一体化产品工作性能和技术指标得以实现的关键技术。

2. 机械设计技术

机械设计技术是机电一体化的基础，所设计出的机械结构为机电一体化产品主要功能的物理载体。机械设计技术着眼于如何与机电一体化系统的功能需求相适应，实现结构上、材料上、性能上的优化提升，满足机电一体化系统减轻重量、缩小体积、提高精度、提高刚度及改善性能的要求。同时，新材料、新工艺及新结构等的不断出现和发展给机电一体化产品对小体积、轻重量、高精度和高刚度等提升性能的要求提供了支撑。机械设计过程、机械结构的详细设计相关内容已在第4、5章分别做了详细介绍，请参考。

3. 接口技术

机电一体化系统可以分为机械系统与微电子系统两大主要部分，机械系统与微电子系统属于性质不同的两类系统，若想要它们协同一体化工作，必须将各部分有机地连接起来，而连接介质就是这里所提到的"接口（Interface）"。机电一体化系统，各部分必须通过机电接口进行连接、匹配、调整等。因此，机电接口是机电一体化系统中的重要组成部分。随着机电一体化技术的发展和完善，机械、电子、信息的密切交叉程度不断提升，机电接口的设计及影响成为必须综合考虑的重要内容。机电接口技术就是连接机电一体化系统中各个子系统或功能单元的方式和方法。机电一体化系统中的机电接口通常可细分为四类，分别是机-电接口、人-机接口、动力接口和智能接口。

4. 信息处理技术

信息处理技术是指在机电一体化产品工作过程中，与工作过程各种参数、状态以及与自动控制有关的信息输入、识别、变换、运算、存储、输出和决策分析等技术。机电一体化系统中处理的信息来源于主控制器及各种类型的传感器，是由计算机和软件具体实施的对执行单元的控制。在机电一体化系统中，信息处理单元是系统的核心，它控制和指挥整个机电一体化系统的运行。因此，信息处理技术是机电一体化技术中的关键技术，它包括已取得广泛应用的人工智能技术、专家系统技术及神经网络技术等。

5. 检测与传感技术

在机电一体化系统中，工作过程的各种参数、工作状态以及与工作过程有关的各种信息都要通过传感器进行检测，并由信号处理电路进行滤波、信号增强等处理，然后反馈给控制装置，以实现产品工作过程的自动控制。机电一体化系统要求传感器能快速和准确地获取信息且不受外部工作条件和环境的影响，同时信号处理电路能不失真地对载有信息的信号进行放大、输送和转换。检测传感单元是机电一体化系统的"感觉器官"，是实现自动控制、自动调节的关键环节，其功能越强，系统的自动化程度就越高。现代工程要求传感器能快速、精确地获取信息并能经受严酷环境的考验，它是机电一体化系统达到高水平的保证。

6. 自动控制技术

机电一体化产品中的自动控制技术包括高精度定位控制、速度控制、自适应控制、自诊断校正、补偿等。机电一体化产品中自动控制技术水平的不断提高，使产品的精度和效率都在迅速提高。通过自动控制，机电一体化产品在工作过程中能及时发现故障，可显著提高设备的有效利用率。由于计算机的广泛应用，自动控制技术越来越多地与计算机控制技术结合在一起，成为机电一体化技术中十分重要的关键技术。该技术的难点在于现代控制理论的工程化和实用化、控制过程中边界条件的确定、优化控制模型的建立及信号抗干扰等。

7. 伺服驱动技术

伺服驱动技术主要是指机电一体化产品中的执行元件和驱动装置设计中的技术问题，它涉及设备执行操作技术，对所研制系统的质量具有直接的影响。机电一体化产品中的执行元件有电动、气动和液压驱动等类型。现代机电一体化系统多采用电动执行元件，驱动装置主要是各种电动机的驱动电源电路，目前多为电力电子器件及集成化的功能电路。执行元件一方面通过接口电路与计算机相连，接收控制系统的指令，另一方面通过机械接口与机械运动和执行机构相连，以实现机电一体化系统规定的动作。因此，伺服驱动技术直接影响机电一体化系统的功能执行和操作，对产品的动态性能、稳定性能、操作精度和控制质量等具有决定性的影响。

6.4 系统设计

6.4.1 设计流程

机电一体化系统的设计流程类似于一般机械设计流程，如图6.5所示。

1. 产品规划

进行产品需求分析与功能设计，明确产品的设计目的、计划实现的功能、主要技术指标，评估设计成本与时间。

2. 概念设计

确定系统的具体性能指标，如需实现的自由度数、轨迹、行程、精度、速度、动力、稳定性和自动化程度。在产品规划阶段，需考虑如下基本性能指标。

运动参数：用来表征输出运动的指标，如执行构件的轨迹、行程、方向和起、止点位置等。

动力参数：用来表征输出动力大小的指标，如力、力矩和功率等。

品质指标：用来表征运动参数和动力参数实现程度的指标，如运动轨迹和行程的精度、运动行程和方向的可变性、运动速度的高低与稳定性、力和力矩的可调可控性等。

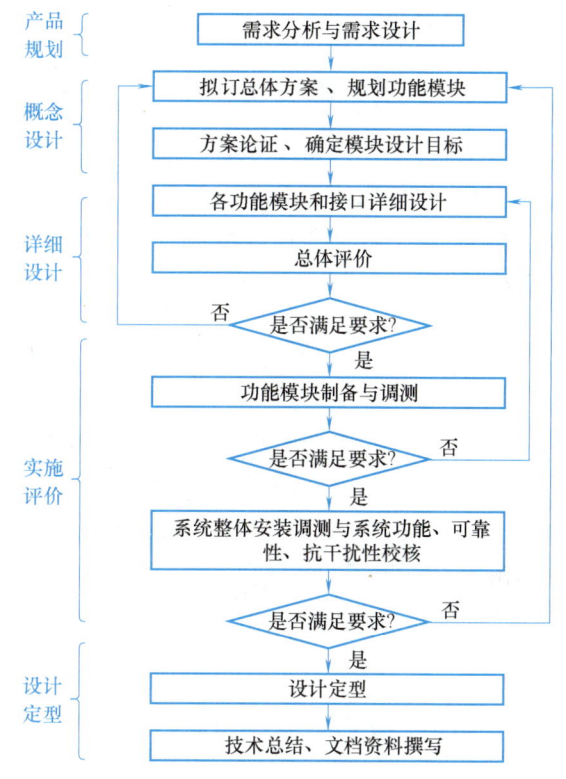

图6.5 机电一体化系统的设计流程

同时，在满足基本性能指标的前提下，概念设计还需考虑如下指标。

1）工艺性指标：产品结构设计需满足容易制造和便于维修的要求。
2）人机工学指标：产品设计需满足操作方便、噪声低等要求。
3）美学指标：对产品的外观进行工业设计，以满足审美要求。
4）标准化指标：组成产品的元件、部件需尽量选取标准化零部件。

3. 详细设计

详细设计包括系统功能部件、功能要素、接口的设计。机电一体化系统必须具备适当的结构才能满足所需性能，要以各构成要素及要素之间的接口为基础来划分功能部件或功能子系统。接口涉及各构成要素间的匹配。执行元件与运动机构之间、传感检测元件与运动机构之间通常是机械接口。电路接口主要是控制器与执行元件之间的驱动接口、控制器与传感元件之间的转换接口，以及微电子传输、转换电路等。

4. 实施评价

实施主要为建立机械系统的三维模型、出具工程图样，并加工相应的机械零件，进行机械系统或与机械系统相连接的关键器件的选型、装配及调试；建立电路硬件系统图，进行元器件选型，构建电路硬件系统及调试；建立软件架构图，并编写相关软件程序。对机电一体化系统的综合评价主要是参照现代设计方法对其实现功能的性能、结构进行评价，并进行系统可靠性、抗干扰性的试验测试，以便发现问题、进行迭代优化设计。

5. 设计定型

通过样机试制检验产品设计、制造的可行性，并通过样机调试来验证各项性能指标是否符合设计要求，及时修改和完善产品设计，完成机电一体化产品定型，进行技术总结并撰写相关文档材料。

6.4.2 机械子系统设计

从组成与运动的角度考虑，机器与机械具有相同的含义，第3章详细介绍了机器的组成，机械系统的组成可参考相关内容。此外，第4、5章分别介绍了机械设计、机械详细设计相关的内容。图6.6将机械系统组成在第4章的基础上进行了细化。

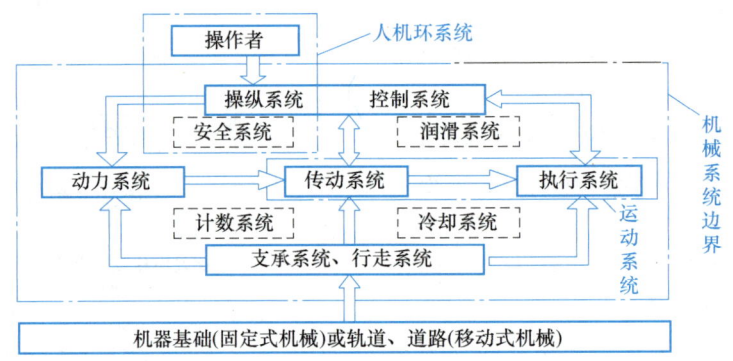

图6.6 机械系统组成

6.4.3 传感检测子系统设计

传感检测系统设计的关键在于传感器的合理选型与应用。传感器，英文名称为 transducer 或 sensor，是一种检测装置，GB/T 7665—2005 的定义为：能感受被测量并按照一定的规律转换成可用输出信号的器件或装置，通常由敏感元件和转换元件组成。传感器可满足信息的传输、处理、存储、显示、记录、控制等多重要求，具有微型化、数字化、智能化等多种功能，是实现自动化的第一环。图6.7所示为典型传感器的示例。

以机电一体化闭环运动控制系统中常用的光电编码器（Encoder）为例，传感器一般由敏感元件、转换元件、变换电路、辅助电源四部分构成，如图6.8所示。其中，敏感元件直接接收被测量的物理信号并输出，敏感元件主要包括热敏、光敏、湿敏、气敏、力敏、声敏、磁敏、色敏、味敏、放射性敏感等类型；转换元件用于将敏感元件输出的物理量信号转换为电信号；变换电路用于将转换元件输出的电信号进行放大、调制等处理；辅助电源用于为系统（主要是敏感元件和转换元件）提供电能。

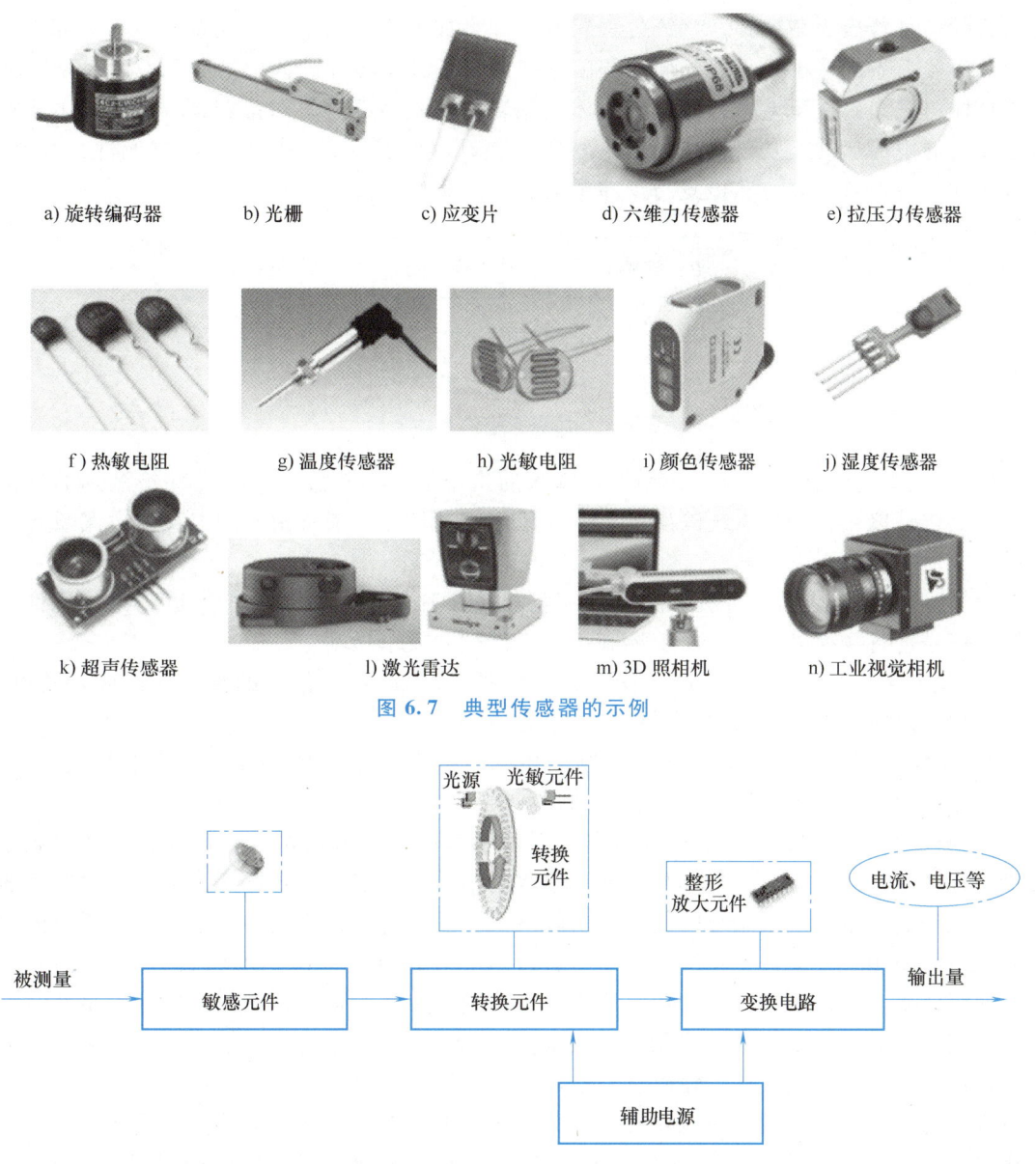

图 6.7 典型传感器的示例

图 6.8 光电编码器的组成

机电一体化设计过程中,需根据具体的力、位置、运动等测量功能的需求,选择合适的传感器类型。同时,对测量范围、精度、分辨率、灵敏度等进行校核计算,在确保传感器满足主要指标的前提下,适当放宽对次要指标的要求,不可盲目地追求各种性能参数均达到高指标,造成性价比降低。有关传感器的更详细内容将在"测试技术基础"等后续课程中学习。

6.4.4 伺服控制驱动子系统设计

伺服系统(Servo Mechanism)又称为随动系统,是用来精确跟随或复现某个过程的反馈控制系统。在机电一体化领域,伺服系统多指以位置、速度、力或力矩作为控制对象的自动控制系统。控制系统发来的指令信号经过信号变换和电压、电流或功率调节，由执行元件将处理后的信号转换为角位移、直线位移、速度、力或力矩，以驱动伺服系统各运动部件实现运动及力或力矩的输出。虽然伺服系统因被控对象的运动单元、传感器类别及机械结构的不同而具体组成形式有所差异，但机电一体化领域的伺服系统的共同特点是带动被控单元按照指令要求的规律运动。从自动控制理论的角度来看，伺服系统一般包含比较元件、控制器、执行元件、被控单元、传感检测与反馈单元，其基本原理如图 6.9 所示。

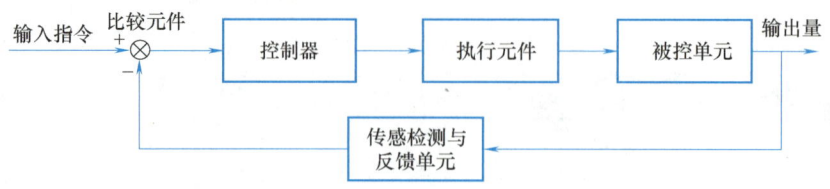

图 6.9 伺服系统的基本原理

1）**比较元件**：比较元件的作用是将输入的指令信号与传感、反馈元件检测到的反馈信号进行比较，以获得伺服系统输出量与输入量之间的偏差，通常由专门的比较电路或计算机实现。

2）**控制器**：控制器通常是计算机、工控机或单片机电路，主要作用是对比较元件输出的偏差信号进行变换处理，以便于控制执行元件按照要求做动作。

3）**执行元件**：执行元件的作用是按照控制器输出的控制信号的要求，将输入的电能、势能、化学能等转换成机械能，驱动被控单元运动。

4）**被控单元**：被控单元是指被控制的机构或装置，作用是直接完成伺服系统的功能。被控单元一般包括传动系统、执行装置和负载等。

5）**传感检测与反馈单元**：其主要作用是对伺服系统的输出位置、运动、力及力矩等进行感知、检测，并转换成比较环节所能够接收的信号，一般由传感器及信号转换电路组成。

在工程实际中，伺服系统的设计要求较高，需要综合考虑系统的稳态性能、系统的动态性能、系统的制造经济性、系统的标准化程度等。在设计层面，要求伺服系统实现稳、准、快的伺服效果。稳即平稳，在位置、速度、力或力矩参数变化时，伺服系统在满足及时响应需求的同时，需要控制机电一体化系统因状态变化所带来的振荡，使系统平稳调节；准即准确，在伺服调节过程结束后，输出量与给定量间的误差越小越好；快即快速，当传感检测单元检测到输出量与输入量存在偏差时，伺服系统需要能够快速地消除偏差，使输出量准确地跟随输入量的变化。伺服系统的稳、准、快的要求是相辅相成的，被控对象不同，对稳、准、快的要求侧重也会有所不同。同时，响应速度越高，引起系统振荡的可能性越大，会使系统不稳定，出现超调或控制精度变差；稳定性越高，也会使系统的响应速度变慢。

伺服系统的组成形式及分类也有多种。按照伺服调节的原理方法，可以分为开环伺服系统、闭环伺服系统及半闭环伺服系统。下面以典型的电动机丝杠驱动装置对这三类伺服系统进行简要说明。

1）**开环伺服系统**：如图 6.10 所示，**开环**（Open-loop）伺服系统主要由步进电动机及其驱动器组成，没有位置检测传感器。系统运行过程中，控制器发出指令脉冲，经过驱动器变换与放大后，传给步进电动机。步进电动机每接收一个脉冲指令，相应地按照细分设置旋转一个角度，再通过齿轮减速器和丝杠螺母副带动工作台移动。指令脉冲的频率决定了步进电动机的转速，电动机通过齿轮减速器带动丝杠转动，进一步决定了工作台的移动速度；同时，指令脉冲的数量也决定了电动机的转角，进一步决定工作台的位移大小。

由于没有位置检测传感器，开环伺服系统的精度取决于步进电动机的步距精度、工作频率以及传动机构的传动精度，整体精度较低。但是，开环伺服系统具有结构简单、成本低的优势，适用于对速度、位置精度要求不高的场合。

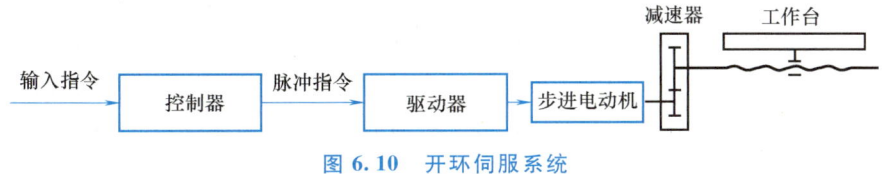

图 6.10 开环伺服系统

2）**闭环伺服系统**：如图 6.11 所示，**闭环**（Closed-loop）伺服系统有位置检测传感器，位置检测传感器装在被控单元，即工作台上，直接检测工作台的位移。系统利用控制器的指令值与位置检测传感器的检测值的差值进行位置伺服控制。工作台的运动精度主要取决于位置检测传感器的精度，与传动链的误差无关，可以达到很高的速度或位置伺服精度。

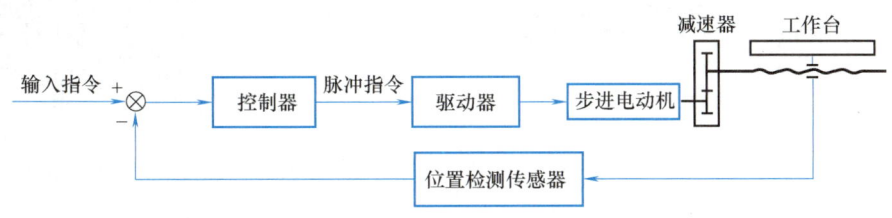

图 6.11 闭环伺服系统

3）**半闭环伺服系统**：如图 6.12 所示，半闭环伺服控制系统也有位置检测传感器，图 6.12 所示系统中是角位移检测传感器，但位置检测传感器没有安装在被控单元上，而是安装在了传动系统的中间环节，即步进电动机输出轴上，系统通过测量步进电动机的角位移，间接地获取工作台的位移。减速器的齿轮副、工作台的丝杠螺母副的精度均会影响反馈给控制器的位置检测精度。因此，半闭环伺服系统的精度比闭环伺服系统低。

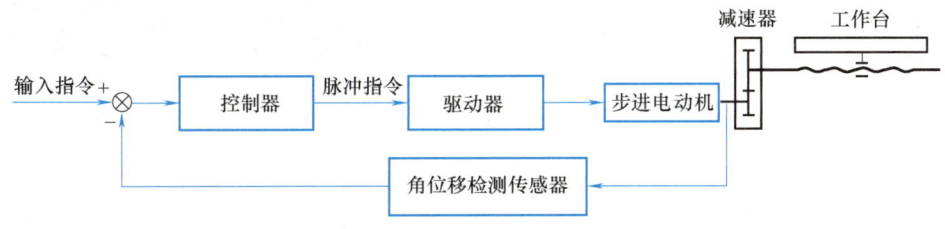

图 6.12 半闭环伺服系统

伺服系统按照使用的驱动元件不同，可以分为液压伺服系统、气动伺服系统及电气伺服系统。其中，液压伺服系统一般采用液压缸或液压马达作为驱动元件，气动伺服系统多采用气缸或气马达作为驱动元件，而电气伺服系统采用步进电动机、直流或交流伺服电动机作为驱动元件。"机电控制工程基础"及"机电传动控制"等后续课程将对各类电气伺服系统的控制原理及方法进行详细介绍，"流体传动"课程将对液压、气动伺服系统进行系统介绍。

下面以点带面，给出一种典型的机电一体化系统——电液伺服系统及其设计过程。

6.5 典型机电一体化系统：电动及电液作动器

在机电一体化发展的过程中，数控机床是最早的典型机电一体化产品，数控机床的出现为机电一体化技术的发展写下了浓墨重彩的一页。随着新技术的应用与发展，越来越多的机电一体化产品在生产、生活中涌现出来，对技术进步起到了推动作用。飞机舵面、导弹舵面调节机构中广泛使用了电动作动器，主要包括机电作动器（Electro-Mechanical Actuator，EMA，图6.13）、电液作动器（Electro-Hydrostatic Actuator，EHA，图6.14）和电备份的液压作动器（Electro-backup-Hydraulic Actuator，EBHA），三者均属于航空领域典型的机电一体化作动器，广泛应用于飞机等大型飞行器和小型飞行器中。

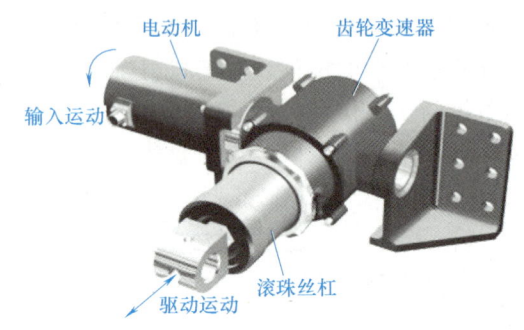

图6.13 机电作动器（EMA）

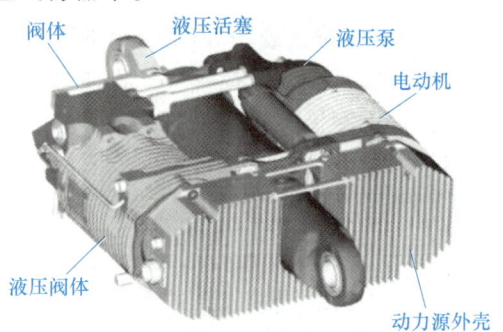

图6.14 电液作动器（EHA）

6.5.1 概念和特点

战斗机能够实现盘旋、俯冲、横滚、急上升转弯等特技机动动作，以及著名的普加乔夫眼镜蛇机动（图6.15）、尾钩等超机动动作。飞机这样的庞然大物是如何实现如此灵巧的机动动作的呢？其关键在于飞机的各个舵面对气动力的调节，基本的舵面有升降舵、方向舵、襟翼、副翼等（图6.16），部分战斗机还设置有鸭翼或矢量喷管。在战斗机机动飞行过程中，舵面须实现快速、准确、可靠、稳定的调节，舵面载荷大、变化迅速，对舵面的驱动机构设计提出了非常

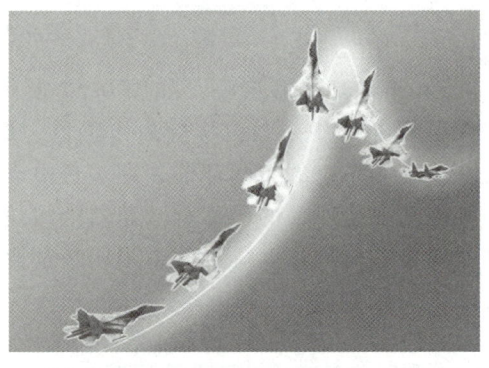

图6.15 著名的普加乔夫眼镜蛇机动运动轨迹

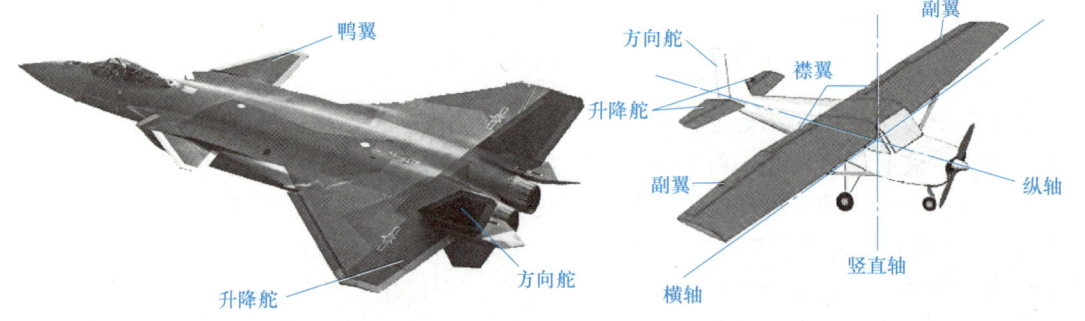

图6.16 飞机的舵面

高的要求。传统的舵面作动器采用机械传动或液压助力的方式，存在系统复杂、传动链长、重量大、可靠性低、效率低等问题。而高度集成的 EMA、EHA 等作动执行机构采用电传操纵系统，能量以电能形式通过导线在飞机内传递，具有可靠性高、重量轻、效率高的特点，更适应飞机轻量化、集成化的设计要求。

6.5.2 发展现状

20 世纪 70 年代末随着"电传飞控"和"功率电传"思想的引入，EMA 用于飞机舵面驱动的研究不断深入并走向实用，例如，C-141 运输机左副翼、C-130 高技术测试台的方向舵和升降舵的辅助翼都采用了 EMA。20 世纪 90 年代开始，随着对 EMA 研究的广泛开展，实用领域涉及了飞机舵面驱动、导弹舵面驱动、火箭发动机推进剂控制阀、火箭矢量推进控制及飞机制动系统等。20 世纪 90 年代，美国的功率电传舵机已接近实际应用水平。EHA 作为功率电传作动器的另一种形式，与 EMA 同时发展起来。

到目前为止，美国的波音、通用、Moog、Parker 公司和 USAF、Dryden 研究所，英国的 LucasAerospace、谢菲尔德大学、瑞典林雪平大学、德国汉堡工业大学，以及加拿大、日本、法国、新加坡等国家的多个企业、大学和研究所，都在进行一体化作动器的研究开发。国内的研究院所、大专院校等也在开展这方面的研究工作。

1. EMA

国外机电伺服技术的研究起步较早，并在高性能电动伺服作动系统和相应的先进伺服控制技术方面已有长期的技术积累和发展。20 世纪中叶，由于科技水平及材料技术的限制，只有小功率的机电伺服系统应用于导弹的操纵面。20 世纪 70 年代末至 80 年代末，电传飞控和功率电传思想的引入，使机电伺服系统逐渐在大型飞机的关键操纵舵面上得以应用，包括 C-130 的方向舵和升降舵辅助翼以及 F-14 战斗机方向舵等。20 世纪 90 年代初，机电伺服系统逐渐开始应用于航天领域，包括航天飞机的控制舵面、发动机推力矢量喷管等。此外，机电作动器除用于飞控系统外，还应用于燃油供给、发动机控制、环境控制、武器吊舱和制动等场合。欧美航空航天工业大国对机电作动器已从概念研究和原理验证试飞，发展到批量生产服役的阶段，多种型号的直升机、战斗机、无人机以及航天飞机、固体燃料火箭等都采用了机电作动器。在航空领域，美国新型隐身战斗机 F-22、联合攻击机 F-35（图 6.17），以及 F/A-18 舰载战斗机（图 6.18）、中远程客机 B787 均采用了机电作动器。欧洲的超大型远程宽体客机 A380、远程宽体客机 A350 等先进飞机也均实现了作动系统的全电化。

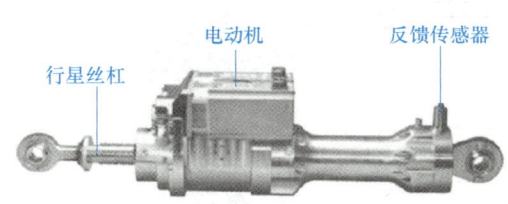

图 6.17　F-35 起落架中的机电作动器　　图 6.18　F/A-18 舰载战斗机中的机电作动器

在航天领域，EMA 已被成功应用于航天飞机副翼作动系统（图 6.19）、主发动机及火箭发动机推进剂控制阀、火箭推力矢量控制装置，以及 X-38 空天飞行器、X-43（图 6.20）、

图 6.19　航天飞行器中的三冗余度机电作动器

X-51A 等临近空间高超声速飞行器的操纵舵面上，显著提升了飞行器的操纵特性和任务可靠性。欧洲的"织女星"号重载火箭的四级发动机均采用了机电作动器（图 6.21）。

 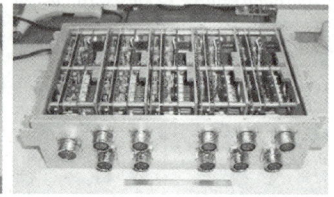

图 6.20　X-43 升降舵面的机电作动器及控制器

图 6.21　"织女星"号重载火箭使用的机电作动器

2. EHA

EHA 最为典型的应用是在 A380 飞机的舵面调整机构上。作为现役民航客机中载客量最大的客机，A380 客机两侧机翼上布置有 3 对副翼、8 对扰流板，以及前缘缝翼、后缘襟翼等增升装置，尾翼布置有 1 块水平安定面、2 对升降舵和 2 块方向舵（图 6.22）。A380 客机

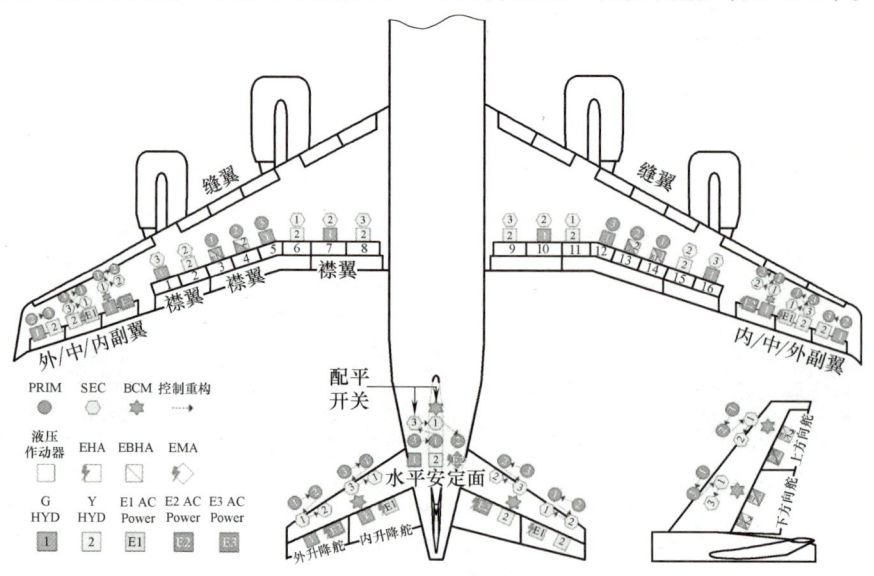

图 6.22　A380 舵面布置

在飞控系统中广泛地应用了电动作动器，在方向舵和两对扰流板上采用了EBHA，副翼和升降舵上采用了EHA。其终极备份也完全摒弃了机械备份形式，完全采用了电备份的形式。多电技术的应用使A380客机减少了1套液压系统，使飞机整体重量得以减轻。

A380扰流板EBHA具有三种工作模式：正常情况下使用伺服阀，备用模式作为系统阻尼，故障情况下使用功率电传。该EBHA采用3相、115V/400Hz电源供电，供油压力为35MPa，最大功率可达10.3kW，最大伸出力为201kN，最大回收力为145kN。

A380方向舵（图6.23）EHA具有两种工作模式：正常情况下使用功率电传，备份模式作为系统阻尼。该EHA也采用3相、115V/400Hz电源，最大功率可达40kW，最大负载为350000N，持续负载为350000N，负载速度为125mm/s。

图6.23　A380方向舵的EHA机械结构与控制系统

此外，美国洛克希德·马丁公司的F-18战斗机的副翼采用了EHA驱动（图6.24）。美国空军也已经在F-35联合攻击机上试验了电动静液作动器（图6.25），并证明了它具有更好的可靠性，维修更方便，可大幅节省费用。

图6.24　F-18战斗机副翼中的EHA

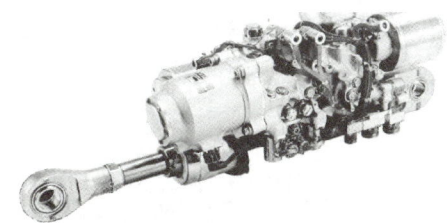

图6.25　F-35联合攻击机中的EHA

6.5.3　系统设计

1. EMA

典型的EMA系统主要由电动机（含减速器）、电源和控制器等组成，如图6.26所示。

已研制的飞机用EMA在结构设计上通常采用三种传动方式，如图6.27所示。其中，滚子丝杠采用带螺纹线的滚子代替滚珠，具有比滚珠丝杠更好的传动特性。将电动机转子与螺

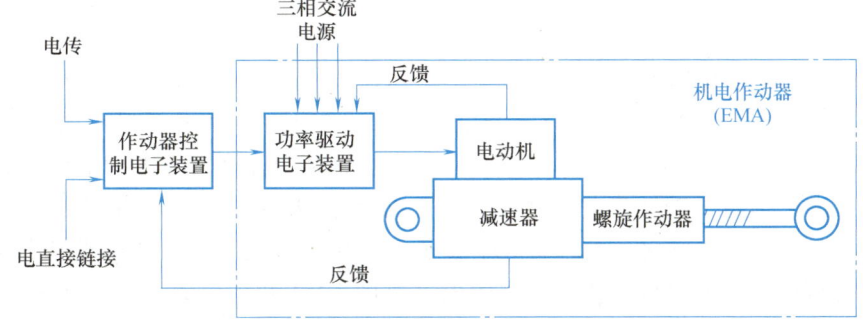

图6.26　机电作动器原理

母设计为一体能大幅度减轻重量，直接将旋转运动转换为直线运动，而没有齿轮参与运动传递，因此有些文献也称之为**直接驱动式**（Direct Drive）传动。在图 6.27 所示三种方式中具有最高的传动效率和最紧凑的结构。

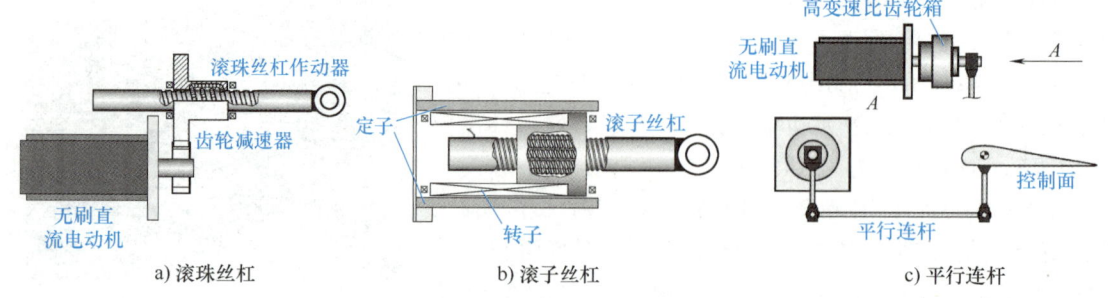

图 6.27 三种常用的 EMA 传动方式

在 EMA 中采用滚子丝杠是因为它具有超出滚珠丝杠的性能：①由于传动时受力点更多，因此具有更高的承载能力和刚度；②允许更高的输入转速（>5000r/min），滚珠丝杠转速通常不能高于 2000r/min；③寿命更长；④可靠性更高；⑤更适应恶劣环境（灰尘、冰、沙）；⑥能承受振动负载；⑦小螺距时也具有很高的重复精度。这些得益于其独特的传动链设计，如图 6.28 所示。它利用圆周排列的带螺纹的滚子取代滚珠，滚子螺纹与丝杠和螺母螺纹分别啮合，以滚子为中间媒介将螺母的转动变为丝杠的直线运动或相反。

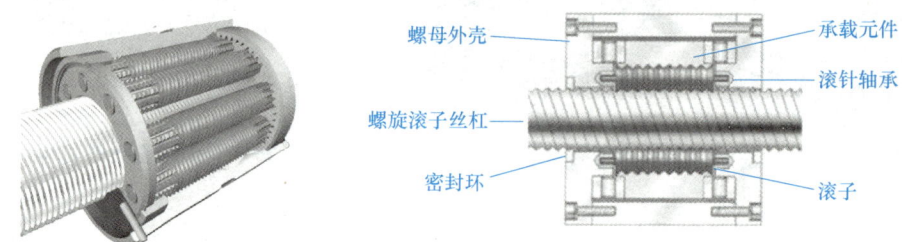

图 6.28 滚子丝杠副原理

平行连杆利用连杆的特性放大了驱动力矩，由于铰链的存在，机构更不易卡死，在瞬时峰值载荷作用下可利用连杆的变形，减小对驱动的负载冲击，因此，在大型飞机的冗余驱动体系结构中具有一定优势。但是这些优势在小型高速飞行器上并不能得到充分体现，因为小型高速飞行器舵面通常是 EMA 独立驱动，没有冗余驱动中的交叉干扰问题；此外由于内部空间限制，连杆机构在结构紧凑性上没有优势。

滚珠丝杠因为需要使用额外的齿轮减速，因而在综合性能上不如其他两种传动方式。

谐波减速器是小型飞行器（包括无人机和导弹）一体化 EMA 所采用的另一种传动形式。"独眼巨人"导弹上就采用 HDUF-14-17/100-SP 型谐波齿轮作为方向舵驱动机构。KZO 战术无人侦察机上也用了谐波齿轮驱动方向舵。使谐波齿轮的组成部件与驱动电动机一体化，如外圈与电动机壳一体化、柔轮与电子转子一体化，可提高谐波驱动器集成度。如果进一步集成控制驱动和传感检测元件，就可构成完整的 EMA 单元。谐波驱动器的一体化设计如图 6.29 所示。

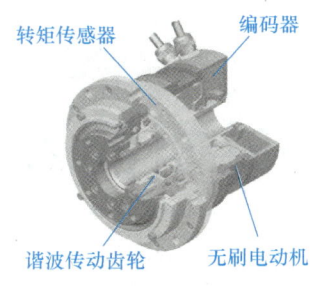
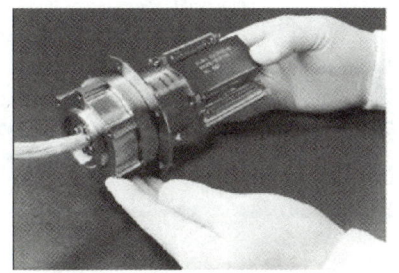

a) 一体化谐波驱动器 b) "Globalstar Satellite"用的谐波驱动器

图 6.29 谐波驱动器的一体化设计

2. EHA

EHA 是一种独立的闭环液压系统，典型的 EHA 系统主要由伺服电动机、液压泵、液压作动器和控制器等组成，如图 6.30 所示。电动机驱动液压泵，液压泵为液压作动器提供加压流体。控制器根据输入指令将电控制信号发送到伺服电动机，然后伺服电动机获取该电控制信号，输出相应的旋转方向和速度。然后液压泵将液压油输入作动器活塞端，并在活塞的两侧产生压力差，该压力差驱动活塞杆伸出。活塞杆上的传感器将位移信息发送回控制器。在活塞的移动过程中，它承受弹力、摩擦力、阻尼力和负载力。因此，在航空航天、民用医疗和重型机械等领域需要液压系统驱动的场合，EHA 可以替代原有传统液压作动系统，具有广泛的应用情景。

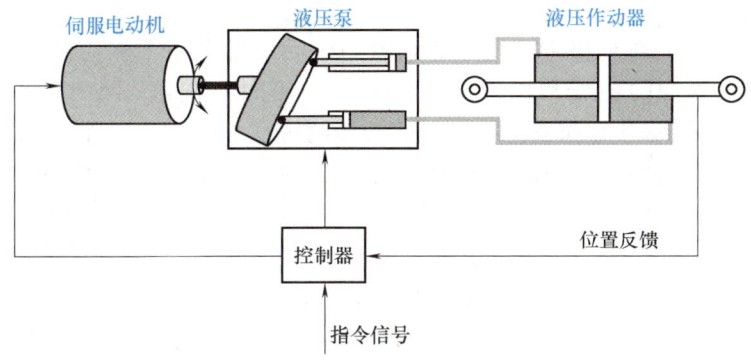

图 6.30 EHA 基本原理

与传统液压系统不同，EHA 是典型的功率电传系统。EHA 系统控制器控制电信号以控制伺服电动机速度，电动机直接驱动液压泵，泵的排量也可以由控制器设定，实现对液压泵输出流量和压力的控制，从而对作动器的位置进行快速、精确的控制。

思考题

6-1 与传统机械产品相比，机电一体化产品有哪些显著特征？

6-2 列举 3~5 种典型的机电一体化系统。

6-3 机电一体化系统设计流程与一般机械系统设计过程有哪些异同之处？

6-4 简述闭环伺服机电一体化系统的组成。

6-5 飞机用 EMA 有哪几种常用的传动方式？各自的优缺点有哪些？

第 7 章 面向智能制造的机器人技术

【本章导读】

本章主要讲述机器人的相关知识。内容涵盖了机器人的简要发展历程、机器人系统、工业机器人在航空智能制造中的典型应用、工业机器人的发展趋势和工业机器人系统中的关键技术。

机器人是一种典型的机电一体化系统,因此本章也是对上一章的拓展和细化。同时,本章以航空为背景,重点介绍面向智能制造的工业机器人技术,因此本章也是对后续章节的启蒙。

7.1 机器人的简要发展历程

机器人(Robot)的雏形出现在人类的想象和生活中已有三千多年了。在古代,中外都有关于类似机器人装置的记载和传说。据《列子·汤问》记载,我国西周时代(公元前1000年前后),匠人偃师献给周穆王一个能歌善舞的机械伶人,它由木材和皮革制成,与正常人的外貌极为相似,能前进后退、前俯后仰,甚至能闻歌起舞。在西方,关于机器人的传说最早可以追溯到古希腊。公元前 3 世纪,古希腊发明家戴·达罗斯为克里特岛国王迈诺斯塑造了一个守卫宝岛的青铜卫士"塔罗斯"。

1920 年,捷克作家卡佩克(Capek)在他创作的科幻剧《罗萨姆的万能机器人》中,构思了一个名叫"Robot"的机器人,它能够不知疲劳地进行工作。卡佩克主要根据 Robota(捷克文,原意为"奴隶、苦工")和 Robotnik(波兰文,原意为"工人"),创造出了 Robot 一词,这也成了如今"机器人"一词的来源。

1942 年,美国科幻小说家阿西莫夫(Asimov)在其科幻小说《我,机器人》的第四部机器人短篇《转圈圈》中,提出了著名的"机器人学三原则",这既是机器人学(Robotics)这个名词在人类历史上的首度亮相,"机器人学三原则"也成了机器人业界普遍遵循的伦理性纲领。机器人学三原则具体表述如下。

1)机器人不能伤害人类,也不能在人类受到伤害时袖手旁观。
2)机器人必须服从人类的命令,除非这些命令与第一条原则相抵触。
3)在不违背第一、二条原则的前提下,机器人必须保护自己免受伤害。

实用型机器人的出现始于 20 世纪中期,其技术背景是计算机和自动化技术的快速发展,而应用需求则是原子能的开发利用。原子能实验室的恶劣环境要求某些具有遥操作(Teleoperation)功能的机械代替人处理屏蔽室里的放射性物质。在这一需求背景下,美国原子能委员会的阿尔贡研究所联合橡树岭国家实验室于 1947 年开发了<u>遥控操作臂</u>（Tele-Manipulator）。

1954 年，美国的德沃尔（Devol）提出了最早的工业机器人（Industrial Robot）概念雏形，并申请了专利（1962 年获得授权）。该专利的要点是借助伺服技术控制机器人的关节，利用人手对机器人进行动作示教，使机器人实现动作的记录和再现。这就是所谓的<u>示教再现机器人</u>（Teaching and Playback Robot），也就是第一代机器人的雏形。1959 年，世界上第一台工业机器人研制成功，并第一次应用在通用汽车生产线中。

20 世纪 60 年代中期开始，一些知名大学和研究机构相继成立了机器人实验室或研究所，如美国 MIT 的人工智能实验室、斯坦福大学人工智能研究室等。它们开始研究开发第二代机器人——具有一定感知能力的机器人，使之具有类似人的某种感觉，如力觉、触觉、视觉、听觉等。例如，在机器人系统中集成传动带辊轴上的编码器，机器人就可以抓取传动带上的移动工件；将摄像头集成在机器人系统中，使机器人能够抓取任意摆放的工件。这类机器人虽然具有了不同程度的感知能力，但依然具有局限性，例如，生产线上的机器人无法理解周边环境的变化，有可能会伤到操作人员或损坏设备。另外，机器人结构本体的操作能力也相当有限。

第三代机器人又称为<u>智能机器人</u>（Intelligent Robot），始于 20 世纪 70 年代的系统研究。它不仅具有力觉、触觉、视觉、听觉等感觉机能，而且还具有逻辑思维、学习、判断及决策等高级功能，甚至可以根据要求自主地完成复杂任务。过去的近 60 年间，智能机器人在众多从业人员的不断探索中，随着机构学、仿生学、智能材料、信息技术、传感技术、人工智能等学科的交叉融合，得到了迅猛发展。智能机器人的典型形态包括多臂机器人、协作机器人和仿生机器人。

总之，自 1956 年世界上第一台可编程的机器人诞生以来，机器人因其通用性和灵活性，在制造的各个领域获得了越来越广泛的应用。机器人本体性能也从刚性、编程示教、多机协作的模式，逐步向柔性、智能化、人机共融的模式发展（图 7.1）。

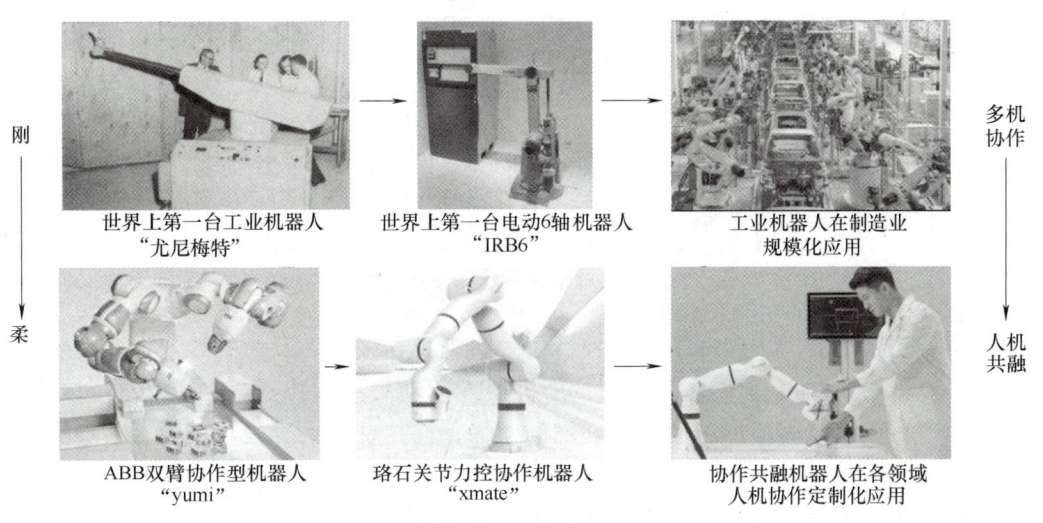

图 7.1　机器人发展历程示意

我国机器人的研究起步于 20 世纪 70 年代初，但因劳动力资源丰富和技术落后等原因发展缓慢。20 世纪 80 年代中期，随着改革开放的不断深入，我国开始大力发展机器人，"七五"计划中机器人被列为国家重点科研规划,科技部"863"计划启动时即设立了"智能机器人"主题。近 40 年来,我国机器人研发取得了显著进步,各类机器人齐头并进。深海探测机器人(图 7.2a)、高压水切割机器人、机器人自动化汽车冲压线、激光加工机器人、外科手术机器人、高速并联机器人、六足步行机器人(图 7.2b)、月球车(图 7.2c)、多指灵巧手等领域取得重要进展。

a) 深海探测机器人

b) 六足步行机器人

c) 月球车

图 7.2 我国自主研发的机器人代表

7.2 机器人系统

7.2.1 机器人系统的组成

机器人系统(Robotic System)是一种典型的机电一体化系统(Mechatronic System),同时也是一类相对复杂的系统。典型的机器人系统一般都包含机械本体、驱动装置、传感器、控制系统四个组成部分,如图 7.3 所示。

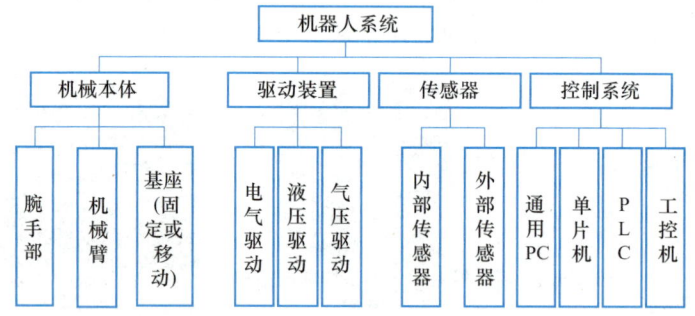

图 7.3 机器人系统的组成框图

机械本体包括机器人本体和执行机构,主要实现机器人运动及力的传递;驱动装置包括电气驱动、液压驱动和气压驱动等形式,是机器人的动力源;传感器包括内部和外部传感器,主要实现对机器人内部形态和外部环境的监测;控制系统主要是对机器人模型、作业环境及控制算法的实现,以实现对机器人的精确控制及更好的人机交互。为实现对机器人机械本体的精确控制,由传感器提供本体(内部)及作业环境(外部)的信息,控制系统依据程序产生指令,控制机器人各关节运动的驱动器,并使机器人末端按预定的轨迹、速度或加速度实施工作任务。

图 7.4 所示为典型六轴关节机器人的内部结构示意图,6 个伺服电动机直接通过谐波减

速器、同步带等驱动六个关节轴的旋转。值得提及的是，该机器人中有 4 个关节的驱动电动机为空心结构，其优点是：机器人各种控制管线可以从电动机中心直接穿过，无论关节轴如何旋转，管线都不会跟随旋转；即使旋转，管线由于布置在旋转轴线上，因此具有最小的旋转半径。此种结构较好地解决了工业机器人的管线布局问题（6 个电动机的驱动线、编码器线、制动线、气管、电磁阀控制线、传感器线等）。

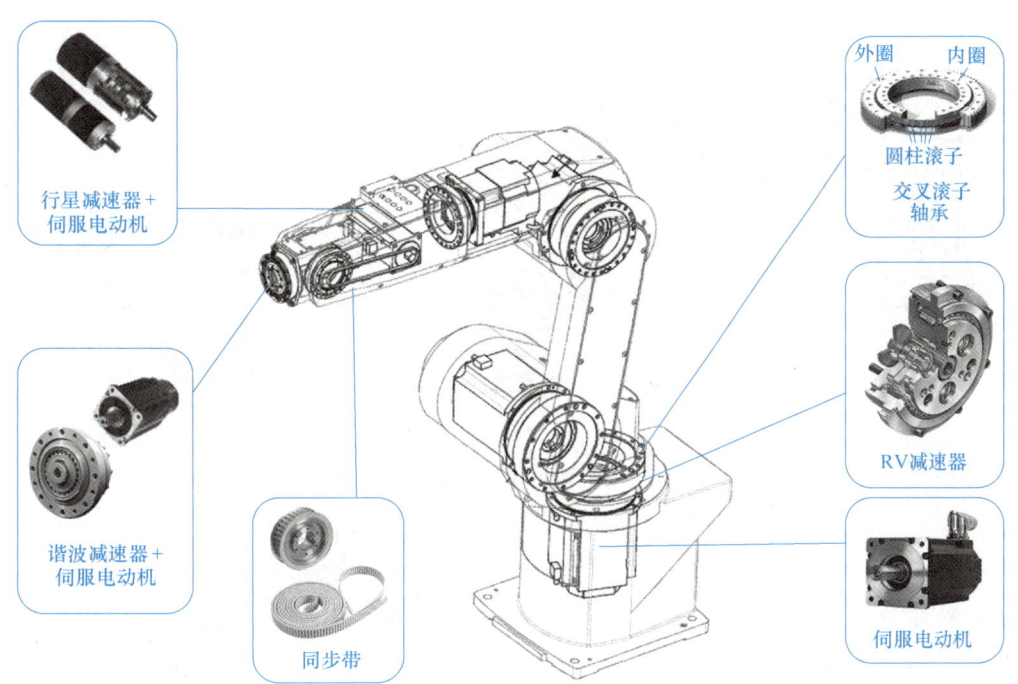

图 7.4 典型六轴关节机器人的内部结构示意图

7.2.2 两类典型的机器人系统

操作臂（也称为**操作手**或**机械臂**，Manipulator）和**移动机器人**（Mobile Robot）是两类典型的机器人系统。

1. 操作臂

操作臂是表现为一组连杆通过运动副连接而成的多自由度受控系统。机器人的**驱动器**（Actuator）安装在驱动副处，在机器人的末端安装有**末端执行器**（End-Effector）。在末端执行器上选取一特殊点，作为进行轨迹及运动规划的参考点，称之为**工具中心点**（Tool Center Point，TCP）。图 7.5 给出了一种典型操作臂的结构组成，包括驱动器、机构本体和末端执行器（手爪）。

早期的工业机器人，如 PUMA 机器

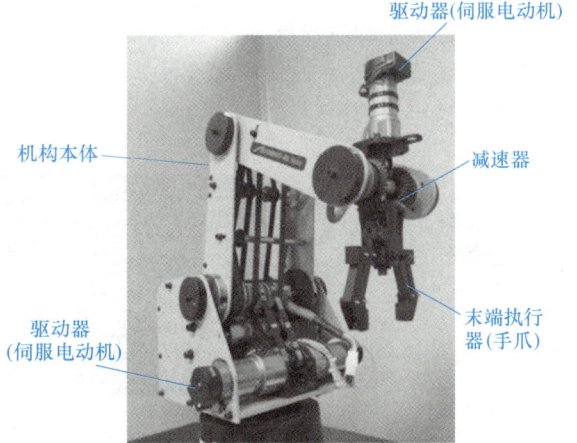

图 7.5 操作臂的结构组成

人、SCARA（由日本山梨大学牧野洋教授于1980年发明，是Selective Compliance Assembly Robot Arm 的简称）机器人等实质上都是串联系统。具体而言，**串联机器人**（Serial Robot）是由一系列的连杆和运动副依次连接组成的开链结构，一般从基座开始，到末端执行器结束。图 7.6a 所示为空间关节型工业机器人的执行部分，它由多个连杆组成。设计者的初衷是用来模仿人手臂（图 7.6b）的基本运动。因此串联机器人也称为操作臂或**操作手**（Manipulator），可在空间三维范围内抓放物体或进行其他操作。

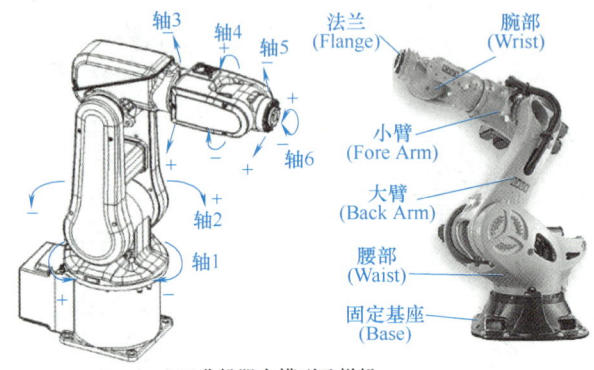

a) 工业机器人模型及样机　　　　b) 人的手臂结构

图 7.6　空间关节型工业机器人产品与其对应的仿生对象

可以看出，串联机器人实质上是一个装在固定基座上的开式运动链。各杆之间用运动副连接，在机器人学中习惯将这些运动副称为**关节**（Joint）。为使串联机器人实现复杂、灵活的运动，也为了方便调整和控制机器人运动，串联机器人的各关节大多采用单自由度的运动副——转动副（或旋转关节）和移动副（或移动关节），这样只需在每个关节处输入各个独立运动即可，如电动机的转动或液压缸或气缸输出的相对移动。图 7.7 所示为一旋转关节型串联机器人中的各组成关节情况。

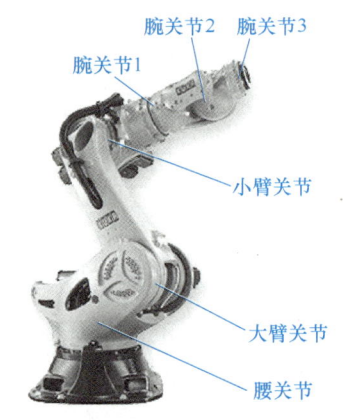

图 7.7　旋转关节型串联机器人中的各组成关节情况

为完成某种作业任务，串联机器人本体的末端往往固连一个手爪，通常称为**末端执行器**。它通常安装在机器人腕部，用于完成特定作业功能的装置。其形式多样，根据作业需求选择或定制，包括机械手、焊枪、切割头、喷枪、吸盘等（图 7.8）。

   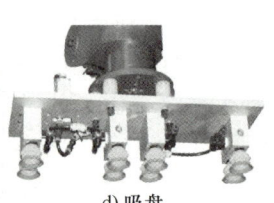

a) 焊枪　　　　b) 切割头　　　　c) 喷枪　　　　d) 吸盘

图 7.8　常见的机器人末端执行器类型

在机器人发展史上，串联机器人扮演了先驱者的角色，被广泛应用于工业机器人中。工业机器人一般指用于机械制造业中代替人完成具有大批量、高质量要求的工作，如汽车制造、摩托车制造、舰船制造、自动化生产线中的点焊、弧焊、喷漆、切割、电子装配及物流系统的搬运、包装、码垛等作业的机器人。其中，得到广泛应用的工业机器人包括SCARA机器人、PUMA机器人等。

除了串联机器人以外，近年来并/混联机器人也发展迅猛，逐渐成为平台型机器人家族中的重要一员。两种并联式高速操作手如图7.9所示。

图7.9a所示的Delta机器人就是一种典型的**并联机器人**（Parallel Robot）。机器人包含**动平台**（Movable Platform，作为机器人的末端）和**静平台**（Fixed Platform，作为机器人的基座）两部分，两平台间通过对称分布的**三条运动支链**（Kinematic Branch）相连。每条支链通过转动副与静平台相连的部分为主动臂，与动平台相连的部分为从动臂，从动杆是一个空间平行四边形机构，其中的各关节均为球铰，如图7.10所示。当电动机驱动主动臂摆动时，从动臂随之带动末端动平台在空间 x、y、z 三个方向平动。实际应用中，也可在动平台上安装多种形式的手腕。

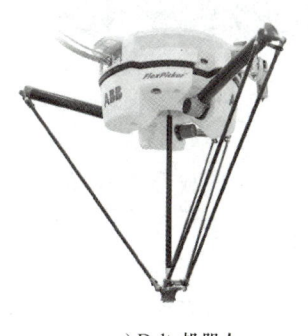

a) Delta机器人    b) H4机器人

图7.9 并联机器人

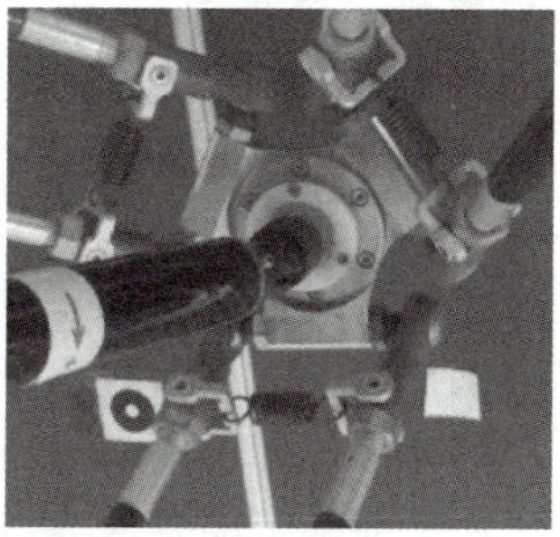

图7.10 Delta机器人的关节结构

2. 移动机器人

移动机器人（Mobile Robot）是指一类能够感知环境和自身状态，在结构、非结构化环境中自主运动，并能实现指定操作和任务的机器人。图7.11给出了一种典型移动机器人的结构组成，包括底盘驱动系统、传感器和中央控制器三部分。其中，底盘驱动系统通过双轮差速或多轮全向，以调节移动速度与运行方向，灵活转向以精确地到达目标点；包

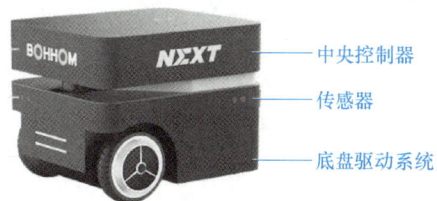

图7.11 典型移动机器人的结构组成

括激光雷达、超声波、红外、触觉等在内的传感器实现对机器人的同步定位与地图构建等自主导航功能；而利用中央控制器进行路径规划、动态避障等，实时寻找最短路径。

目前典型的移动机器人包括腿式机器人（如类人机器人）、轮式机器人、履带式机器人、飞行机器人、水下机器人等。图7.12给出了几种典型的移动机器人。

移动机器人按照不同标准有不同的分类方法。按工作环境分为陆地机器人、水下机器人、飞行机器人、管道机器人等，按功能用途分为医疗机器人、服务机器人、灾难救援机器

a) Shrimp轮式机器人

b) 腿式机器人

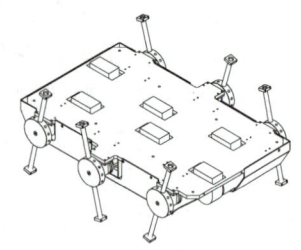
c) 轮腿复合式机器人

图 7.12　几种典型的移动机器人

人、军用机器人等，按运动载体主要分为轮式机器人、足式机器人和履带式机器人。不同类型的移动机器人有各自的优势。例如，轮式机器人运动速度快，结构简单，可靠性高；履带式机器人越障性能好，负载能力强，适合松软表面环境；步行机器人运动灵活，越障能力强，适合非结构化环境；蛇形机器人体积小，运动模式多样，适合受约束的狭小空间；滚动机器人运动速度快，效率高。另外，轮-履、轮-腿、履-腿等复合式移动机器人的出现，进一步提高了移动机器人的越障和通过性能，增强了其在非结构化复杂环境下

图 7.13　KUKA 公司的移动操作臂系统

的自适应能力。特别是近年来，将各类移动机器人作为辅助平台或载体，搭载形式各样的操作型机器人或机械手（图 7.13），大大增强了机器人的作用范围、能力。

移动机器人正逐渐应用于医疗、服务、工业生产、灾难救援、军事侦察等领域，将人类从繁杂的体力劳动中解放出来，缓解了人口老龄化和劳动力成本增加等社会问题，给人类生活带来极大便利。尤其在环境恶劣或极其危险的环境中（如外太空、深海、雷区、狭窄管道、核辐射区等），使用移动机器人完成侦察、探测和操作任务已经成为一种必要手段。

7.2.3　机器人感知与控制系统

1. 机器人传感器

传感器（Sensor）在提升机器人的性能及智能化水平方面，起着至关重要的作用。传感器能够给机器人提供必要的信息，用于进行运动控制、检测目标距离和环境特征等。根据传感器检测的信息是位于机器人内部还是外部，可以将传感器分为内部传感器和外部传感器。内部传感器提供机器人内部状态信息，如关节转角、关节极限位置、驱动器和控制器温度、倾角、方向等。外部传感器提供作业对象和环境的信息，如与工件、人和障碍物相关的距离、图像、电磁等信号。图 7.14 给出了机器人系统与传感器之间的信息交互示意图。

以视觉传感器为例，在所有外部传感器中，**视觉传感器**（Vision Sensor）能够提供最丰富环境信息，包括环境的明暗、色彩、物体轮廓、距离等。传感器研究人员在视觉传感器的研发上投入了最多的注意力。如今，视觉传感器已经可以提供千万像素分辨率的彩色图像，并发展出了可以直接给出像素深度信息的 3D 相机。机器人工程师需要根据具体任务，为机

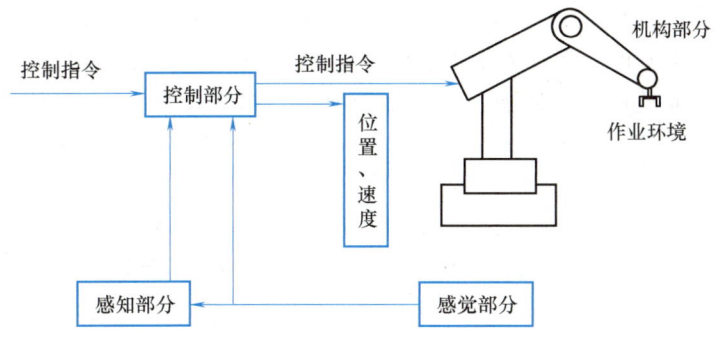

图 7.14 机器人系统与传感器之间的信息交互示意图

器人选择合适的视觉传感器,并且须认识到,对机器人而言,与任务相关的图像处理算法是视觉传感器应用技术的核心。高性能的相机和计算机并非总是最佳选择,好的算法可以降低对传感器、计算机和环境稳定性的要求。

2. 机器人控制系统

机器人控制系统包括硬件和软件,其功能是处理传感器和用户信息、形成决策,最后控制驱动器带动机器人机构实现运动。不同类型机器人的硬件架构和器件选择的差异较大,这取决于其任务复杂度、运动精度和成本等多种因素。

以机器人控制系统硬件为例。机器人控制系统硬件架构和控制器类型取决于机器人任务的复杂度、快速性、精度等要求。某些机器人的控制系统相当简单,只需一个单片机即可实现,例如,基于碰撞检测的扫地机器人便是如此。有的机器人控制系统采用层级结构,每一层采用一个独立的控制器,以匹配不同层级软件对计算性能的需求,各控制器之间用内部总线传递信息,例如,智能工业机器人系统的控制系统。还有的机器人则采用完全分布式的控制器结构,甚至是云端服务器,利用互联网实现分布式计算和控制,例如,聊天/陪伴型服务机器人等就是利用云端服务器和互联网实现计算和控制的。

图 7.15 所示为一个工业机器人控制系统的典型硬件架构。现代工业机器人内置的控制

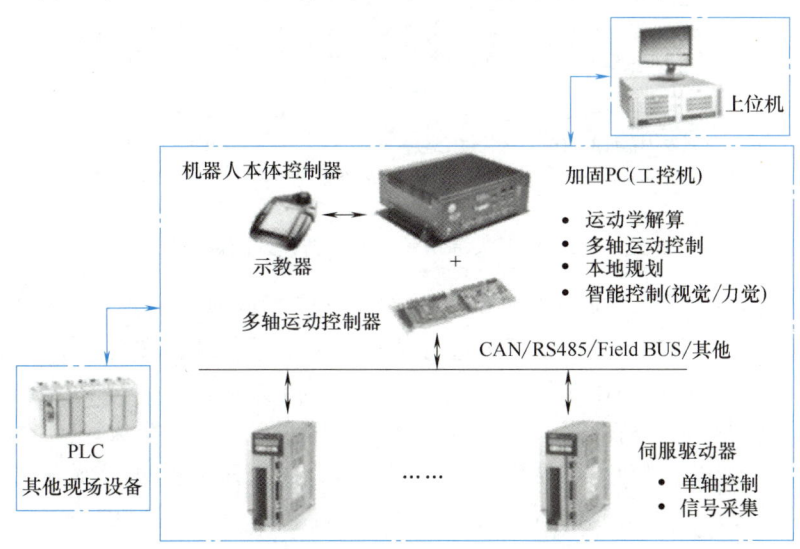

图 7.15 工业机器人控制系统的典型硬件架构

器通常采用个人计算机（PC）的软硬件，充分利用 PC 成熟稳定的操作系统、高速运算能力、图形显示能力、良好的可扩展性和互联性，实现人机接口信息传输、网络互联、路径规划等任务。为适应工业环境中的振动、高低温等环境，机器人 PC 还会采用加固结构。

为实现高速、高精度运动控制，机器人 PC 内会配备独立的运动控制器（Motion Controller）。运动控制器是机器人控制器的核心组件，它接收 PC 下发的运动指令，执行运动学解算、轨迹生成和机器人各轴的闭环运动控制，因此，也称为多轴运动控制器。现代的运动控制器多以数字信号处理器（Digital Signal Processor，DSP）为核心，通过扩展总线、网络等方式与 PC 通信。运动控制器向伺服驱动器发送运动控制信号，驱动关节电动机运动。

工业机器人通常只是生产线某站点的自动设备之一，为了与生产线上的其他自动控制设备协调工作，工业机器人控制器配备了丰富的外围接口和工业现场总线，以实现现场通信。另外，工业机器人控制器也能连接互联网，与网络上的其他上位机通信，实现远程编程、多级协作等功能。

7.3　工业机器人在航空智能制造中的典型应用

当前，航空航天产品制造过程仍旧是劳动密集、工序繁复、工况恶劣、辅以大量工装夹具并以手工制造为主。自动化生产能力不足，已成为制约提高装备可靠性和生产能力的瓶颈。在我国大力发展航空航天领域的时代背景下，航空航天制造企业应用工业机器人进行自动化生产，对企业生产模式转型升级、降低生产成本及提升装备智能制造能力都具有十分重要的意义和价值（图 7.16）。

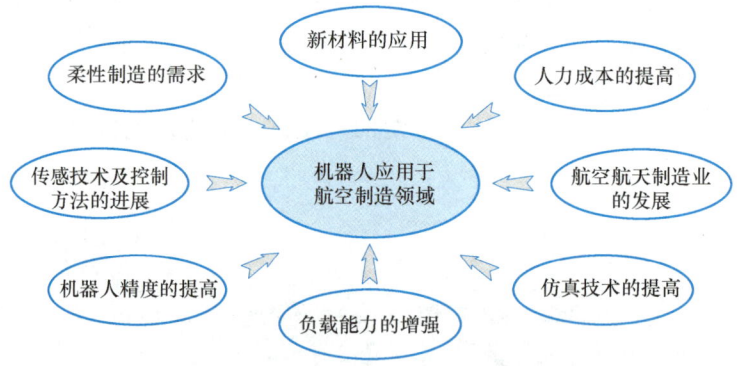

图 7.16　机器人适用于航空制造领域的影响因素

在航空航天制造领域，应用工业机器人不仅可以完成典型的点胶、焊接、喷涂、热处理、搬运、装配及检测等作业，还可以进行钻孔、铆接、密封、修整、复合材料铺敷、无损检测、加工质量检测等特种作业任务（图 7.17）。与传统制造行业不同，航空航天产品制造具有尺寸大、结构复杂、精度高、载荷重、环境洁净度高及材料特殊等特点，对工业机器人的结构、性能、动作流程和可靠性等都提出了非常高的要求。此外，航空航天产品多品种、小批量的生产特点还要求工业机器人具有良好的作业柔性和可扩展性，通过快速重构形成适应新任务的机器人作业系统。

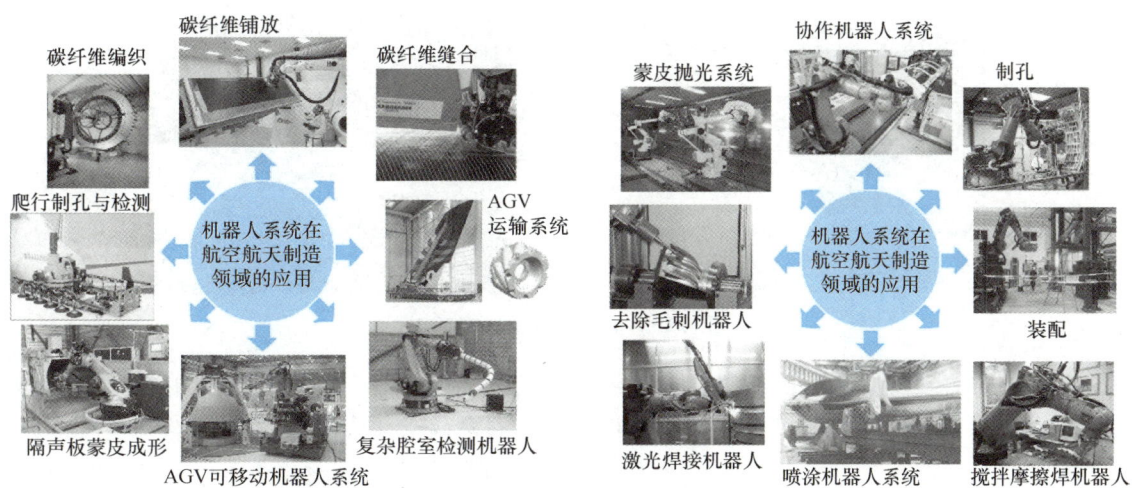

图 7.17 工业机器人在航空航天制造领域的典型应用

7.3.1 机器人钻铆制孔系统

据统计，飞机疲劳失效事故中，80%的疲劳裂纹产生于连接孔处，因此连接孔的质量极大地影响着飞机的安全和寿命。飞机装配中最主要的连接方式为铆接，普通飞机铆接所需制孔量也为数万个。数量庞大的制孔任务依靠人工很难保证质量，因为手工制孔质量一致性差，容易产生孔径超差、铆钉孔错位、锪孔过深、镦头偏斜、夹层有间隙及工件翘曲等缺陷。但提高手工钻铆精度需借助专门的工装和夹具，成本高，可复用性差。已有应用证明，相比手工钻铆，自动化钻铆可显著提高制孔效率，同时能够节约安装成本、改善劳动条件、确保制孔质量、减少人为因素造成的缺陷。现阶段，主要有专机自动钻铆系统（图 7.18）和机器人自动钻铆系统（图 7.19）两类自动钻铆系统。机器人自动钻铆系统又根据其所使用机器人类别的不同，分为工业机器人自动钻铆系统和攀爬式自动钻铆系统。与传统专机自动钻铆系统等相比，机器人钻铆系统具有成本低、灵活性高、自动化程度高及安装空间需求小等优点，同时对工件的适应性好，且可以通过与导轨或移动机器人配合，实现长距离移动，可扩大作业范围，完成多个位置的钻铆，而无须移动工件，比传统的自动钻铆方式效率高。

图 7.18 专机自动钻铆系统

1. 系统组成

典型飞机部件机器人钻铆制孔系统的组成及各部分之间的关系如图 7.20 所示。飞机部

图 7.19 机器人自动钻铆系统

件机器人钻铆制孔系统可划分为机器人系统、制孔执行器、控制系统、图像采集处理系统、工装模块共五部分,不同的部分之间存在机械连接关系或电气连接关系。

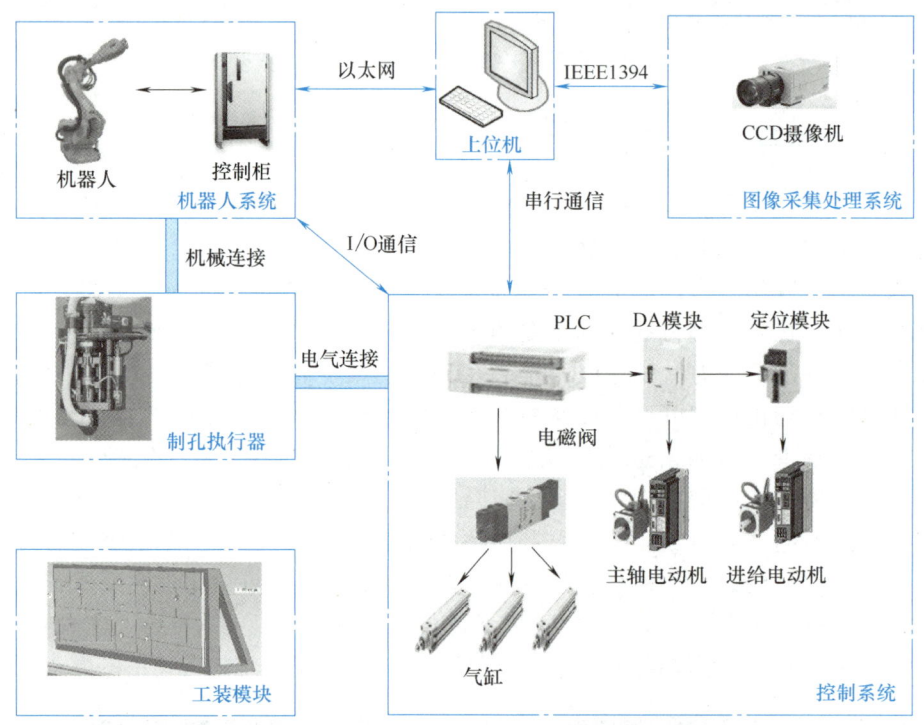

图 7.20 机器人制孔系统的组成

2. 关键技术

航空航天部件机器人制孔系统,除了工业机器人的高精度运动控制、误差补偿等技术应用外,关键是需研制多功能制孔执行器,完成制孔、锪孔、铰孔等操作任务,涉及以下关键技术。

(1)位置精度补偿技术 航空航天部件钻铆制孔对孔的位置、轴线垂直度、圆度、圆柱度、表面粗糙度等均有非常高的要求,仅依靠工业机器人自身的定位能力是无法满足所有要求的,因此需要对末端执行器的位置精度进行补偿,包含补偿机器人误差(机器人运动学误差、环境因素误差、控制系统误差及载荷变形误差等)、机器人辅助运动系统(导轨、移动平台等)误差、工装误差、末端执行器误差、工件变形等,精度补偿方法包括预测、在线监测、标定等。

（2）**多传感器融合在线检测技术**　在机器人钻铆系统作业过程中，需要对钻孔、铰孔、锪孔和铆接等工序进行同步质量检测，传统的手工检验和离线检测无法满足飞机装配过程对检测速度和精度的要求。为了实现机器人钻铆系统自动化、智能化作业，需要发展能够将多传感器信息融合的在线检测技术，提高机器人钻铆系统的定位和加工质量。

（3）**适用于机器人系统的钻削工艺**　复合材料在飞机制造领域应用越来越广泛，其材料存在非线性特点，层间强度低而纤维复合强度高，在制孔时，如果主运动参数不合理或与进给运动不匹配，会产生材料分层、劈裂、烧蚀等一系列质量问题，对制孔质量影响很大，刀具寿命也受到影响。同时，复合材料制孔时易产生粉尘，威胁操作人员的身体健康。针对不同复合材料，最优的钻削工艺参数的确定是制约孔精度提高的瓶颈技术问题。

（4）**末端执行器设计技术**　末端执行器是实现机器人钻铆系统制孔的核心部件，结构复杂，功能集成度高，控制参数多，其结构组成、重量、体积、动态性能等参数都直接影响制孔质量。现有飞机制孔末端执行器按照安装方式不同，可分为同轴式、悬挂式、侧面式和包覆式（攀爬机器人钻铆系统）等。不同的安装方式对钻铆机器人系统的作业性能产生不同影响，需根据实际制孔作业的位置、空间及机器人系统限制确定。末端执行器的精度是机器人钻铆系统整体精度的主要影响因素之一，需通过误差补偿方法进行精度补偿，提高机器人钻铆系统的精度、效率。

（5）**专用工装设计技术**　专用工装主要用于对飞机部件进行定位与固定，其自动化程度和可靠性直接影响机器人钻铆系统制孔的效率和质量。专用工装可以在可靠固定飞机部件的同时，尽量减小飞机部件的变形，并根据不同的制孔加工需求，灵活调整飞机部件的位姿。需对专用工装进行模块化、柔性化设计，加强它与钻铆机器人的配合度，提高飞机组件装配质量。

（6）**双/多机器人协同作业技术**　采用双/多机器人系统作业，可以拓展单机器人制孔系统的工作空间。单机器人制孔系统仅适用于敞开式结构的飞机部件制孔，适用范围有一定的限制。双/多机器人协同作业对机器人钻铆系统的集成化技术和协同控制技术等提出了更高的要求，需要深入探索双/多机器人协同运动规划、同步轨迹规划、多传感器信息融合、高效同步通信等多项关键技术。

7.3.2　机器人焊接系统

现代飞机机身部件尺寸大，焊缝多且复杂，焊接工艺要求高。将机器人技术应用于飞机部件焊接可以显著提高复杂形状焊缝的焊接速度和焊接质量，降低焊接结构的成本。焊接机器人整体结构组成简洁，即在工业机器人的末端法兰上连接焊钳、焊枪或搅拌摩擦焊头，从而实现焊接功能。从技术的发展程度看，焊接机器人分为示教型焊接机器人、离线编程焊接机器人和智能焊接机器人三类。

1. 系统组成

图 7.21 给出了一种典型焊接机器人作业系统的组成示意。该系统由操作机、传感器、控制系统和相关外围设备组成。操作机也称为机器人本体，包括机器人驱动器、结构本体和末端执行器，它是焊接机器人的执行机构，本体采用的是商用化程度较高的 KUKA 工业机器人。传感器与控制系统是整个系统的神经中枢，传感器包括力传感器、视觉传感器等，控

制系统包括机器人控制器、机器人示教器、上位机、现场总线、PLC、I/O 通信、以太网等，它们负责处理焊接机器人工作过程中的全部信息和控制其全部动作，并维护机器人及作业对象的相对安全。围设备主要包括机器人作业对象及各类能源供应装置等。

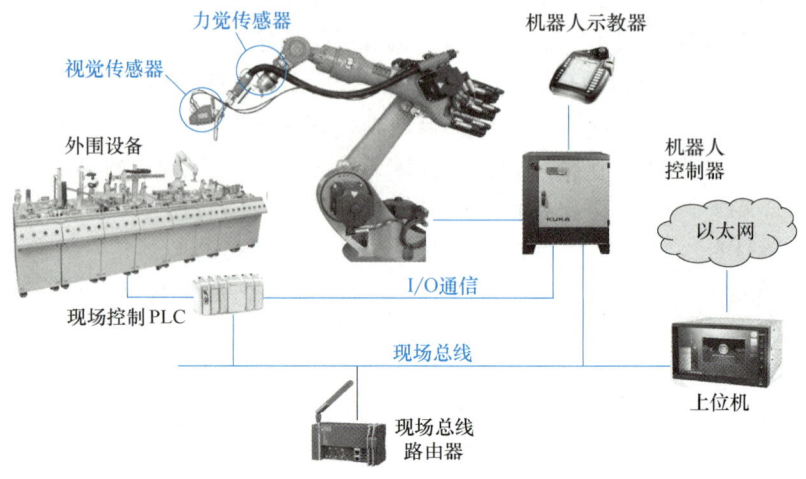

图 7.21　典型焊接机器人作业系统的组成示意

2. 关键技术

（1）**高精度测量和定位技术**　与机器人钻铆制孔系统相同，焊接机器人系统也有较高的定位精度要求。焊接机器人末端的精度受许多因素的影响，如焊接机器人的刚度、负载、焊头磨损、机械间隙和热效应等。除了使用高精度传感器外，建立高精度的定位误差模型和采用合适的补偿算法也是提高定位精度的重要手段。焊接机器人所用传感器主要包含视觉传感器、力传感器、焊缝跟踪传感器等。

（2）**定制化焊接机器人系统设计**　由于航空航天产品结构特殊，构型复杂，传统的工厂级焊接机器人很难满足航空航天零部件严格的生产要求。随着智能焊接技术在航空航天制造中的应用，对专用焊接机器人的需求将会增加，这就需要对焊接机器人本体进行面向航空航天产品焊接应用的创新设计，实现焊接机器人系统的定制化。

（3）**智能路径规划与焊缝跟踪技术**　焊接机器人路径规划是指针对某一要求的焊接路径，规划机器人末端焊枪的运动路径，以获得最优化的焊缝成形质量。焊接路径规划方式主要有人工示教、离线编程和智能规划三种。在三者之中，智能规划技术能够实现最高效率、最高质量的焊接路径规划。结合激光传感器和视觉传感器离线工作方式的优点，可以利用激光传感器实现焊接过程中的焊缝实时跟踪，提升焊接机器人对复杂工件进行焊接的适应性；采用视觉传感器获得焊缝跟踪偏差，基于偏差进行焊接机器人运动轨迹的修正，从而实现焊接机器人智能路径规划与焊缝跟踪。

（4）**规模化协同控制技术**　焊接机器人在制造领域最为典型的应用就是在汽车生产线上焊接汽车车身（图 7.22）。由于车身焊接焊点多，施焊位置各异，为了提高生产率，需要在有限的工件内布置多台焊接机器人并控制多台焊接机器人和变位机协调运动，这既需要保持焊枪和工件的相对姿态以满足焊接工艺的要求，又要避免焊枪和工件的碰撞以及紧凑布局的相邻机器人间的碰撞，因此规模化协同控制技术就尤为重要。

图 7.22　汽车生产线上焊接机器人规模化协同作业

7.3.3　机器人复合材料铺放系统

1. 系统概述

重量轻、强度高等优点使碳纤维等增强复合材料在飞机制造中的应用越来越广泛。采用复合材料可以有效减轻飞机结构重量，提高飞机的可靠性。空客 A380 复合材料用量已占到飞机结构重量的 25% 以上，而波音 787 更为激进，复合材料占比达到了 50% 以上，整个机身、机翼结构几乎全部采用了碳纤维复合材料。纤维自动缠绕技术、自动铺带技术、自动铺丝技术等自动化技术的发展支撑了复合材料在航空航天制造领域的应用。航空航天制造领域的复合零件具有零件复杂度高、集成度高的特点。传统的机床式铺丝机由于受到装载铺丝头平台运动范围的限制，往往无法满足不规则曲面构件对精确铺放轨迹跟踪的要求。此外，机床式铺放机装备体积大，对小型、结构复杂、集成度高的航空航天结构件铺放加工的运行成本很高。采用工业机器人作为本体研制复合材料铺放系统能够使铺带头/铺丝头在可达工作空间内具备更灵活的姿态调整能力，提高了铺放系统的灵活性和对复杂航空航天零部件的加工适应性，提高了铺放生产率，也降低了铺放系统为适应小批量复杂复合材料零件生产的运行成本。典型的机器人复合材料铺放系统主要有**机器人铺带系统**（Automated Tape Laying，ATL）和**机器人铺丝系统**（Automated Fiber Placement，AFP）。具体实例如图 7.23 和图 7.24 所示。本书第 14 章将详细介绍与之相关的加工工艺及技术。

图 7.23　法国 Forest-line 公司铺带机床　　　图 7.24　国产复合材料铺丝机

2. 关键技术

（1）**高精度铺放头设计技术**　铺放头作为机器人复合材料铺放系统的核心装置，其精度直接决定了材料的铺设精度与质量。航空航天结构件对精度要求非常高，优化铺放精度是自动铺放技术发展的关键。机械结构方面，可以通过铺放机构中剪切、重送、压紧、导向、施压和加热等功能机构的创新设计，提高铺放精度和可靠性；软件控制方面，需要优化多传感器信息融合的闭环控制,实现对张力、模具标定、加热温度等工艺参数的优化,实现对铺放过程的实时精准控制。同时,对于机器人复合材料铺放系统,铺放头的模块化、集成化设计也是设计需考虑的重要因素,功能模块可快换、多功能集成是提高铺放效率、保证铺放质量的重要手段。

(2) **机器人轨迹精确控制技术** 机器人钻铆制孔系统要求末端执行器的定位精度,而机器人复合材料铺放系统要求铺放头末端的运动轨迹实时精确可控。铺放头末端运动轨迹和定位精度直接影响铺放成形精度。需针对不同铺放区域曲面形状的变化,通过优化机器人各关节运动控制算法、铺设轨迹规划算法,实现高质量、高效率的铺放。

(3) **机-机协同与人-机协同技术** 对大型航空航天部件,需扩展机器人铺放系统的工作空间,这可通过增加导轨、移动平台等方式实现,也可通过多台(套)机器人协同作业的方式实现。多机器人系统机-机协同作业工况下,每个机器人都必须在正确的时间将正确的材料铺放在正确的位置上,并避免发生干涉与碰撞。因此,多机器人协同控制技术成为研究重点。同时,利用成熟的协作机器人作为铺丝头平台,在机器人进行铺设作业时,工艺人员可以安全地并行完成工作,实现人-机协同作业,进一步提高生产质量与铺放效率。

(4) **基于模型的协同控制与管理技术** 运用数字化手段可以使生产过程稳定可控。建立基于模型的协同控制与管理系统,实现机器人复合材料铺放系统的数字孪生模型,结合实时多传感器信息融合技术对铺丝过程和铺放系统工作状态实时仿真与反馈,实现虚实结合的高质量铺设,对机器人铺放系统进行精准控制管理、监测及故障预测与维护等,可提高铺放系统装备与生产流程的智能化程度。

7.3.4 机器人磨抛系统

在机械切削加工过程中,不可避免地会产生毛刺。毛刺不仅影响产品的质量,而且使零件的检测、装配、工作寿命和使用性能等受到影响。因此,去毛刺工作显得非常重要。零件去毛刺及表面清理技术是制造领域的关键技术之一,技术内容包括在不损伤零件尖边的前提下去除毛刺,同时保持零件形状和尺寸精度;壳体类零件去毛刺及壳体内部孔毛刺的去除;液压件去毛刺;型腔内部相交孔去毛刺;零件表面光整等。相比人工磨抛方式,机器人磨抛具有智能化、效率高、操作空间大等优势。例如,在高铁车身的涂层工序中,需要进行4次打磨,采用人工方式,4个工人需要作业16h,总工时超过64h。而采用机器人打磨,效率可提高10倍以上,而且打磨表面更加平整,粉尘排放大大降低,且工序成本可降低30%。图7.25所示的航空发动机叶片抛光即属于此技术。本书第11章将详细介绍与之相关的加工工艺及技术。

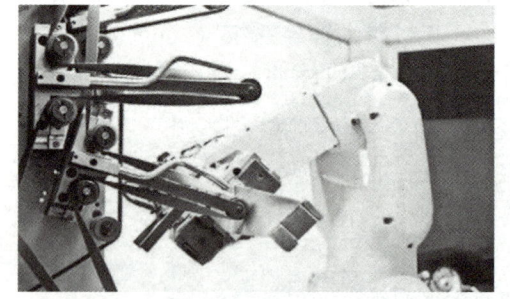

图 7.25 航空发动机叶片抛光

7.3.5 机器人喷涂系统

自动化喷涂系统因具有涂装质量好、效率高等众多优点,已广泛应用于汽车等工业领域。飞机表面的涂装对涂层的厚度与均匀度等提出了更加严格的要求。目前,只有美国的军用飞机采用机器人自动化喷涂系统进行涂装,如 F-15、F-35 等,而我国飞机的涂装作业中手工喷涂方式仍广泛存在。由于手工喷涂依赖工人的经验,难以对涂层厚度和均匀度进行精确控制,往往要进行额外的打磨或补喷,效率较低;且飞机涂料往往含大量有机溶剂及有毒低分子溶剂,对喷涂工人的身体健康有危害。采用机器人喷涂系统,可实现喷涂的高柔性、大工作范围作业,且能够提高喷涂质量和材料使用率,特别是可以避免作业人员与有毒有害涂料直接接触。具体实例如图 7.26 和图 7.27 所示。

图 7.26　F-35 RAFS 精整系统喷涂机器人系统

图 7.27　联想晨星机器人喷涂系统

7.3.6　机器人检测系统

随着航空航天工业的不断发展,飞机构件大型化、复杂化趋势越发明显。目前,对于航空航天大型复杂零件的自动化检测装备仍比较少,检测方法仍以手工检测为主,但是手工检测费时、费力,效率低,检测结果主观性强,容易漏检。而且在某些环境下,人员操作困难,可能出现威胁检测人员安全的情况。采用机器人检测系统,可以实现大型结构件的快速、高效和少人参与的自动化检测作业,可有效降低人工作业的工作劳动强度和工作危险性。具体实例如图 7.28~图 7.30 所示。

图 7.28　NASA 飞机机身结构自动检测机器人

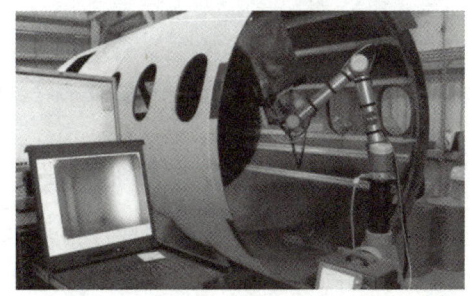

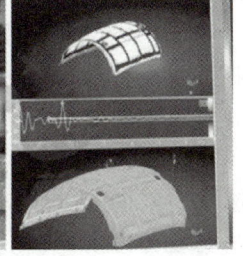

图 7.29　Tecnatom TAURUS 航空部件超声检测系统

图 7.30　机身检测机器人系统

7.3.7 协作机器人系统

单臂工业机器人在任务并行性及作业容错性等方面存在局限性，特别是在航空航天领域大尺度部件制及造与装配中，其灵活性、可靠性、抗振性和负载能力等方面的局限性尤为突出，因此，近年来工业机器人协作系统在业内引起了广泛重视。多工业机器人协作系统通常被分为松耦合型和紧耦合型。松耦合型多见于汽车制造等自动化装配，每个工业机器人有独立的作业对象并且不形成整体的闭链结构。紧耦合型系统各机器人与作业对象直接接触并形成相互作用力，进而构成存在内力作用的闭链机构。采用紧耦合型多工业机器人系统进行协同作业，能够有效抑制振动、减少变形、替代专用工装夹具，可用作大型、重载、薄壁、细软等易变形部件的搬运、调姿、对接、装配等任务。

双臂机器人是多臂协同机器人中应用较为广泛的一类，通常模仿人的双臂结构和交互行为，能够在较小的工作空间完成灵巧装配与检测任务。两台及以上工业机器人的协同控制问题要比双臂机器人系统更加复杂，在应用上目前还不如双臂协同机器人广泛。不过其面向更复杂操作的能力正逐渐受到研究机构的关注。通过采用多臂协同技术，航空大尺度产品制造也可以采用常规工业机器人系统，从而降低制造、装配单元的成本和周期，并具有柔性。因此，近年来该技术受到国际众多科研机构的高度重视，国际知名机器人制造商及应用商等也为此纷纷开展相关装备的研制。具体实例如图 7.31 和图 7.32 所示。

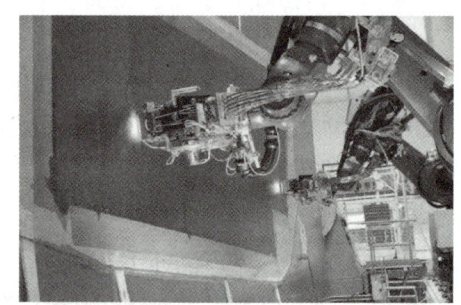

图 7.31 德国 DLR 双工位协同碳纤维铺放系统

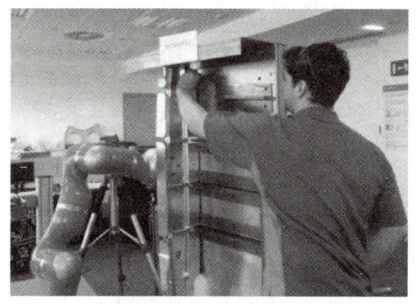

图 7.32 人-机协作翼肋安装机器人系统

7.3.8 可移动式机器人系统

汽车、电子、食品等行业广泛应用的工业机器人通常是面向中小规格产品制造场合的，在航空、船舶及风机等大尺度产品制造过程中将面临巨大的挑战。如果按比例放大工业机器人系统，其制造和控制成本将非常昂贵。另外，航空航天大尺度产品在制造过程中通常不便移动，采用专用、固定基座工业机器人的解决方案并不经济。因此，移动式工业机器人成为新途径。

与传统工业机器人相比，同一台移动式工业机器人可以在多个不同的位置上完成同样的作业任务，所需的编程时间较短，能够提高机器人的工作效率和柔性。移动式工业机器人在航空航天领域的潜在应用还包括大部件装配、喷涂、喷砂、无损检测等表面处理，焊接铆接，核、生物、化工等环境的表面清洁以及快速原型制造等。面向大尺度产品制造的移动式工业机器人的一种典型配置是将工业机器人系统安装在移动导轨上。移动式工业机器人的另一种典型配置是在轮或履带移动平台上安装工业机器人，从而达到围绕零件移动制造的目的。这种方案提高了装备柔性，特别是解决了航空航天大尺度产品不易搬运移动的问题。具体实例如图 7.33 和图 7.34 所示。

图 7.33　A320 垂直尾翼加工的移动数控加工机器人

图 7.34　波音公司 Quadbots 可移动装配机器人

7.4　工业机器人的发展趋势

伴随着关键技术的突破和进步，未来制造领域的工业机器人将向智能化、柔性化、灵巧化、仿生化、协作化的方向发展，以适应日新月异的发展和不断涌现的新需求。

（1）**智能化**　现阶段的工业机器人需要通过人工示教或离线编程才能执行工作任务。通过多传感器信息融合处理，可提高作业规划的智能程度，使机器人系统具备局部的自主规划决策能力，以缩短生产准备时间、提高产品适应性、提高生产安全性，是未来工业机器人系统的一个重要发展趋势。长期而言，未来的工业机器人系统能够根据待加工零件的性质及加工需求，对作业任务进行实时规划和控制，智能化地完成工作任务。

（2）**柔性化**　传统工业机器人追求速度和精度，其自重、体积、功耗、刚性大，但在某些特殊场合下，具有关节力反馈能力和关节柔性的机器人因其自重小、功耗低、负载/自重比较高和具备柔顺控制能力而更具优势，具备更高的安全性能，也更适合人机共融的工作模式。

（3）**灵巧化**　航空航天制造经常需要在复杂、不便操作的产品内部空间进行作业，如飞机壁板内部的检测、标准件紧固及密封以及进气道的测量、安装、喷涂、检验等，关节式冗余自由度机器人因其工作空间大、灵活性高而呈现出良好前景。同时，传统采用轨道结构扩大工业机器人作业空间的方式占地面积大，成本高，调整灵活性低，而采用自主移动平台与工业机器人的组合，可以在有效扩展工业机器人作业空间的同时，实现更灵巧的控制。

（4）**仿生化**　为适应特定的作业需求，需要工业机器人实现比现有常用结构形式更为灵活的功能，达到规避复杂障碍物、避免奇异位形等目标，研制出仿蛇形的冗余自由度机器人、七自由度机器人，进行关节臂构型仿生设计等。

（5）**协作化**　具备高安全性的柔顺控制机械臂及双臂或多臂机器人越来越受到国内外众多科研机构的高度重视，ABB、KUKA、YASKAWA 等国际知名机器人制造商纷纷开展了相关产品的研制，国内珞石、遨博等机器人公司也开展了高安全性协作型机械臂的研究工作。

此外，尽管机器人技术的发展日新月异，但毕竟不可能完全取代人，将机器人集成到生产中，使机器人与人并肩工作，消除人机之间的防护隔离，将人从简单枯燥的工作中解放出来，进而从事更有附加值的工作，一直是人们心目中理想而具有吸引力的智能制造模式。2012年底，德国、奥地利、西班牙等国家在欧盟第七框架计划"未来工厂"项目的资助下联合发起 VALERI 计划，其目的就是实现机器人先进识别和人机协同操作。空客也在其飞机组装的未来探索（FUTURASSY）项目中做出了大胆尝试，将日本川田工业株式会社研制的人形双臂机器人应用于 A380 方向舵组装工作站，与普通人类员工一起进行铆接工作。

7.5 工业机器人系统中的关键技术

随着工业机器人在智能制造领域应用的逐渐深入，一些定制化、柔性化作业的需求逐渐显现，而传统工业机器人系统存在作业规划自动化程度低、定位标定和离线编程等生产准备时间长、作业柔性和可拓展性不足等问题，无法适应新的生产制造需求，尤其在航空制造领域等产品单件小批生产的情况下，不能够充分体现出应用机器人的优势。因此，为更好地适应智能制造领域的实际生产需求，真正发挥出机器人的优势和特点，一些关键技术问题亟待解决。

1. 执行器末端高精度伺服技术

工业机器人执行器末端精度受负载、刚度、间隙、热、运动、振动等多种因素的影响，为提高执行器末端定位精度，需要对机器人的关节刚度、位置误差、温度引起的变形等进行参数辨识，获得误差模型或误差矩阵。在运用高精度传感信息实现机器人闭环运动控制的基础上，进一步通过精度补偿算法对末端的定位进行修正，以提高机器人末端执行器的绝对定位精度。

2. 机器人柔顺控制技术

越来越多的应用场景需要机器人与人协作，即机器人和人合作完成复杂的作业任务，这就对机器人的柔顺控制性能提出了很高的要求。机器人的柔顺控制可分为被动柔顺控制和主动柔顺控制。被动柔顺控制需要解决机器人的高刚度和高柔度的矛盾。主动柔顺控制需要机器人具备力感知和力控制能力，方法主要有力-位置混合控制、阻抗控制和自适应控制等，需要在控制算法层面进行创新研究。在制孔、铆接等力-位置伺服应用中，由于机器人移动部分与地面没有锚接，因此其单边压力操作过程中的力反馈控制成为关键。同时，必须深入分析多机器人系统的运动学和动力学特性，建立能够描述整系统动力学特性的数学模型，才能实现精确的柔顺运动控制。

3. 一体化关节设计技术

协作型工业机器人是工业机器人一个主要发展方向，多采用一体化关节，即驱动机器人运动的关节高度集成化，集成了电动机、减速器、位置传感器（编码器或双编码器）、力传感器、驱动器等多种功能模块。一体化关节设计需要重点解决受限尺寸条件下的高度集成化设计、低刚度条件下的高精度运动控制、模块化与标准化设计、提高负载/自重比以及成本控制等问题。

4. 高精度传感测量技术

工业机器人的重复定位精度高而绝对定位精度低，无法满足数字化装配中绝对定位精度要求，因此需要运用激光跟踪仪、双目视觉相机、激光测距传感器等高精度测量传感器及多传感器信息融合技术，实现机器人末端执行器运动轨迹的高精度检测，然后通过闭环伺服控制及精度补偿算法提高绝对定位精度。

5. 智能规划技术

机器人系统实现预定功能的前提是机器人末端能够严格按照设定的轨迹运动，轨迹规划的实现效果直接影响机器人系统工作，轨迹规划的效率和自动化程度则会直接影响生产准备时间。需要在对机器人性能及制造工艺深入了解的基础上，进行机器人运动路径规划、优化、干涉检查、工艺参数优化等。同时，融合应用专家系统、神经网络等人工智能方法，提高机器人智能规划的分析、决策和协作能力。

6. 机器人系统结构创新设计

对一些特殊的机器人应用需求，如航空航天产品加工制造，其零部件结构特殊、复杂，传统的六自由度工业机器人或 SCARA 机器人有时无法满足需求，随着机器人技术在航空制造领域的逐渐深入，对专用、特种、非标机器人的需求越来越多，这就要求针对具体任务进行本体结构的创新设计。同时，为提高机器人系统的柔性程度，采用模块化结构创新设计，通过调整系统模块适应不同的尺寸和类型产品的加工制造，以适应更多的应用场景。

7. 高精度移动平台技术

高精度移动平台可以显著提高工业机器人的作业范围，提高工业机器人系统的柔性制造能力。此外，移动平台本身作为一种半自主机器人，也可称为工业领域的移动机器人，在航空航天制造过程的总装对接和工序流转中同样发挥着重要作用。KUKA、ABB 等传统工业机器人生产厂家均已推出了用于生产的高精度移动平台。移动平台设计需要满足制造现场承载、调姿、操控、运动速度及尺寸限制等多方面要求。

8. 数字化制造体系支持技术

在以基于模型定义（Model Based Definition，MBD）为核心的数字化工艺设计和产品制造模式下，基于三维数模的作业规划、基于轻量化模型的装配过程可视化、基于 MBD 的数字化检测、基于 MBD 的数据集成管理、基于模型系统工程的数字孪生等是重要的支撑技术。此外，工业机器人离线编程和控制系统的开放性，包括支持标准三维数据格式、提供标准化的数据访问接口、与制造信息化系统互联等，也是支撑其广泛应用的重要技术。

9. 离线编程技术

航空航天复杂装备也在向小型化、轻量化和精密化方向发展，其零件复杂程度和装配精度要求高，装配难度大。采用工业机器人进行柔性自动化装配时，可以通过离线编程对装配顺序、装配路径、末端执行器选配等进行装配仿真、干涉检验及指令生成，以在航空航天零部件配合关系多样、尺寸链复杂的条件下，提高一次性装配成功率和装配质量。为此，面向航空航天复杂装备的柔性生产需要深入探索离线编程技术。

思考题

7-1 "机器人学三原则"由谁提出,具体内容如何表述?

7-2 试从工业机器人的角度,阐述机器人从第一代走向第三代的主要历程,以及每代机器人所具有的特征,并思考机器人更新换代的驱动力是什么。

7-3 工业机器人业界的"四大家族"是指哪几个品牌?调研各自的核心技术,探讨掌握这些核心技术的突破口。

7-4 机器人系统与数控机床、医疗CT等机电一体化系统有哪些异同?

7-5 机器人中常见的位置传感器有哪些?

7-6 机器人中常见的控制器有哪些类型?

7-7 试给出工业机器人在航空航天制造中的3~5种典型应用。

思政拓展:AI赋能的外骨骼机器人可以助力残障人士重新实现站立行走的梦想。目前我国已成为世界上第四个能自主研制外骨骼机器人的国家。扫描右侧二维码观看外骨骼机器人相关视频了解其精妙之处。

中国创造
外骨骼机器人

第 8 章 机械制造概论

> 【本章导读】
>
> 从本章起,本书进入机械工程科学的另一个主要的分支学科——机械制造学科。
>
> 首先,要关注机械设计及理论与机械制造两个学科之间的关系。其次,在为 2010 年我国制造业首次超过美国,成为全球制造业第一大国感到自豪的同时,我们更应该清醒了解我国机械制造的差距和不足,客观认识我国航空制造业军机、民机发展不平衡的特点和短板。消弥差距、克服不足、补齐短板是当代工程师的使命和担当。

8.1 概述

1. 制造业

制造业是指机械工业时代针对制造资源(物料、能源、设备、工具、资金、技术、信息和人力等),按照市场要求,通过制造过程,转化为可供社会利用和消费的大型工具、工业品与生活消费产品的行业。

制造业是一个国家的经济主体,是立国之本、兴国之器、强国之基。制造业直接体现了一个国家的生产力水平,是区别发展中国家和发达国家的重要标志,在国民经济中占有重要份额。

2. 制造业的范畴

(1) 制造业的三大类别　我国的制造业涉及三十余个行业门类,通常归纳为三大类别,如图 8.1 所示。

第一类是轻纺工业,包括食品、饮料、烟草加工、服装、纺织、皮革、木材加工、家具、印刷等;第二类是资源加工工业,包括石油化工、化学纤维、

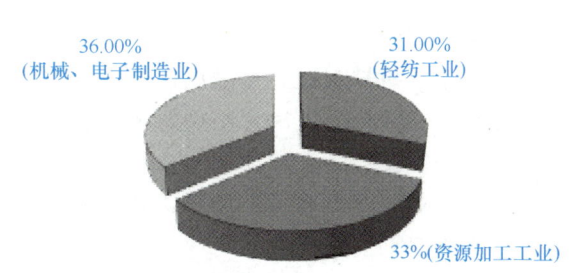

图 8.1　制造业的三大类别

医药制造业、橡胶、塑料、黑色金属等;第三类为机械、电子制造业,包括机床、专用设备、交通运输工具、机械设备、电子通信设备、仪器等。这三大类别在我国制造业中的比例分别约为 31.00%、33.00%、36.00%。

制造业具有狭义和广义两个角度的概念。从狭义看,制造业特指机械产品的制造;从广义看,制造业指运用机械制造基本原理实现包括机械、电子、纺织品、资源加工等各相关行业产品的制造活动。

根据在生产中使用的物质的形态，制造业又可划分为离散制造业和流程制造业。

观察制造业的全流程，它包括产品制造、设计、原料采购、设备组装、仓储运输、订单处理、批发经营和零售等环节。

（2）全球制造的新业态 20 世纪 70 年代以来，随着企业经营的网络化和虚拟化，生产活动开始脱离原来全流程的轨道，专业化趋势越来越明显。地区、国家之间形成所谓 OEM、ODM 和 OBM 三种在价值链上不同类型分工的业态（图 8.2），其成因在于追求社会资源的合理配置，快速反应客户需求，提高物流便利性，降低制造成本等。

1）**原始设备生产商（OEM）**：是指被委托厂商按上游厂商的需求与授权，依特定条件从事生产制造，依照上游厂商的要求开展所有制造加工活动，也简称为"代工生产""定牌生产"或"贴牌生产"。现在，大品牌厂商通常都有 OEM，即产品并非原品牌厂商生产，而是与某加工厂商合作生产，产品贴自家品牌，相对于以品牌价值来销售的产品，OEM 产品普遍位于一线品牌的低端位置。上游厂商（品牌单位）只需支付材料成本费和加工费，不承担设备折旧和自建工厂的负担，可随时根据市场变化按需下单。

2）**原始设计制造商（ODM）**：它为客户提供从产品研发、设计制造到后期维护的全部服务，客户只需向 ODM 提出产品的功能、性能需求，甚至只需提供产品的构思，而由后者负责将产品从设想变为现实，客户销售时贴上自家的品牌。其突出优点是客户能大大节省自己研发产品的时间。

3）**原始品牌制造商（OBM）**：即代工厂升级为经营自有品牌，或者说生产商自行创立产品品牌，生产、销售拥有自主品牌的产品。不过，为了按此模式运营，代工厂要有完善的营销网络，花费的财力和物力显然远比 OEM 和 ODM 高。

图 8.2 全球制造业价值链分工的新业态

3. 机械制造业

如前所述，机械制造业是隶属制造业的一个分支。机械制造业指从事各种动力机械、起重运输机械、农业机械、冶金矿山机械、化工机械、纺织机械、机床、工具、仪器、仪表及其他机械设备等生产制造的行业。

机械制造业为整个国民经济提供技术装备，其发展水平是国家工业化程度的主要标志之一，是国家重要的支柱产业。

（1）机械制造的生产过程

1）机械产品的生产过程。产品生产是指在把原材料变为成品的全过程，一般包括以下几个方面。

① 生产与技术的准备，如工艺设计和专用工艺装备的设计和制造、生产计划的编制、生产资料的准备等。

② 毛坯的制造，如铸造、锻造、冲压等。

③ 零件的加工，如切削加工、热处理、表面处理等。

④ 产品的装配，如总装、调试、检验和涂装等。

⑤ 生产的服务，如原材料、外购件和工具的供应、运输、保管等。

2）机械制造生产过程的重点活动。机械制造生产过程重点着落在以下几个环节。

① **机械制造产品设计**。产品设计是产品开发的核心，产品设计必须保证技术上的先进性与经济上的合理性等。产品设计一般有三种形式，即创新设计、改进设计和变形设计。创新设计（开发性设计）是按用户的使用要求进行的全新设计；改进设计（适应性设计）是根据用户的使用要求，对企业原有产品进行改进或改型设计，即只对部分结构或零件进行重新设计；变形设计（参数设计）是仅改进产品的部分结构尺寸，以形成系列产品的设计。产品设计的基本内容包括编制设计任务书、方案设计、技术设计和图样设计。

② **机械制造工艺设计**。工艺设计的基本任务是保证生产出的产品能够符合设计要求，为此必须制订优质、高产、低耗的产品制造工艺规程，制订产品试制和生产流程所涉及的全部工艺文件，包括分析和审核工艺、拟定加工方案、编制工艺规程，也包括工艺装备的设计和制造等。

③ **机械制造零件加工**。零件加工包括准备生产坯料，对坯料进行各种机械加工、特种加工和热处理等，使之成为合格零件。只有根据零件的材料、结构、形状、尺寸、使用性能等选用适当的加工方法，才能保证产品的质量，生产出合格的零件。

通常坯料生产方式有铸造、锻造、焊接等；常用的机械加工方法有钳工加工、车削加工、钻削加工、刨削加工、铣削加工、镗削加工、磨削加工、数控机床加工、拉削加工、研磨加工、珩磨加工等；常用的热处理方法有正火、退火、回火、时效、调质、淬火等；特种加工有电火花成形加工、电火花线切割加工、电解加工、激光加工、超声波加工等。少数零件加工采用精密铸造、精密锻造、增材制造等无屑加工方法。

④ **机械制造检验**。检验是借助测量器具对原材料、坯料、零件、成品等进行尺寸精度、形状精度、位置精度的检测，也包括利用目视检验、无损检测、力学性能试验及金相检验等方法对产品质量进行鉴定。

⑤ **机械制造装配调试**。任何机械产品都由若干个零件、组件和部件组成。根据规定的技术要求，将零件和部件进行必要的配合及连接，使之成为半成品或成品的工艺过程称为装配。将零件、组件装配成部件的过程称为部件装配；将零件、组件和部件装配成最终产品的过程称为总装配。装配是机械制造过程中的最后一个生产阶段，它还包括调整、试验、检验、涂装和包装等工作。常见的装配工作内容包括清洗、连接、校正与配作、平衡、验收、试验。

⑥ **入库**。将成品、半成品及各种物料纳入仓库保管称为入库。入库时应进行入库检验，填好检验记录及有关原始记录；对量具、仪器及各种工具做好保养、收存、检定工作；有关技术标准、图样、档案等资料要妥善建档、保管；保持工作地点及室内外整洁，注意防火防湿，做好安全工作。

(2) 机械制造的生产类型 企业（或车间、工段、班组）生产专业化程度的分类称为生产类型。生产类型一般可分为单件生产、成批生产、大量生产三种。

1）**单件生产**：基本特点是产品种类多，而每种产品的数量少，罕见重复生产的现象，如重型机械产品制造和新产品试制等。

2）**成批生产**：基本特点是分批生产同样产品，生产呈周期性的重复，如机床制造、电机制造等。成批生产又可按批量大小分为小批生产、中批生产、大批生产三种类型。小批生产和大批生产的工艺特点分别与单件生产和大量生产的工艺特点类似；中批生产的工艺特点介于两者之间。

3）**大量生产**：基本特点是产量大、品种少、大量、长期、重复地进行某个零件的某一道工序的加工。例如，汽车、拖拉机、轴承等零部件生产、标准件制造都属于大量生产。

4. 高端装备制造业

高端装备制造业主要涉及航空航天装备、卫星、轨道交通设备、海洋工程装备和智能装备制造五个细分领域。

5. 机械工程学科与机械制造业

从学科的角度划分，机械制造属于机械工程科学的一个分支学科，专门研究各种机械制造过程和方法。机械制造学科是一门有着悠久历史的学科，是国家建设和社会发展的支柱学科之一。

从行业领域划分，机械制造业是现代工业的主体行业，它为国民经济各产业部门和国防建设提供技术装备。它以加工设备（机器）为主要手段，将金属或非金属原材料加工成机械零件及设备。

（1）**机械工程学科的技术构成** 图 8.3 所示为机械设计及理论与机械制造及自动化之间的关系。

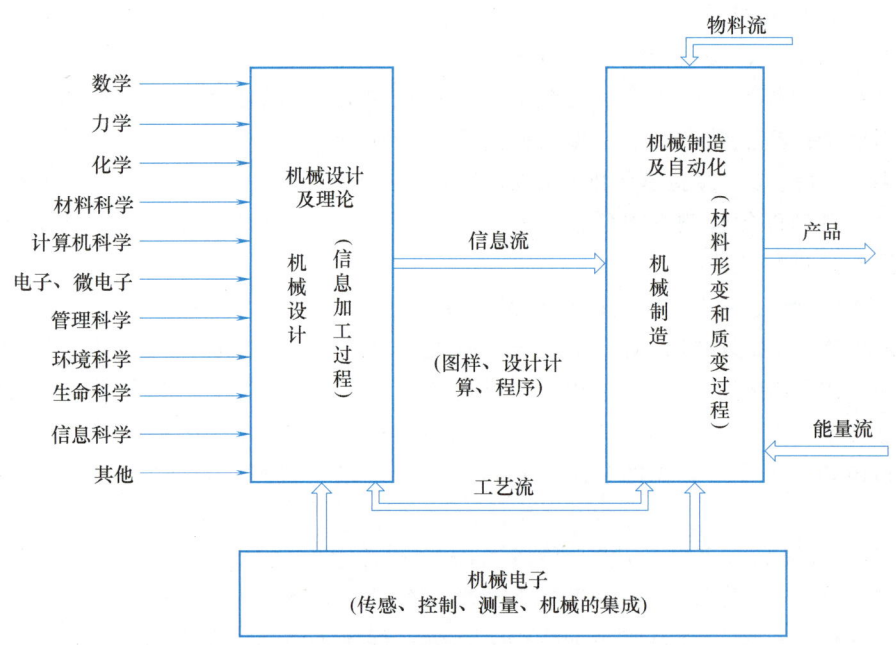

图 8.3 机械设计及理论与机械制造及自动化之间的关系

由图 8.3 可知，机械设计及理论的任务是将各相关学科的知识、信息注入对象的设计中，对机械设备的功能进行定量描述、综合平衡，并控制其性能。这个过程所输出的指令和信息主要体现在各种图样、设计计算、程序上。

机械制造及自动化是依据前阶段的机械设计结果，以及体现在图样、设计计算、程序等上面的指令和信息，借助各种合理的工艺和制造手段，使物料产生形变或质变，加工出合格的零件，再组装调试成满足技术要求的产品。

对产品来说,"设计-制造"虽是两个环节,但又是不可分割的统一体。每个环节的重要性在伯仲之间。不过,设计更多的是创新,是引领性的阶段;而制造体现创新的实现,是抓质量和性能的落实阶段,一个制造强国的实力主要体现在创新性设计阶段。

(2) 机械制造过程的简化模型 图 8.4 为机械制造过程的简化模型。与机械设计相比,制造的核心活动是对物料进行加工,这势必要求更深度、更复杂地涉及企业管理和生产流程管控,如加工工艺、物流与物料的搬运、刀具/工具/工装夹具的准备、标准件/外购件的置办、生产过程的监控和质量管理、产品包装和出入库台账登记,直至废料的处置等。对于一个现代化企业来说,上述管理和管控离不开信息管理系统,如企业资源计划(ERP)系统。

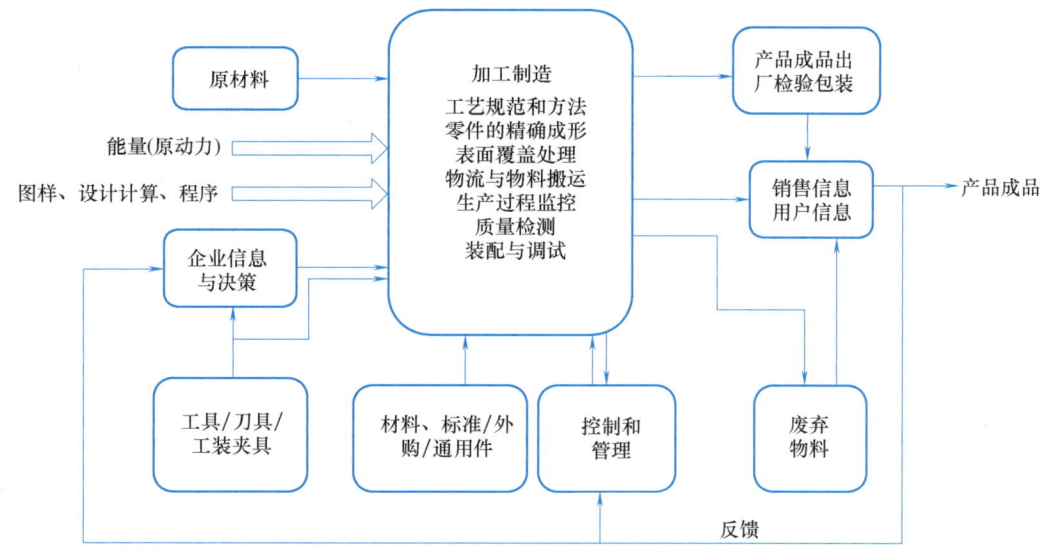

图 8.4 机械制造过程的简化模型

ERP 系统是建立在信息技术基础上,从系统的高度来管理企业及员工,提供决策运行手段的一种管理平台,它可以提供跨地区、跨部门的实时信息,甚至将企业内部资源和企业相关外部资源整合,是将物资资源管理(物流)、人力资源管理(人流)、财务资源管理(财流)、信息资源管理(信息流)集成为一体的一种企业管理软件。它包含客户/服务架构,使用图形化用户接口,应用开放系统制作。通过软件把企业的人、财、物、产、供销及相应的物流、信息流、资金流、管理流、增值流等紧密地集成起来实现资源优化和共享。

图 8.5 给出了一个反映汽车制造过程部分环节的示意图。汽车零件加工制造的前端是毛坯的制备。按照制备工艺,可分为压力加工、铸造(熔化、造型、浇注)锻造、焊接等不同流程。接下来,在零件的机械加工阶段,根据零件的具体情况,以及粗加工、精加工的要求,选择不同机床(车床、铣床、刨床、钻床等)来完成。汽车生产批量大,工艺成熟,在流水线或自动生产线上制备毛坯、焊接白车身、加工零件,进行涂装、热处理、内装修作业,完成变速器、发动机、驱动桥、底盘、轮胎等部件的装配,最后进行整机试验。可以看出,现代机械制造企业的生产组织管理是一个庞大而复杂的系统工程。

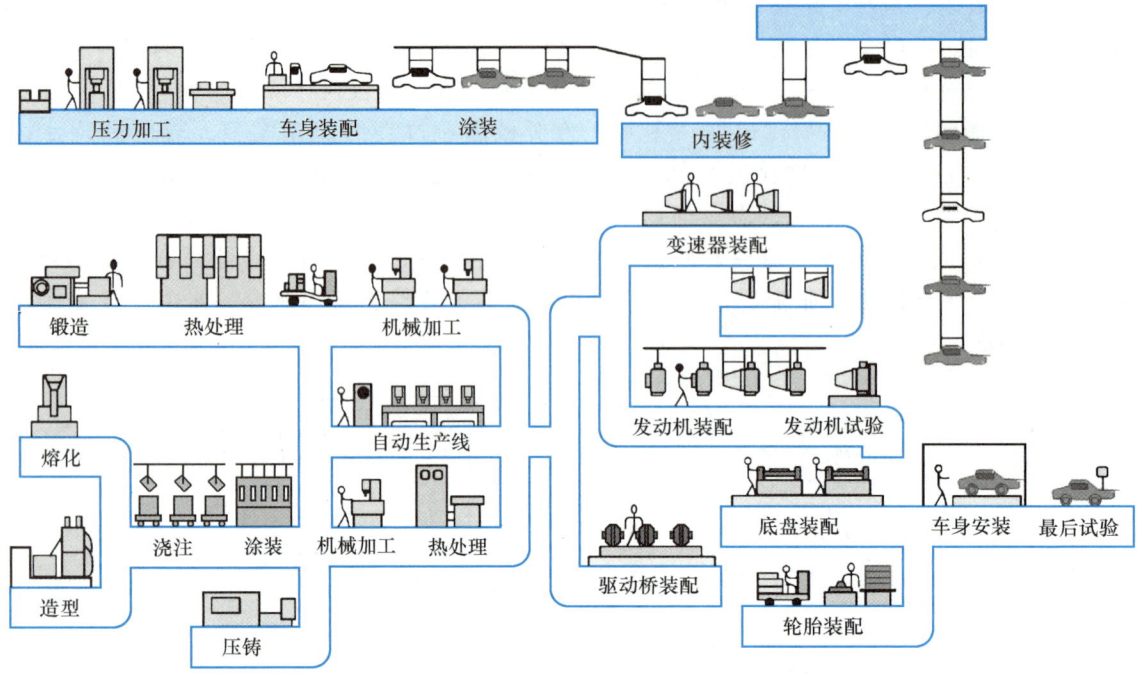

图 8.5　汽车生产过程部分环节示意图

8.2　机械制造业在国民经济中的重要地位

现代社会有四大支柱学科——制造科学、信息科学、材料科学、生物科学。四大支柱科学相互依存，但后三种科学必须依靠制造科学才能形成强大的产业，创造社会物质财富。

制造科学与我国国民经济的十大支柱产业（有色金属产业、汽车产业、钢铁产业、装备制造业、电子信息产业、纺织业、船舶制造业、石油化工业、房地产业、轻工业）的发展都息息相关。

机械制造业的重要性主要体现在以下四个方面。

1）机械制造业是国家和民族强盛的工业基础。18 世纪中叶开启工业文明以来，世界强国的兴衰史和中华民族的发展史证明，没有强大的机械制造业就没有国家和民族的强盛。打造具有国际竞争力的机械制造业，是我国提升综合国力、保障国家安全、建设世界强国的必由之路。

2）机械制造业是国民经济的基础产业。机械制造业的兴衰直接影响到国民经济各部门的发展，也影响到国计民生和国防力量。所以各国都把机械制造业的发展放在重要位置，争相把高新技术注入机械产品，争夺制高点。

3）机械制造业为国民经济其他行业的发展提供装备。在国民经济生产力的构成中，制造技术的作用占 60% 以上。制造科学的发展也必须加强与信息科学、材料科学和生物科学的交叉融合才能如虎添翼。在机械制造业的国际竞争中，最初，美国走数控加计算机群控的路线，实现了中、小批量生产的自动化，占到先机。但 20 世纪 80 年代，德国和日本后来居上。实践证明，德国和日本所倡导的在中、小批量生产中通过成组技术（GT）实现生产系统柔性化和自动化更符合现代生产组织管理系统。

4) **机械制造业体现了国家的综合实力和国际竞争力**。在经济全球化大潮中，制造业的水平左右着一个国家的国际竞争力和在国际产业链中的地位，也就决定了这个国家的经济地位。世界上最大的100家跨国公司中，有80%集中在制造业领域。

简言之，国家要发展、要强盛，就需要强大的国民生产力，而这一切离不开机械制造业。进入21世纪，敏捷制造成为机械制造企业新的发展战略。从柔性制造向敏捷制造转化，可以把国际市场的宏观需求与公司的具体生产活动密切结合起来，形成对市场的快速反应。

8.3 先进制造技术

8.3.1 制造业新动向

当今全球制造企业竞争十分激烈。要赢得竞争，企业就应以市场和用户为中心，快速响应市场和用户需求，以最短的产品开发时间（Time）、最优的产品质量（Quality）、最低的成本（Cost）和价格以及最佳的服务（Service），即所谓的"TQCS"四要素去赢得用户和市场。20世纪70年代以后，制造业更加重视产品制造成本控制；20世纪80年代，产品质量成为制造商的主要追求目标。21世纪是技术创新的时代，创新将是市场竞争的基调，即以高新技术、新产品开拓市场，对市场做出快速响应，缩短交货期。此时，TQCS中的质量已不再是竞争最关键的因素了。面临不可预测和不断变化的市场，向用户提供个性化需求的产品成为新的竞争焦点，于是敏捷制造、智能制造、虚拟制造等新概念、新生产组织方式、新生产模式相继出现。企业的柔性和快速响应市场的能力成为市场竞争能力的主要标志之一。

虚拟制造技术是一种新的人机界面形式，它利用计算机技术、强大的软硬件功能和多种交互设备，在计算机工作平台上搭建一个虚拟环境。应用人类的知识、技术与感知能力，与虚拟世界中的对象进行交互，对所要进行的产品设计和生产制造活动进行全面的建模和仿真（包括产品设计、加工装配、物流、生产计划、组织管理等）。这样，在产品试制出来前就可以模拟产品的设计开发和制造的全过程，甚至对性能进行全面模拟试验，预测产品设计和制造的合理性、性能和制造周期等，使生产管理达到最优化，缩短产品开发生产周期，降低成本，改善质量，增强企业的市场竞争力。

8.3.2 先进制造技术

世界进入信息化时代后，发达国家仍然高度重视制造业，尤其是信息与制造业的融合。1993年，美国政府根据本国制造业面临的挑战和机遇，为增强制造业的竞争力、促进国家经济增长，批准由联邦科学、工程与技术协调委员会（FCCSET）主持实施**先进制造技术**（Advanced Manufacturing Technology，AMT）计划。此后，欧洲各国，日本和韩国等也相继跟进，做出响应。

先进制造技术反映微电子技术、自动化技术、信息技术等先进技术与传统制造技术融合所带来的深刻变化。可以说，先进制造技术就是集机械工程技术、电子技术、自动化技术、信息技术等为一体而衍生的技术、设备和系统的总称。

可以用八个关键字——数、精、极、自、集、网、智、绿来描述先进制造技术的内涵。

1) **"数"是核心**。"数"是指制造领域的数字化。制造的设计、控制、管理环节均以数字为信息传递媒介。

2) **"精"是关键**。"精"是指高精度产品。产品的精度已经从20世纪初的10μm进入当今的纳米时代,即0.001μm。典型的产品是微电子芯片,其制造特点有所谓的"三超"——超净、超纯、超精。超净是指无尘加工车间尘埃的颗粒直径<1μm,颗粒数<0.1个/ft³,1ft³=0.0283168m³;超纯是指芯片材料有害杂质的含量<1/1010;超精是指产品的精度为纳米级。

3) **"极"是焦点**。"极"指极端条件。特殊产品必须在高温、高压、高湿、强冲击、强磁场、强腐蚀等极苛刻条件下工作,或者产品具有高硬度、大弹性,抑或极大、极小、极厚、极薄、奇形怪状。微机电系统就是一例。

4) **"自"是条件**。"自"就是自动化。第一次工业革命以机械化减轻、延伸或取代人的体力劳动;第二次工业革命以电气化促进了自动化的深入发展。从19世纪70年代到20世纪80年代,加工效率提高了20倍。但尚限于解放体力劳动的范畴。今后制造将依托信息化、计算机化与网络化实现脑力劳动的解放。

5) **"集"是方法**。"集"即集成化,具有多层含义:①现代技术的集成,机电一体化系统便是典型实例;②加工技术的集成,特种加工技术及其装备,如激光加工、高能束加工、电加工等是典型实例;③企业的集成,包括企业内部和外部在信息、功能、过程的集成。

6) **"网"是道路**。"网"就是网络化。这是制造技术向先进制造技术发展的必由之路。可以预期,5G的应用普及将大大加快网络化的进程。

7) **"智"是前景**。"智"就是智能化。近20年来,制造系统正在由原先的能量驱动型向信息驱动型转变。智能制造系统的特点是人机一体、自律性、自组织与超柔性、学习能力与自我维护能力;未来甚至预期具有类人的高级思维能力。**智能制造**(Intelligent Manufacturing)就是集自动化、集成化和智能化于一身的一种制造模式。

8) **"绿"是必然**。"绿"即"绿色"制造。产品从构思、设计、制造、销售、使用、维修、回收等的全生命周期各阶段,都顾及环境保护与改善。绿色制造产品必须与工作和生活环境是和谐的,给人以精神享受,体现物质文明与精神文明的高度交融。

归纳起来,先进制造模式给传统制造业带来了以下三大方面的变化。

1. 制造过程的变化

综合机械、电子、信息、材料及能源技术的成果,产生了以数字量和字符为加工指令的数控(NC)加工技术,利用电、磁、声、光、化学能量或多种能量的组合开发出了材料去除、变形、改性等非传统加工方法(特种加工),依托软件完成产品建模、解算、分析、虚拟设计、虚拟加工、数控编程等加工技术,形成计算机辅助设计/制造(CAD/CAM)方法。这些方法和工具给传统制造过程带来巨大变革。

2. 向现代企业管理技术的演进

机器人技术、成组技术(GT)、柔性制造系统(FMS)均以计算机为中心,改变了传统的加工、物料装卸、储运、监测、检验等方式,在生产管理组织模式上实现了高度自动化和柔性化,提高了设备利用率,缩短了生产周期,降低了产品成本,压缩了库存,减少了流动资金，取得了更高的综合经济效益。

3. 制造系统全过程管理技术的提升

并行工程（CE）、虚拟制造（VM）、计算机集成制造系统（CIMS）等制造业综合自动化、过程综合自动化技术应用于制造全过程，借助网络及数据库，将分散系统有机地集成起来，形成完整的制造自动化系统、质量保证体系和支撑系统，完成从原材料采购到产品销售等一系列生产过程的高效益、高柔性的先进制造与管理系统，取得降低设计和生产成本、缩短产品开发周期、增强产品竞争力的效果。

综上可知，先进制造技术是一门综合性、交叉性的前沿学科和技术，学科跨度大，内容广泛，涵盖制造业生产与技术、经营管理、设计、制造、市场等各个方面。先进制造模式就是在传统制造模式的基础上，融合计算机技术、网络技术、控制技术、传感技术与机、光、电一体化技术等方面的新进展所衍生出来的、新的制造模式。

当代机械工程师必须关注和切实掌握先进制造技术。

8.3.3 案例：飞机制造模式的演进

随着世界政治经济格局的巨大变化，科技和制造业迅速发展，全球航空航天工业整体发生了革命性的变革。航空航天制造一直与全球的工业进步息息相关，始终引领制造业的潮头。飞机设计与制造经历了三个演进阶段，它们可以由年代来大致划分。

1. 起步阶段（1950年前）

这一阶段的主要生产模式是以产定销、大批量生产。

20世纪50年代前，全球经历了两次世界大战。战争破坏力巨大，但对于飞机制造业，特别是战斗机制造业的起步获得了空前的机遇。第一次世界大战推动了飞机制造业的第一次爆发式增长。全世界飞机制造相关企业数激增至约200家，航空发动机厂80家，战争期间生产的飞机和发动机数量分别达到20多万架和23万多台。欧洲领先于美国，第一次世界大战中的优秀作战飞机多是欧洲企业的产品。

飞机制造业在第二次世界大战中再次获益。此期间，各国飞机（战斗机为主）生产总量大约是80万架，其中，美国29万架、苏联14万架、德国15万架、英国12万架、日本7万架、意大利1万多架、法国0.5万架。

图8.6显示，航空航天工业起步期的特点是战争需求牵引战斗机生产，而且飞机性能既简单又明确，因此制造飞机的模式基本上沿用传统的批量生产格局，即以产定销、先产后销。实际上，设计制造商与客户的关系呈现松耦合的状态，联系并非十分密切。制造端习惯于少机型、大批量生产方式，战斗力强的机型就大干快上；需求端（军方）的选择余地不大，往往照单全收。典型的例子是1940年，美国政府签发给福特汽车公司生产1200架B24轰炸机的生产指令，福特汽车公司的工程师驾轻就熟，照搬了汽车生产流水线模式，建成了长1mile（1mile=1609.344m）的L形装配线，设有28个站位，每小时出产1架飞机，至第二次世界大战结束，共装配8600架B24，这是美国历史上产量最多的款式。

以产定销、大批量生产模式之所以在航空航天工业起步阶段大行其道，是由战争大量消耗飞机的现实情况所决定。另外，当时的飞机相对简单，在战争条件下较少有客户提出个性化要求。

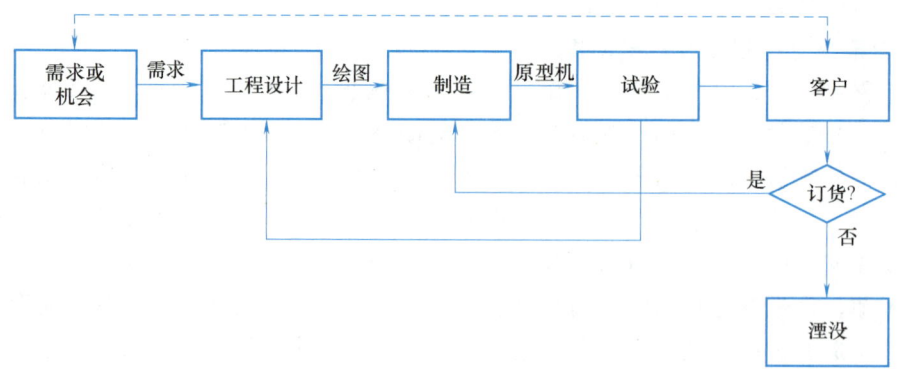

图 8.6　飞机设计制造的以产定销、大批量生产模式

2. 成熟阶段（1955—1985 年）

这一阶段生产模式的特点表现在两方面：在营销方面，用户与制造商结合；在生产方面，实施设计与制造管理的规范化和标准化。

从 20 世纪 50 年代始，美、苏两国军备竞赛成为世界航空航天工业发展的总基调。这使得军用飞机制造业在第二次世界大战后得以延续，军机市场高速、稳定增长，实现了四次更新换代。

在民用飞机领域，数十年相对稳定的经济环境推动民用航空运输市场一路高歌猛进，空前繁荣。美国取得在喷气干线客机领域的绝对领先地位。1970 年底，空客推出一系列先进客机产品，成为与波音公司比肩的全球干线客机两大巨头之一。半个世纪来，欧洲航空制造业实现了高度整合和融合，建立了分工合理的产业集群和产业链。

目前，全球航空航天工业已然进入成熟期。该阶段的特点是用户、市场、制造三位一体的联系日益密切，市场稳定，产业链高度融合，不断推进设计和制造的规范化和标准化，飞机生产的组织和管理也愈加科学合理，制造向规模化和行业细化演进（图 8.7）。

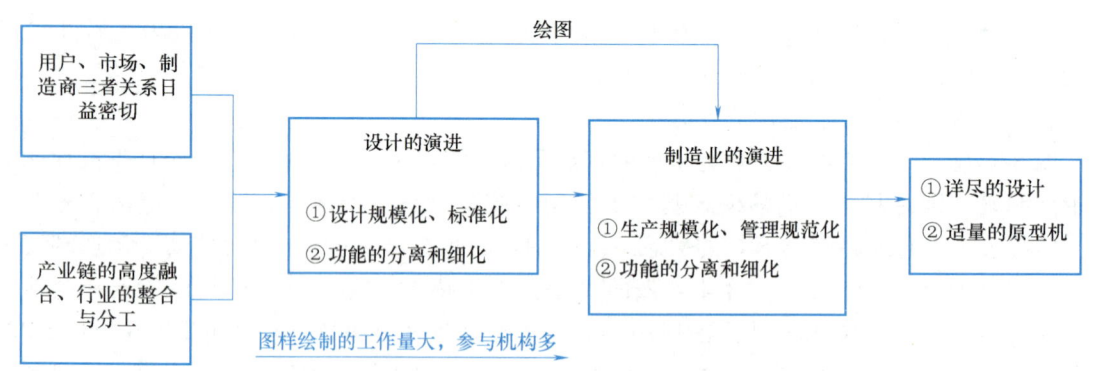

图 8.7　飞机设计制造的成熟阶段

3. 现代模式（1990 年至今）

大批量定制生产是这一阶段的主要生产模式，其成因是飞机生产向客户定制+无纸化+扁平化管理发展的结果。

随着生活水平的提高，社会和用户追求个性化产品和服务的需求日隆，结果使得大批量生产模式逐渐陷入窘境，大规模定制生产模式应运而生，成为现代飞机生产模式的主流。

大规模定制生产模式的核心思想是以可接受的交货时间和价格为客户提供定制（或个性化）产品，从而赢得客户，增强企业竞争力。简言之，这是一种按订单制造的"客户需求拉动模式"，最终以大批量生产的效率为个性化的客户提供定制产品。图 8.8 表明，在大规模定制生产模式中，客户在信息流和各种生产活动中明显处于汇聚节点的核心地位。用户定制生产已经成为现代制造业的主流模式，摆脱了传统模式的束缚。

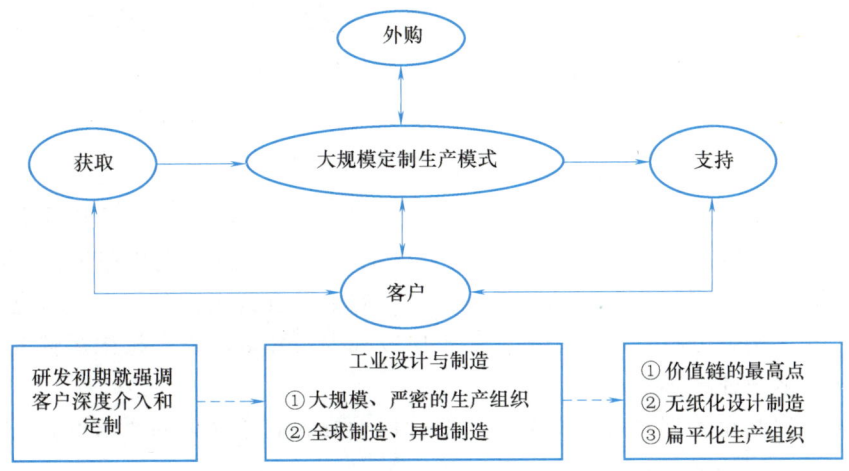

图 8.8　飞机设计制造的现代模式

从另一个角度看，也可以说是产业成熟度催生了生产模式的创新和演进。现代飞机生产技术复杂，涉及工种协同、人员调配、物料调运等内容，具有技术文件繁复、总装工具和工装型架多样等特点，因此生产组织管理相当复杂。加上社会和经济形势的不稳定性，无论民机还是军机，都呈现需求多变、构型多样、同质机型产量少的特点，于是现代航空航天工业不得不挣脱大批量模式的约束，转向大规模、定制化生产模式。同样地，这种趋势在汽车、家电、船舶、机床等产业也有显现。

大规模定制生产模式有三个基本要素——时间、成本和多样性，快速、准确地对客户的个性化需求做出反应是实现大规模定制的首要条件，合理的生产成本和多样化的产品则是赢得客户的必备条件。其中，最值得关注的要素是多样性，即从传统单一产品、大批量生产模式转变为多变量产品族的设计与生产模式。

我国首款自主研制的大型喷气客机 C919 和大型军用运输机运 20 是飞机设计制造现代模式的典型实例。据报道，截至 2022 年底，C919 已获 32 家客户的 1035 架订单，达到了可观的定制化生产规模。斩获这样多的订单得益于研发立项阶段开发商和客户之间所开展的充分和深入的沟通，悉心照顾到客户的多样化、个性化需求。而且为了及时向客户交付产品，供应商一端必须具有并行、快速、协同设计和制造的能力。计算机网络和现代管理技术是大规模定制的技术支撑。而在产品设计和生产环节，产品构件的模块化是关键技术之一。

现代制造模式催生了飞机设计制造管理模式从金字塔型向扁平型变革（图 8.9）。

在互联网和计算机异地联网普及前，信息传递只能通过电话、传真、信函等点对点的方式，这时，金字塔型层级式管理架构与集权管理体制相适应，有利于信息的传达和执行。互联网出现后，信息通过计算机实现异地联网交流，现代网络技术和功能强大的营销管理软件

a) 金字塔型管理架构　　　　b) 扁平型管理架构

图 8.9　现代制造模式的变革

能将众多经销商反馈的大量信息迅速汇集和快速处理，并能通过互联网渠道将企业的信息"集群式"（即一对多）回传给经销商，极大地推动了管理向扁平化趋势发展。扁平型管理架构不依赖扩张层级达到强化管理的效果，而是一靠渠道直营化，二靠渠道短宽化，将金字塔压缩成扁平状，契合分权管理的趋势。由于层级减少，冗员压缩，机构运转效率提速，企业对市场变化的响应速度加快。

相对而言，扁平化管理对每一个节点上的管理人员的业务水平的要求更高。

8.4　我国机械制造业的现状

近 30 年来，我国制造业突飞猛进，无论制造业的总量还是水平都有显著提高，在产品研发、技术装备和加工能力多维度上都取得了长足的进步。虽然目前我国制造业的规模全球首屈一指，但冷静客观地分析和研究后认为，我国的机械制造业比欧美发达国家仍存在一定程度的落后。因此，放在全球的参照系中简要地评估我国机械制造的现状，可以归纳为八个字："发展迅速，相对落后"。

1. 发展迅速

（1）我国制造业地位大幅提升，2010 年成为世界制造业第一大国　1850 年前后我国失去了世界制造业第一大国的位次。新中国成立后，经过 70 多年的发展和积淀，我国已形成了独立完整的现代工业体系，拥有 41 个工业大类、207 个工业中类、666 个工业小类，是全世界唯一拥有联合国产业分类中全部工业门类的国家。

我国制造业的特点是门类全、规模大、出口优势突出，已经形成相当完备的制造能力，包括能源设备制造、交通运输设备制造、铁路机车制造、船舶制造、民用飞机制造、重型机械和煤机制造、机床工具制造、纺织/轻工/食品/包装机械制造、农业制造、仪器仪表制造。我国制造业地位大幅提升的标志主要有以下几点。

1）1978—2018 年，我国工业增加值增长 58.4 倍，年均增长 10.7%。按照汇率法计算，我国 GDP 尚不及美国，到 2030 年有望超过对方；若按照购买力平价法（PPP）计算，我国实际上已超过美国。

2）中国制造业的国际影响力也发生历史性变化，2004 年超过德国，2006 年超过日本，2010 年我国制造业增加值首次超过美国（美元计算），成为全球制造业第一大国，自此以后连续多年居世界第一。2018 年，我国制造业增加值占全世界份额 28% 以上。在世界 500 多种主要工业产品中，我国有 220 多种工业产品产量居全球第一。2021 年，我国制造业产值分别是美国的 190%、日本的 500%、德国的 628%、韩国的 1066%，我国 GDP 在全球制造业的占比份额达到 30%，成为驱动全球工业增长的重要引擎。其中，增长最快的领域是工业机器人、无人机、新能源汽车、城市轨道交通车辆、锂离子电池、太阳能电池等。

1990 年，美国五十一个州中曾有三十余个州制造业的就业人数高居榜首；2015 年仅剩下不到十个州，反倒是卫生保健和社会救助业的从业人员大幅增加，后来居上，出现所谓的"工业空心化"。工业空心化指以制造业为中心的物质生产和资本大量地、迅速地转移到国外，使物质生产在国民经济中的地位明显下降，非物质生产的服务性产业部分的比例远远超过前者的比例，两者之间的比例关系失衡。但是，也要清醒地认识到，在高端制造业，美国仍位居世界领先水平。自从工业全球化分工以来，美国把中低端制造业产能向发展中国家转移，结果腾出更多的资源和精力发展高科技产业，很多核心技术仍然掌握在美国的手中。

3）我国工业国际竞争力不断增强，已成为世界第一大货物贸易出口国。从 1978 年到 2018 年，我国货物出口总额增长 979 倍，达到 18.4 万亿元。自 2009 年起，我国连续多年稳居全球货物贸易第一大出口国地位。

4）企业科技研发力量增强。2022 年，全国规模以上工业企业中有科技研发活动的企业超 30 万家，成果日丰。2024 年，我国申报的有效国内发明专利数达 475.6 万件，同时是第一大国际专利申请国。部分产品技术已经达到国际先进水平。

（2）产业链完整　产业链指各个产业部门之间基于一定的技术经济关联而客观形成的关联关系。

任何传统行业的产业链都包括七个环节，它们分别是产品设计、原料采购、加工制造、物料运输、订单处理、批发经营、终端零售。目前，我国是世界上唯一拥有联合国产业分类中全部工业门类的国家，这意味着在全球市场竞争中，我国的产业链具有坚实的根基和足够的战略纵深。

以图 8.10 所示的工业机器人产业链为例，目前，我国无论工业机器人的年产量，还是年销售量都稳居全球首位。工业机器人的产业链分上、中、下游三层。上游是核心零部件制造，有变频器、精密减速器、运动控制器、伺服电动机等，我国在关键零部件方面取得重大突破，产能与国外已经相当接近，不过在质量和盈利能力方面稍逊。中游是机器人本体制造，目前国产工业机器人龙头企业与全球顶级的工业机器人制造商，即 ABB、KUKA、安川、FANUC 四大家族相比，在产品性能、产能、销售、盈利能力、品牌知名度、国际化、企业文化等诸方面尚存一定差距，这是我国工业机器人产业的短板。产业链下游是系统集成应用，国内企业具有一定的比较优势。据统计，全国现有机器人应用系统集成商有 3000 余家，虽然大部分企业的规模有限，业务营收一般不超过数千万元，但经营状况还都不错。机器人下游用户，即所谓"机器换人"的领域很广，有汽车、电子电气、塑料橡胶、食品加工、医药、化工等，主要用于搬运、焊接、包装、码垛、切割、喷涂等。随着人工成本逐渐上升、工业自动化水平不断提高，机器人系统集成的应用领域将逐步扩大，用途逐渐增多。

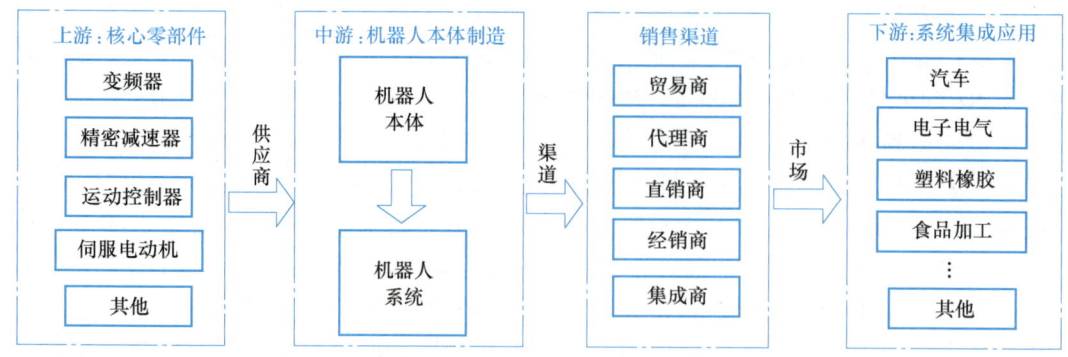

图 8.10 工业机器人的产业链

客观讲，从产业链上、中、下游的附加值分布来考察，与其他大而不强的行业类似，我国工业机器人产业在价值链中尚基本处于附加值微笑曲线（图 8.11）的底端，附加值的获取能力较弱。不过，我国目前正在进行产业转型升级、培育新动能，我国产业价值链附加值在逐渐上移，正处于上升通道。

（3）**创新驱动发展**　我国制造业大致有四种技术创新模式，具体如下。

1）**从模仿式创新向全产业链自主创新转变**。在我国制造业发展的初、中期，模仿式创新盛行

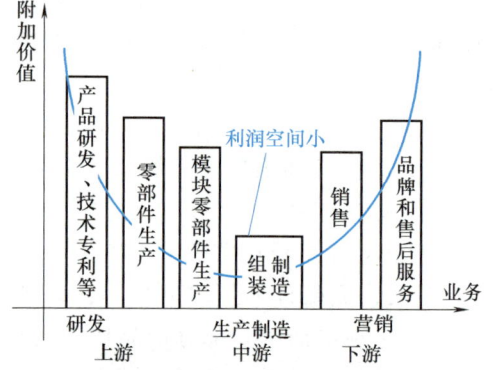

图 8.11 附加值微笑曲线

一时，"山寨版产品"充斥市场。随着市场竞争与国家政策出台，企业知识产权保护意识逐步提升，越来越多的企业开始注重自己的技术专利，涌现出了一大批拥有核心技术优势的企业。近年来，我国企业更加注重技术创新与知识产权保护，提升核心竞争力。伴随着科技进步，诞生了一大批拥有核心竞争力的高新技术企业。

我国高速铁路产业在发展初期，整体技术水平还较为落后。在这种情况下，高铁采取所谓"立体式创新体系"方式，开展引进技术消化吸收和再创新的活动，即以政府牵头，整合包括企业、科研机构、高校在内的资源，加强联合创新，结果在短时间内就集聚了技术优势，实现全产业链的自主创新，成为高铁许多相关技术领域的国际领跑者。

2）**引进消化吸收再自主创新**。在技术创新方面，我国由跟跑、并跑，到一些领域领跑的例子有很多，如"华龙一号"第三代核电站、5G 通信技术、民用无人机、超级计算机、桥梁建造技术、C919 大飞机、歼-20、大功率航天火箭、绕月工程、北斗导航系统等都是国人引以为傲的项目。

3）**引进后消化吸收不够，尚未掌握核心技术**。例如，轿车、大型冶金和乙烯成套设备等领域的发展与发达国家仍存在差距。

4）**主要依靠进口的产业短板**。我国芯片产业是突出的例子，存在明显短板，表现在以下几个方面。

① 我国芯片产业在全球市场上的影响力不大，尚不是领先的韩国和美国的对手。

② 我国芯片产业起步较晚，核心技术空白较多。国产芯片尚处于产业链的低端，质量、

标准、生产规模都有待提高。

③ 独立设计和生产能力有限，对外依赖度较高。

④ 认识存在一定的误区。由于我国芯片产业前期投入金额巨大，需要几代人持续努力，因此人们一度认为自己研发、生产划不来，靠全球采购就可以高枕无忧了。中兴、华为被美国用芯片卡脖子的事件给了国人深刻的教训，现在看来，芯片这类关键元器件必须实现国产化。

总之，我国在芯片设计、生产、封装等方面与发达国家相比，整体上仍存在着一定的代差。摆脱对国外芯片技术的高度依赖要有一个循序渐进的过程。我国的芯片制造业正在努力克服缺乏高端核心技术和人才不足两大困难，奋起直追。

2. 相对落后

（1）总体评估 我国的工业化进程要比发达国家晚许多年，美国、德国、日本、韩国分别在1955年、1965年、1972年、1995年实现了工业化，我国计划在2035年全面工业化。具体到制造业领域，我国尚处在全球制造业价值链的中低端，创新能力不够强、产业结构不完全合理、绿色低碳转型需加快、质量效益待提高、数字化智能化尚处于起步阶段。

我国制造业的主要问题是大而不强，效益不高，国际化经营能力不足。在航空工业、集成电路、高端数控机床、农业机械、高端医疗设备等领域与发达国家还有差距。根据《2024中国制造强国发展指数报告》，全球的制造业实力可以分为四个方阵，我国尚处于第三方阵（表8.1）。

表 8.1　七大制造强国发展综合指数排行榜

排阵	排名	国家
第一方阵	1	美国
第二方阵	2	德国
	3	日本
第三方阵	4	中国
	5	韩国
	6	法国
	7	英国

简言之，从制造实力的发展综合指数看，我国现在是工业大国，还不是工业强国；是制造大国，还不是制造强国。集中体现为以下五方面。

1）**部分核心技术和关键技术尚受制于人**。我国关键零部件、关键元器件的自给率目前仅为三分之一，最典型的如高端专用芯片，大部分仍依赖进口。

2）**科技成果转化率较低**。我国科技成果转化率只有发达国家的五成。根据2024年数据，我国科研投入总量位居世界第二位，超3.6万亿元，占GDP的2.68%（美国为3.39%，欧盟为2.11%，日本为3.2%），其中，基础研发的占比仅为6.9%（发达国家一般为15%~20%），但研发人员总数达940万，居世界第一位。我国规模以上工业企业研发费用占销售收入的比例平均为1.1%（发达国家平均为2%~3%），比国际同行低。

3）**绿色、低碳转型任重道远**。虽然经过努力，我国近年来单位GDP的能耗逐年下降，但仍是世界平均水平的1.4倍，发达国家的2.1倍。环境污染依然严重，工业是主要污染源之一。工业企业节能降耗、减排治污仍然任重道远。

4) **低端产品过剩、中高端产品不足**。2024年，美国以187席保持"世界品牌500强"榜单首位，我国仅50家品牌入围，列第3位。这与我国在产业规模上位列《财富》全球500强榜首的名次不匹配，反映出质量和品牌建设上的差距。

5) **效率待提升**。我国工业增加值率为22%~23%，发达国家为35%~40%。规模工业企业的利润率为8.49%，美国为8%。2024年，我国劳动生产率为17.4万元/人·年，仅为世界平均水平的50%左右。我国数字化、智能化刚刚起步，正在全力打造工业3.0，谋划工业4.0，工业布局的区域、行业、企业差别大，水平参差不齐，有的部门甚至还要补工业1.0、2.0的欠账。截至2025年3月，我国工业机器人的普及率是470台/万名制造业工人，位列全球第3，低于韩国和新加坡。

(2) 制造业相对落后的领域　我国优势的制造产业领域为网络通信设备、轨道交通装备、电力装备和核电装备、民用无人机、风力涡轮机、火电机组、海洋工程装备及高技术船舶等。短板领域涉及集成电路及专用设备、医疗器械、航空器、精密数控机床、仪器仪表、初级形状塑料制备、显示面板、计算机及其零部件、特殊钢材生产等。下面举部分领域加以说明。

1) **集成电路（IC）及专用设备**。集成电路是我国进口工业品的第一大项。集成电路被誉为"工业粮食"，应用领域涉及计算机、家用电器、数码电子、自动化、电气、通信、交通、医疗、航空航天等，几乎无处不在。2024年，我国集成电路产品的进口额为3856亿美元。

在半导体制造设备中，光刻机是核心设备。光刻是芯片制造工艺流程中最复杂、最关键的环节，具有耗时长（占整个生产流程一半）、成本高（占整个生产成本的三分之一）的特点，起决定性作用。全球光刻机设备生产高度集中在ASML公司（荷兰的费尔德霍芬市，1984年创建），其一家的光刻机产品占全球70%的市场份额（2018年出货224台），也代表了最高的技术水平。

2) **医疗器械**。2024年我国医疗器械类出口金额达487.5亿美元，进口额为125.21亿美元，尽管顺差较大，但是中高端医疗器械在进口额的占比甚高。进口额排名前三的分别为光学射线仪器、高端介入类材料、医用X射线诊断设备。我国虽有相同种类产品，但是在安全性和有效性上尚略逊一筹。这些中高端产品的技术门槛和附加值都较高，研发前期投入高，周期长。

达芬奇手术机器人即为一台高端医疗手术机器人，极其昂贵，第四代达芬奇手术机器人的进口售价约为350万美元/台（在美国本土为60万~250万美元）。目前我国国内进口了近百套，手术量已累计达到12万例，平均每场手术费用约为2万元以上。

达芬奇机器人手术系统是在麻省理工学院研发的原型机基础上形成的产品，由外科医生控制台、床旁机械臂系统、成像系统三大部分组成，如图8.12所示。主刀医生坐在位于手术室无菌区之外的控制台前，双手各操作一个主控制器，同时利用脚踏板一起控制器械动作和三维高清内窥镜的位置。在立体目镜中能够实时观察到手术器械前端与主刀医生双手的同步运动情况。床旁机械臂系统中的机器臂是核心操作部件。另有一名助理医生位于手术床旁的机械臂一侧，负责更换器械和内窥镜，协助主刀医生完成手术。为了确保患者安全，助理医生比主刀医生对床旁机械臂系统的动作掌握更高的控制优先权。成像系统是一台图像处理设备，内窥镜的分辨率和放大倍数很高，3D立体影像清晰，提升了手术精确度。

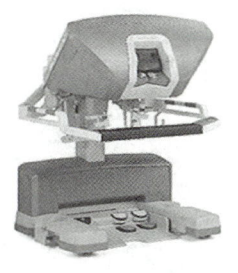
a) 外科医生控制台

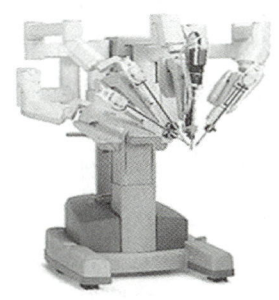
b) 床旁机械臂系统

c) 成像系统

图 8.12 达芬奇机器人手术系统

达芬奇机器人手术系统应用广泛，在普通外科、胸外科、泌尿外科、妇产科、头颈外科等手术中得心应手，能配合胸腔镜、腹腔镜、妇科腔镜等，实施复杂的外科手术，特别擅长微创治疗。

3）飞机和航空器。2024 年，我国飞机和航空器的进口额为 124 亿美元，而在世界民航业中相关产品出口却占比甚微，仅出口少量小型支线客机、无人机和教练机。航空发动机号称"工业时代皇冠上的明珠"，我国虽倾举国之力为之，但迄今仍与世界顶尖水平存在一定差距。中、美、俄顶级军用航空发动机的性能对比见表 8.2。航空发动机代表当今工业的最高制造水平，我国起步较晚，与美国的差距有 20 年以上，但是我国通过合理谋划战略，正在努力实现赶超。

表 8.2 中、美、俄顶级军用航空发动机的性能对比

国家	发动机型号	最大推力/t	推重比	配套飞机	生产商
美国	F-135 涡扇发动机	13（加力 19）	10.5	F-35	普拉特-惠特尼公司
	F-119-PW-100 涡扇发动机	15.6（加力 18）	11.7	F-22	
俄罗斯	AL-35FM 涡扇发动机	14.5	—	苏-35	礼炮联合体
	产品 30	18	—	苏-57	
	AL-41F 涡扇发动机	12（加力 18）	11.1	俄五代机	留里卡-土星公司
中国	WS-10B 涡扇发动机	14.2	9	歼-10	太行公司
	WS-10X 涡扇发动机	15.5	10	—	
	WS-15 涡扇发动机	15.5	10	歼-20	中航黎明

4）高端精密数控机床。2024 年我国机床行业的进、出口额分别为 58.59 亿、100.97 亿美元。短板在高端精密数控机床。机床是制造机器的母机，上游紧系钢铁、铸造、材料行业，下游与船舶、航空、风电、军工等息息相关。我国的外资机床企业不少，但很难从中得到核心技术。国产数控系统在实用性、兼容性、可靠性、稳定性等方面都与国际领先企业有一定差距。

8.5 本书机械制造部分的主要内容

图 8.13 列举了本书后半部分所涉及的机械制造的内容组成。

归纳起来，飞机结构与通用机械相比有一些不同，如外形和结构复杂、零件数量多、尺寸大、精度高、壁薄、刚度差等。因此，除了沿用传统通用机械制造加工技术之外，飞机和

航空器机械制造还有其鲜明的特点,主要列举如下。

1) **钣金成形加工比例大**。由金属板材构成的薄壳结构是现代飞机的主体。钣金零件构成飞机机体、机翼和气动外形。统计表明,钣金零件通常占飞机零件总数的 50% 以上,钣金工艺装备占全飞机制造工艺装备的 65%,而钣金制造工作量占全飞机制造工作量的 20%。鉴于飞机薄壁结构的特点和独特的生产方式,决定了飞机钣金制造不同于一般机械制造,出现了许多独有的钣金成形方法。钣金成形技术在飞机生产中占有十分重要的地位。

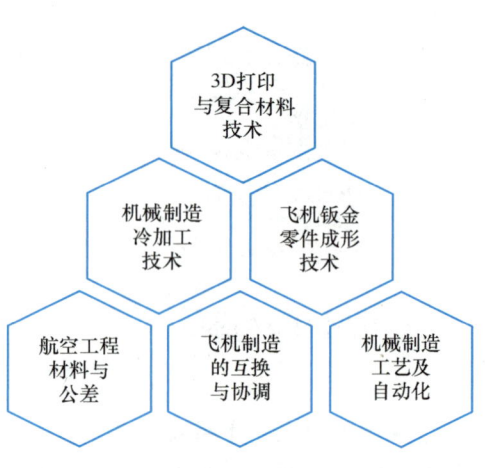

图 8.13 本书有关机械制造的内容组成

2) **切削加工和质量要求苛刻**。飞机发动机和结构件,如梁、框、肋、桁条主要采用切削加工来制造完成。零件类型复杂,尺度大,批量小;结构的整体化和薄壁化突出了大型或超大型零件中加工变形的矛盾;材料去除量一般都在 90% 以上;航空零件对安全性要求极高,对产品质量控制十分严格;高强度钛合金、复合材料等的应用对航空数控加工技术和工艺性提出了高要求;大型结构件毛料价值高,质量风险大。

3) **具有协调性的特殊要求**。与通用机械零件类似,飞机结构单元内部的零部件同样有公差与配合及互换性要求。鉴于飞机还有体量更大的结构单元——"段件",段件需要经过异地制造、分段制造的安排,再汇集起来装配。受尺寸大、刚性差、易变形特点的制约,仅靠传统互换性概念的约束进行加工制造已经无法满足对飞机气动外形的苛刻要求了,在飞机部装和总装中需要拓展一个更加适合飞机制造的新概念,即协调性。协调性指相互配合或对接的段件(结构单元)之间、段件(结构单元)与工艺装备之间、不同工艺装备之间配合尺寸和形状的一致性。协调性是飞机制造的特殊要求。

4) **航空复合材料加工**。经复合加工工艺处理后的材料,其强度、弹性、耐热性、耐蚀性等性能往往优于单一组分材料的性能,因此复合材料在飞机中的应用越来越广泛。例如,A380 中复合材料制造的零部件重量约占到全机重量的 25%,军机 F-22 中则约为 35%。航空复合材料对应着一套特殊的加工方法,如原丝制备、缠绕、铺放、缝合、固化成形等,不但工艺讲究,自动化工艺装备也很复杂、智能化程度高。

思考题

8-1 阐述机械设计与机械制造在学科方面的关系。

8-2 阐述制造业中 OEM、ODM、OBM 三种业态的区别。

8-3 查阅网络资料,归纳一下中、美、俄三国航空发动机制造业的水平。

8-4 简述无人机的分类。根据起飞重量、任务高度、活动半径按级别各举一个例子。

8-5 与传统通用机械制造加工技术比较,飞机和航天器机械制造有何鲜明的特点?

第 9 章　工程材料

> 【本章导读】
>
> 初涉机械的学生往往对材料关注甚少。须知材料产业是支撑我国经济发展和产业结构转型升级的基础性、先导性、战略性领域，是诸多战略新兴产业发展的基石。
>
> 本章重点讲述航空工业的常用材料，如铝合金、钛合金、高温合金材料、复合材料、隐身材料等。学习要掌握两个要点：第一，航空事故的机械故障与飞机结构零件的材料疲劳断裂有密切的关系；第二，得益于复合材料的优异性能和在减轻重量、简化装配方面的突出优点，复合材料在飞行器中的用量占比不断攀升。

航空**工程材料**（Engineering Material）是制造飞机，包括航空器、航空发动机附件、仪表和随机设备等所用材料的总称，通常包括金属材料（结构钢、不锈钢、高温合金、有色金属及合金等）、有机高分子材料（橡胶、塑料、透明材料、涂料等）以及复合材料等。

航空技术的发展一直是与工程材料的进步相伴前行的。例如，喷气式发动机催生了耐热合金，而钛合金的出现使飞机突破"热障"成为可能。现代飞机正朝超高速、巨型、隐身、智能的方向发展，对航空工程材料的要求也越来越高；同时，航空工程新材料、新工艺的不断涌现又为航空技术的进步提供了不竭的动力。

在经济性、工艺性、安全可靠性等方面，航空工程对材料性能的要求与一般机械工程材料是基本一致的，但也有一些明显的区别。由于航空工程的特殊条件，航空工程材料最突出的特点是重视材料的比强度，即强度高的同时密度低。材料的比强度高低不仅涉及飞机或发动机的能源消耗，还影响飞机的技术和战术性能。飞机和航空发动机设计时以克（g）为单位来考虑减重问题的。为了减轻重量，航空材料往往不计材料本身和工艺的成本，这一点对通用机械行业来说并非合理。

航空构件的使用寿命，特别是疲劳寿命尤其重要，本章将针对金属材料疲劳断裂做专门简要讨论。

9.1　航空工程材料的分类

一辆轿车通常有 1 万~3 万个零件，数量已经相当可观了。如图 9.1 所示，一款客机大致由数百万个零件组成。单拿航空发动机来看，其组件和零部件的数量也十分可观，图 9.2 所示的波音 787 客机瑞达 1000（Trent 1000）发动机的组件和零部件的数量就高达 9 万个。由此可见，飞机制造工业对航空工程材料的需求一定是丰富多样的。

a) 波音727-200(1962年首飞)，500万个零件

b) 波音777-200ER(1994年首飞)，300万个零件

c) 波音747-400(1988年首飞)，600万个零件

d) 空客380-800(2005年首飞)，400万个零件

图 9.1　客机零件数量举例

图 9.3 所示为航空工程材料的基本分类。航空工业历经百年，其间航空工程材料不断推陈出新。表 9.1 对飞机机体结构材料应用随历史演进的脉络做了一个扼要的回顾。飞机机体早期曾使用过木材、帆布、金属丝等，到 1912 年，德国人雷斯涅尔设计了首架铝合金单翼飞机。到 20 世纪 30～40 年代，镁合金进入航空结构材料行列。20 世纪 50～60 年代，不锈钢受到青睐。20 世纪 50 年代，钛合金问世，被用于飞机发动机的高温部位。20 世纪 60 年代末期，树脂基先进复合材料完成其成为航空结构材料的新秀，接着在碳、硼纤维树脂复合材料的基础上又出现金属基复合材料。

图 9.2　波音 787 客机瑞达 1000 发动机

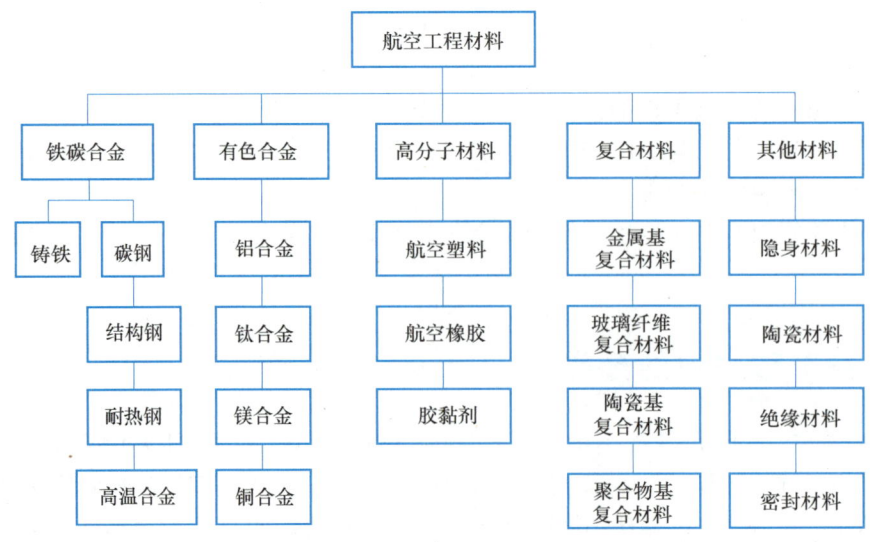
图 9.3　航空工程材料的基本分类

表 9.1　飞机机体结构材料的演进过程

时间	飞机机体结构材料（按占比排序）	时间	飞机机体结构材料（按占比排序）
1903—1919 年	木材、布	1970 年至 21 世纪初叶	铝、钛、钢、复合材料
1920—1949 年	铝、镁、钢	21 世纪初叶至今	复合材料、铝、钛、钢
1950—1969 年	铝、钛、钢		

至于飞机发动机，由于其工作温度不断提升，早期的普通碳素钢迅速被钛合金取代，随后又引进高温合金、金属基复合材料、陶瓷材料等新型材料。

在非金属材料的使用方面，可以见到一种轮回现象，即早期采用天然非金属材料，后来发展为以金属材料占多；近年来，人工非金属材料因其突出优点又重新受到重视。可以说航空材料的进步一直与航空工业的发展历程相伴相生，相得益彰。飞机性能的需求促进了航空材料的研究与发展，反过来，新型材料的不断问世又推动了飞机性能的升级。

作为航空设计工程师，应该了解和熟稔材料的成分、组织、性能及改性措施，并且能够根据材料的使用性能、工艺特性和经济性指标来选取材料。

9.2　飞机结构主要材料的比例

21 世纪前十年，高性能复合材料在空客 A380 和波音 787 的应用具有里程碑意义，代表了航空工程材料发展的趋势。图 9.4 所示为空客 A380 结构材料的重量占比。

在 A380 的选材分布中，铝合金占比最大，达到机体结构重量的 61%，用于机身壁板、主地板横梁、机翼大梁和翼肋。航空工业中大量使用的铝合金大部分是美制专用铝合金，机械强度、硬度和机械加工性能甚佳。机身则采用新型的可焊接铝合金，以便于激光焊接、减少铆钉，使结构重量更轻、强度更好。原计划前 120 架 A380 飞机的机翼支架采用碳纤维增强的

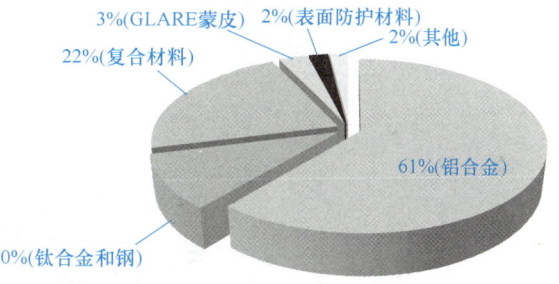

图 9.4　空客 A380 结构材料的重量占比

高强度铝合金减重，后来发现有若干缺陷，于是改用铝合金 7010。为此付出的代价是飞机增重 90kg。

A380 中钛合金和钢的用量较其他空客机型占比增加，达到 10%。与碳素钢相比，钛合金以高强度、低密度、高断裂韧性、高损伤容限和良好的耐蚀性而占优，例如，仅起落架、挂架中钛合金的用量就增加了 2%。

A380 构件重量的约 25% 由先进轻质复合材料组成。其中的 22% 为以碳纤维、玻璃纤维或石英纤维为增强塑料的复合材料，它们被广泛应用于机翼、机身部分（如机身的起落架和尾部）、尾翼、水平机翼和舱门等。A380 是首个使用碳纤维增强塑料中央翼盒的商用飞机。中央机盒连接着机翼与机身，是非常重要的主体结构件，相比先进铝合金减轻重量 1.5t。而 A380 包括后压力舱在内的后机身是迄今世界最大的复合材料后机身舱段。另外的 3% 是一种玻璃纤维-铝层压板材料 GLARE，用在机身壁板（图 9.5）、尾翼等的前缘。这种

复合材料比航空铝合金更轻,更耐腐蚀和冲击载荷。A380腹部整流罩采用的则是一种轻型蜂窝结构材料。

图9.6给出波音787飞机结构主要材料分布在波音787客机上,高性能复合材料得到广泛的应用,用量甚至高达50%,其中,45%是碳纤维复合材料,5%是玻璃纤维复合材料。其他材料的占比为碳素钢10%、传统合金铝20%、钛合金15%,其他材料占比5%。实际上波音787的机身(图9.7)与机翼,甚至大型窗框和发动机罩都是由碳纤维增强复合材料制成的。由于大量使用复合材料,波音787的重量比传统铝合金要轻4.5t,油耗降低3%,外场维修间隔延长至1000h,几乎是波音767的两倍,维修成本下降30%左右。复合材料还提高了飞机的舒适性,由于其抗湿、腐蚀、疲劳等性能比铝合金要好得多,因此允许客舱内的空气湿度提高10%~20%,并且允许采用更大尺寸的舷窗,使乘客的旅途环境更加舒适。

图9.5 GLAER材料用于A380机身上壁板

图9.6 波音787飞机结构主要材料分布

图9.7 波音787的复合材料机身段

9.3 航空事故与材料疲劳断裂

1. 航空事故与材料

图9.8是针对1950—2009年发生的1300次重大航空事故主要原因的统计。其中,50%

的重大航空事故与飞行员失误有关（天气或人为机械故障），6%为其他人为因素（如空管责任、飞机装载不当、燃油不足、保养维护不当等）导致，12%由恶劣气象因素（雷击、闪电、雾、冰雹、阵风）引发，而22%为机械故障（发动机故障、液压失灵、仪表失灵、油箱起火等）造成，9%属于意外破坏（如撞鸟、电磁波干扰、爆炸装置、劫机等），剩下的1%则归咎于难以解释的原因，如神秘失踪等。

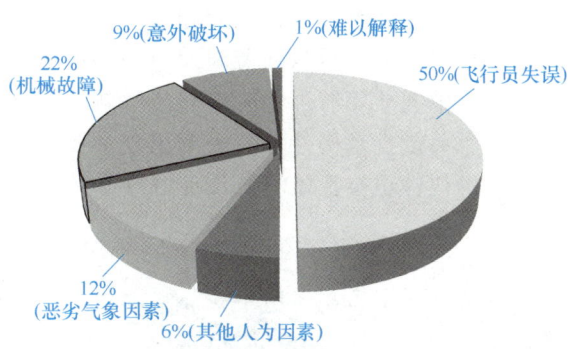

图 9.8　重大航空事故原因统计

检讨材料引发航空事故的原因，应从上述占比22%的机械故障中查找。图9.9归纳了造成空难的五大机械故障。金属疲劳破坏是其中之一，它与材料直接相关。

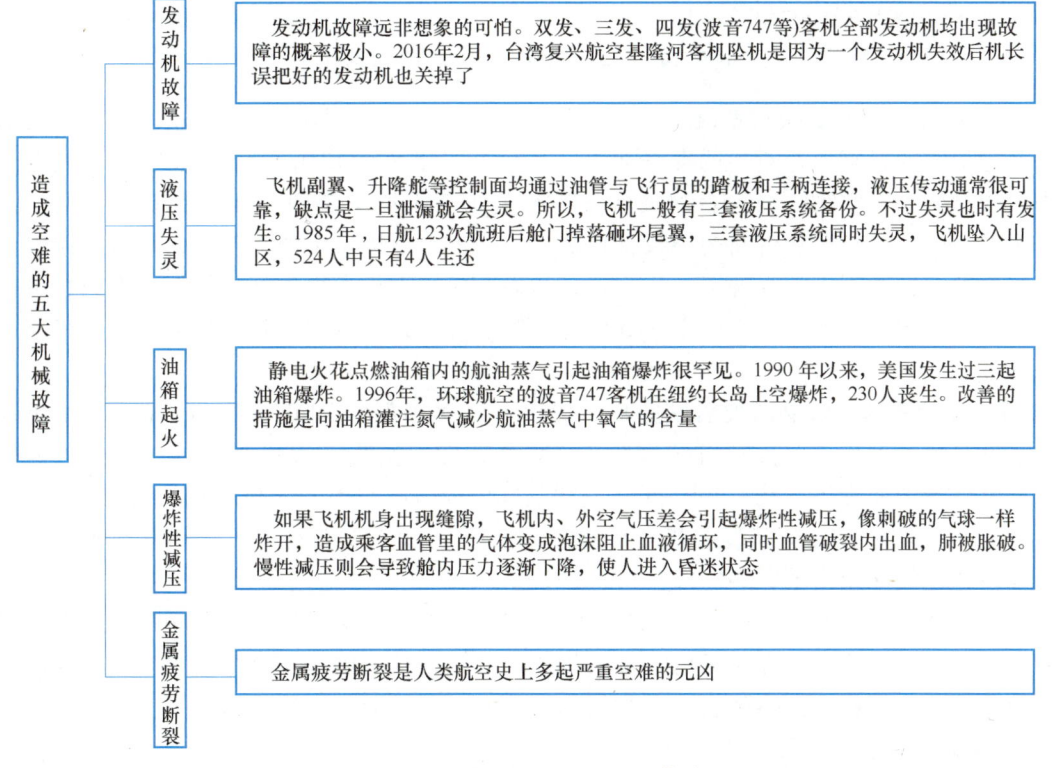

图 9.9　造成空难的五大机械故障

（1）飞机构件疲劳断裂引发事故　1952年，英国德·哈维兰公司的首款喷气式客机"彗星号"投入运营，该飞机被视为世界民航史的跨时代产品。但1953年到1954年一年时间内，"彗星号"厄运不断，投入运营的9架"彗星号"中有3架坠毁。第二起空难后，经英国皇家航空中心对打捞残骸的检测，确认元凶是金属疲劳破坏。原来，"彗星号"增压舱内方形舷窗的蒙皮在反复增压-减压冲击下，逐渐产生变形、裂纹，最终导致金属疲劳断裂。座舱高空断裂，内、外压差导致爆炸，飞机顷刻解体。德·哈维兰公司因此破产。1954年，波音707喷气客机从"彗星号"汲取教训，采用了新型材料，又将舷窗设计成圆形，并改为整体锻件,成功解决了这一问题。

军机也无法幸免材料疲劳断裂带来的厄运。2007年11月2日,一架美军F-15C鹰式战斗机在做空中缠斗飞行训练时突然凌空解体(图9.10)。事后调查发现,位于飞机座舱后部一侧的一个关键支承构件——桁梁出现金属疲劳断裂,结果整个机头被瞬间甩出。机翼主梁这样重要的构件也会发生材料疲劳断裂,造成飞机解体,这引起世人警醒。

a) 美军F-15C的机头在空中被甩出

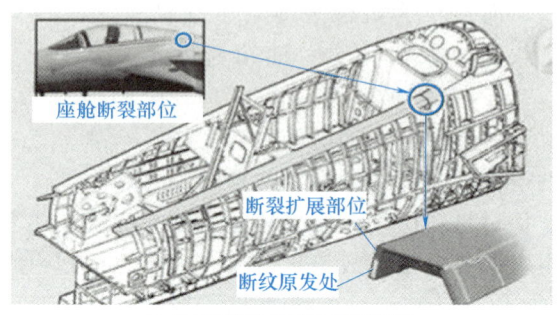
b) F-15C座舱结构及断裂部位

图9.10 美军F-15C座舱疲劳断裂解体

(2) 铆钉疲劳断裂酿成事故 除了飞机结构件在某处发生疲劳破坏外,世界航空史中不乏其他形式的材料疲劳断裂诱发空难的记录。1985年8月12日的"大阪空难"是全球民航史最惨痛的一次空难。当天日航波音747在关东高天原山坠毁,死亡520人,仅4人生还,事故原因就是金属疲劳断裂导致尾翼折损。据查,事故发生的七年前,该机机尾曾受损伤,当时的波音维修人员少补了一排铆钉,结果在后续飞行中损伤处的铆钉因金属疲劳而出现局部应力集中,致使飞机飞行中尾翼撕裂脱落。为此,日航董事长引咎辞职,维修部经理自杀谢罪。

(3) 发动机螺栓疲劳断裂引发坠机 1979年,美国航空公司的DC-10型客机由于连接发动机和机翼的螺栓疲劳折断而导致发动机爆炸,发生空难。1998年,两架直升机因发动机螺栓疲劳断裂而发生坠机。2001年,同样是螺栓疲劳断裂引发3架飞机的发动机故障。

(4) 发动机叶片疲劳断裂坠机 1989年,美国联航232次航班由尾部发动机叶片疲劳断裂而解体坠毁在跑道上,296人中111人死亡。

(5) 机翼疲劳断裂导致空难 1980年,台湾华航波音747客机台北—香港航班坠毁于澎湖外海,机上225名乘客与机组人员悉数遇难。原因是飞机起飞时机翼曾与地面擦刮,产生刮痕,随后的维修中刮痕裂纹未完全刨光及补钉,结果造成金属疲劳断裂。

2. 金属材料疲劳断裂

"金属疲劳"指一种在交变应力作用下金属材料发生破坏的现象。其机理是机械零件在交变载荷作用下,经过一段时间后局部高应力区可能产生微小裂纹,再由裂纹逐渐扩展,直至断裂。图9.11a、b给出一个金属圆轴疲劳断裂的演进过程。疲劳裂纹源于图9.11a所示圆轴上方键槽左下侧的应力集中处A。疲劳断裂宏观断口位于C区,断裂分如下三个阶段演进。

1)疲劳源区(A区):白亮圆斑所包围的眼状小块。
2)扩展区(B区):白色平滑断口,有多条贝壳花样形弧线,呈放射状。
3)终断区(C区):金属轴快速断裂。

图 9.11c 表示人体肌腱自发性断裂，这与金属疲劳断裂的过程有点类似，如果肌腱最初有某种伤损，那么经过长期反复拉伸，轻伤或磨损的累积就会引发肌腱的突然断裂。

疲劳破坏具有时间上的突发性、位置上的局部性和对环境及缺陷的敏感性三个特点，故疲劳破坏常常不易被及时发现且易于造成突发性的恶性事故。

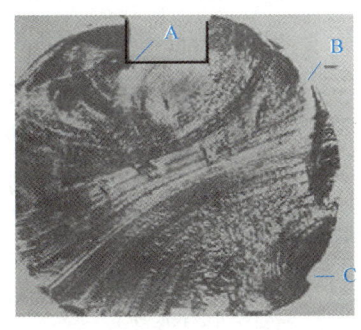 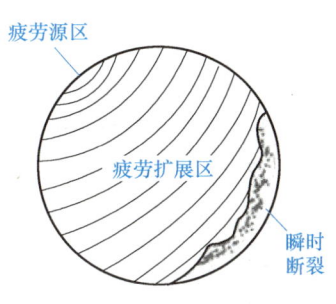 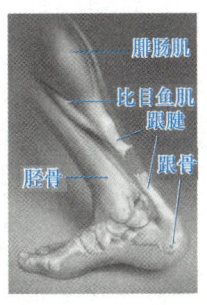

a) 圆轴疲劳破坏断口实物　　　　b) 疲劳断裂演进过程　　　　c) 肌腱自发性断裂

图 9.11　金属圆轴疲劳断裂的演进过程和肌腱自发性断裂

20 世纪 50 年代前，飞机结构设计只从静强度考虑，一旦计算和试验证明飞机结构能够承受设计载荷（使用中出现的最大载荷乘以安全系数），就认为飞机结构的强度是足够的。世界各国的飞机强度规范中没有疲劳强度要求，也无须进行全尺寸结构的疲劳试验。

但是，随着飞机性能的提高和寿命的延长，疲劳破坏与安全可靠间的矛盾逐渐显露出来了。许多飞机结构零部件（机翼、直升机旋翼、发动机轴、叶片、传动齿轮等）在飞行中始终承受交变载荷。尽管零件所承受的应力值比材料的抗拉强度低，但在长期交变载荷作用下，一旦某处或多处出现局部永久性损伤，日积月累，往往会突然发生疲劳断裂。统计表明，疲劳断裂破坏引起的飞机结构失效占到 80% 以上，因事先并无任何明显的失效征兆，结果往往酿成大祸，成为重大事故的隐患。于是，人们终于认识到疲劳强度也是金属材料的重要力学性能指标之一。在进行飞行器结构设计时，疲劳强度、疲劳寿命分析与设计成为一个关注的重点。

9.4　航空铝合金

用于航空领域的铝合金（Aluminum Alloy）通常称为航空铝合金。铝合金具有比强度高、易加工、成形性优良、成本低等一系列优点，被广泛用作飞机主体结构材料，是航空航天器结构的重要材料。迄今为止，铝合金在飞机结构方面的应用经历了 5 代演进过程，见表 9.2。

表 9.2　铝合金在飞机机体结构应用上的演进过程

过程	特点	代表性飞机型号
第 1 代	时效硬化、高静强度	运-五、轰-五等
第 2 代	过时效热处理、高强度、耐腐蚀	运-六、运-八、轰-六、歼-11 等
第 3 代	高纯度、高强度、高韧性、耐腐蚀	歼-10、枭龙、ARJ21 等
第 4 代	控制多尺度、第二相、超高强度、高韧性、耐腐蚀	ARJ21、运-20 等
第 5 代	高淬透性、高综合性能（研发中）	大型运载工具等

铝合金的发展一向围绕着飞机结构减重、高强度、高可靠性和长寿命的目标不断前行，面临的主要课题是追求材料高综合性能（高强度、高韧性、高耐蚀性），解决残余应力，满足极端环境，采取的措施则主要是通过热处理精确调控材料的微观组织，获得满意的综合性能。

9.4.1 铝合金在飞机上的应用

铝合金材料是民用飞机结构材料家族中最为重要的成员之一。统计结果表明，空客A380-800飞机上的铝合金占比约为61%，A350-900XWB飞机上的铝合金占比约为20%，波音787-8飞机上的占比也大约达到20%。表9.3给出了铝合金在波音737/777/767飞机上的应用举例。

表9.3 铝合金在波音737/777/767飞机上的应用举例

典型结构	零件名称	合金牌号及状态
机翼	上蒙皮	7150-T651 板材
	长桁	7150-T6511 挤压件
	下蒙皮	2324-T39 板材
	长桁、弦梁	2224-T3511 挤压件
机身及机翼	隔窗、紧固件	7075-T73、7050-T736、7151-T736 锻件
水平尾翼	蒙皮、长桁	7075-T6
垂直尾翼	蒙皮、长桁	7075-T6

经过长期研发，铝合金材料衍生出高强铝合金、耐热铝合金和耐蚀铝合金系列，涵盖了飞机结构的绝大多数应用范围。

高强度铝合金主要应用于飞机机体结构零部件上，包括机身及机翼蒙皮、机身及机翼长桁、机翼及尾翼翼肋、机翼及尾翼翼梁、机身隔框、机身地板纵梁及横梁、龙骨梁、座椅滑轨等主结构，还包括众多连接件、支架等结构，如图9.12所示。

图9.12a、b、e所示均为铝合金蒙皮的例子。蒙皮是覆盖在飞机骨架外的受力构件。蒙皮的直接功用是形成流线型、符合气动力学要求的机翼外表面，所以，蒙皮不仅需要材料强度高、塑性好，而且表面应该光滑，有较高的耐蚀能力。早期的或低速小型飞机曾用布（麻、棉）制作蒙皮，但它们所能承受的气动载荷有限。目前，常规飞机的蒙皮主要采用高强铝、镁合金，某些高性能飞机采用钛合金或复合材料。

图9.12c、f所示为不同机型的隔框零件，隔框沿机头到机尾间隔分布，数量颇多，除了形成并保持机身的横剖面形状外，它与桁条、桁梁、蒙皮等连接在一起参与整体受力。隔框又分普通隔框和加强隔框。加强隔框须承受机翼、尾翼、起落架、发动机等通过接头传递过来的集中力，故材料和结构都比普通隔框要求苛刻。

翼梁是最主要的纵向构件，承受全部或大部分弯矩和剪力。翼梁一般由上缘条、下缘条、腹板和支柱构成，图9.12h所示为一根整体翼梁，剖面多为工字形，与机身固定连接。此外，也有组合式翼梁，缘条由锻造铝合金或高强度合金钢制成，支柱和腹板是硬铝合金板材，它们之间用螺钉或铆钉相连接。

耐热铝合金主要应用于飞机高温区域，如发动机舱、空调系统等。耐蚀铝合金主要应用于飞机厨房、卫生间及环控系统。

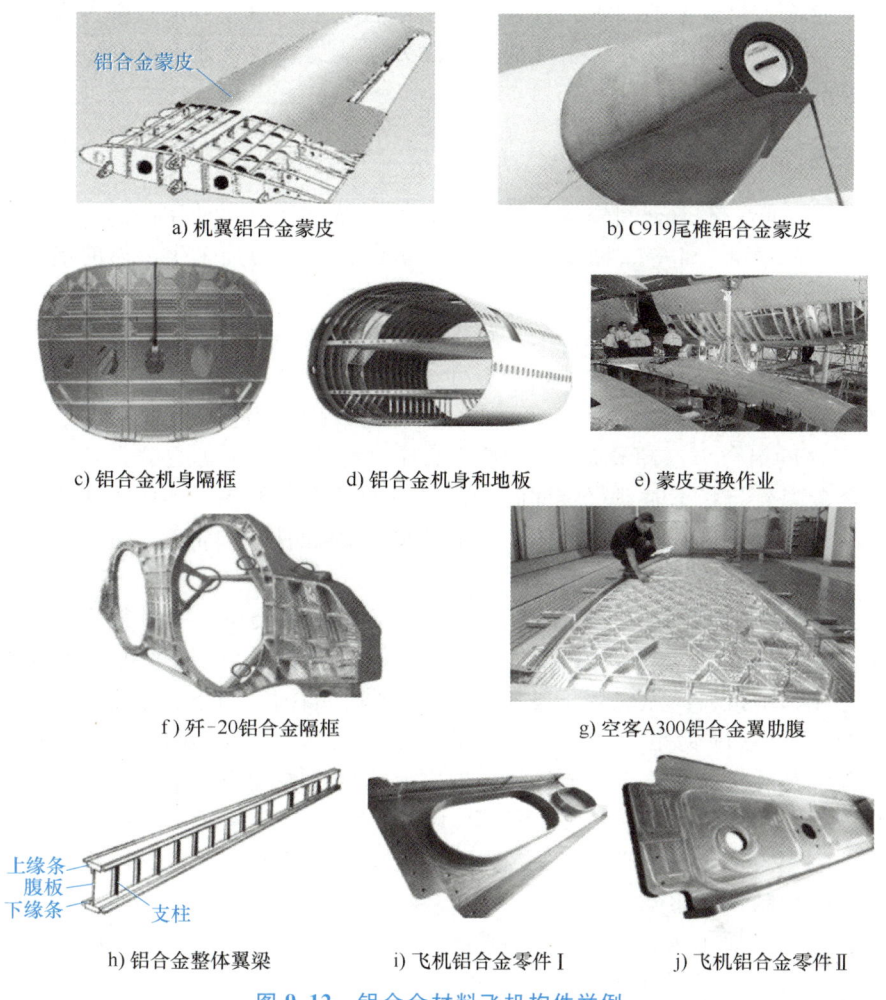

图 9.12 铝合金材料飞机构件举例

虽然复合材料等新兴材料正在挑战金属材料的地位，但是铝合金材料自身也在不断改进中，在民用飞机结构件材料始终占据着非常重要的地位。例如，新型铝锂合金材料正在成为当今航空件材料界的耀眼新星。铝锂合金是一种含锂元素的多元铝合金。锂是最轻的金属元素，铝合金中每增加1%的锂元素，合金材料的密度就可减少3%，模量提高5%。铝锂合金具有重量轻、模量高、强度大的优点，此外，抗疲劳性能优良，低

图 9.13 C919 铝锂合金机身蒙皮（外涂保护漆）

温韧性好，正在成为航空材料界的研究热点，我国大型客机 C919 飞机的机身蒙皮结构材料就采用了新型铝锂合金材料，已达到世界前沿水平（图 9.13）。

新一代先进飞机在飞行速度、结构减重、隐身等方面的要求均有提升，因此航空铝合金的比强度、比刚度、损伤容限性能、制造成本及结构一体化等综合性能面临新挑战。

在航空制造中，铝合金的加工工艺和加工质量直接影响航空器的性能与寿命。通过热处理，航空铝合金能够提高零件的力学性能，消除残余应力，改善疲劳寿命，更好地满足航空制造的基本需求。

9.4.2 航空铝合金的分类

纯铝的强度太低，不适合制作承力的结构零件。航空器大量使用的是铝合金，以铝为基础，加入 Cu、Mg、Mn、Si 等一种或几种合金元素，再经压力加工生产出的铝合金称为变形铝合金。

变形铝合金有几种不同的分类方法，如按合金状态图及热处理特点、按合金中主要元素成分等分类。在航空制造中，更习惯按合金性能和用途来分类。

按性能和用途，铝合金有工业纯铝，切削铝合金，耐热铝合金，低、中、高强度铝合金（硬铝），超高强度铝合金（超硬铝），锻造铝合金及特殊铝合金等之分。

选择铝合金牌号与状态时，很难同时满足各方面的性能要求，实际上也无面面俱到的必要。根据产品性能要求（硬度、强度）、使用环境（耐蚀性）、加工特性等因素，设定性能的优先次序，合理选材即可。

(1) 硬铝　硬铝指 Al-Cu-Mg 系列合金，在飞机上使用最早，牌号很多。由于时效强化效果好，尤其是能够显著提高硬度，故得名"硬铝"。此外，硬铝的抗疲劳性能、断裂韧性、加工工艺性都不错，广泛应用于飞机蒙皮、翼肋、隔框、桁条、水平尾翼翼面等。

(2) 超硬铝　超硬铝是 Al-Zn-Mg-Cu 系列合金，室温下的强度与 45 钢接近（500～700MPa），是强度最高的一类铝合金系列。但它有耐蚀性差和耐热性低的缺点，工作温度不得超过 120℃。例如，超硬铝在 125℃下工作 100h，强度就会降低 10%，所以准确来讲，超硬铝应称为"室温下的超硬铝"。超硬铝应用广泛，如用于制作蒙皮、隔框、桁条等，甚至可以代替高强度钢制作起落架、机翼、大梁。

(3) 锻铝　锻铝属于 Al-Mg-Si-Cu 系列合金，热塑性好，韧性好，强度也不错（接近硬铝），尤其适合锻造，故广泛用于制作受载大、形状复杂的锻件，为后续机械加工提供毛坯。

(4) 防锈铝　防锈铝主要有 Al-Mn 系列和 Al-Mg 系列，耐蚀性、塑性和焊接性好，但不允许热处理强化，仅可通过冷作硬化提高强度、硬度，适合制作飞机油箱、整流罩、液压管、铆钉等。

(5) 变形铝合金的热处理　有的变形铝合金允许热处理，如硬铝、超硬铝、锻铝；有的不允许热处理，如防锈铝。热处理有以下几种形式。

1) 退火：退火通常有完全和不完全退火两种。退火（Annealing）的目的是降低硬度和强度、提高塑性、改善机械加工性能。

2) 淬火（固溶处理）：经 550℃保温、水中快冷过程，材料强度可从 200MPa 升高到 250MPa，这种过程即为淬火。淬火（Quenching）的目的是获得饱和铝基固溶体，以便在随后借助时效来提高其强度和硬度。

3) 时效或时效硬化：淬火后的铝合金在一定温度下放置一段时间后，强度和硬度会有明显提高。这有以下几种形式。

① 自然时效。将材料经淬火处理后置于室温下自然强化。在自然时效（Aging）的开始阶段（孕育期），材料的硬度和强度基本不变化，这正是进行各种冷加工的最佳窗口期。过了孕育期，材料的强度和硬度就会急剧升高。

② 人工时效。将材料经淬火处理后置入烘箱内,在一定温度下保温一段时间(如120℃下保温24h),然后进行空气冷却,材料的强度和硬度会得到明显提高。

③ 过时效。若烘箱内时效温度过高,或者在一定温度下时效处理时间过长,材料就无法得到最高的强度和硬度,反而会降低。不过,处理的结果会导致材料耐应力腐蚀和耐晶间腐蚀的能力大大增加。

(6) 铸造铝合金 铸造铝合金是用来直接浇注各种复杂形状的机械零件的铝合金。铸造铝合金流动性好,但是塑性差,强度不高,仅适合用于铸造形状复杂、受力不大的零件,如仪表壳、活塞等。

9.5 钛合金

20世纪50年代以来,随着航空工业的快速发展,钛合金(Titanium Alloy)材料及其应用得到了迅速发展。1953年首飞的道格拉斯DC-7飞机,将钛合金应用在发动机舱和隔热板上,开启了钛合金在飞机制造方面的新篇章。1964年,首个"全钛"高空高速战略侦察机SR-71("黑鸟")首飞,钛合金用量达到了飞机结构总重量的93%。目前,航空工业领域钛合金材料的用量占世界钛材料市场总量的一半以上,因此钛合金材料可以说是实至名归的航空材料。

钛合金材料与钢材的密度(g/cm^3)比约为4.5∶9.8,即是钢材的60%。钛合金材料综合性能优良,与钢材相比可以归纳四大优点:比强度高、热强度高、耐蚀性好、不易与复合材料产生电化学腐蚀。

钛合金材料的缺点也很突出——难加工(加工工艺性差)、不耐磨、价格高、高温下吸氢/氧易脆化,故热加工要在真空或保护氛围中进行。

9.5.1 钛合金在航空航天领域的应用

俄罗斯在造船业中利用钛合金的规模和技术领先世界,20世纪60年代就采用钛合金材料建造耐压壳体潜艇,下潜极限深度甚至超过900m,破坏深度达1300m。我国国产深潜器技术一开始也是学习俄罗斯技术,蛟龙号深潜器的耐压壳体钛合金材料即为俄罗斯制造。2015年,我国在借鉴俄罗斯技术的基础上,自行研制出国产深潜器的钛合金耐压壳体。

钛合金材料结构在飞机的高载荷、高温度区也得到了广泛应用。在航空航天领域,钛合金当前的发展重点是多用途化和多品种化。高推重比发动机的制造尤其需要高温钛合金和钛-铝金属间化合物(最高使用温度可达982℃)、高强度钛合金(抗拉强度超过1000MPa)、阻燃钛合金(解决"钛燃烧"问题)等。表9.4为钛合金在航空航天领域的应用举例。

表9.4 钛合金在航空航天领域的应用举例

应用领域		材料使用特性	应用部位
航空	发动机	500℃以下的屈服强度/密度比高,疲劳强度/密度比高,热稳定性好,耐蚀性好,轻量化	500℃以下使用部位包括压气盘、动/静叶片、机壳、燃烧室外壳、排气机构外壳、中心体、喷气管等
	机身	在300℃以下的比强度高	蒙皮、大梁、起落架、翼肋、隔框、紧固件、导管、舱门、拉杆等
航天		常温或超低温下的比强度高,并有足够的韧性和塑性	高压容器、燃料储箱、火箭发动机/导弹壳体、飞船蒙皮、结构骨架、主起落架、登月舱等

1. 钛合金在航空领域的应用

钛合金在航空工业上的应用主要分为飞机结构钛合金和发动机结构钛合金两个方面。飞机结构钛合金使用温度一般低于350℃，具有高的比强度、良好的韧性、优异的抗疲劳性能和良好的焊接性等。发动机用钛合金则要求有高比强度、高热稳定性、抗氧化、抗蠕变等性能。图9.14以一些民机机型为例给出了铝合金和钛合金应用的比例。

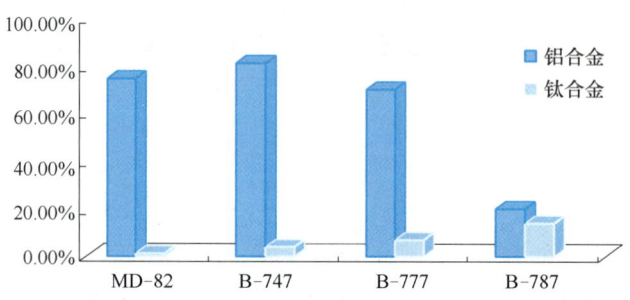

图9.14 民机机型中铝合金和钛合金重量的比例

（1）钛合金飞机结构件　钛合金飞机结构件应用的重点部位有起落架部件、框、梁、机身蒙皮、隔热罩等。俄罗斯伊尔-76飞机采用高强度BT22钛合金制造起落架和承力梁等关键部件。图9.15所示为空客A350起落架的钛合金锻件。此外，高强高韧钛合金Ti-62222S用在C-17飞机水平安定面转轴关键部位、F-22飞机发动机所处的后机身区段，具有良好耐温性能的钛合金薄壁结构用在机尾隔热罩。

飞机结构对尺度和强度指标要求极为苛刻，对于寿命和可靠性要求高的部件，如起落架和滑轨等，除了钛合金外，超高强度合金钢材料也是

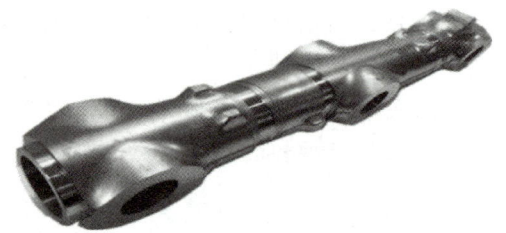

图9.15 空客A350起落架的钛合金锻件

选项之一。超高强度合金钢材料除具有超高的强度指标外，其他性能指标也很卓越，如具有良好的抗疲劳、断裂韧性和裂纹扩展速率等。波音777的主起落架是客机中最大的起落架，其主支柱就采用了超高强度钢材料的整体锻件。

航空工业钛合金材料的另一个用途是紧固件。美国F-22飞机上的钛合金紧固件有高强度钛合金螺栓、环槽钉、自夹持螺栓、钛铌铆钉等。国产商用大飞机C919单机钛合金紧固件的用量达20万件以上。钛合金紧固件的开发和应用，为飞机结构的减重提供了机会。紧固件以钛代钢后，波音747飞机的结构质量减小1814kg。单架伊尔-96飞机紧固件用量为14.2万件，以钛代钢后可以减小质量600kg。

（2）钛合金航空发动机零件　航空发动机中的钛合金零件有压气盘、叶片、鼓筒、高压压气机转子、压气机机匣等。图9.16所示为阻燃钛合金材料Ti40制作的压气机机匣。图9.17所示钛合金叶盘。现代涡轮发动机结构重量的30%左右为钛合金材料。钛合金的应用降低了压缩机叶片和风扇叶片的重量，延长了零部件的寿命。图9.18所示为F-35飞机的钛合金大梁模锻件，尺寸为6m×2m。近年来，我国航空钛合金的专业化锻造设备有了大幅度提升，已经可以生产出5m²级别的钛合金整体锻件。航空钛合金锻件经过铸锭、制坯、模

锻、机加工等工序获得所需要的材料组织和性能后，才能用来制造飞机骨架主承力构件和发动机转子等。随着飞机和发动机的发展，飞机结构件外形越来越复杂，尺寸越来越大，材料利用率一般不超过10%，对航空锻件的质量要求越来越高。

  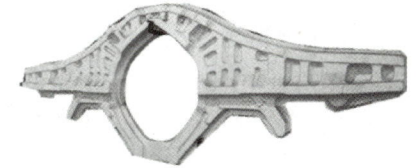

图 9.16　压气机机匣　　　　图 9.17　钛合金叶盘　　　　图 9.18　钛合金大梁模锻件

航空飞行器的一些其他重点部位也青睐钛合金材料，甚至用钛合金以 3D 打印方式制造进气道唇口零件，实现了结构件与功能件的整体化设计、制造。

2. 钛合金在航天领域的应用

在航天方面，钛合金主要作为制造火箭、导弹及宇宙飞船等结构、容器的材料。航天飞行器除需要缜密的结构设计外，还具有更高的材料性能要求，在航空用钛合金的性能基础上，不需满足承受超高温、超低温、高真空、高应力、强腐蚀、强辐射等极端环境条件下工作的要求。钛合金材料在制造航天器燃料储箱、火箭发动机壳体、火箭喷嘴导管、人造卫星外壳等方面得到了典型应用。

9.5.2　钛合金的分类

常用钛合金有 α 型钛合金、β 型钛合金及 α+β 型钛合金。

（1）**α 型钛合金**　α 型钛合金除钛外，主要含铝，另有中性元素锡、锆。α 型钛合金不适合热处理强化，仅在退火状态下使用。该材料的室温强度不高，但组织稳定，抗氧化性好，焊接性不错，低温韧性和高温持久强度较好，常用于制作飞机受力不大的板材或管材结构件。

（2）**β 型钛合金**　β 型钛合金在室温下基本上呈现单一的 β 相，允许热处理强化，时效处理后可达到较高的强度和较好的断裂韧性，甚至可以代替超高强度钢。退火状态的 β 型钛合金具有优良的冲压性能、中等强度和断裂韧性，但耐热性不够高。β 型钛合金通常用于制作压气机叶片、轴、轮盘等重载旋转件，以及其他飞机构件或紧固件。

（3）**α+β 型钛合金**　α+β 型钛合金兼有 α、β 型钛合金的优点，允许热处理做进一步强化。α+β 型钛合金热强度高，塑性好，便于成形，不过焊接性不够好。α+β 型钛合金可用于制作飞机压气机盘、叶片、蒙皮、后梁、肋、水平尾翼、主起落架支承梁模锻件及其他构件。

9.6　高温合金

航空发动机的许多零部件都必须在高温条件下工作，特别是转动件，这些零部件处于不同温度、载荷、环境介质（空气、燃气）下，需要采用比强度高、耐热性好、耐蚀性好的材料制造。**高温合金**（Super Alloy）是以 Fe、Fe-Ni、Co 等为基的一类耐热材料。

9.6.1 高温合金的主要性能指标

高温下结构零件的失效因素有两个：一是高温下的氧化和腐蚀，二是高温导致材料的热强度下降。所以，衡量高温材料的主要性能指标相应的有两项，即热稳定性和热强度。

对于航空发动机、火箭发动机、燃气轮机等相关部件，它们的燃烧室、涡轮叶片、涡轮盘、导向叶片、尾喷管等所用的材料需要长期在高温（600～1100℃）、氧化气氛、燃气腐蚀条件下工作，承受振动、气流冲刷、高速旋转离心力，只有高温合金能够胜任。

高温合金通常指在 600～1100℃ 或更高温度下工作的合金。高温合金应该具有较高的高温强度、良好的抗氧化性和耐热腐蚀性，以及优异的抗疲劳强度、断裂韧性、塑性等综合性能。目前航空器广泛使用的高温合金有铁基、铁-镍基、镍基和钴基高温合金，按照生产工艺不同又可分为变形高温合金（可借助压力加工方法改变毛坯形状）和铸造高温合金（只能以铸造方式成形）两大类。

9.6.2 高温合金在航空发动机上的典型应用

图 9.19 所示为涡轮喷气发动机，说明了高温合金在航空发动机上的典型应用。高温合金主要用于燃烧室、导向叶片、涡轮叶片和涡轮盘等几大零部件。

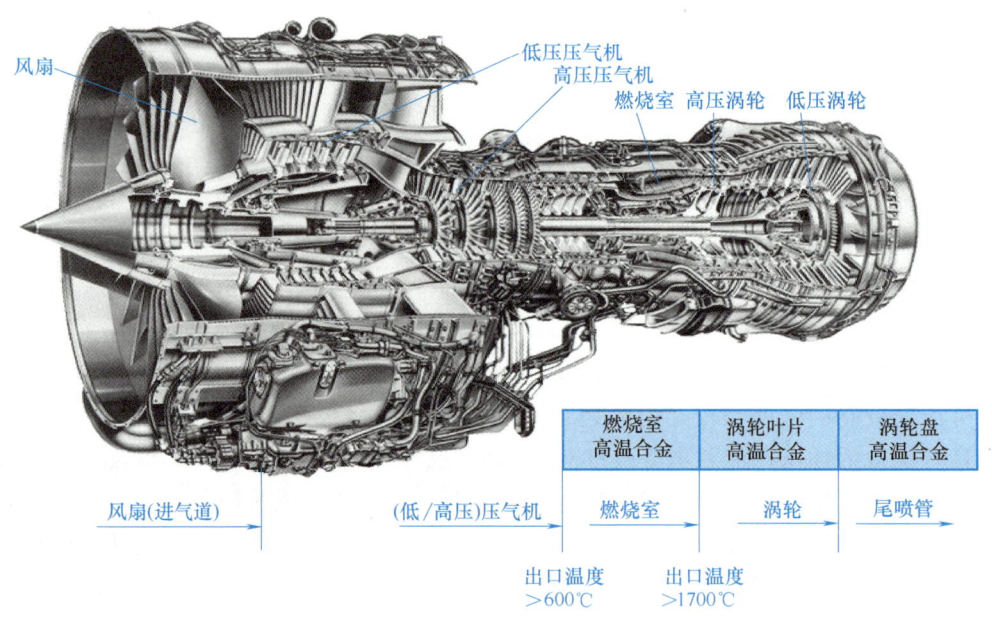

图 9.19 涡轮喷气发动机

目前应用最为广泛的燃气涡轮发动机又分为涡轮喷气发动机和涡轮风扇发动机。图 9.19 中大致划分了涡轮喷气发动机的工作区域，不同区域的功能、工作环境及材料选用概述如下。

1) 风扇（进气道）：整理气流，将动能转变为压力势能。

2) 压气机：高速叶片对气流做功，经过多级增压，在进入燃烧室前达到一定的增压比（军用为 25～30，民用>45）。压气机有离心式和轴流式两种。进入燃烧室前，气流的温度达到 600℃。

3）燃烧室：航空燃料与高压空气在此处混合燃烧，将化学能转变为高温高压气体，驱动涡轮旋转做机械功。燃烧室是发动机各部件中温度最高的区域，内部燃气温度达到1500~2000℃，出口温度>1000℃，壁部合金材料承受800~900℃的高温，局部可达1100℃。因此，燃烧室材料的工作特点是热应力大而机械应力小，常采用易成形、可焊接的高温合金，如新型镍基或钴基高温合金板材制造。

4）导向器：也称为导向叶片，是涡轮发动机中热冲击最大的零件之一，失效的主要形式是热应力引起的扭曲、温度变化引起的热疲劳裂纹及局部烧伤。此处的高温合金材料应承受1000~1050℃的高温，常借助先进精密熔模铸造工艺制作空心叶片，强化冷却效果。

5）涡轮盘：涡轮盘是航空发动机上很重要的转动部件，它直接与燃烧室相连通，前部温度往往高达1700℃。另外，它质量大（数百千克），带动涡轮叶片转动的速度极高（每分钟数千到数万转）、温差大，热应力大，离心力极高，尤其是榫齿部分既受拉应力又受扭曲应力，应力状况极为复杂。涡轮盘高温合金要求屈服强度很高，变形小，多采用Fe基、Ni基高温合金。

6）尾喷管：航空发动机尾喷管入口温度一般为550~850℃，需要选用高温合金做尾喷管的材料。

图9.20所示为一组航空高温合金零件举例。

a) 压缩机机壳M152高温合金　　b) 燃烧室机匣高温合金　　c) 镍铬高温合金叶片

图9.20　一组航空高温合金零件举例

9.7　航空复合材料

复合材料（Composite Material）简称为复材，国际标准化组织曾在塑料名词术语的定义中把复合材料定义为"由两种以上物理和化学上不同的物质组合起来而得到的一种多相体系"。由此可见，复合材料应该是异性、异质、异形的多项有机聚合物，通过复合，它们除具备原材料的性能外，还复合出新的效果。

可以从两个层面理解复合材料的含义：广义指由两个或多个物理相组成的固体材料，如纤维增强聚合物、钢筋混凝土、石棉水泥板、橡胶制品、三合板等；狭义指用高性能玻璃纤维、碳纤维、硼纤维、芳纶纤维等增强的塑料、金属和陶瓷材料等。

与传统金属材料相比，先进复合材料有以下三个显著的不同之处。

1）结构设计已从各向同性的金属材料设计转入正交异性的铺层优化设计。

2）结构件成形与材料成形同时完成，制造起着重要作用。

3）材料性能受环境因素（湿/热，冲击）影响显著，破坏模式多样化。

9.7.1 复合材料的特性

由于复合材料能够集中和发挥各组成材料的优点，并有利于达到结构设计的最佳效果，所以具有许多优越的性能。

1) **比强度和比刚度高**。构成复合材料的基体和增强材料比例一般都不高，又由于增强材料多为强度很高的纤维，因此复合材料的比强度和比弹性模量都相当高。

2) **抗疲劳性能好**。复合材料抗疲劳性能好得益于其中添加的增强纤维缺陷少、疲劳强度很高。例如，碳纤维增强材料的疲劳强度是其抗拉强度的 70%~80%，而金属材料一般仅为 30%~50%。另外，复合材料基体的塑性好，能消除或减轻应力集中区的范围和数量，这样就降低了孕育疲劳微裂纹的可能性，即使发生微裂纹，复合材料本身有钝化裂纹的作用，有助于减缓裂纹扩展。

3) **减振效果好**。复合材料的比弹性模量大，自振频率高，在一般加载频率下不易发生共振或快速断裂。另外，复合材料为非均质多相体系，纤维与基体之间存在大量界面，对振动波有反射和吸收作用。加之基体阻尼大，振动波在复合材料中衰减快，因此复合材料减振效果好。

4) **高温性能好**。增强纤维的熔点和高温强度较理想，一般允许工作温度为 200~300℃，而且热稳定性也不错。

5) **断裂安全性好**。复合材料每 $1cm^2$ 截面上往往有成千上万根纤维牵连，即使过载导致部分纤维断裂，未断裂的纤维仍会对应力进行重新分配，构件不致发生瞬间断裂。

9.7.2 航空复合材料应用

自 20 世纪 70 年代后，飞行器中航空复合材料的使用量不断地增加。复合材料的突出优点是可减轻重量和简化装配作业。

1. 在民机和军机的应用规模逐步拓展

图 9.21 所示为空客 A380 使用复合材料的重点部位。A380 各种复合材料用量高达结构

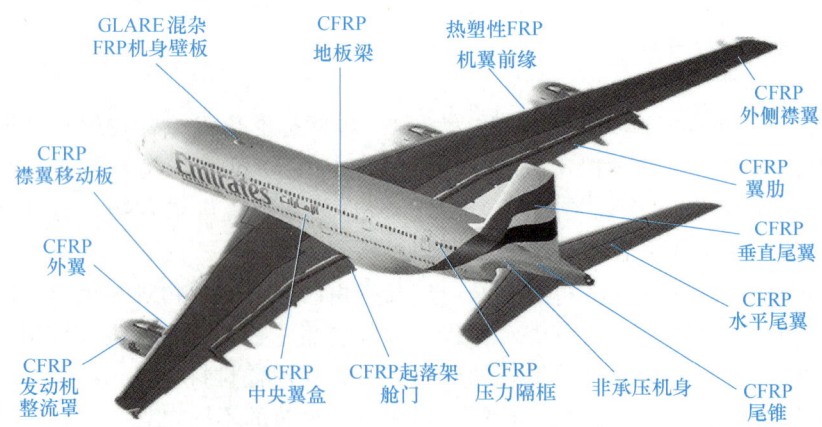

图 9.21 复合材料在 A380 上的应用

GLARE—玻璃纤维增强铝层压板　FRP—纤维增强复合材料　CFRP—碳纤维增强复合材料

总重量的 25% 左右，开创了大型商用干线客机大规模使用复合材料的先河。其中，碳纤维等复合材料的占比约为 22%（另外 3% 为 GLARE 复合材料），总质量达 36t。A380 复合材料的主要应用部位有中央翼和外翼，不过主机翼尚未用到。中央翼盒是飞机最重要的受力构件，A380 是第一个将复合材料应用于中央翼盒的大型民机。中央翼盒的尺寸为 8m×7m×2.4m，质量为 8.8t，其中，复合材料的用量达到 5.5t，实现质量减少 1.5t。另外，还有垂直尾翼、水平尾翼、机身尾段、非承压机身和地板梁、襟翼、副翼、固定机翼前缘、各种大型整流罩（包括翼身整流罩、襟翼、滑轨整流罩、起落架舱门等处）、机身蒙皮和壁板等。

图 9.22 所示为第三代战机（J-11）与第四代战机（F-22）材料占比的比较。随军机升级换代，复合材料被大幅采用，占比从 2% 增加到 24.20%，主要的推动因素是复合材料会带来结构的轻量化及性能的升级。商用飞机则不同，青睐复合材料主要看重的是它能降低生产、维护成本和提高舒适感，而对燃油经济性并非那么关心。例如，波音 787 大量采用复合材料后，飞机并未造成腐蚀，反而使舱内空气湿度提高了 10%~20%，增加了旅客的舒适感。

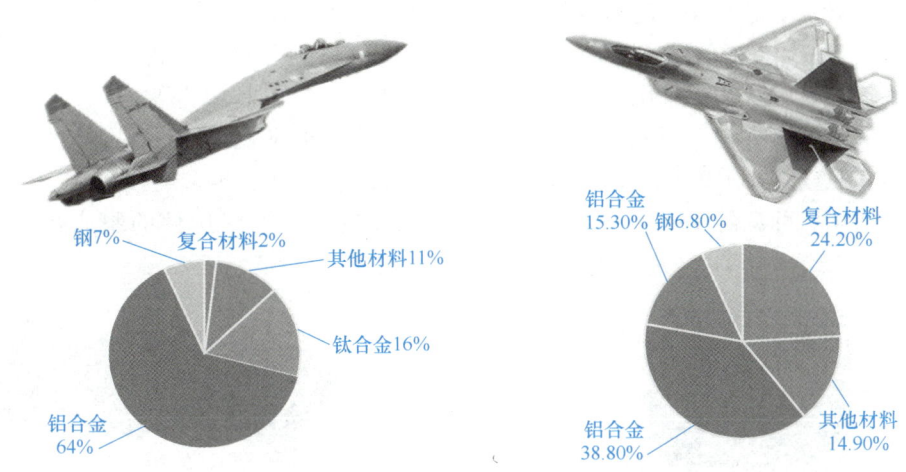

图 9.22　第三代战机（J-11）与第四代战机（F-22）材料占比的比较

2. GLARE

值得一提的是上述 A380 机身蒙皮壁板大量采用了一种名为玻璃纤维增强铝层压板（GLARE）的新型超混杂复合材料结构（图 9.23）。GLARE 利用胶黏剂将 0.3~0.5mm 厚的铝夹层和预浸玻璃纤维带（厚度为 0.2~0.3mm）交替胶接层压而成，我国称之为超混杂复合材料。

A380 机身共使用 27 块 GLARE，面积多达 470m^2，约占全机结构重量的 3%。与铝合金

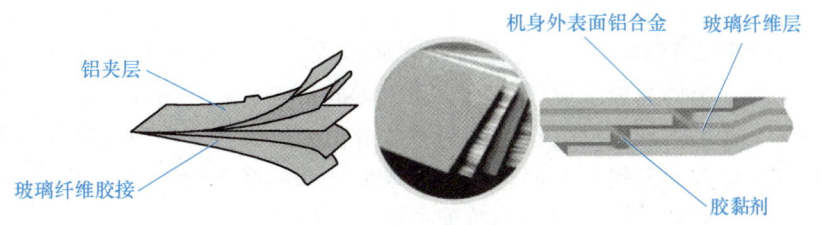

图 9.23　GLARE 蒙皮的结构

比较，GLARE 减重 25%～30%，提高抗疲劳寿命 10～15 倍，此外，GLARE 抗损伤、耐环境和耐雷击性能优异，阻尼性能及成形加工性上佳，还有一个突出优点是可使用传统的铝合金修复技术进行维护。

3. 陶瓷基复合材料（CMC）

陶瓷基复合材料是在碳化硅基体上结合碳化硅陶瓷纤维，再借助专用涂层技术强化制成的。图 9.24 所示为陶瓷基复合材料发动机低压涡轮机叶片。此材料可以耐受超过 2000℃ 的高温，这样，发动机高温区就不再需要很多的冷却空气，将冷却空气改用于冷却发动机气流管道可提高推力和效率。陶瓷基复合材料的另一个优点是零件密度仅为传统金属合金的 1/3，因此既能显著降低发动机的重量，又能大幅度减轻叶片所承受的离心力载荷。这预示陶瓷基复合材料在航空工程领域应用的前途极其乐观。

图 9.24 陶瓷基复合材料发动机低压涡轮机叶片

4. 飞机典型构件的应用

（1）应用于主承力结构　　最初，复合材料应用于飞机次承力结构，如舱门、整流罩、安定面等。随着复合材料性能的改进和提高，目前被广泛应用于机身机翼等主承力结构。空客 A380 的中央翼盒、翼肋、机身蒙皮壁板、机身后段、机身尾段、地板梁、后承压框、竖直尾翼等主承力结构都采用碳纤维复合材料。图 9.25～图 9.28 是一组飞机复合材料典型构件的例子。例如，借鉴 ARJ21 和 C919 飞机复合材料构件研制成果，经过三年多的技术攻关，CR929 壁板全尺寸达到相当可观的 15m×6m，说明我国大型客机复合材料构件的制造技术正在快速进步。

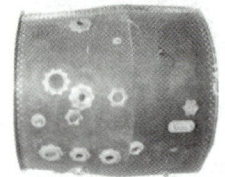

图 9.25　发动机复合材料外涵机匣

图 9.26　复合材料 S 形进气道

图 9.27　全尺寸 CR929 复合材料机身壁板

图 9.28　A350XWB 复合材料机翼

（2）应用于复杂曲面结构件　　复合材料之所以在大型民机中的重量占比节节上升，甚至大幅度取代了传统金属材料，除了轻质、高强度的特点之外，更明显的竞争优势是复合材料易于集成制造，即可实现大型复杂构件的整体成型，这促进了飞机复杂结构件的制造工艺向整体成型和共固化方向发展。共固化和整体成型技术的显著优点是大幅度降低零件和紧固件的数量、缩短生产周期、减少制造和装配工时、节约成本。当然，此时复合材料制造主要会面临两方面的技术挑战。一方面，复合材料制造受制于制造变形的困扰；另一方面，复合材料制造的铺层设计有难度，往往需要借助复合材料纤维自动铺丝专用设备和树脂膜渗透专业工艺技术。

9.7.3 碳纤维

碳纤维（Carbon Fiber，CF）是迄今应用最广泛的复合材料增强剂。碳纤维又称为碳素纤维管或碳管、碳纤管，由碳纤维材料及特定的树脂材料组成，是一种碳含量在95%（质量分数）以上的高强度、高模量的优良纤维材料。碳纤维由片状石墨微晶等有机纤维沿纤维轴向延伸而成，经碳化及石墨化处理得到微晶石墨材料。碳纤维"外柔内刚"，它不仅具有碳材料的固有特性，又兼备纺织纤维柔软、易编织的优点，是新一代增强纤维材料。它的密度比金属铝小，不到钢的1/4；而强度通常为4000~5000MPa，而超硬铝和45钢大致仅有500~700MPa。因此碳纤维的比强度高达2000MPa以上，反观Q235钢的比强度仅为59MPa左右。其比模量也比钢高。此外，碳纤维还具有高低温力学性能好、摩擦磨损系数小、耐腐蚀、各向异性等特性，很适合用作航空复合材料，也是替代金属管材的绝佳轻量化材料之一。

总体来看，用碳纤维复合材料代替钢材或铝材，可收到20%~40%的减重效率。飞机结构材料占起飞总重量的30%左右，如果能够减轻结构重量，对军机而言，意味着既节省燃油，又扩大作战半径，提高军机的战场生存力和战斗力；对民机而言，意味着节省燃油、提高航程和净载能力，具有显著的经济效益。表9.5给出了各种飞行器减重的经济效益统计数据。

表9.5 各种飞行器减重的经济效益统计数据

飞行器种类	经济效益/(美元/kg)	飞行器种类	经济效益/(美元/kg)
轻型民航机	60	超声速民航机	1000
直升机	100	近地轨道卫星	2000
战斗机	450	同步轨道卫星	20000
干线飞机	450	航天飞机	30000

从原材料到碳纤维复合材料，最终完成构件成品，大致经历以下两个步骤。

1）将基体材料通过聚合、纺丝形成碳纤维原丝，原丝经过整理后，送入氧化炉制得预氧化纤维（俗称为预氧丝），预氧丝进入碳化炉制得碳纤维，再经表面处理、上浆即可得到碳纤维产品卷捆。

2）将碳纤维成品卷绕加工成构件成品。

1. 碳纤维生产工艺流程

如图9.29所示，以PAN基碳纤维的生产工艺为例介绍。从原料单体到原丝，再到碳纤维成品卷捆，大致经历合成油剂→聚丙烯腈（PAN）→纺丝→原丝→预氧化→低温碳化→高温碳化→表面处理→上浆→碳纤维成品（微晶石墨材料）→卷绕的一整套生产工艺流程。全过程连续进行，流程长，工序多，各道工艺环环相扣，其间任何一道工序出现问题都会影响稳定生产和产品质量，可见技术和生产的壁垒非常高。

军用高性能聚丙烯腈基碳纤维的生产工艺细节是高度保密的，仅公开大致的原理。首先，在生产链的最前端，从石油、煤炭、天然气中得到丙烯。丙烯经氨氧化后得到丙烯腈，将丙烯腈聚合和纺丝后制备成聚丙烯腈原丝，再送入氧化炉中经过预氧化、低温碳化、高温

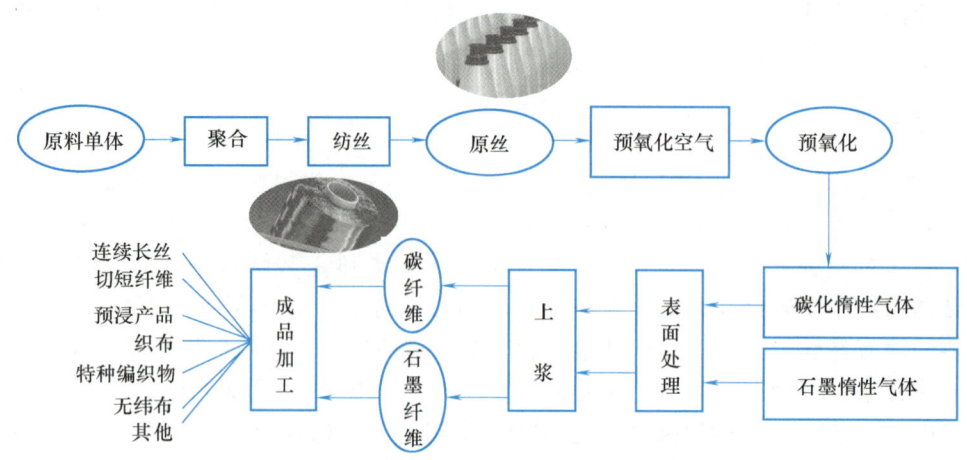

图 9.29 聚丙烯腈（PAN）基碳纤维生产工艺示意

碳化后得到预氧化碳纤维，然后进入碳化炉制成碳纤维。碳纤维经过表面处理、上浆即可得到碳纤维产品。接下来，碳纤维经与树脂、陶瓷等材料结合，形成碳纤维复合材料，最后由各种成型工艺得到下游应用需要的最终产品。

碳纤维的标识有 T300、T700、T800、T1000 等。其中，"T"后面的数字代表碳素材料级别。行业内特指日本东丽公司生产的碳素材料，行业外则泛指超高精度碳素材料。碳纤维等级越高，质量越好。

在上述生产流程中，原丝生产是最显著的技术瓶颈，表现在喷丝、丙烯腈聚合、丙烯腈与溶剂及引发剂的配比等工艺上。日本东丽、东邦、三菱人造丝公司占有技术领先地位。东丽公司的 T800 系列碳纤维是唯一被美国 FAA 批准用于波音 777 关键飞行部件的碳纤维材料，在航空工业高端应用的重要性不言而喻，往往列入国家战略物资。西方国家长期对我国施行 T800 系列碳纤维禁运。近年来，我国碳纤维产业发展迅速，产量稳步增长。目前，国产低端碳纤维已经能一定程度上满足民用和国防军工需求，但产品质量和成本尚无法与日本相比。而航天航空碳纤维产品相对较缺乏。最近，我国 T800 级碳纤维的规模化生产取得可喜进展，成本仅为国际价格的 1/3（350 元/kg），这无疑是一个好消息。

2. 碳纤维复合材料成型工艺

纤维复合材料需要根据不同的对象采取不同的成型制作工艺，以便最大限度地发挥其优越的性能。成型工艺有手糊成型、喷射成型、层压成型、缠绕成型、拉挤成型、液态成型、真空热压罐工艺、真空导入工艺、高温模压工艺、感应加热工艺等。

碳纤维复合材料成型工艺的详细内容将安排在本书第 14 章中介绍。

9.8 隐身技术和隐身材料

隐身，这也许是人类有史以来的一个情愫。《隐身人》是"科幻莎士比亚"大师威尔斯（1866—1946 年）的名著之一。说的是青年化学家格里芬发明了一种隐身术，来无影去无踪。但他是个极端的个人主义者，不但不愿向社会公开这一发明，反而堕落为一个隐匿真身、为所欲为的杀人狂，甚至妄想统治世界。当然故事的结局是正义战胜邪恶，主人公最终被追逐、殴打，悲惨毁灭。随着科技的发展，隐身变成了现实。

9.8.1 隐身飞机

隐身飞机就是利用各种技术减弱飞机发出的雷达反射波、红外辐射等特征信息，使对方探测系统不易发现己方的飞机。

隐身飞机借助隐身技术衰减了自身的特征信息，降低了雷达的可探测性，对方雷达探测系统较难发现本机或推迟发现本机，无法实施有效拦截和攻击，从而达到提高飞机突防能力和生存能力、增强攻击突然性的目的。

隐身技术的应用领域可以拓展到隐身舰艇、隐身主战坦克、隐身军车、隐身箭弹等军用装备上，所以飞机隐身技术有普遍的应用价值。

隐身性能涉及三方面的内容：①减小飞机雷达反射面积；②降低飞机向外传导的红外辐射，对红外辐射部位采取隔热、降温等措施；③简单隐身，如涂隐蔽色等。

第二次世界大战期间流行迷彩涂料，目的是降低飞机与天空背景的对比度，模糊目视特征，使肉眼的可视度打折扣。20世纪60年代，美侦察机SR-71（"黑鸟"）全身涂黑色吸波材料，消除反光，吸收雷达波，将电磁能量转化为热能耗散。尽管以上两个例子原理不同，但都是隐身设计的早期实例。

飞机，主要是军机的隐身程度是以雷达反射面积这一指标衡量的。雷达反射面积又称为雷达散射截面积（RCS），指飞机对雷达波的有效反射面积，是目标在雷达接收方向上反射雷达信号能力的度量。RCS越小，意味着越难被对方雷达所发现，或者被对方雷达探知的距离就越近，于是就提高了突防能力。

表9.6给出了常见军机的RCS。目前美国F-22和F-35的RCS最小，据非官方消息，歼-20的RCS也很小。图9.30所示为不同RCS的军机与雷达探测距离的关系示意。由图9.30可知，具有高隐身性能的飞机能够在更接近对方的距离穿过防空系统进行突防，尽早摧毁对方目标，提高自身的生存能力。

表 9.6 常见军机的 RCS

类别	飞机型号	RCS/m²
非隐身	B-52	1000
	F-15、苏-27、飞豹	10~12
	F-5、米格-21	2~3
	F-16、F-18、米格-29	5
	F-16C	1.2
	F/A-18	1
隐身	B-1B	0.74
	B-2	0.1
	F-117	0.01~0.08（相当于一只小鸟）
	F-22	0.001（在雷达上近一个小黑点）
	F-35	0.05~0.15（较F-22差）
	苏-57	0.1~1.0
	歼-20	无官方数据。据传，RCS介于F-22和F-35之间，控制在0.01~0.05（相当于一只小鸟）

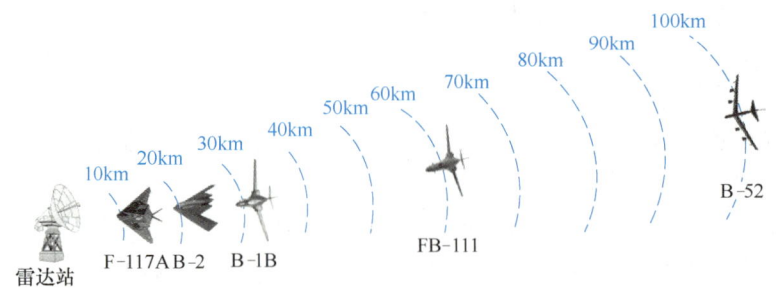

图 9.30 不同 RCS 的军机与雷达探测距离的关系示意

9.8.2 飞机的三种隐身技术

减小飞机雷达反射面积大致有三个途径，分别是采用隐身外形设计、主动隐身技术和隐身（吸波）材料。

1. 飞机隐身外形设计

所有隐身飞机，包括 F-22、F-35、歼-20 等均采用隐身外形设计和隐身材料的方法。

外形隐身设计的目标就是尽量减少飞机雷达波反射面积，或者让雷达波沿其他方向反射，使对方雷达天线接收不到回波，结果雷达屏幕上无法显示目标，也就无法发现目标了。外形隐身需要开展一体化设计，要协调与兼顾隐身与气动布局两方面的需求。因此，外形设计需要经过缜密的计算及测试，既满足"隐身"需求，也顾及减少阻力等空气动力学的要求。图 9.31 所示为 F-117 的飞机外形隐身设计示意，其头部像楔子，后缘呈锯齿状，机翼和 V 形尾翼采用菱形几何元素，全身找不到任何曲线和曲面，几乎都由直线和平面组成。这种独特的外形设计使 F-117 可以改变雷达波的反射角度，大大减少飞机在雷达屏幕上的显示信号，因此被捕捉的概率极小。其发动机进气口、尾喷

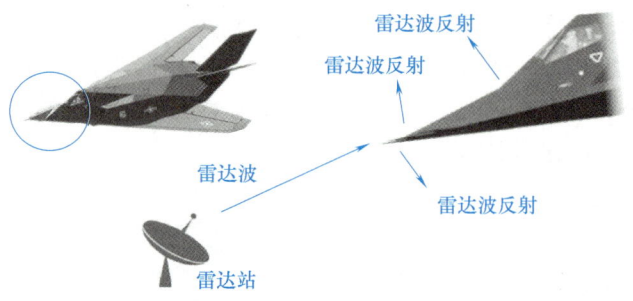

图 9.31 F-117 的飞机隐身外形设计示意

口、座舱盖接缝、起落架等部位也都采取隐身特别设计，结果，雷达反射截面积只有 0.01～0.08m^2，与一只小鸟相仿。

2. 主动隐身技术

主动隐身技术是降低飞机信号特征的第二代方法。主动隐身不仅依靠外形和材料降低飞机的 RCS，而且还利用某些技术主动降低射频能量，或者调制并改变射频能量的方向，避开敌方雷达，使飞机射频信号成为一种不易被识别和探测的信号。主动隐身技术属于电子对抗领域，不在本书的内容范畴之内。下面以雷达隐身材料为讨论的重点。

9.8.3 隐身材料

隐身材料是隐身技术的重要组成部分，尤其在装备外形无法改变或效果有限的情况下，隐身材料的重要性更加突显。因此隐身材料在飞机、主战坦克、舰船、箭弹上的应用成为国

防高技术的重要组成部分。对于地面武器装备,重点在于防止空中雷达或红外设备探测、抵御雷达制导武器和激光制导炸弹的攻击;对于作战飞机,重点则在于防止空中预警机雷达、机载火控雷达和红外设备的探测,防备空对空导弹和红外格斗导弹的攻击。

隐身材料按频谱可分为声、雷达、红外、可见光、激光隐身材料,按材料用途可分为隐身涂层材料和隐身结构材料。

理想的隐身材料应具有吸收频带宽、重量轻、厚度薄、物理力学性能好、使用简便的特点。

1. 雷达隐身材料

雷达是当前最主要的军事探测手段,对航空器探测的雷达工作频率一般为 1~18GHz,雷达隐身就是要降低飞机的 RCS。相比于外形设计隐身,吸收雷达波的隐身功能材料更简便易行,其特点是吸收电磁波,对电磁波的反射-散射-透射很弱。

雷达吸波材料是最重要的隐身材料之一,它能吸收雷达波,使反射波减弱,甚至不反射雷达波,从而达到隐身的目的。图 9.32 所示为雷达隐身材料按使用形式的分类。

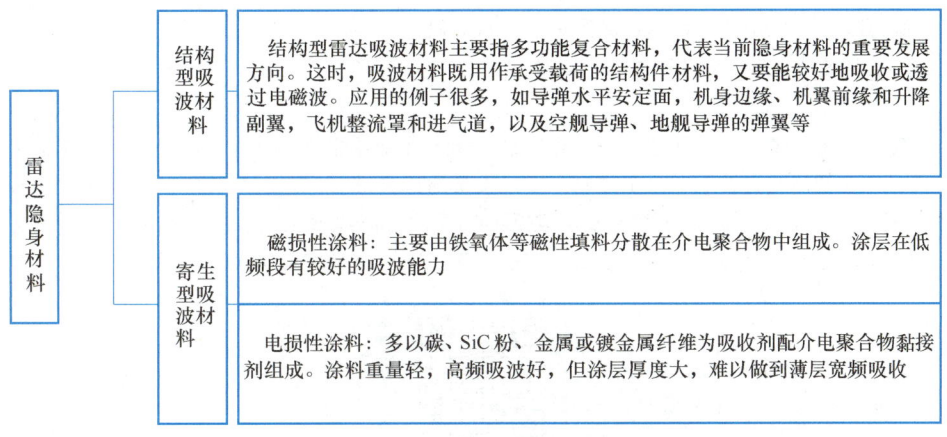

图 9.32 雷达隐身材料按使用形式的分类

2. 红外隐身材料

红外探测仅次于雷达探测,是用得较为普遍的探测手段之一,通常以被动形式被探测,即利用目标对象发出的红外线来发现、识别和跟踪目标。红外探测技术主要探测航空器的尾喷管或大面积的气动加热蒙皮。虽然后者的温度不如前者高,不过辐射面积大,辐射强度也就相当可观。例如,机载前视红外探测系统的识别距离可达 100km,红外成像导引头的截获距离可达 20km,已接近机载雷达的水平。鉴于红外辐射对暴露战机行踪的潜在威胁越来越大,红外隐身材料越来越受到重视。

近年来西方国家在新型红外隐身材料、颜料和黏合剂等方面发展得很快,有些材料已经可以兼容红外波、毫米波和可见光等。

3. 超材料(Metamaterial)

隐身技术虽然有了长足的进步,但是目前,频率为 $33×10^4$ GHz、$9.4×10^4$ GHz、$1.4×10^5$ GHz 的所谓毫米波雷达却是隐身飞机的克星,隐身飞机遭毫米波雷达探测,往往无处遁形。

不过道高一尺,魔高一丈。有一些超材料能针对毫米波雷达隐身,如"手性材料""光子晶体""超磁性材料"等。它们在一定频段下有负磁导率和负介电常数,结果对电磁波形成"负折射率",既不产生也不吸收电磁波,而是引导被物体阻挡的那部分电磁波绕行,实现完美隐身。

毫米波雷达极大地威胁着隐身飞机的生存。据称,我国科研工作者找到了更新、更强大的隐身材料,将使得歼-31的隐身技术水平领先于F-22,真正实现相对于雷达的隐身。这种新隐身材料就是超材料。

思考题

9-1 简述金属疲劳断裂的成因和破坏所呈现的特点。
9-2 作为飞机的主要材料之一,钛合金有何优缺点?
9-3 提高合金耐蚀性的主要合金元素是什么?简述其作用。
9-4 简述航空发动机几大主要零部件的工作特点,以及选材的要求。
9-5 简述隐身技术的概念。
9-6 几款美国飞机的RCS与雷达探测距离的关系如何?
9-7 超材料对隐身带来了什么影响?

思政拓展:稀土,素有"工业黄金"和"现代工业维生素"之称,航空航天、机器人、新能源汽车等现代工业和高精尖领域都离不开它。经过大量的试验研究,老一辈科研人员终于成功分离出了16种稀土元素,完成了全部64种有色金属元素从矿物中的分离提取工艺,使我国成为当时世界上为数不多的、能够生产全部有色金属的国家之一。扫描右侧二维码观看相关视频。

信物百年
见证有色金属元
素攻坚战的稀土

第 10 章 先进制造中的互换与协调

【本章导读】

"没有规矩,不能成方圆"。对制造业而言,"方圆"可视为加工的高度便利性,产品的高质量和高可靠性。为此,必须在设计和制造环节立好"规矩"。传统制造极重要的规矩是标准化和互换性,以几何形状的公差与配合制度保证互换性,迄今实施得相当成功。不过,飞机制造有特殊性,如异地设计制造、异地装配;结构单元(段件)之间,单元与工艺装备之间、成套工艺装备之间,存在几何形位和物理功能的兼容性等问题,造成空间位置上更深层的、复杂的连接关系。于是,飞机制造过程不但需要公差配合和互换性,还延伸出新的"规矩",即所谓"协调性"。互换与协调是飞机制造中极其重要的两个概念。

协调性既可以通过互换性方法取得,也可以借助非互换性方法(如修配)取得,即互相协调的零件或部件未必具有先天的互换性。

10.1 传统制造中的标准化和互换性

在讨论制造工程,包括飞机制造时,必须先来了解零件的标准化和互换性这两个重要概念。

10.1.1 机械零件标准化的概念

标准化的主要形式有系列化、通用化、组合化,如图 10.1 所示。

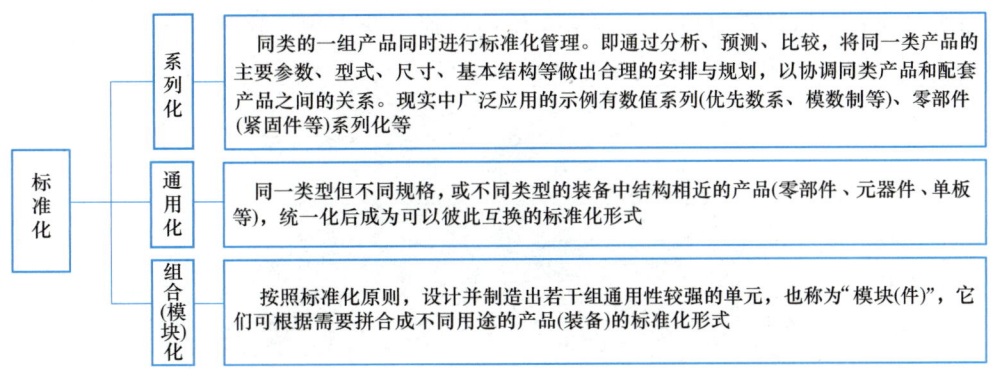

图 10.1 标准化的主要形式

标准化（Standardization）是一个宽泛的概念，针对产品（包括类型、性能、规格、质量）、原材料、工艺装备、检验方法等均可制定标准，并在实施过程中加以贯彻。

根据标准化的原则制作的零件称为**标准件**（Standard Component）。例如，针对各种机电产品配属的螺栓、螺母、螺钉、垫圈等零件，分别给予一定的符号或代号，遵循统一的规定，赋予相应的规格，就制定成各种相应的标准。图 10.2 所示为不同规格的螺栓、弹簧垫圈标准件示例。零件被标准化后，就可以根据不同的需要、用途，按照规定的标准组织大规模生产并供应市场。

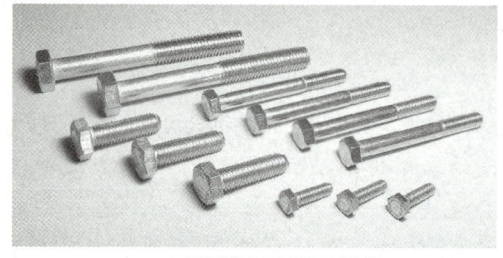
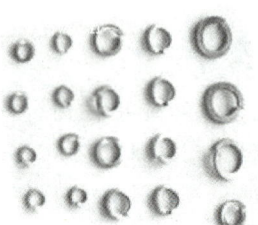

a) 不同规格的螺栓标准件　　　　b) 不同规格的弹簧垫圈标准件

图 10.2　标准件示例

机械零件的制造生产过程必须遵照国家制定的标准实施，并在指定时间内完成制造生产全过程，从而保证机械产品的产量和质量。

针对机械零件的标准件，各国都制定了**国家标准**（National Standard），简称国标，例如，我国国标为 GB，美国为机械工程师协会标准 ANSI/ASME，日本为 JIS，德国为 DIN 等。

图 10.3 所示轴承也是标准件。在轴承标准化时要注意以下三点：

1）轴承是系列化的。轴承要适应与各尺寸轴段直径配对的要求，为了满足大批量生产的需要，它的内径尺寸被系列化和圆整，按照 5mm 的步长递增，如 ϕ20mm、ϕ25mm、ϕ30mm 等。轴承的其他参数、类型、基本结构等也相应地有合理的等强度设计与规划，这样，轴承的标准化就起到协调同类产品和配套产品之间关系的作用。

2）轴承是通用化的。即同一类型的轴承有不同规格，在不同类型的装备中与轴承配合的轴、孔、密封件、弹性挡圈等的结构形式均相近，也是被标准化的，可以满足同类零件彼此互换的要求。标准化程度高、行业通用性强的机械零部件和元件也称为通用件。

3）轴承是组合（模块）化的。轴承不是单个零件，而是组合化的。制定图 10.4 所示的电气插头标准时也体现出对设计、制造、使用的通用化考虑，这类插头可称为"模块"，它们完全能够"即插即用"，体现出了标准化的优点。

图 10.3　不同规格的轴承标准件

a) 工业电气插头

b) 多芯航空插头

图 10.4　电气插头

10.1.2　机械零件互换性的概念

互换性（Interchangeability）指产品相互配合部位的结构属性（几何尺寸、形位参数、力学性能等）能够互相取代的一致性。不同时间、不同地点制造出来的产品，在装配、维修时应该无须修整就能任意替换使用。

互换性有两层含义：一是指产品的功能可以互换；二是指实体（尺寸）互换，即产品可以互换安装。只具有功能互换的特性也称为替换性。

具体到机械零件，几何参数的互换性也是值得重点关注的问题，包括装配互换和配合功能互换。

实际装配过程中的互换性会有以下几种情况。

(1) 完全互换性　同种零部件加工好以后，不需经任何挑选、调整或修配等辅助处理便可顺利装配，并在功能上满足使用性能要求。这种互换性能够简化装配或修整工程、提高经济性。缺点是若产品零件较多、整机精度高，则会在加工制造方面造成额外的困难，增加成本。

(2) 不完全互换性　同种零部件加工好以后，在装配前经过挑选、分组、调整或修配等辅助处理后方可顺利进行装配，在功能上也能满足使用性能要求。

1) **分组互换**是指先对零部件进行检测、分组，然后按组进行装配。以轴、孔配合为例，通俗地说就是大孔配大轴，小孔配小轴。其结果虽然仅限于同组内互换，组与组之间不能互换，但允许适当放宽制造精度、降低成本。

2) **调整互换**是指要用调整的方法改变待互换零部件在部件或机构中的尺寸或位置。

3) **修配互换**是指去除少量材料方可改变待互换零部件在部件或机构中的尺寸或位置。

10.1.3　标准化和互换性的现实意义

标准化和互换性不仅给产品的设计与生产带来极大的益处，而且对于维修的简便性、快速性、经济性有深刻的影响。标准化的、可互换的零部件和元器件是"拿来就装得上，装上就好使"的，减少了维修时间，降低了装配与维修对人员的技能要求。同时，产品系列化、通用化、组合化和具有互换性使装备中零部件的品种、规格得以减少，使维修保障要求得以降低。

10.1.4　标准化和互换性的发展历史

标准化和互换性的发展源自用户需求，是由商业利益滋生出来的，在制造业发展形成零部件生产制造中的一些专业门类和管理部门。

以现代我国军队的突击步枪为例。我国军队突击步枪仅规定了两种口径，分别是 7.62mm 和 5.8mm。56 式、81 式、82 式、84 式步枪的口径均属前者，发射 ϕ7.62mm×39mm 的 56 式普通弹；87 式、95 式、95 短突击步枪、95 式班用机枪、03 式突击步枪口径统一规定属于后者，使用 ϕ5.8mm×42mm 的 87 式普通弹。其结果不但给军工部门大规模生产枪弹提供了极大的方便，而且在实战中，后勤补给、弹药调配都通用化了，有助于一线部队战斗力的提升。

18 世纪初，欧洲各国军队装备尚未标准化。虽然军队装备编制和经费预算由政府下拨，但采购则放任各团营长官各行其是。结果，政府虽能统一调遣军队，却囿于标准化受军官团掣肘和军火供货商抵制，火枪的制式和规格不统一，加上制枪作坊的工艺水平参差不齐，质量监管不到位，枪的残品、次品很多，战斗力严重受挫。有士兵在家书中写道：先是听到"嘭、嘭"的击发扳机声，接着听到"哎呀！哎呀！"的哀号声，原来是枪手的大拇指从眼前飞出。"我们埋掉的手指比埋掉的尸体还多！"可以想见这样的火枪大大地损耗了战斗力。

火枪标准化始于口径，再发展到零部件的标准化，18 世纪中叶问世的褐贝斯火枪——"强劲的枪"（图 10.5）就是这样的产物。美国独立战争中，美英双方的军队就使用该款式的褐贝斯火枪。

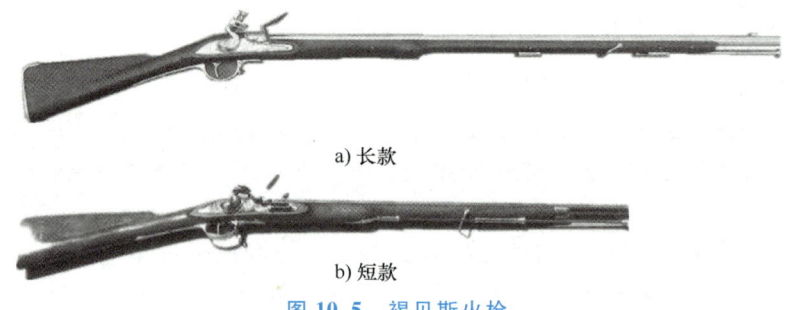

a) 长款

b) 短款

图 10.5　褐贝斯火枪

10.2　标准化生产方式与公差制

为满足机械制造对零部件标准化和互换性的要求，加工出的零件尺寸和形状必须在允许的公差范围之内。这意味着必须对每一种零件的外形、尺寸、精度、表面粗糙度等规定一个统一的标准。在机械工程学科授课体系中，与之相关的内容将安排"公差与配合"或"互换性与测量技术"等课程中讲授。"公差与配合"是机械类专业技术基础课，它是将公差配合和计量学有机地结合在一起，从互换性角度出发，围绕误差（Error）与公差（Tolerance）这两个概念来研究如何解决使用便利与制造要求之间的矛盾，而解决这一矛盾的途径是合理地确定公差和采用适当的技术测量手段。

10.2.1　公差制

如图 10.6 所示，一对轴和孔经机械加工后装配，轴、孔直径的公称尺寸均为 50mm。如果在数控车床上仅按照公称尺寸进行轴（车外圆）、孔（镗内孔）的切削加工，轴、孔实际

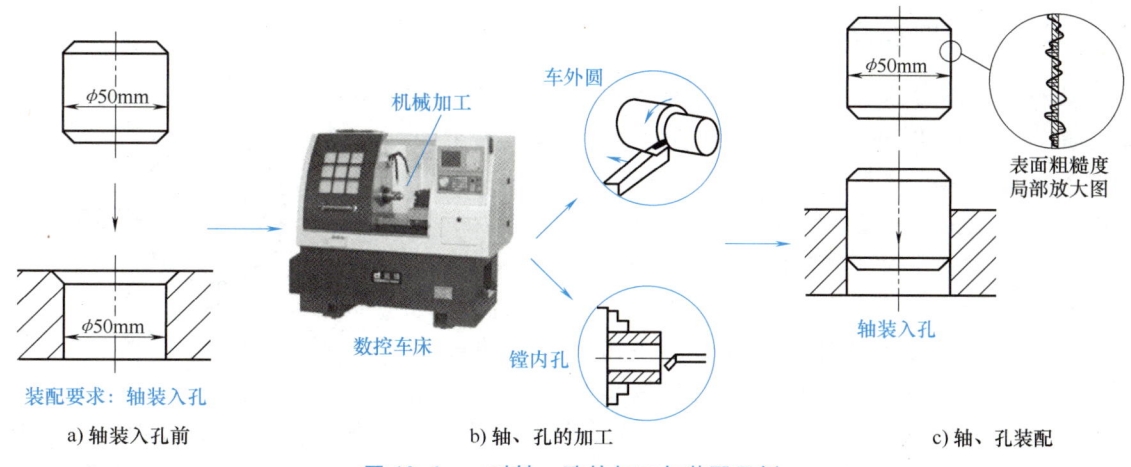

图 10.6 一对轴、孔的加工与装配示例

尺寸大小的相互关系会有以下三种情况。

1) 零间隙且零过盈：轴外径的实际尺寸＝孔内径的实际尺寸。
2) 过盈配合：轴外径的实际尺寸＞孔内径的实际尺寸。
3) 间隙配合：轴外径的实际尺寸＜孔内径的实际尺寸。

然而实际上，轴、孔装配只会出现如下两种情况。

轴无法装入孔：对应于以上零间隙且零过盈和过盈配合两种情况，因为即便零间隙且零过盈，但是零件表面微观上的粗糙不平（微米水平）及轴线的弯曲等会阻碍轴、孔装配作业的顺利完成。

轴顺利装入孔：对应于以上间隙配合的情况。但是需要指出，间隙的大小会影响轴、孔相对运动的松紧程度，即配合的质量。

造成上述情况的关键在于公称尺寸和实际尺寸是有区别的。在上面的例子中，即便轴、孔直径的公称尺寸都是 $\phi 50$ mm，加工后得到的实际尺寸则非盈即亏，对应造成几种不同的实际配合结果。轴、孔配合的情况对所有几何尺寸形式的配合有普遍的代表性。

所以，为了使零件在加工后得到预期的质量和配合水平，必须事先给它们标注几何尺寸的精度、几何公差，也就是遵从国家规定的公差制。

例如，为了得到过盈配合，选 $50^{+0.042}_{+0.026}$ mm 的轴和 $50^{+0.025}_{0}$ mm 的孔；反之，为了得到间隙配合，选 $50^{-0.025}_{-0.050}$ mm 的轴和与过盈配合中孔相同尺寸的孔。这样，轴、孔配合的公差带如图 10.7 所示。

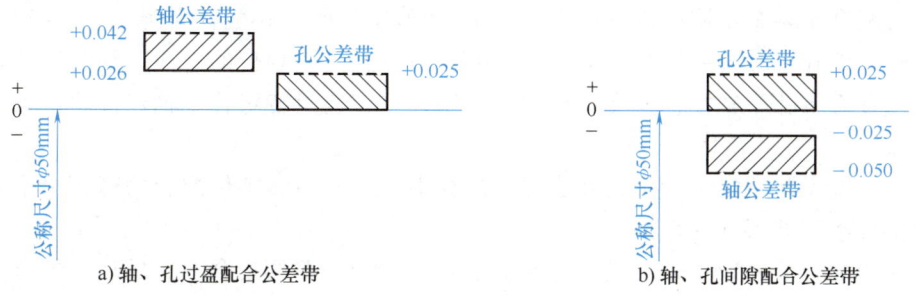

图 10.7 轴、孔配合的公差带示意

10.2.2 表面粗糙度

零件表面经过加工后，看起来很光滑，放大观察则可以看到凹凸不平（图10.8）。**表面粗糙度**（Surface Roughness）指加工后的零件表面上残留的由微小间距和微小峰谷组成的微观几何形状特征，一般由所采取的加工方法或其他因素决定。

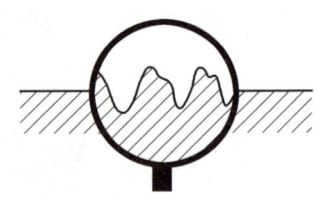

图 10.8 表面粗糙度

表面粗糙度是评定零件表面质量的一项技术指标，它对零件的配合性质、耐磨性、耐蚀性、接触刚度、抗疲劳强度、密封性质和外观等都会产生影响。零件表面的功用不同，所要求的表面粗糙度参数值也各异。甚至同一个零件不同部位的表面粗糙度都应该依照重要程度和功能选定相应的级别。按照要求，表面粗糙度符号应标注在零件图图面的相应部位，完整地说明该零件完工后须达到的表面特性。

评定表面粗糙度的主要参数是轮廓算术平均偏差 Ra，这是指在取样长度 L 范围内，被测轮廓线上各点至基准线距离的算术平均值。Ra 数值越小，零件表面越趋平整光滑。

上述轴、孔配合例子对配合表面加工质量的要求还是比较高的，推荐选择表面粗糙度为 $Ra1.6\mu m$，表示轮廓算术平均偏差值的范围为 $0 \sim 1.6\mu m$。实践中，精密车削加工就可以达到 $Ra1.6\mu m$ 的水平，在被加工表面上基本看不见加工痕迹，仅可微辨出走刀方向。

10.3 公差与配合

10.2节的内容已经涉及公差与配合的概念了。"公差与配合"是机械类专业的一门技术基础课，它是将公差配合（Fit）和计量学有机地结合在一起，从互换性角度出发，围绕误差与公差这两个概念来研究如何解决零件使用要求与制造要求之间的矛盾。

设备中，凡是零部件彼此连接的部位，在设计、装配时都会涉及所选用的配合的种类问题。这时不外乎以下三种配合类型。

（1）**过渡配合** 如果零部件彼此装配后有定位精度要求或偶尔需要拆卸，则应选用过渡配合，此时，选择的间隙量或过盈量都应该比较小。

（2）**过盈配合** 需要传递载荷的零部件之间应选用过盈配合。

（3）**间隙配合** 设备中有相对运动的零部件之间应选用间隙配合。

公差与配合是两个不同的概念，仍以图10.7所示的轴、孔配合为例。

配合是按照孔、轴公差带与公称尺寸线的相对位置关系划分的。孔、轴配合公差带的大小和相对位置表示孔、轴配合精度和性质，仅用公差带衡量特定孔、轴连接的松紧程度并不妥当。

轴、孔公差反映特定零件对其制造过程的要求，以及后续零件配合的精度水平，与装配时形成的配合类型并不存在直接关系。

轴、孔的配合公差应该是组成配合的一批孔、轴的公差的集合。它反映了配合中间隙或过盈的变动量。孔、轴公差带的大小和公差带的位置决定了配合公差。

10.4 现代飞机的异地制造和全球制造模式

10.4.1 现代飞机的制造模式与实例

飞机,特别是大型飞机的研制和生产过程是一个庞大、复杂的系统工程,现代飞机制造越来越明显地表现出异地、多企业协同联合设计、制造和协同管理的趋势(第8章已有相关内容涉及)。这种模式能发挥协作体内各成员的优势,共享相关的资源和经验。

在飞机制造阶段采用这种模式则称为异地数字化协同制造技术,在飞机装配阶段采用这种模式则称为**数字化装配技术**(Digital Assembling Technology)。

从20世纪50年代以来,数字化技术在国外航空工业得到推广应用,经历从单项数字化拓展到数字化系统集成,再到数字化协同设计制造和产品全寿命周期数据管理的发展历程。以波音公司为例,20世纪90年代波音777飞机的研制就已全面实施了产品数字化设计,成为世界首架全数字定义和无纸化生产的飞机,称之为飞机制造业全面应用数字化技术的里程碑也不为过。空客公司紧随其后,伺机在欧洲境内建立起多地区、多制造厂之间的飞机异地协同数字化设计制造及管理体系,为空中"巨无霸"A380飞机的成功研制提供了坚实的数字化技术应用基础。空客公司得益于这项新技术的推广,将该款新飞机的试制周期从4年缩短为2.5年,显著降低了研制费用及生产成本。

飞机数字化装配技术则发端于20世纪80年代后期,而后得到迅速发展。数字化装配技术集成了工业界各领域最先进的科技成果,如数字化技术、虚拟现实技术、激光跟踪定位技术、自动控制技术等,使传统飞机装配技术大大改观,显著提高了飞机装配质量和效率。

下面分别以空客A380、F-35的全球制造为例加以说明。

1. 空客A380的全球制造

空客A380有四个重要的设计师合作团队,分别是法国宇航公司、英国航空航天公司、德国航空航天公司和西班牙航空制造有限公司。A380飞机的部件制造由全球的供应商提供,汇集了15家工厂。按照国家分,欧洲境内制造端的供应链大致包括以下几个环节。

(1)英国

1)费尔顿工厂(布里斯托):机翼和起落架、燃油系统。

2)布鲁顿工厂(北威尔士):机翼总装(燃油、气动和液压系统及装配线)。单个机翼组装后由陆路运输到迪河,再经水路至莫斯廷,配装成机翼对后,搭载"波尔多"号滚装船运往法国。

3)罗尔斯-罗伊斯发动机工厂:Trent 900涡扇发动机。

(2)意大利

Alenia Aeronautica公司:机身制造(约占机身制造的4%)。

(3)德国

1)诺登汉姆工厂:机身壳体制造。以新工艺为A380机身部分提供激光焊接蒙皮壁板,并引入复合材料GLARE。搭载滚装船经水路运至汉堡组装。

2)劳普海姆(Laupheim):驾驶舱组件。

3)斯塔德:垂直尾翼、着陆襟翼壳体、耐压舱壁(碳纤维增强塑料)。

4）汉堡工厂：三类机身组件（驾驶舱后方的前机身、后机身组件、机翼上方的上半段机身壳体）装配，然后运往位于法国的圣南泽尔进一步装配。

5）法勒尔（Varel）：供应4500多种飞机组件（多是诺登汉姆工厂机身壳体配套组件）。

6）德累斯顿：机身的上层舱、主货舱、下层货舱地板。

7）不莱梅：着陆襟翼。

8）奥格斯堡军用飞机工厂：装配A380飞机机翼组件。

（4）西班牙

盖塔菲和雷亚尔港：水平尾翼、起落架舱门、后机身尾部整流锥、腹部整流罩。由此搭载"波尔多"号滚装船，运往法国图卢兹总装厂。另有一路，将方向舵和背鳍运往德国斯泰德，与垂直尾翼的其他部分对接。

（5）法国

1）南特：中央翼盒的制造和组装。中央翼盒首次采用碳纤维增强塑料（CFRP）。

2）圣纳泽尔：前机身和中机身，以及机身部分液压、空调、燃油和电气系统的安装和测试，然后搭载"波尔多"号滚装船抵圣南泽尔，再转驳船，沿波亚克河，后经陆路运抵图卢兹。

3）米奥特工厂：起落架舱、机头（含驾驶舱）组装，再经陆路运往圣纳泽尔，与前机身组装在一起。

4）图卢兹：总装工厂。

图10.9给出了A380飞机结构部件和组件在欧洲境内通过陆路、水路、空路运输至法国图卢兹装配工厂的供应链路线。

A380的主要结构部件在法国、德国、西班牙和英国制造。因为部件的尺寸很庞大，传统运输方式不再可行，于是A380的结构部件和组件规划了专门的陆路、水路、空路，从各地运输至法国图卢兹装配工厂。空运借助"白鲸"大型运输机（A300-600ST）；水路组建了驳船船队，甚至专门建造了"波尔多"号（我国南京金陵造船厂生产）巨型滚装船。为此，一些相关港口的设施需要新建和翻修。而陆路沿途的公路、桥梁、隧道也需要改建才能适应超级运输车队的超重和超宽货件。

2. F-35的全球制造

如果说A380主要是在欧洲境内制造的话，那么F-35就是名副其实的全球制造了。在F-35制造端的供应链上有美国、荷兰、土耳其、意大利、澳大利亚、挪威、加拿大、丹麦、日本、韩国、以色列等国家。

10.4.2 飞机制造中的互换性与协调性

图10.10所示为空客A320主要部件、段件组成示意。

A320是由德国、英国、西班牙、法国、美国等地的设计中心、制造基地协同完成的。由于地域分散，零部件和段件的数量巨大，薄壁构件多，外形复杂，尺度大，刚度差，载荷多变，对飞机的制造技术、工艺水平、质量管理提出了新的、更高的要求。

1. 飞机的设计分离面和工艺分离面

飞机通常分解为单元部件进行组装、部装、总装。相邻单元的接合面或对接处称为分离面。飞机结构分离面分为设计分离面和工艺分离面。

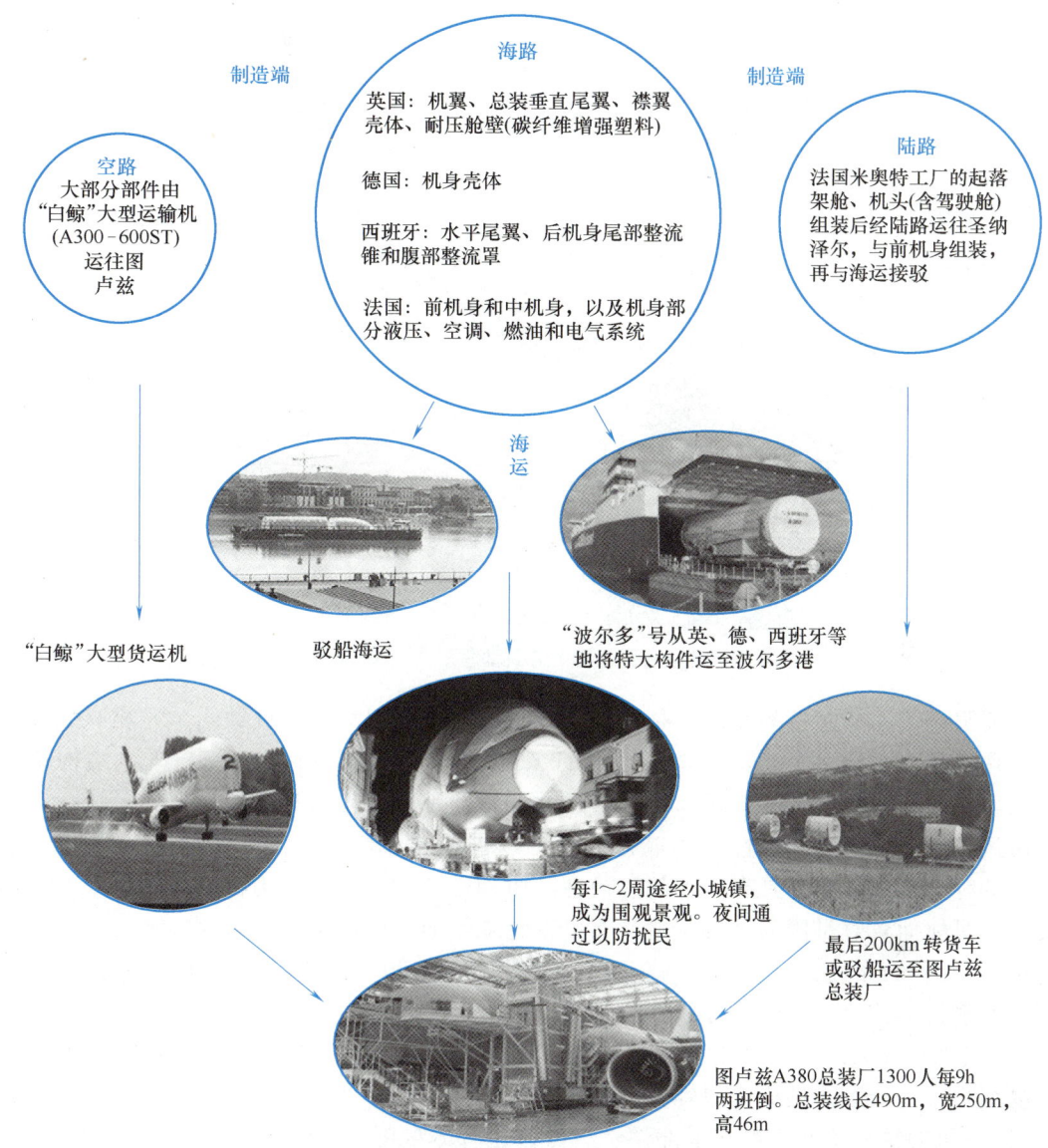

图 10.9 A380 欧洲制造供应链路线

设计分离面主要出于结构、功能、使用、运输和维护等方面的考虑，将整架飞机在结构上划分成多个部件、段件和组件，它们之间一般采用可拆卸连接，同时还应该满足互换性和协调性的要求。这样所形成的可拆卸的分离面就是设计分离面，如机身、机翼、垂直尾翼、水平尾翼、襟翼、副翼、升降舵、方向舵、舱门等，彼此之间都是通过可拆卸方式连接起来的。

飞机即便被划分成多个部件，但往往仍相当复杂，因此在部件装配时还需要进一步划分成更小的下层组合件，如壁板、翼肋、框、梁、缘、翼尖等，它们一般采用不可拆卸连接装配起来，这些组合件之间的分离面称为工艺分离面。

2. 互换性与协调性的概念

互换性与协调性是飞机制造中极其主要的概念，直接影响飞机装配的质量和效率。

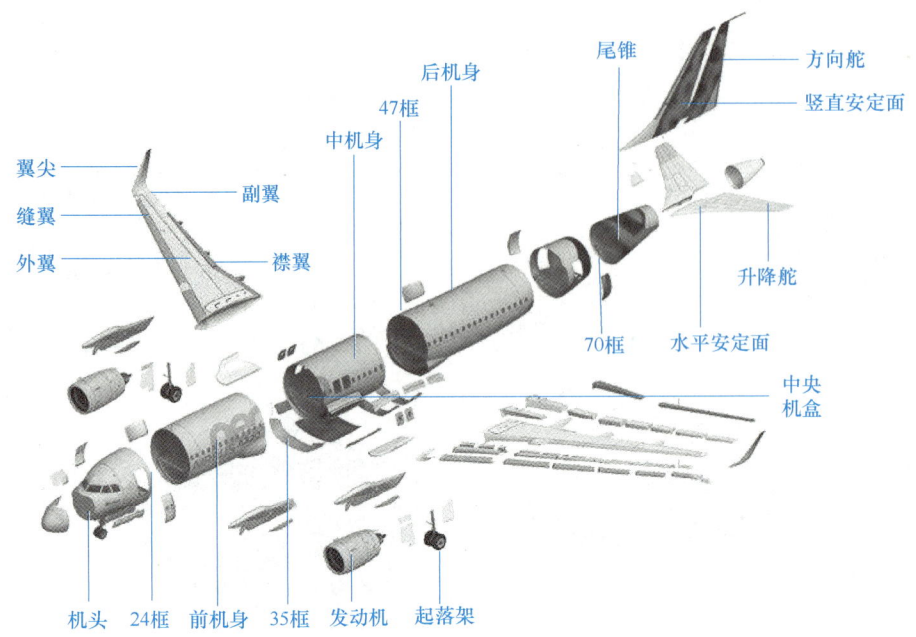

图 10.10 空客 A320 主要部件、段件组成示意

需要强调，飞机制造的互换性是指部件、组件、零件层级的飞机结构单元相互配合的属性。协调性是两个或多个互相配合或对接的飞机结构单元（段件）之间，飞机结构单元与工艺装备之间、成套工艺装备之间，几何尺寸和参数都能兼容而具有的一致性。

协调性既可以通过互换性方法取得，也可以借助非互换性方法（如修配）取得，即互相协调的零件或部件未必具有先天的互换性。协调性是由飞机的结构特点衍生出来的对制造的要求。具体而言，是因为飞机制造具有以下特殊性而衍生出来的。

1）零部件数量庞大。例如，一架波音 747 飞机共 600 多万个零件。每个零件都有编号，连螺钉和铆钉都依尺寸及材质分门别类。

2）飞机对气动外形有严格要求，机身结构中薄壁钣金零件多，且零件尺寸大、刚性差、易变形，传统互换性概念很难保障装配要求的满足。

3）飞机的结构单元不仅有零部件、组件，还有体量更大的结构单元——"段件"，段件使上述困难进一步放大。

4）全球制造、异地制造、分段制造、异地装配导致结构单元之间难免存在偏差，必须进行充分协调。

基于上述特殊性，飞机结构单元的制造和装配引入大量的标准和专用的工艺装备、夹具、模具、型架，在装配过程中，由它们保证装配的准确度和互换性，因此，必须首先保证这些加工工艺装备的制造准确度和协调准确度。可见，飞机制造和装配中的工艺装备不仅充当制造产品的手段，而且是产品装配协调和互换的依据。

3. 飞机装配协调应用示例

与一般机械产品的装配过程相比，飞机装配具有以下几个显著的特点。

（1）**产品几何定义与协调方法** 长期以来，航空制造业一直借助**模线样板**（Lofting Template）进行飞机产品的几何定义。20 世纪 70 年代计算机辅助设计和制造技术普及后，飞机几何尺寸与形状的定义改进为以 B 样条等函数构建三维线架结构，这样，模线就由人工绘制变为绘图机自动绘制。与此同时，机械加工方面也实现了零件的数控加工。直到 20 世纪 90 年代，从波音、空客开始探索三维数字化设计制造技术的应用，彻底改变了飞机的设计和制造模式。

(2) **装配工艺装备的特点与作用**　从零组件、部件装配到总装的飞机装配作业都必须借助专门的装配工艺装备，如装配型架、对合型架、精加工型架、壁板装配夹具等。尺寸较大的习惯称为装配型架，尺寸较小的习惯称为装配夹具。

装配工艺装备的功用有如下几点。

1) 定位夹紧，保证产品的尺寸、形状和零件之间相对位置的准确性。

2) 确保产品满足准确度和协调互换的要求。一般机械制造中，产品互换性主要借助公差配合制度和通用量具来实现，飞机制造中则依赖相互协调的装配工艺装备来实现。

3) 保持尺寸形状的稳定性。飞机中大量的钣金件尺寸大而刚性差，无论是铆接还是焊接，连接时均会产生不同程度的变形，装配工装的作用就是确保钣金件及其组合件的形状，控制装配过程的变形。

4) 改善装配中的劳动条件，提高劳动生产率。在批量生产中，部件装配往往需要一套或多套工装完成，如骨架装配夹具、总装型架、架外补铆型架等。这种情况下，每套工装不仅必须与该装配工序前后相关的工装相互协调，同时需要与相关的零件工装协调。

(3) **装配连接方式**　飞机有数万个零件，铆接连接应用量极大。铆接的缺点是铆缝应力分布不均匀、生产率低、铆接质量稳定性不佳。自动钻铆数控设备和机器人自动制孔设备有助于解决人工钻铆的质量和效率问题。战斗机空间狭小，铆接部位形状复杂，机器人自动制孔设备显示出其优越性。

(4) **飞机机体装配准确度**　飞机机体的装配准确度直接影响飞机的使用性能及产品的互换性，因此保证飞机机体装配的准确度是飞机装配工作的重要任务。

飞机装配外形准确度包括外形准确度、表面平滑度要求和飞机装配位置准确度。

1) **外形准确度**。飞机不同部件的部件、不同类型的飞机对外形准确度的要求不同。翼面部件对外形准确度的要求比机身部件高，部件最大剖面前方对外形的要求比后方高，高速飞机对外形的要求比低速飞机高。

高速歼击机允许的翼面展向波纹度<0.5mm/400mm。机翼一般为单曲度曲面系中的一种直线面，由连续两素线彼此平行或相交形成，位于同一平面内，属于一种可展曲面，故单曲度曲面又称为可展直线面。工程上常见的有柱面、锥面及切线曲面等，这类曲面有一个特点是可用直尺沿等百分比（5%、10%、15%、20%、40%、60%和80%等）弦线处进行检查。因为要检查出外形的正向误差，所以必须使用等距样板。若要检查各截面间的相对扭转和相对位移，则必须借助部件检验型架或在装配型架上安装检验卡板（即各截面的等距检验卡板）。这时检验出的外形误差是外形的综合误差。

2) **表面平滑度要求**。表面不平滑误差包括铆钉、螺钉、焊点处的局部凸凹缺陷，蒙皮对缝的间隙和阶差等。蒙皮对缝间隙允许值是按平行和垂直气流的方向分别规定的。至于对缝阶差允许值，是按顺气流、逆气流方向分别规定的。对结构比较复杂、难以保证精密配合的部位，则根据具体情况规定允许值。例如，"三叉戟"型客机的乘客舱门与周围机身配合处，允许的间隙为：上部<(7.0±1.9)mm，侧部<(4.4±1.9)mm，下部<(3.8±2.5)mm；与

机身的阶差允许值为：凸出<2.5mm，凹进<5.0mm。

3）**飞机装配位置准确度**。部件内部组合件和零件的装配位置准确度是指它们相对基准轴线的位置要求，如大梁轴线、翼肋轴线、隔框轴线、长桁轴线等的实际装配位置相对于理论轴线的位置偏差。

梁轴线允许的位置偏差和不平度范围一般规定为±0.5~±1.0mm，普通肋轴线的位置偏差范围为±1~±2mm，长桁的位置偏差为±2mm。

(5) 现代飞机装配生产线的模式 传统的装配生产线一般根据装配单元集中布置，组成单元生产模式，而新近规划中的一些部件装配生产线多是采用按照流程布置的流水线生产模式。实际上，由于飞机装配的复杂性，因此不可能所有的生产线都采用同一个理念，实践证明以选择混合布局生产线为佳。在部装和总装阶段，最具代表性的是波音公司的总装移动生产线，移动方式大大缩短了飞机总装时间，降低了总装成本，提高了装配质量。

飞机装配生产线数字化仿真主要包括生产线布局仿真、干涉仿真、人机工程仿真及物流仿真等。在生产线的规划过程中，通过仿真分析，可提前发现生产线中存在的干涉、生产瓶颈等问题，减少不必要的返工，节约时间和成本。下面介绍两个飞机装配生产线的实例。

1）**波音777移动总装生产线**。图10.11所示为位于美国艾弗雷特市的波音777装配工厂中一条先进的从段件到飞机整机总装的移动生产线。

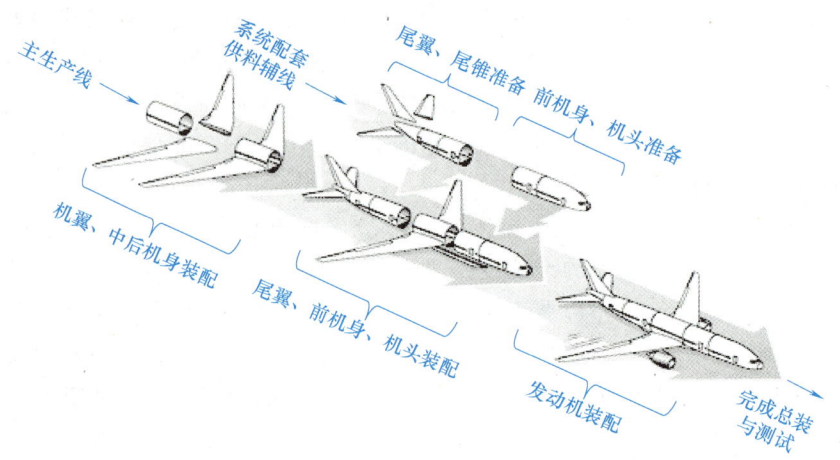

图 10.11　波音 777 移动总装生产线

待装配的飞机结构单元和段件分两条路线进入生产线进行组装：一条是主生产线，机翼、中后段机身、发动机等主体构件沿此条路线按照一定的节拍向前移行；另一条是系统配套供料辅线，位于主生产线旁，在预设的位置适时地将尾翼、尾锥、前机身、机头等段件汇入主生产线。生产线头部到尾部串联成一体，随着装配工序的转换稳步向前推进，主生产线的出口与总装剩余的作业和测试工序衔接。最初，在这样一条生产线上完成单架波音777飞机的总装大约需要20个工作日，到了2008年中期，装配周期缩减至15天，最终的目标是压缩至8个工作日。总装效率的提高得益于前期生产环节中相关飞机结构单元，特别是大型零部件、段件的互换性和协调性的质量管控非常到位。

2）**空客A320天津总装生产线**。空客在法国图卢兹和德国汉堡各有两条单通道客机总装线，这四条总装线的月产能为30~40架客机，波音公司这个级别飞机的总装能力大致为每月 30 架规模上下。我国巨大的航空市场、发达的飞机零部件生产能力,以及天津港口海运便捷的优势吸引空客集团建立了第三条,也是欧洲以外唯一的一条空客单通道飞机总装线。

空客天津总装厂加快了大型飞机部件中国"本土化"总装进程。此前,西飞只为空客 A320 制造机翼翼盒,然后运往英国进行电子系统、活动件等的组装和测试。借天津 A320 总装线的契机,这些组装和测试工作都转到天津,由西飞公司一揽子完成。我国也成为英国以外唯一能够生产空客 A320 系列飞机完整机翼的国家。西飞机翼组装线就在天津空港经济区,与 A320 总装线毗邻而居,极大地缩短了机翼的运输流程,降低了企业生产总成本。

图 10.12 所示为 A320 天津总装厂的结构单元供应链。成飞、西飞、上飞、哈飞、沈飞、红原航锻等制造商具备了向总装线提供机头主要部件、后登机门、电子舱门、货舱门隔框、机翼固定前缘、机翼梁间肋、应急舱门、发动机吊挂钛合金锻件、复合材料方向舵、升降舵、水平尾翼梁等大型结构单元的能力,基本实现"本土化"配套。天津空客亚洲总装线创建于 2008 年,2009 年向四川航空交付了首架本土组装的 A320 整机。迄今,已有大约 600 架空客飞机在天津总装线下线交付中外客户。

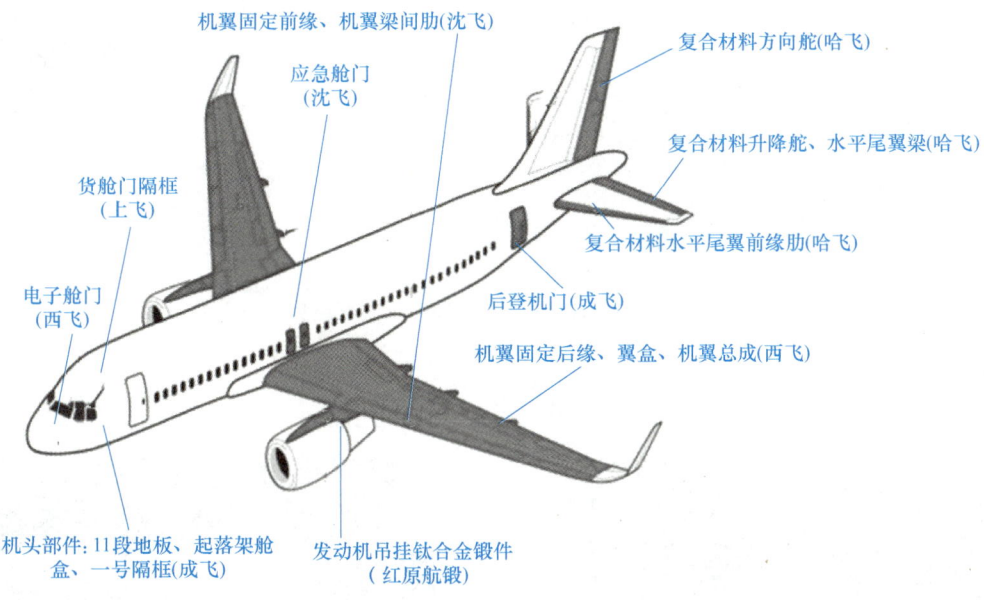

图 10.12　A320 天津总装厂的结构单元供应链

图 10.13 所示为 A320 天津总装厂的装配路线。总装线以流水线形式将国内各地飞机制造供应商提供的结构单元、段件、组件装配在一起。在这一模式中,零件与零件、零件与工装、工装与工装之间的互换与协调是质量的核心。利用一系列的专用工艺装备,对有协调要求的形状和尺寸按模拟量或数字量传递,逐步传递到零件和部件上。在传递过程中会存在一定数量的公共环节。公共环节越多、非公共环节越少,协调准确度就越高。这种协调方法的优点是能以较低的制造准确度保证较高的协调准确度。

(6) **飞机数字化装配的发展趋势**　飞机数字化装配技术兴起于 20 世纪 80 年代后期,随后在航空工业发达国家获得了迅速发展,它集成了工业界最先进的科技成果,如数字化技术、虚拟现实技术、激光跟踪定位技术、自动控制技术等。数字化装配完全不同于传统的飞机装配技术。当下,波音 777 和 787 飞机、空客 A380 飞机等机身部件的装配均已采用数字

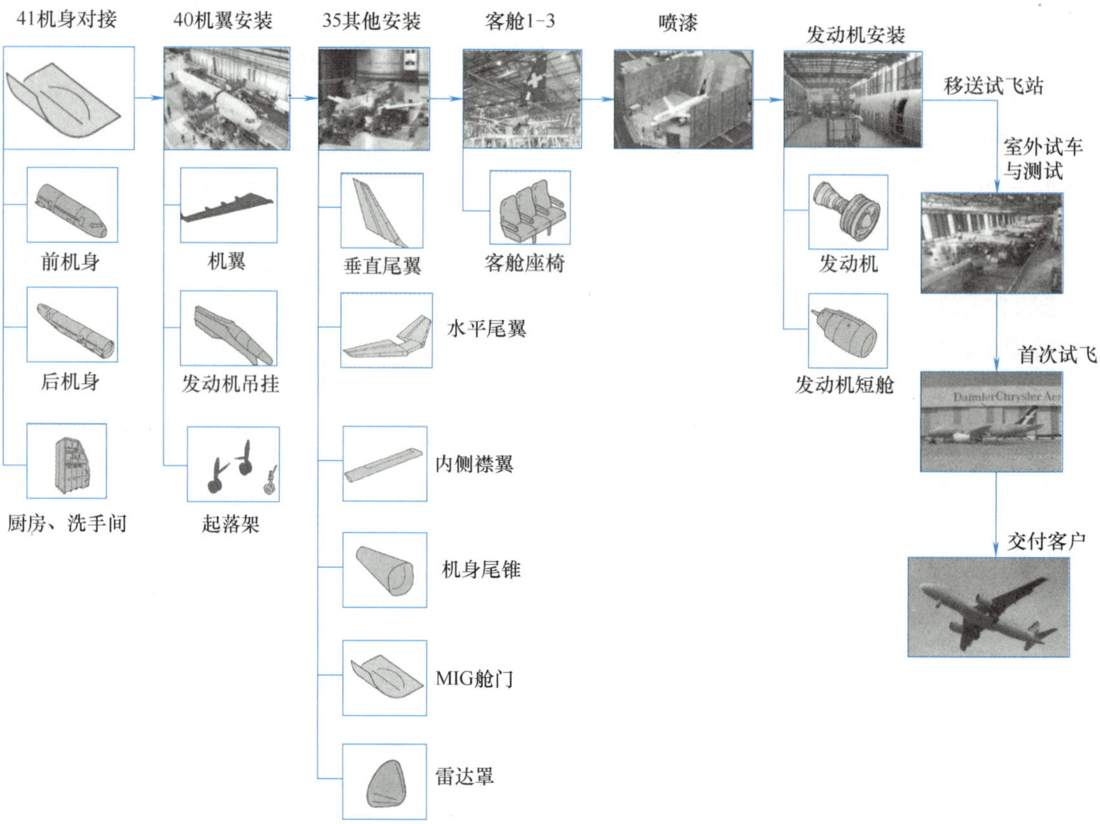

图 10.13　A320 天津总装厂的装配路线

化装配技术。

图 10.14、图 10.15 所示为 A320 总装厂生产现场的场景。

图 10.14　空客 A320 天津总装厂飞机前段机身

图 10.15　西飞总装的空客 A320 机翼与机身装配

10.5　飞机制造的互换协调性方法

10.5.1　基于模拟量传递的互换协调方法——模线样板工作法

模线样板工作法就是利用实物模拟量（模线、样板、标准样件、量规等）传递产品的外形和尺寸,以实现生产工艺装备之间的协调性,以及零件、部件和段件之间的互换性,保证装配顺利进行,制造出合格的飞机产品。模线是按 1∶1 的比例,根据飞机复杂的曲面外形和各零件之间的装配关系描绘出的一系列平面图线(包括外形线、结构轴线、结构图形等),有理论模线和构造模线之分。因此,在飞机制造中实施的模线样板工作法就有下面三个具体内容。

1. 绘制理论模线

飞机理论外形是按照气动力学要求设计的,因此飞机的几何外形和尺寸都必须首先以此为依据设计和绘制理论模线。下一步才轮到绘制构造模线。对飞机外形应用数学模型和数控绘图技术描述之前,理论模线是保证飞机外形正确与协调的唯一原始基准,也是后续绘制结构模线和制作生产样板的主要凭据。理论模线图形中应包含飞机部件的设计基准(飞机各种轴线、基准线等)、飞机各个部件切面的理论外形线等内容,为制造外形检验样板及装配夹具样板提供依据。因此,理论模线通常应按照部件分别绘制。下面以图 10.16 所示机翼的综合切面模线和平面模线示意图为例加以说明。

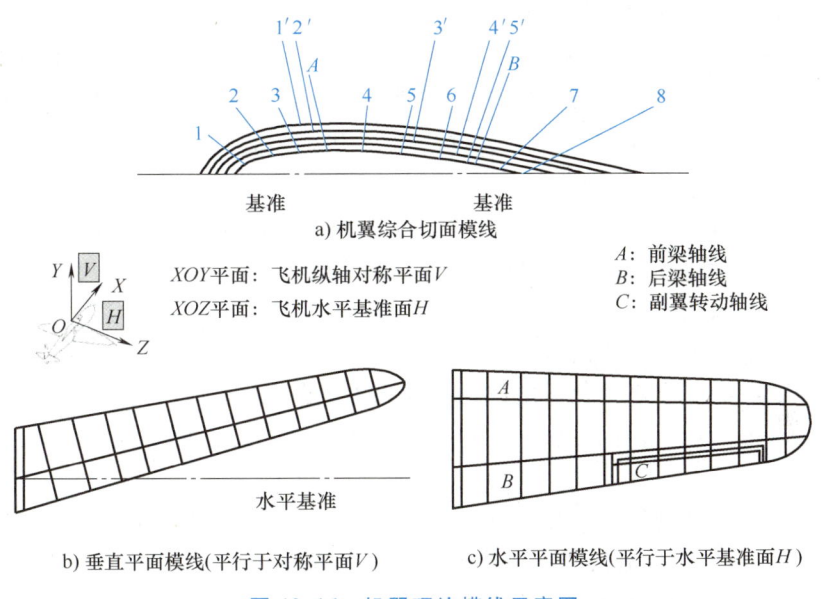

图 10.16 机翼理论模线示意图

按传统方法设计机翼理论外形时,设计人员无须进而计算,而是从翼型手册等文献(研究汇总了大量翼型曲线)查阅翼型几何气动参数,比对后选择最能满足设计指标的翼型。图 10.16a 所示的综合切面模线是将翼肋所在的机翼横切面外形按同一基准线(弦线)绘制在同一块模线图板(金属平板或聚酯薄膜)上的结果。除综合切面模线外,还应绘制平面模线,即纵向切面模线,这包括图 10.16b 所示的平行于对称平面 V 的竖直平面模线和图 10.16c 所示的平行于水平基准面 H 的水平平面模线。绘制平面模线的目的是控制机翼的理论外形,对其纵横切面交点加以协调,保证机翼气动外形呈光滑流线型,同时为绘制构造模线提供外形依据。需要指出,这一类机翼的综合切面模线和平面模线均为直母线,而且机翼外形在几何上具有共同点,即各个翼肋切面在同一百分比弦长上的外形点的连线均为直线,如图 10.17 所示。因此,借助解析法或几何法均可简单地求算出中间翼肋 i 剖面的相关

数据 (l_i, y_i)。

理论模线的绘制是一个既复杂又需要反复协调的过程,要完整、精确地控制机翼的理论外形,保证纵、横向交点协调、流线光滑,而且相应的尺寸都在公差范围内。

手工绘制理论模线是技术活,耗时长,精度差。有多少中间翼肋就要求解多少剖面数据以供下一步使用,工作量相当大。所幸,现代飞机外形的理论模线已经借助计算机和数控绘图机来实现了。

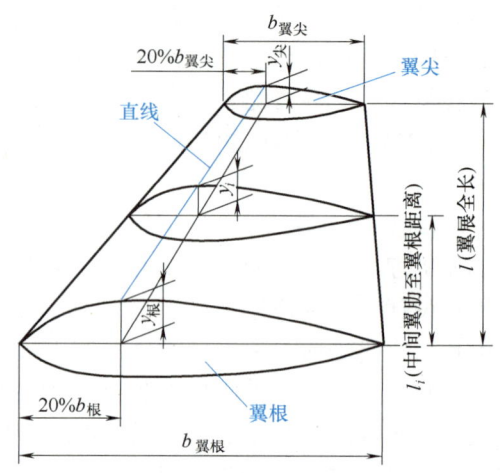

图 10.17 计算中间翼肋 i 剖面的数据 (l_i, y_i) 的解析法

2. 绘制构造模线

理论模线仅为部件外形提供原始依据,并不涉及部件的内部结构。为了具体指导生产活动,还需要在喷漆的铝板上绘制 1∶1 的构造模线,以表明部件内部布局的细节。具体而言,机翼构造模线的作用有两个:一是协调机身隔框、翼肋等组件上的所有零件的布局,核对有无干涉或不协调之处;二是提供制作零件外形样板的依据。因此,除了按理论模线作出外轮廓之外,构造模线还包括设计基准、某切面上全部零部件的位置和几何形状。

设计图样是制造和检验各类与外形有关的零件及工艺装备的依据。需要指出,构造模线与设计图样两者之间是有区别的。不同之处归纳如下。

1) 构造模线必须按照 1∶1 比例准确绘出。
2) 构造模线上并不标注任何尺寸。
3) 构造模线应绘制出基准孔、定位孔、导孔等工艺孔。
4) 零部件不取剖视图,代之以标记和符号,如翼肋弯边高度和圆角、斜度,减轻孔和加强肋的形状等。
5) 同一切面内的结构零件不允许分别绘制,以便于发现设计中的不协调问题。

图 10.18 所示为机翼构造模线(外形检验样板)的示例。它将相应的理论模线"移形"到一块 1.5~2mm 厚的冷轧低碳钢底板上,然后表面喷清漆制成。

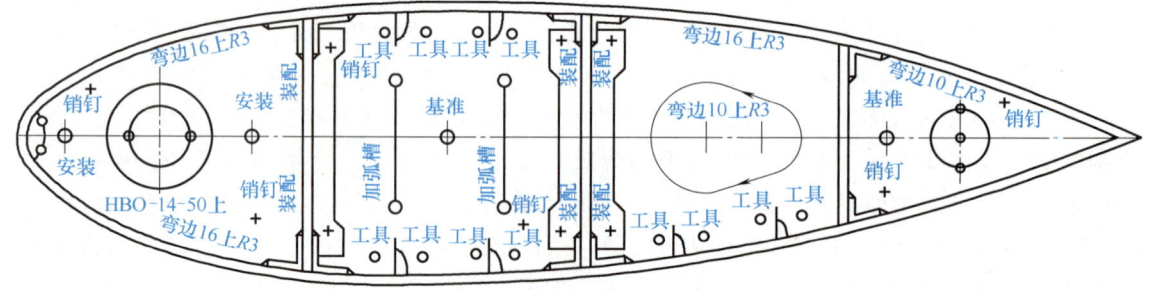

图 10.18 机翼外形检验样板示例

3. 制作生产样板

将某切面上全部零部件的尺寸和形状绘制完毕,再核对该切面内各套工艺装备之间彼此

协调无误之后，便完成了构造模线的工作，即可进入生产样板的制作阶段。生产样板是制造各类部件（如机翼）中与外形有关的零件，以及检验装配工序所需工艺装备的基准。最后以生产出每一个零部件为目标。其最终目标是保证飞机制造阶段良好的互换协调性。

10.5.2　互换协调生产中的基本工艺装备

2015 年的数据披露，每架波音 737 飞机平均装配时间为 165000 工时。如果按照 8h/（日·人）折算，大致为 2 万个人·日。"工欲善其事，必先利其器"，在飞机制造前，必须准备包括各类模线、样板、标准样件、装配型架等在内的一系列基本工艺装备，对实现互换协调、保证产品质量、提高作业效率很重要。仅以样板为例，每生产一种型号飞机，所需的各种样板总计可高达数万块。图 10.19 所示为互换协调生产中的基本工艺装备。

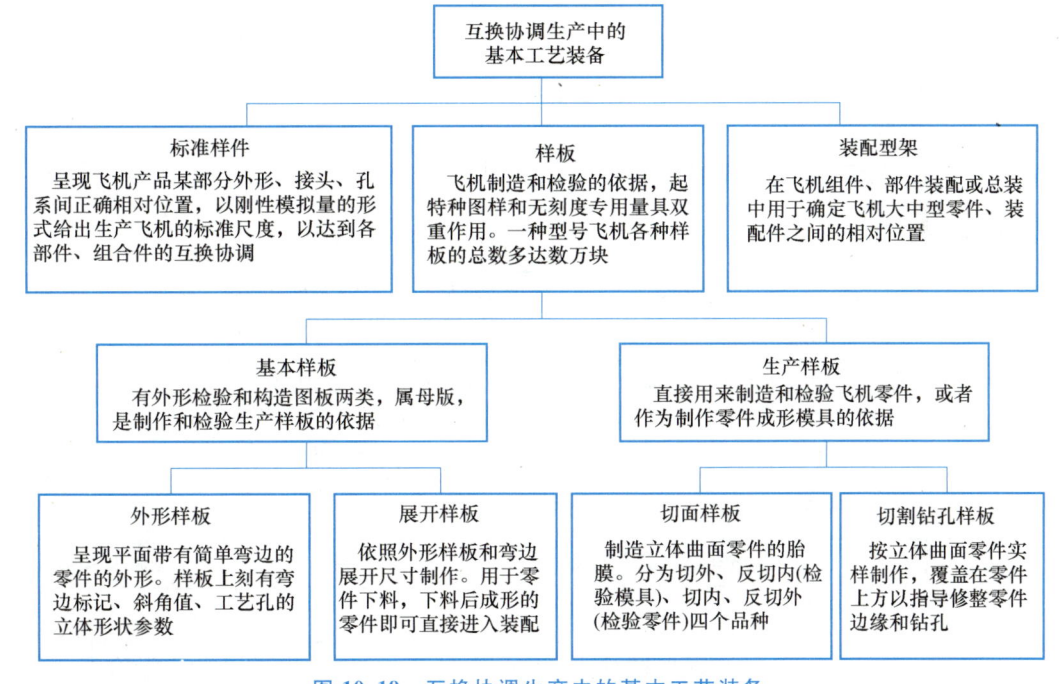

图 10.19　互换协调生产中的基本工艺装备

在基本工艺设备中，最具有代表性的当属装配型架。装配型架是供大中型飞机组件、部件装配或总装使用的装配夹具。其主要功用有两个：一是保证产品的准确度及互换性，即保证进入装配的零件、组合件、段件在装配中准确定位，并保持正确的形状和一定的工艺刚度；二是定位迅速、可靠，操作方便、效率高。装配型架本身具有成套性、协调性的特点。

飞机装配的准确度主要取决于装配型架的制造准确度和安装准确度。装配型架的安装需要大尺寸空间精密测量和定位专门技术，这是飞机制造的关键性技术之一。除了借助普通测量工具安装型架的方法外，还有两种目前较流行的方法：一是按模拟量安装型架；二是按数值量安装型架。先进的方法是在现场引入激光跟踪仪或全站仪来完成型架的精确定位，保证定位点或特定的面在图样要求的公差范围之内。图 10.20 所示为洪都公司为 C919 大飞机前机身直段部研制的专用装配型架。

图 10.21 所示为通过模拟量（飞机实体模线、样板、标准样件、型架等）传递产品形

图 10.20　C919 大飞机前机身直段部装配型架

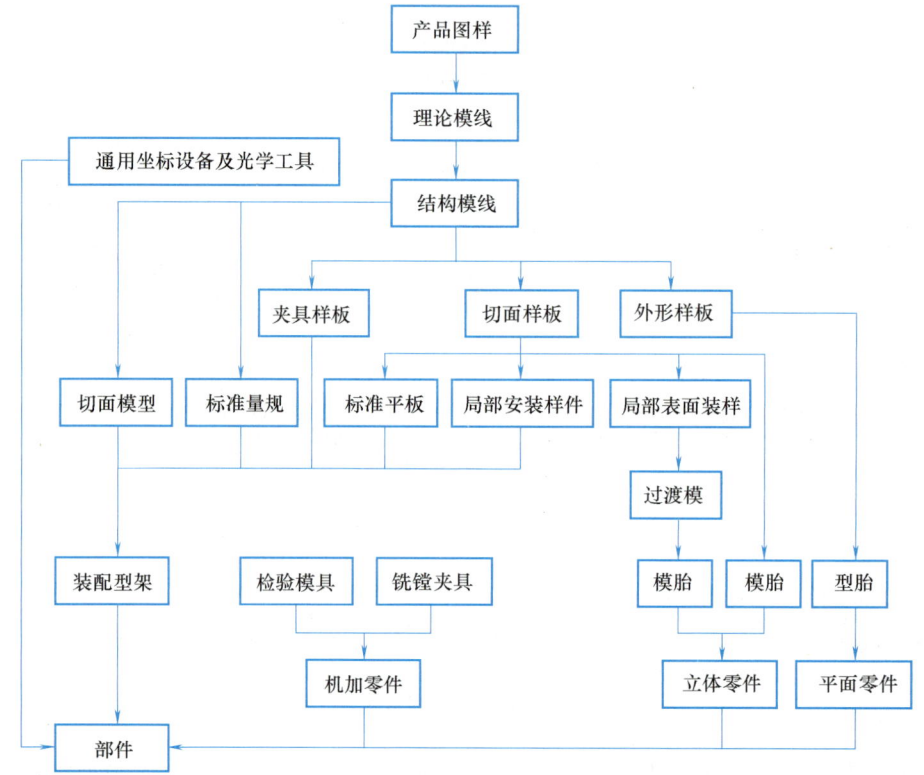

图 10.21　通过模拟量实现工艺装备和产品互换协调性的路线

状和尺寸，实现生产工艺装备之间协调性和零件、装配件、部件互换性的典型协调路线。

10.5.3　基于数字量传递的互换协调方法

尽管模线样板工作法对实现飞机制造中的互换协调具有重要作用，但它也存在若干不足，如传递路线长、误差大、精度低、生产准备周期长、费工时、成本高等，所以目前已经在很大程度上被现代的基于数字量传递的互换协调方法所取代。

现代飞机外形设计，设计人员会建立起全机外形数学模型，以此作为生产中描述飞机外形和结构的几何形状及尺寸的原始基准，即为所谓"飞机数字化样机的制造与协调"打下坚实的基础。波音 777 是世界首架全数字化定义的飞机，数字化技术的应用使开发费用和时间缩短了50%，设计返工率减少了93%，制造和装配中出现的问题减少了50%~80%，成为先进制造的典型范例，不仅提高了飞机性能，保证了产品质量，而且大幅度缩短了研制周期并降低了研制成本。在研制飞豹改进型飞机时，我国也采用过数字化样机技术，同样获得了成功。

与以样板为核心协调飞机外形、结构的几何形状和尺寸的所谓"基于模拟量传递的互换协调"方法比较，"基于数字量传递的互换协调"方法通过统一的数学模型和数字量传递信息，将数据作为设计、制造、检验飞机结构单元、工艺装备、零部件质量的唯一依据。数字化协调方法通过数字化工装设计、数字化制造、数字化测量来实现，再利用数控加工技术制造零件外形和所有定位元素。在工装制造时，借助数字测量系统（如激光跟踪仪、电子经纬仪、室内GPS等设备）实时测量和监控工装或产品上的相关控制点（关键特征点）的位置，建立起产品零件基准坐标系统，以此与3D模线定义的数据直接比对，将结果作为检验产品偏差和质量的依据。

举例来说，由于计算机引入"三次样条""B样条""孔斯（Coons）曲面""NURBS"等数学工具，对描绘飞机外形的曲线和曲面以及构建理论模线提供了极大便利。结果大大简化了手工绘制外形曲面后必不可少的大量协调工作，而且数控自动绘图机极大地提高了绘制模线的精度和速度。

1. 基于数字量传递的互换协调技术

数字量传递的协调方法是在统一基准下把产品协调部位的尺寸和形状信息通过数字方式传递给产品或生产工艺装备。这种协调方法的根本出发点是让数据集成作为制造和检验产品结构单元的唯一依据，并通过计算机实现辅助工装设计、制造和数字化测量。

图 10.22 所示为数字量传递的互换协调方法示意。

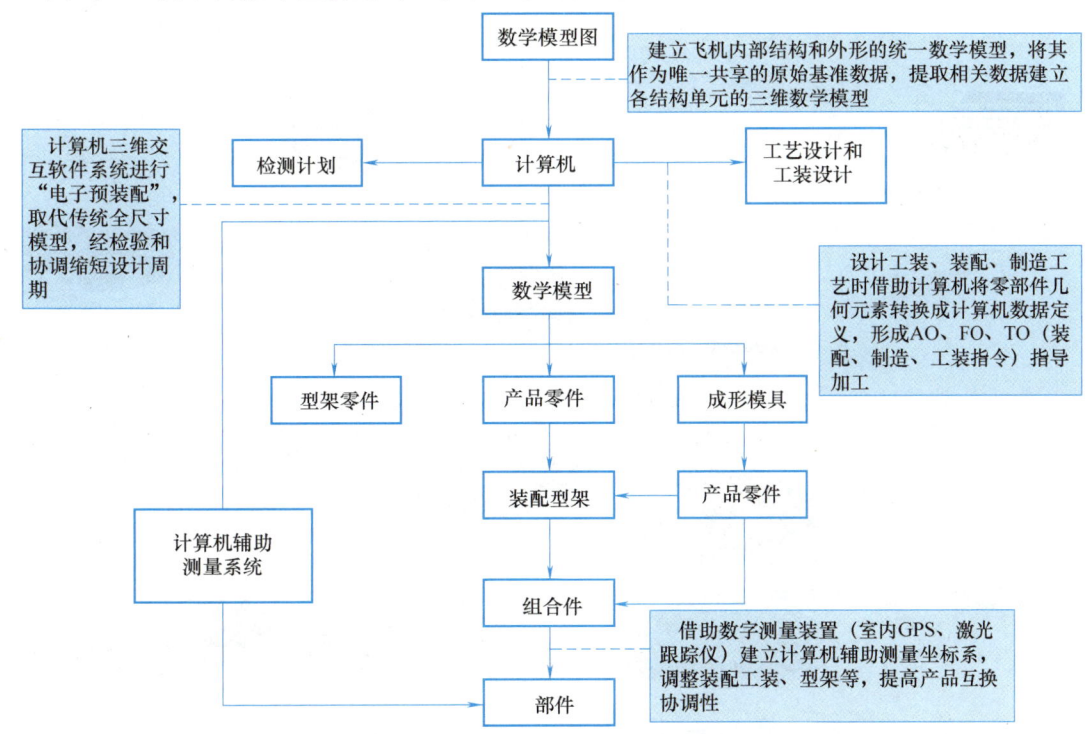

图 10.22　数字量传递的互换协调方法示意

由图 10.22 可以解读出全数字量传递将给飞机制造系统带来诸多便利，具体如下。

1）计算机建立和保存的有关飞机外形和内部结构的数学模型乃是飞机制造过程中唯一的原始数据集，各个部门和各类人员均可共享，从而避免传递中数据转换带来的偏差。

2）借助计算机三维交互软件可以实现所谓的"电子预装配"，以此取代传统工程协调的全尺寸模型，可以提前发现装配问题，减少由设计错误和重新加工造成的返工，大大缩短飞机研发周期。

3）工艺装备设计、工艺协调、制造、装配时，可从计算机交互式图形显示终端将数据集内的相关几何元素转换成计算机内部的精确数据定义以用于方案设计、公差分配等，减少中间环节。

4）为工艺装备的管理、数控加工和检测、型架装配等提供方便。

5）提高了飞机制造各个环节中的零件，尤其是整体框、整体梁、整体壁板等重要机加类零件的加工精度，对便于钣金件、管路件的下料成形，以及提高准确度和协调性大有好处。

2. 以数字孪生技术为基础的互换协调系统

图 10.23 所示为以数字孪生技术为基础的互换协调生产流程，数字量信息传递到钣金、机加工、工装、模具等与飞机产品生产全过程相关的各类生产加工装备。通过数字系统的互相协调，最终完成飞机外形的加工制造及装配。

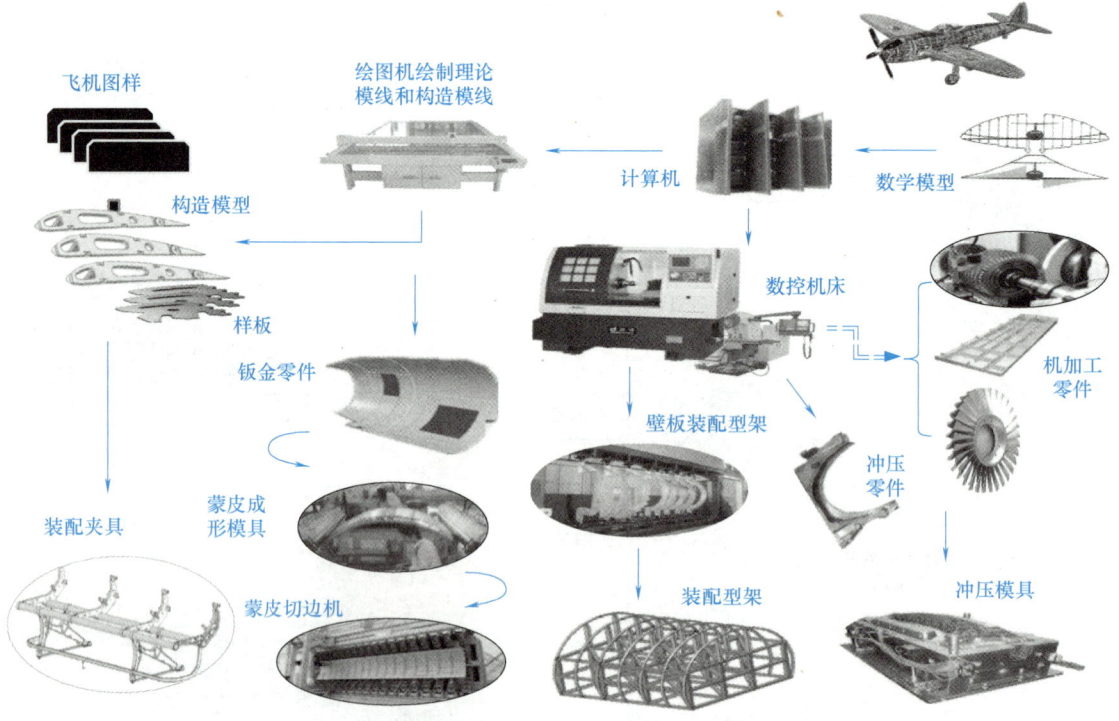

图 10.23　以数字孪生技术为基础的互换协调生产流程

10-1　试说明在传统制造中公差配合与互换性之间的关系。

10-2　在一般制造业中有"互换性"的概念就够了。为何在飞机制造中，又多加了一个"协调性"的概念？何谓"互换协调"？

10-3　什么是理论模线？什么是构造模线？

10-4　比较传统模线样板互换协调方法与基于数字量传递的互换协调方法的优劣。

思政拓展：零件上各种技术要求的实现往往需要熟练的工匠细心、耐心的打磨。对于长征七号火箭的惯性导航组合中的加速度计 $5\mu m$ 的公差，大国工匠李峰借助 200 倍的放大镜手工精磨修整；对于加工精度要求异常严格、视线受遮挡的水电站生产核心设备——弹性油箱的加工，大国工匠裴永斌锻炼出靠双手摸就能"测量"出几十微米尺寸误差的"绝活儿"。扫描下方二维码观看大国工匠打磨自己精湛技艺的动人故事。

大国工匠
大技贵精

大国工匠
大道无疆

第 11 章 切削加工技术

【本章导读】

本章讲述车削、铣削、钻削、磨削、齿轮加工等常用的金属切削加工方法及设备。

飞机有一类典型的切削加工的零件——大型整体结构件，如机翼整体壁板、翼梁、座舱风窗骨架、舱门、窗框等；还有一类是航空发动机的叶轮、叶片等。它们形状复杂，工序繁多，切削加工量大，现在，借助多轴联动数控铣床来加工这些零件已经相当普及了。作为未来的航空工程师，应该对多轴联动数控机床有宏观、粗浅的了解，以便掌握当今切削加工的高端水平。本章以发动机机匣、整体叶轮、叶片等为例，比较详细地介绍了多轴联动数控机床的构型特点、工艺路线、刀具选择、刀具轨迹规划、避碰和干涉的仿真检测等技术内容。

11.1 飞机零件切削加工概述

飞机制造从零件加工到装配都是从传统机械制造的基础上发展起来的，飞机制造的不同之处主要体现在它采用不同于一般机械制造的协调技术、大量的工艺装备（各种工夹具、模胎和型架等）、多种应对复杂零件和难加工材料的特种加工工艺，以及针对复合材料加工的加温加压模具、自动铺带机、预浸带和预浸布成形机等。除了传统机械加工方法，飞机零件加工是本章的重点内容。

限于篇幅，本书重点对以下四类零件加工做一些介绍。

1) 钣金类零件加工：以蒙皮拉形最具代表性。这部分内容将在第 12 章讲述。蒙皮拉形的先进制造装备是数字化多点蒙皮拉形系统，此外，还有超塑性成形、加热成形、真空蠕变成形、半模或无模成形技术等新加工方法。

2) 飞机大型整体结构件加工：如机翼整体壁板、翼梁、加强框等的加工，它们形状复杂，切削加工量大，自身刚度差，需要在台面很大（有的工作台面配有真空吸盘）、配备多个高速铣削头的现代数控铣床上加工。还有一类立体形状更加复杂的大型框架，如座舱风窗骨架、舱门、窗框等，它们不得不需要多坐标联动的数控铣床或立体靠模铣床。

3) 航空发动机叶轮、叶片的精加工。

4) 复合材料加工：包括模压技术、铺层工艺、纤维缠绕成形、纤维缝合等。相关内容将在第 14 章介绍。

关于飞机大型整体结构件和航空发动机叶轮、叶片零件的切削加工技术是本章内容重点。

11.1.1 切削加工的基本概念

什么是切削加工？观察图 11.1，图 11.1a、b 所示场景的处理对象不同，一个是苹果，一个飞机金属零件，但是它们有共同点，都是通过切削的方法（用水果刀和用铣刀）将被加工对象无用的部分去除，存留下有用的部分。

所谓**切削加工**（Machining），是利用工件与刀具之间的相对运动，从工件表面切去一层余量，使工件达到要求的尺寸精度、形状精度和表面质量的加工方法。由此看来，完成切削过程要满足以下三个前提条件。

1）工件与刀具之间有相对运动，即切削运动。
2）刀具必须具有一定的几何参数（切削角度、形状）和切削规范。
3）要让工件达到一定的形状、尺寸精度和表面质量。

常规切削加工形式可分为车削、铣削、刨削、钻削、磨削、齿轮加工等。

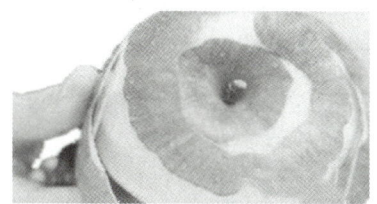
a) 苹果削皮

b) 在飞机金属零件毛坯上铣削出成品

图 11.1 削苹果与零件切削

11.1.2 飞机切削加工零件的类型

随着飞机性能的不断提高，飞机中的结构件日益增多，特别是整体框、梁、肋、壁板结构的广泛应用，飞机中需要依赖机械切削加工的零件类型和品种越来越多，在一些类型的飞机生产中，机械切削加工零件作业劳动量的比例已经有超过钣金类零件的趋势。

图 11.2 所示为飞机切削加工零件的分类。考虑到零件的功能和外形特点，大致分为整体结构件、航空发动机、航空变速器、其他类型零件四大类。

从加工技术方面考察，飞机切削加工零件有以下特点。

1）形状复杂，批量小、品种繁多，不适合规模生产方式。
2）薄壁化，甚至超薄壁化（例如最薄处厚度仅 0.76mm 左右），大型化（有的梁类零件长度达 13m），变形大，以致控制零件在加工中的切削变形很关键。
3）材料去除量大（>90%），加工周期长，成本高，对加工效率的要求高。
4）钛合金、复合材料等多样化材料，对加工技术的适应性提出高要求。
5）大型结构件坯料价值高，质量要求高，加工的风险性大。

11.1.3 飞机切削加工零件举例

图 11.3 所示为若干飞机切削加工典型零件。飞机零件切削加工的方式很丰富，如铣削、齿轮加工、车削等，需要用到各种设备和刀具、夹具、量具。

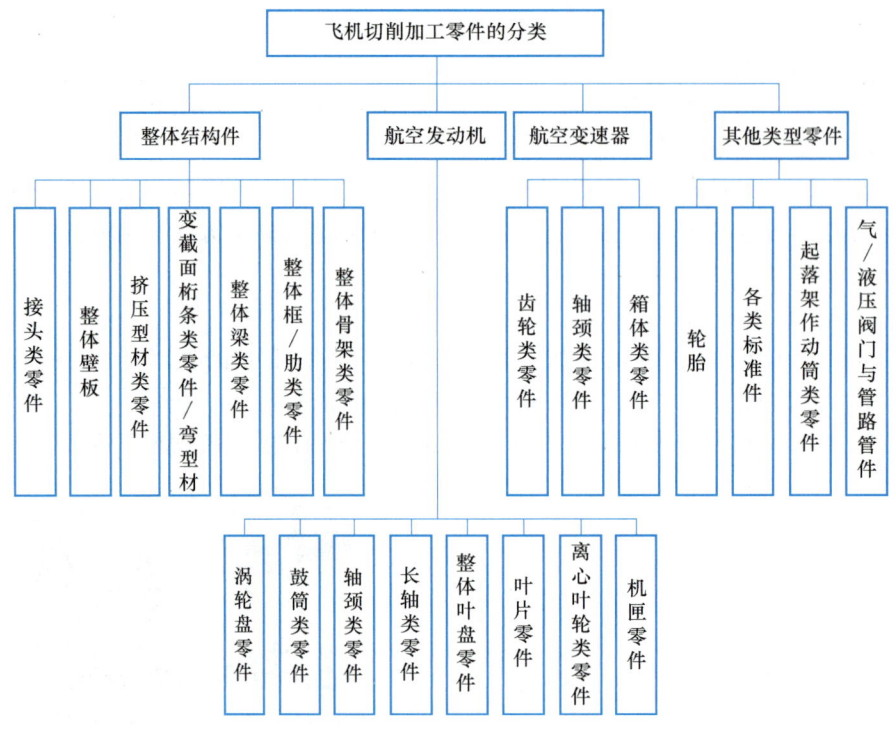

图 11.2 飞机切削加工零件的分类

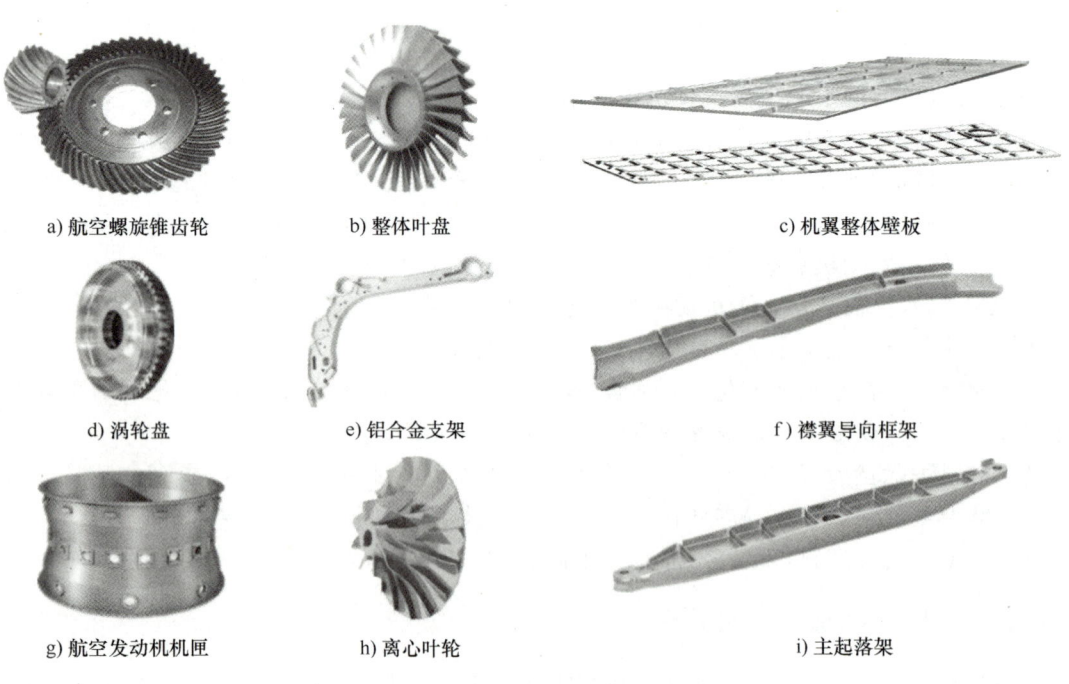

图 11.3 飞机切削加工典型零件

11.2 常用金属切削方法及设备

11.2.1 车削

车削(Turning)是在车床上通过工件旋转和刀具进给切除多余材料的切削加工方法。车削适合加工回转体内、外表面,如圆柱面、圆锥面、端面、环形沟槽、螺纹等。

车削是最基本、最常见的切削加工方法,在飞机零件切削加工中占有十分重要的地位。

1. 车床

车床(Lathe)有卧式车床、立式车床、数控车床和车削中心等。图 11.4 所示为卧式车床的主要组成部分。

(1) 主轴箱(床头箱) 主轴箱将主电动机传来的旋转运动经过变速系统转换为主轴主切削运动所需的正、反两种转向的不同转速,同时分出部分动力将运动传给进给箱。

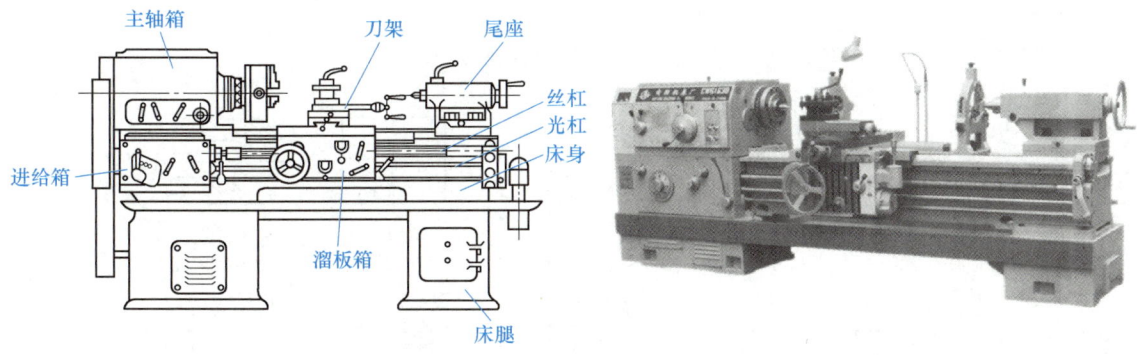

图 11.4 卧式车床

(2) 进给箱 进给箱内有进给运动变速机构,以便得到设定的进给量或螺距,它可以通过光杠或丝杠将运动传至刀架以进行切削。

(3) 丝杠与光杠 丝杠与光杠连接进给箱与溜板箱,并把运动和动力传给后者,使溜板箱获得纵向直线运动。丝杠的功能是车削各种螺距的螺纹,车削其他表面则用光杠。

(4) 溜板箱 溜板箱为进给运动的操纵箱,内有将光杠和丝杠的旋转运动变成刀架直线运动的机构,通过光杠传动实现刀架的纵向进给运动、横向进给运动和快速移动;借助丝杠带动刀架做纵向直线运动车削螺纹。

(5) 刀架 刀架有中滑板和小滑板两层。刀架上安装车刀,并带动车刀沿纵向、横向或斜向运动。

(6) 尾座 尾座安装在床身导轨上,可沿导轨纵向移动以调整位置。尾座主要用来安装后顶尖,以支承较长工件;也可安装钻头、铰刀等进行孔加工。

(7) 床身 床身是带有高精度导轨(山形导轨+平导轨)的基础部件,用于支承和连接车床的各个部件,并保证各部件准确的相对位置。

(8) 冷却装置 冷却装置通过冷却水泵将水箱中的切削液加压后喷射到切削区域,降低切削温度,冲走切屑,润滑加工表面,提高刀具使用寿命和工件的表面加工质量。

2. 刀具和夹具

图 11.5 所示为车削常用车刀和车床常备卡盘。

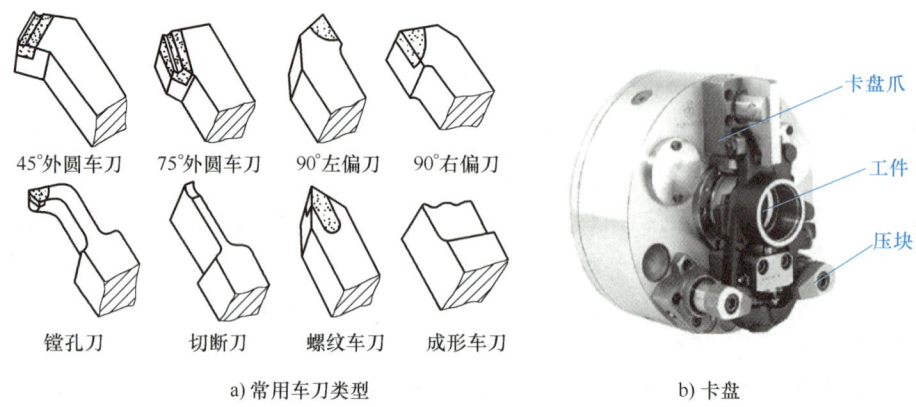

a) 常用车刀类型　　　　　　　b) 卡盘

图 11.5　常用车刀和卡盘

3. 车床的主要切削作业类型

图 11.6 所示为卧式车床所能完成的主要切削作业类型。

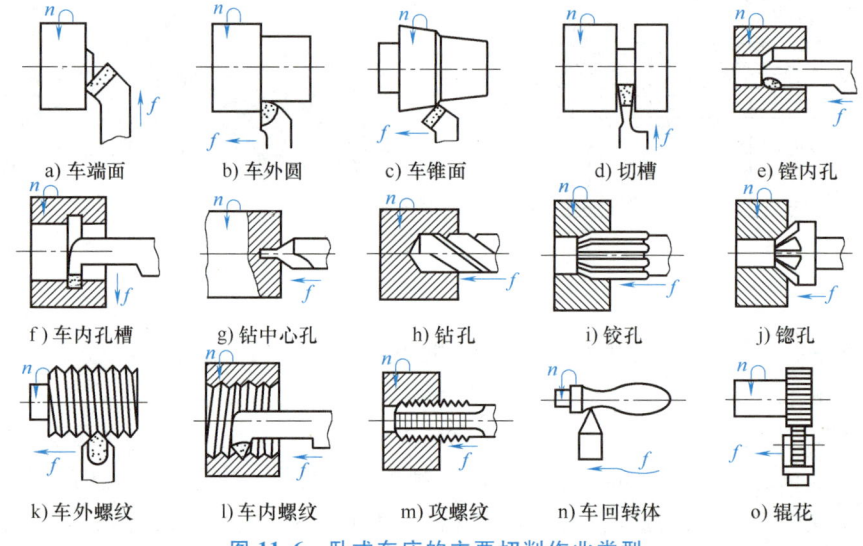

图 11.6　卧式车床的主要切削作业类型

4. 数控车床和车削中心

图 11.7 所示为数控车床和车削中心照片。其中，图 11.7a 所示为目前使用较为广泛的数控机床之一，它的功能与普通车床类似，普通车床靠工人手工操作，加工时手摇或机动车刀切削，用卡尺等工具测量产品精度。数控机床能够按照事先编制好的加工程序，自动地对零件进行加工。加工程序的内容包括零件的加工工艺路线、工艺参数、刀具的运动轨迹、位移量、切削参数及辅助功能等。

数控机床（Numerical Control Machine Tool）的核心技术是数控技术，也称为计算机数控（CNC）技术，靠计算机实现数字程序控制，完成数控加工。现在，数控加工已广泛应用在机械加工各领域。数控车床是数控机床的主要款式之一，大致占数控机床总数的 25%。

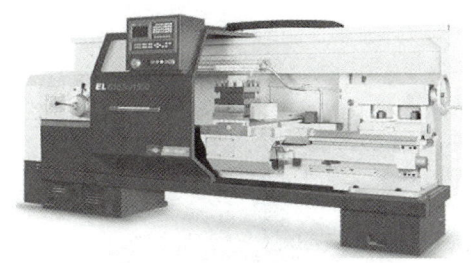 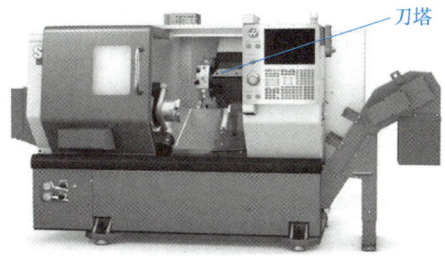

a) 数控车床　　　　　　　　　　b) 车削中心

图 11.7　数控车床和车削中心照片

与普通机床相比，数控机床有如下特点。
1）加工精度高，具有稳定的加工质量。
2）可进行多坐标的联动，能加工形状复杂的零件。
3）加工零件改变时，一般只需要更改数控程序，可节省生产准备时间。
4）机床本身精度高，刚性大，生产率高（一般为普通机床的 3～5 倍）。
5）自动化程度高，可以减轻劳动强度。
6）对操作人员的素质要求较高，对维修人员的技术要求更高。

图 11.7b 所示的车削中心以车床为基体，集成铣、钻、镗等功能于一体，可配副主轴，使工件的复杂工序可一次装夹完成。按刀塔形式，车削中心分为栉式和刀塔式两种。前者在三个面不同方位排列多把动力刀具或固定刀具，借助工作台的坐标移动实现换刀，完成轴向、径向和偏心的车、铣、钻、镗等加工，是小工件高效加工的首选。后者在工作台上安装动力刀塔，某工序完工后，刀塔旋转，更换刀具后再参与加工，以此完成复杂的加工步骤。

11.2.2　铣削

铣削（Milling）是指在铣床上使用旋转的多刃刀具对工件进行切削加工的方法。与车削不同的是，铣削的刀具在主轴驱动下高速旋转（切削主运动），工件做进给运动（直线或曲线）；如果工件固定，那么刀具就必须同时完成主运动和进给运动（旋转+移动）。铣削主要用于加工工件的非旋转表面。传统铣削较多用于铣轮廓、沟槽等简单的外形和特征，而数控铣削更擅长进行复杂外形和特征的加工。

铣削加工效率较高，铣削在飞机零件机械加工中用途很广。通常，平板类零件和模具，包括飞机壁板的平面、沟槽、加强肋、曲面等很多切削工作量都是靠铣削加工来完成的。铣削在飞机切削加工总工时中所占的比例高达 33.8%～48.5%。

1. 铣床

铣削用的机床有卧式铣床、立式铣床、龙门铣床等，它们属于普通机床，另外也有数控机床。铣床可按构型、控制方式、布局方式和功能等分类。图 11.8 所示为三种典型的普通铣床。

(1) **卧式铣床**　卧式铣床是用于铣削平面或成形面的铣床，其主轴水平布置，与工作台平行。如图 11.8a 所示，床身水平布置，滑台沿 OX 轴进退，工作台沿床身导轨纵向（OY 轴方向）移动，升降台承载滑台和工作台并实现竖直（沿 OZ 轴方向）升降。卧式铣床结构简单，生产率高，使用圆柱铣刀、圆片铣刀、角度铣刀、成形铣刀和端面铣刀等加工各种平

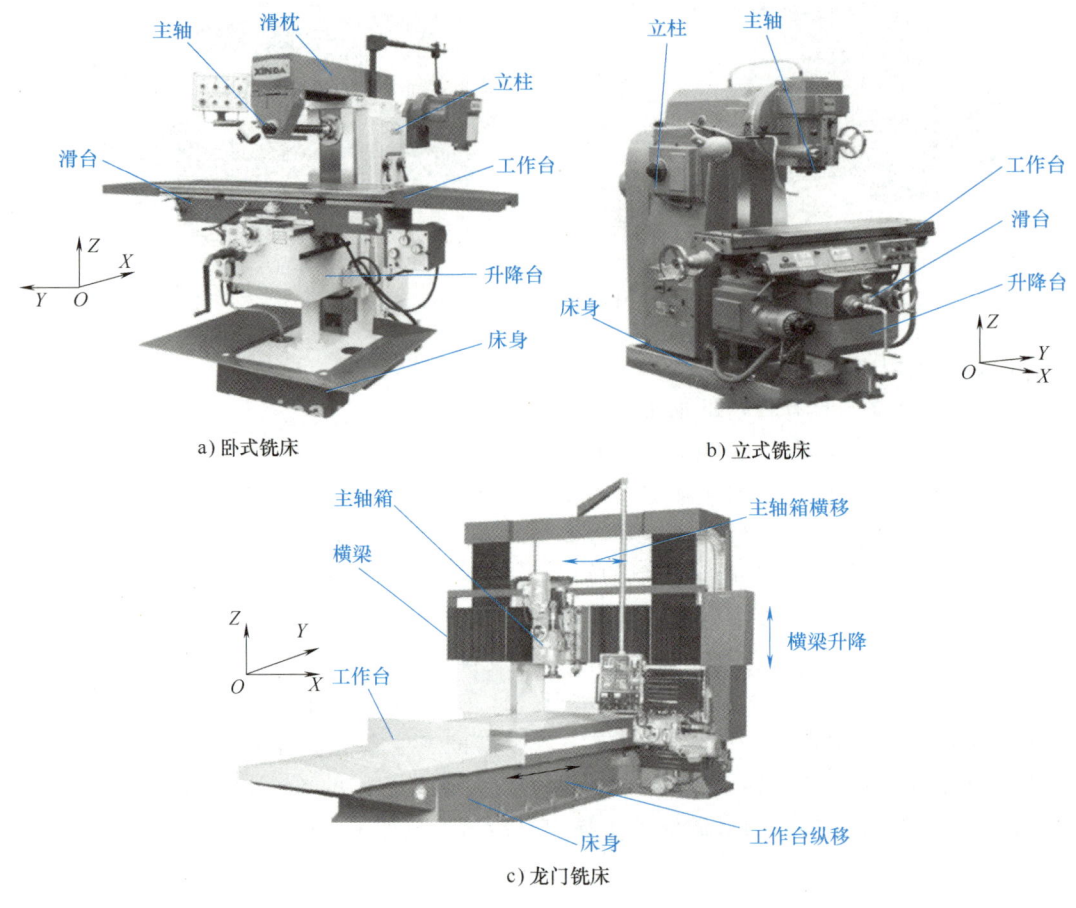

图 11.8 三种典型的普通铣床

面、斜面、沟槽等。

（2）立式铣床　与卧式铣床相比较，立式铣床的主轴采用竖直布局。如图 11.8b 所示，立式铣床有可沿床身导轨竖直（沿 OZ 轴方向）移动的升降台，安装在升降台上的工作台和滑台可分别做纵向（沿 OY 轴方向）、横向（沿 OX 轴方向）移动。由于有立式轴，因此铣刀的运动相对比较灵活，可安装立铣刀、机夹刀盘、钻头等，完成铣键槽、铣平面、镗孔等作业。

（3）龙门铣床　龙门铣床用于大型结构件的铣削加工。如图 11.8c 所示，龙门铣床床身水平布置，两侧的立柱和连接梁（横梁）构成龙门门架。铣头安装在横梁上，可沿横梁导轨移动（沿 OX 轴方向）。横梁则沿左右立柱导轨竖直（OZ 轴方向）移动，工作台可沿床身导轨纵向（OY 轴方向）移动，构成三维坐标的进给运动。

除以上类型外，还有摇臂铣床、工具铣床、仿形铣床和专用铣床，常用的专用铣床有键槽铣床、凸轮铣床、曲轴铣床、轧辊轴颈铣床和方钢锭铣床等。

2. 刀具和加工作业类型

图 11.9 所示为铣削使用的几类铣刀示例。铣床加工的范围很广，所以铣刀的类型很丰富。图 11.10 所示为铣床典型的加工作业类型。

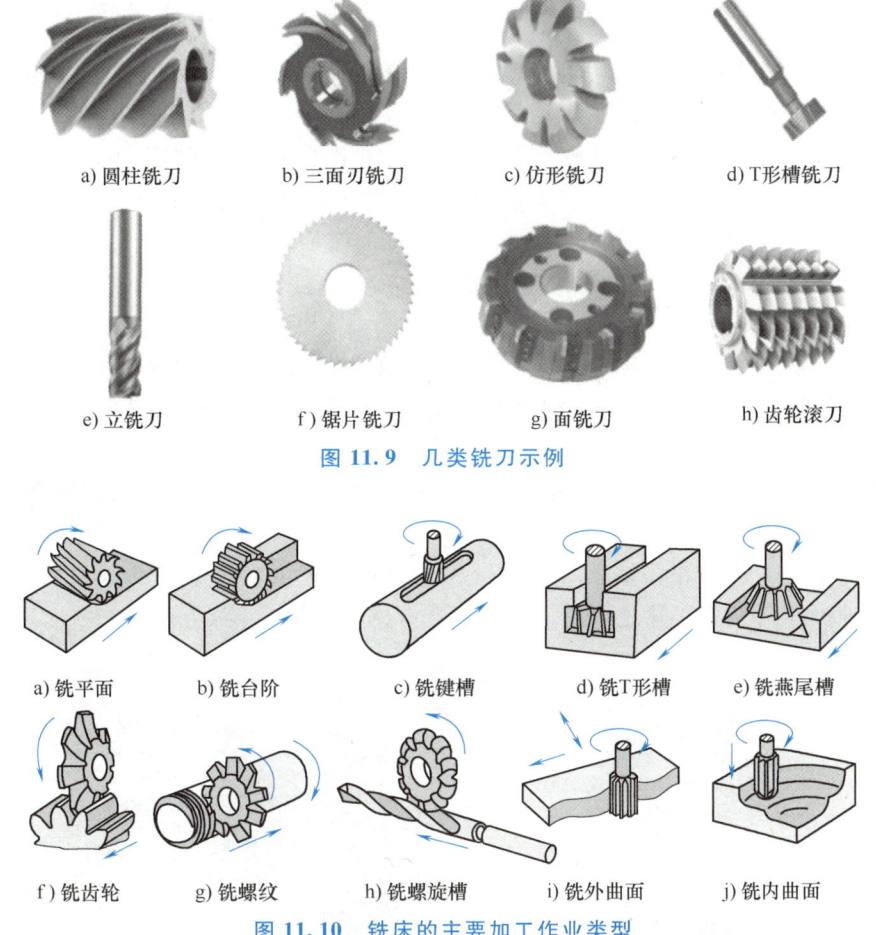

图 11.9 几类铣刀示例

图 11.10 铣床的主要加工作业类型

3. 五轴数控加工中心

普通卧式铣床、立式铣床和龙门铣床可胜任一般难度的加工,故得以广泛应用。但它们有一些缺点,即铣刀轴线姿态变化不灵活。例如,加工曲面工件,无论用立铣刀的端刃、侧刃,还是借助球头刀具仿形加工,刀具轴线姿态均无法保持不变,机床只能利用 OX、OY、OZ 三个线性轴的插补实现刀具在空间直角坐标系中的运动轨迹。面对复杂曲面产品,传统铣床存在效率低、加工质量差,甚至无法加工的不足。对比之下,五轴联动数控机床具有以下优点。

1)**能改善切削条件,保持刀具处于最佳切削状态**。例如,避开球头铣刀中心点线速度为 0 的极端情况,以获得更好的表面质量。

2)**避免刀具干涉**。从设备原理上,三轴铣床就无法解决飞机发动机叶轮、叶片和整体叶盘等复杂零件加工时的刀具干涉问题,而五轴机床却可以满足。

3)**减少装夹次数**。一次装夹完成五个面的加工,加工精度容易得到保证。

五轴联动数控机床是叶轮、叶片、船用螺旋桨、重型发电机转子、汽轮机转子、大型柴油机曲轴等加工的唯一手段。不过,五轴数控加工中心的刀具姿态控制算法、数控系统、CAM 编程和后处理都要比三轴机床复杂得多。在后续部分会较详细地介绍五轴联动数控机床。

11.2.3 钻削

钻削（Drilling）指在钻床上利用钻头在工件上开展孔加工的切削作业。通常以钻头在钻床主轴带动下的旋转作为切削主运动，同时以钻头轴向移动作为进给运动。除了钻床外，车床、镗床或铣床也均可进行钻孔作业。钻孔一般处于预加工或粗加工工序，若孔的几何精度和表面质量要求较高，则需要进一步借助其他切削手段完成精加工。

1. 钻床

根据用途和结构，钻床主要分为立式钻床、台式钻床（图11.11a）和摇臂钻床（图11.11b）。

1）立式钻床：工作台和主轴箱在立柱上竖直移动，用于加工中小型工件。

2）台式钻床：简称台钻，是一种小型立式钻床，最大钻孔直径为11~15mm，常用来加工小型工件的小孔。

3）摇臂钻床：主轴箱在摇臂上径向移动，摇臂回转和升降，工件固定不动，适用于加工大而重和多孔的工件。

除以上类型外，还有深孔钻床（如枪管、炮筒和机床主轴等零件的深孔加工）、中心孔钻床（加工轴类零件两端的中心孔）、铣钻床（有铣削功能）等。

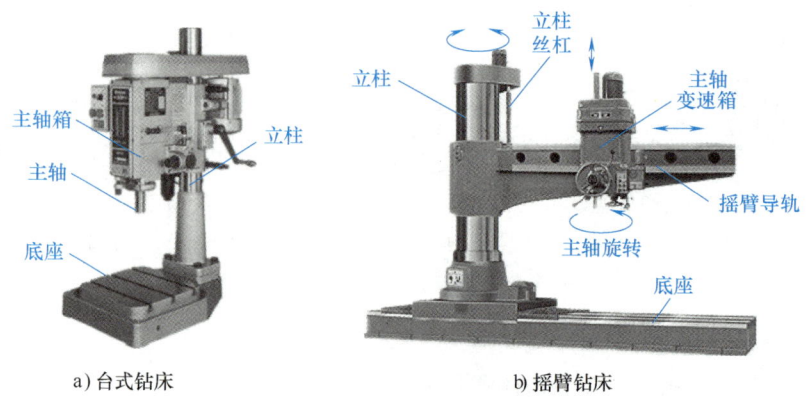

a) 台式钻床   b) 摇臂钻床

图 11.11 台式钻床和摇臂钻床

2. 刀具和加工作业类型

钻床除了用钻头在工件上加工孔之外，也可以完成其他加工作业，典型应用包括扩孔、铰孔、攻螺纹、锪孔、锪平等，如图11.12所示。图11.13所示为钻床典型加工作业刀具。

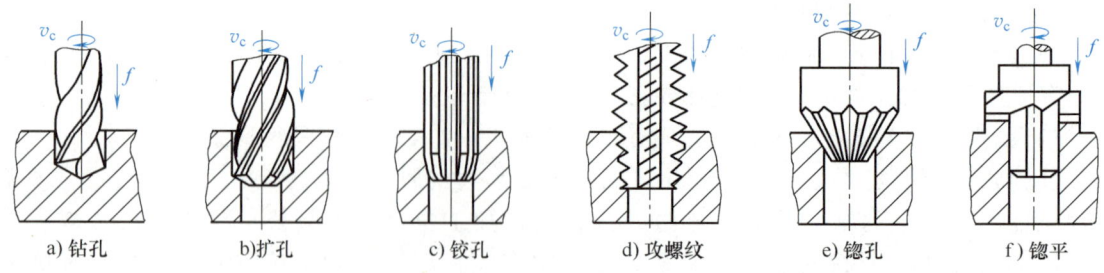

a) 钻孔   b) 扩孔   c) 铰孔   d) 攻螺纹   e) 锪孔   f) 锪平

图 11.12 钻床典型加工作业

第 11 章 切削加工技术

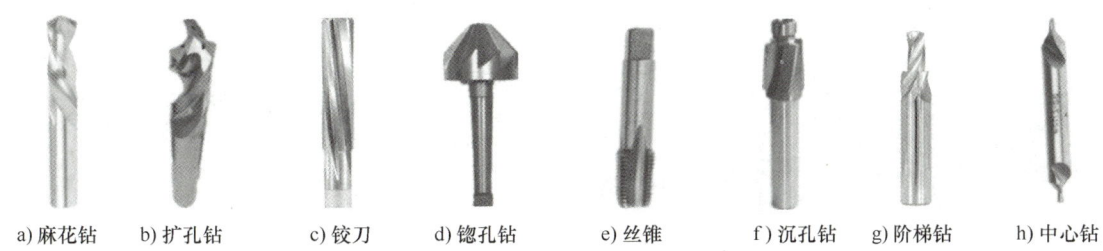

图 11.13 钻床典型加工作业刀具
a) 麻花钻 b) 扩孔钻 c) 铰刀 d) 锪孔钻 e) 丝锥 f) 沉孔钻 g) 阶梯钻 h) 中心钻

麻花钻是钻床加工圆孔最常用的刀具。其容屑槽呈螺旋状，因形似麻花而得名。螺旋槽有 2 槽、3 槽或更多槽的形式，其中以 2 槽形式最普遍。麻花钻可被夹持在手动、电动手持式钻孔工具或钻床、铣床、车床乃至加工中心上。钻头材料一般为高速工具钢或硬质合金。麻花钻头部的切削刃型有不同的修磨形式以适应各种钻削作业，如图 11.14 所示。

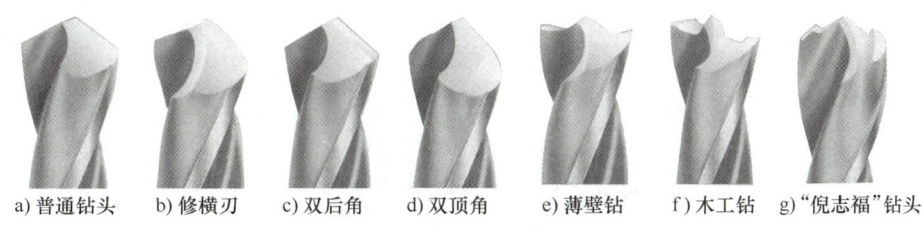

图 11.14 麻花钻几种典型切削刃型修磨形式
a) 普通钻头 b) 修横刃 c) 双后角 d) 双顶角 e) 薄壁钻 f) 木工钻 g) "倪志福"钻头

11.2.4 磨削

磨削（Griding）是用磨料、磨具切除工件多余材料的加工方法。磨削用于加工各种内、外圆柱面、圆锥面和平面，以及精加工螺纹、齿轮、花键等复杂成形面。磨粒硬度高，对难加工的淬火钢、硬质合金等材料，很有效，非常适合飞机零件的精加工。

1. 磨床

大多数磨削设备使用高速旋转的砂轮进行微刃切削加工。根据用途和工艺方法不同，普通磨床可以分为外圆磨床（图 11.15）、内圆磨床、平面磨床（图 11.16）、无心磨床、工具磨床和专用磨床，常用的专用磨床有导轨磨床、球面磨床、曲轴磨床、螺纹磨床、齿轮磨床等。少数磨床使用磨石、砂带等其他磨具或游离磨料进行加工，如珩磨机、砂带磨床（图 11.17）、研磨机、抛光机等。

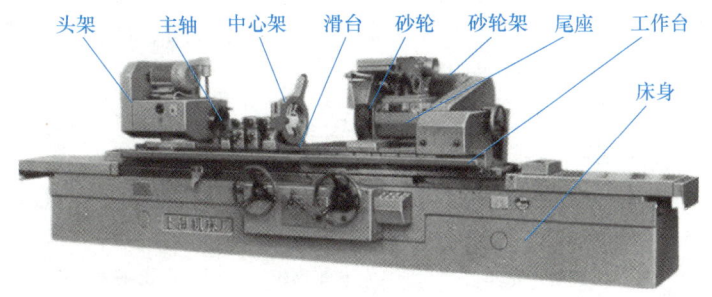

图 11.15 外圆磨床

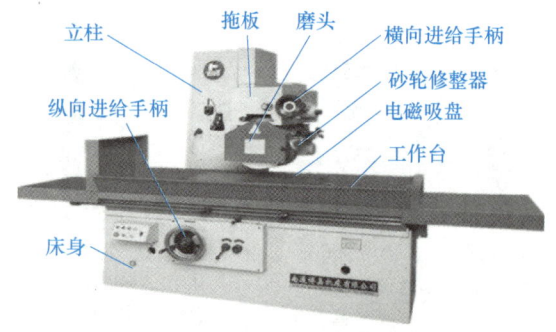
图 11.16 平面磨床

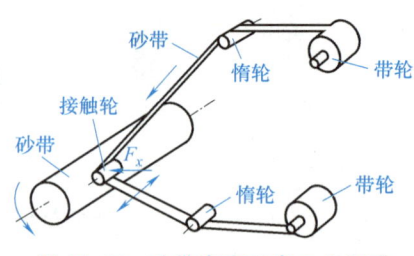
图 11.17 砂带磨床研磨工作原理

数控磨床在汽车、轴承、军工、航空航天等行业的批量加工中被广泛采用。数控磨床利用预先编制的程序，根据控制系统发布的数值信息指令进行加工，对复杂工件的适应性和加工效率更高。

2. 磨削作业类型

图 11.18 所示为几种典型的砂轮磨削作业类型。

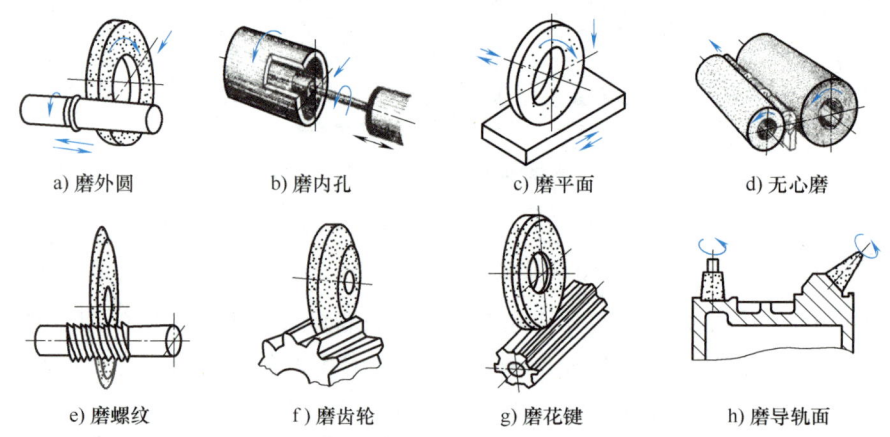

图 11.18 几种典型的砂轮磨削作业类型

3. 磨削工具

（1）砂轮 砂轮是由结合剂将普通磨料固结成一定形状和强度的多孔体固结磨具。砂轮一般由磨料、结合剂和气孔三要素组成。磨料有刚玉、碳化硅、金刚石、立方碳化硼等。常见的结合剂有陶瓷、树脂、橡胶等。按照形状分，砂轮有平形、斜边、筒形、碟形、杯形等，如图 11.19 所示，砂轮还可按硬度、磨粒大小等分类。砂轮是磨具中用量最大、使用面最广的一种，使用时高速旋转，可对金属或非金属工件的外圆、内圆、平面和各种型面等进行粗磨、半精磨、精磨，以及开槽和切断等。

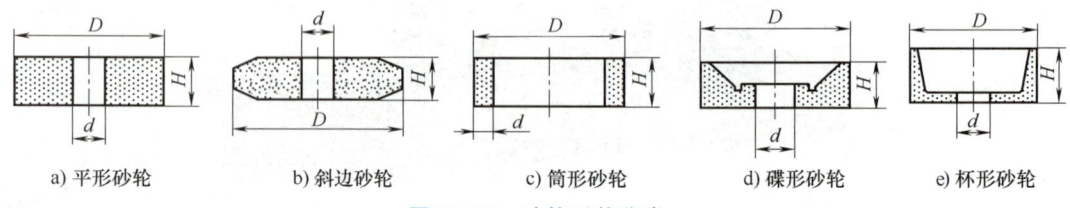

图 11.19 砂轮形状分类

砂轮的切削作用靠微小磨粒完成,其内部结构如图 11.20a 所示,由磨粒、结合剂、空隙组成。磨粒随机分布,形状不同,大小各异,磨粒前端的微小切削刃不规则,如图 11.20b 所示,一般都以较大的负前角(-60°~-80°)参与切削,磨削厚度小(微米级)。砂轮高速旋转时,在磨削点处的瞬时温度可高达 1000℃以上。

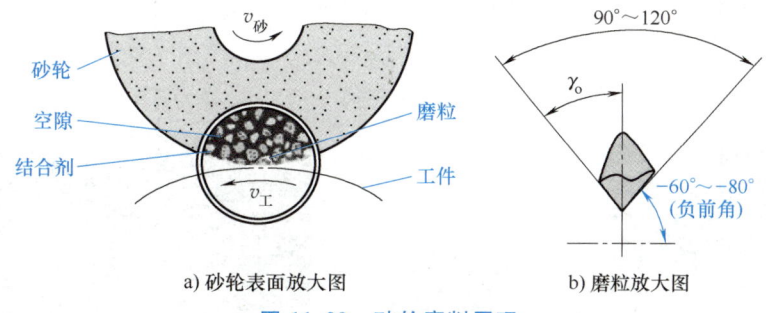

a) 砂轮表面放大图 b) 磨粒放大图

图 11.20 砂轮磨削原理

磨削是砂轮表面大量随机分布的磨粒在工件表面进行的滑擦、刻划和切削三种作用的综合结果。归纳起来,其基本特点如下。

1) **切削速度高**。普通外圆磨削时速度往往达到 35m/s,高速磨削速度甚至大于 50m/s。其中 80%~90% 的切削热会传入工件,导致磨削温度升高,易造成工件表面烧伤和微裂纹。因此,磨削时应采用大量切削液降低磨削温度。

2) **加工精度高,表面质量好**。加工尺寸公差等级可达 IT6~IT4,表面粗糙度可达 $Ra0.8~0.02\mu m$。当然,磨削也可以粗磨、荒磨、重载磨削,未必一概用精磨。

3) **背向磨削力大**。因为磨粒切削呈负前角,切削刃又钝,作业时背向磨削力往往大于切向磨削力,容易引起工件、夹具、机床的弹性变形,凡此种种都是不利于保证加工精度的因素。在加工刚性较差的工件时(如细长轴),应防止工件变形影响加工精度。

4) **砂轮有自锐作用**。磨削过程中,磨粒可能会破碎而产生较锋利的新棱角,也可能会脱落而蜕变出一层新鲜磨粒,客观上起到自动修复砂轮切削能力的作用,这种现象称为砂轮的自锐作用,这有利于磨削加工。

5) **能加工高硬度材料**。磨削除可以加工常见结构材料外,还胜任一般刀具难以切削的高硬度材料,如淬火钢、硬质合金、陶瓷等的加工任务。但磨削不宜用于精加工塑性较大的有色金属工件。

(2) 砂带 砂带磨削一般在砂带磨床上进行,这是一种优质、高效、低耗的磨削和抛光新工艺,已成为精密、超精密加工的有效方法之一,渐渐得到普及。砂带可视为一种形态特殊的多刀、多刃切削工具,切削功能由黏附在基材上的磨粒来完成,如图 11.21 所示。砂带由基材、磨粒和黏结剂三要素组成。基材可以是布或纸,黏结剂是胶或人造树脂,磨粒可以是刚玉、碳化硅或玻璃砂

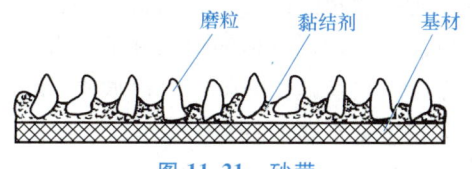

图 11.21 砂带

等。基材在运动状态下采用高压静电植砂的办法黏结上磨粒,因此磨粒几乎都垂直于基底,锐端向外,定向排列,分布均匀,多刃也基本上是等高排列的。

根据工件的形状与大小,以及工件表面承压的面积大小和接触方式,选择砂带完成磨削

或抛光。砂带磨削的切削速度一般为 20~30m/s，磨削压力为 20~30MPa。这种加工方法可有效地消除工件表面的粗糙不平，但不能磨削沟槽和精确的边角，故主要适用于加工平面、曲面和成形表面。磨削成形表面时，需要用与工件型面相匹配的成形接触轮或成形支承板，使柔性砂带与工件间保持均匀的接触压力。砂带磨削的尺寸精度一般可达 0.02mm 左右，最高可达 3μm。若采用细粒度磨料的砂带磨削，则表面粗糙度可提高至 $Ra1.25~0.16\mu m$。

4. 加工举例

图 11.22 所示为磨削外圆和磨削成形表面示例。

a) 磨削外圆　　　　　　　　　　b) 磨削成形表面(发动机叶片)

图 11.22　磨削加工举例

11.2.5　齿轮切削

齿轮加工是指利用机械加工的方法获得齿轮特定结构和精度的工艺过程。

1. 齿轮加工方法

从原理上看，齿轮加工主要有仿形法和展成法两种方法。

(1) 仿形法　顾名思义，仿形法就是指齿轮加工刀具为"仿形刀具"，即它的轴向截面形状是与被加工齿轮齿槽的形状基本吻合的，如图 11.23 所示。齿轮仿形刀具主要有盘形齿轮铣刀和指形齿轮铣刀两类，在立式或卧式铣床上完成加工。

加工时，刀具与齿轮之间没有啮合运动，铣刀转动，齿轮毛坯沿自身轴线进给一个行程，于是切出相邻两齿的各一侧齿廓。然后毛坯退回原始位置，借助分度头将毛坯转过一个齿距对应的角度，继续切削下一个齿槽。依次循环，即可切削出所有轮齿。可以想见，对于不同模数 m、齿数 z 的齿轮，它们轮齿形状各不相同，故每一种模数、齿数的齿轮都需要对应一把铣刀，这就需要准备无穷多把铣刀，显而易见这并不现实。在工程实际中，加工不同齿数而模数相同的齿轮，通常只备一套（8~15 把）铣刀。所谓齿轮加工刀具的轴向截面形状与被加工齿轮齿槽的形状基本吻合，就是指这套刀具加工出的渐开线齿廓是近似的。当然这样齿轮精度就比较低，一般低于 11 级，加工效率也不高，所以仿形加工法仅用于单件小批量和精度不高的场合。

(2) 展成法　展成法（Generating Method）是基于一对齿轮互相啮合传动时，两轮齿廓互为包络线的原理来加工的。因此可以将一对互相啮合的齿轮之一设为刀具，而另一个设为轮坯，并使两者仍按照原来的传动比进行啮合，则在运动过程中，刀具的齿廓便在轮坯上包络出与其共轭的齿廓，即被加工齿轮的渐开线齿廓来。展成法的加工精度较好，生产率高，应用最为普及。

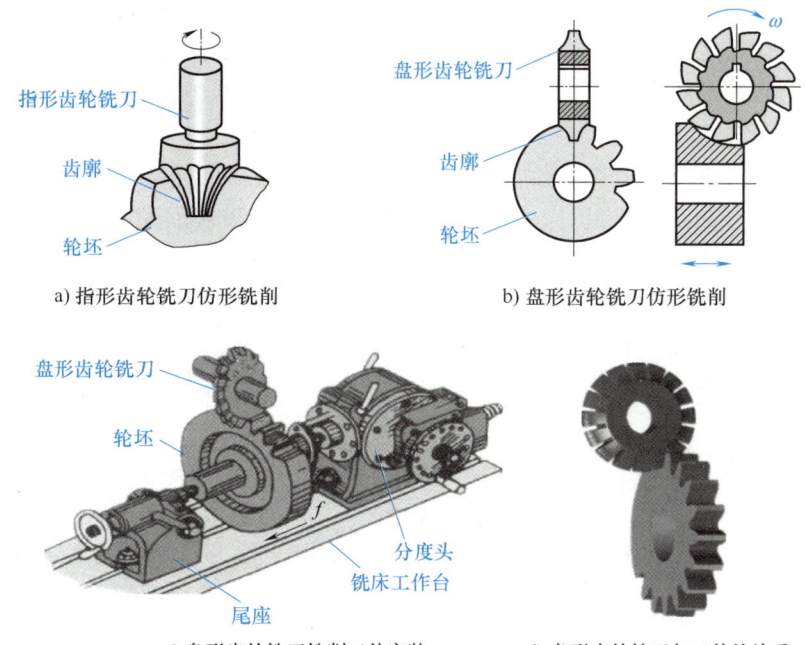

a) 指形齿轮铣刀仿形铣削　　b) 盘形齿轮铣刀仿形铣削

c) 盘形齿轮铣刀铣削工件安装　　d) 盘形齿轮铣刀与工件的关系

图 11.23　齿轮仿形加工法

展成法齿轮加工可以视为齿轮与齿条或齿轮与齿轮的啮合，因此其齿轮加工刀具对应地有两种：齿轮滚刀可以视为齿条，属于齿条类型刀具；插齿刀则可以视为齿轮，属于齿轮类型刀具。常见的齿轮加工方式有滚齿加工、插齿加工、珩齿加工、磨齿加工、剃齿加工等，后三者属于精加工。图 11.24 所示为展成法加工的原理。

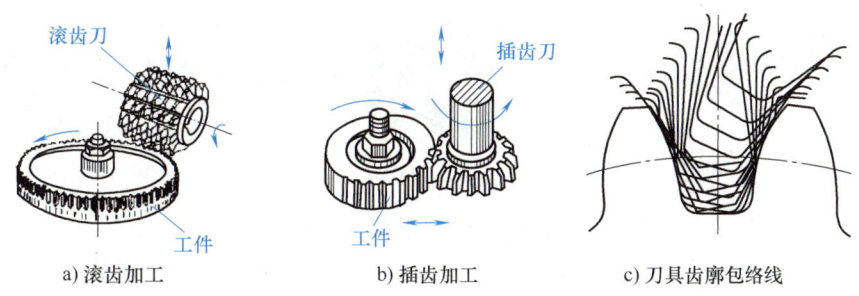

a) 滚齿加工　　b) 插齿加工　　c) 刀具齿廓包络线

图 11.24　展成法加工的原理

2. 齿轮加工机床

齿轮加工机床可分为圆柱齿轮、锥齿轮加工两大类。不同精度和加工对象对应不同的机床。按工艺划分，圆柱齿轮加工机床有滚齿机床（图 11.25）、插齿机床、剃齿机床、珩齿机床、磨齿机床、倒角机床等；锥齿轮加工机床则有铣齿机床、刨齿机床、拉齿机床、磨齿机床、研齿机床、倒角机床、淬火机床等。

数控齿轮加工机床指的是加工齿轮的专用数控机床，

图 11.25　滚齿机床

一般采取四轴、五轴或六轴联动的数控系统,可采用编程控制、软硬件结合的插补方式切削,插补精度高,速度快。刀具主轴由伺服电动机驱动,可无级变速。机床具有电子手轮对刀及辅助调刀功能。此外,可以借助电子同步锁相和电子差动合成技术来替代普通齿轮加工机床中的机械传动链。

滚齿机床和插齿机床的分度精度和齿形精度均较高,被加工齿轮的精度可达 6 级,齿面粗糙度为 $Ra3.2 \sim 1.6 \mu m$。滚齿机床和插齿机床是连续分度和切削的,效率也比较高,滚刀做连续旋转切削,切削速度较高。插齿机床的刃齿做往复运动,限制了切削速度,故生产率低于前者。另外,滚齿机床可以加工直齿圆柱齿轮、斜齿圆柱齿轮和蜗轮,但无法加工内齿轮和相距太近的多联齿轮。插齿机床的插齿刀沿齿全长连续切出,齿廓曲线的包络线数量多,齿面粗糙度值较小,精度稍优。另外,插齿机床可以加工内齿轮和多联齿轮,但无法加工蜗轮。

3. 齿轮加工刀具

齿轮加工需要专用而复杂的刀具,根据齿轮产品和加工方式的不同,应选择不同的刀具,如对圆柱齿轮加工选用滚刀、剃齿刀、插齿刀等。图 11.26 所示为典型的齿轮加工刀具。

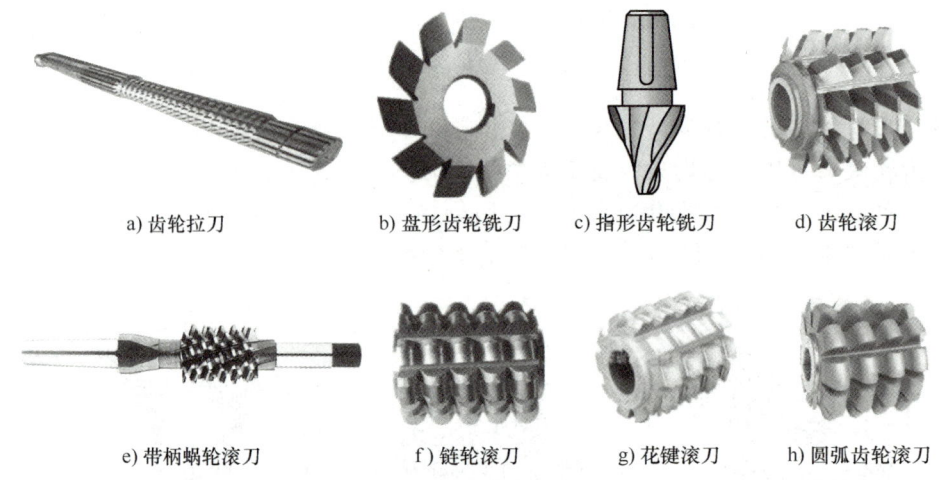

a) 齿轮拉刀　　b) 盘形齿轮铣刀　　c) 指形齿轮铣刀　　d) 齿轮滚刀
e) 带柄蜗轮滚刀　　f) 链轮滚刀　　g) 花键滚刀　　h) 圆弧齿轮滚刀

图 11.26　典型的齿轮加工刀具

4. 航空用螺旋锥齿轮及其加工设备

螺旋锥齿轮(图 11.27)又称为弧齿锥齿轮,由于具有重叠系数大、承载能力强、传动比高、传动平稳、传动效率高、结构紧凑、寿命长、噪声低等优点,故近年来广泛应用于汽车、航空、矿山等机械传动领域。

螺旋锥齿轮分为弧齿锥齿轮和准双曲面螺旋锥齿轮两种。弧齿锥齿轮的大轮轴线和小轮轴线相交,如图 11.27a 所示;准双曲面螺旋锥齿轮的大轮轴线和小轮轴线有一定偏距,如图 11.27b 所示。生产螺旋锥齿轮及设备的主要公司是美国格里森公司和瑞士奥利康公司。日本、美国和我国广泛使用格里森制齿轮,欧洲国家则青睐奥利康制齿轮。图 11.28 所示为格里森螺旋锥齿轮加工机床。

传统采用盘形齿轮铣刀铣齿方式加工螺旋锥齿轮,要在摇台式铣齿机上操作,其齿面形

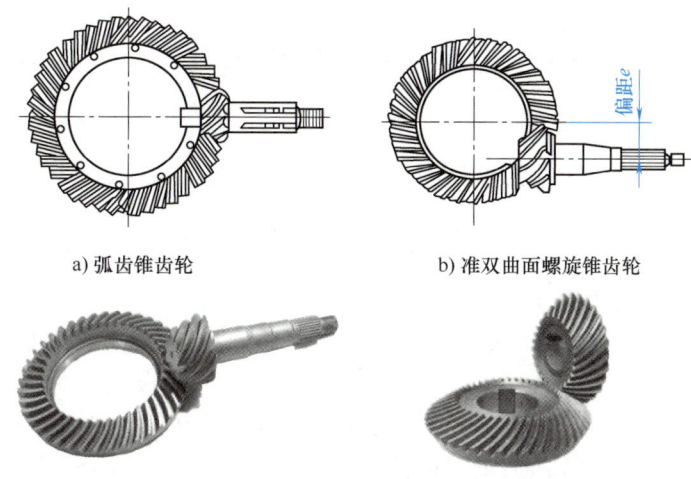

a) 弧齿锥齿轮　　　　b) 准双曲面螺旋锥齿轮

c) 航空用螺旋锥齿轮

图 11.27　螺旋锥齿轮

状和加工原理十分复杂,整个加工过程计算量大,周期长,成本高。近年来,螺旋锥齿轮加工引入五轴联动数控机床(又称为数控螺旋锥齿轮铣齿机),使加工工艺得到极大改进。五坐标是在 OX、OY、OZ 三个平移坐标轴的基础上增加 A、B 两个旋转(或摆动)轴(具体将在 11.4.2 小节介绍),刀具相对于工件的位置任意可控,刀具轴线相对于工件的姿态也在一定范围内可控,不需要加工前复杂的调整环节。由于取代了摇台机构和刀倾机构,螺旋锥齿轮机床的结构被大大简化,加工精度提高了 1~2 级,非常适合切制螺旋锥齿轮的齿面。

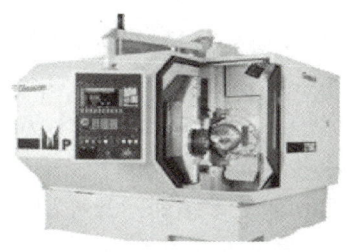

图 11.28　格里森螺旋锥齿轮加工机床

5. 齿轮零件加工举例

图 11.29 所示为大型外齿圈、飞机涡轮轴滚齿加工举例。

图 11.29　齿轮加工举例

11.3 数控机床在飞机零件切削加工中的应用

1. 飞机零件切削加工的特点

飞机零件制造对数控机床的需求是为适应飞机零件的复杂性而产生的，主要体现在以下几个方面。

1）飞机通常外形曲面复杂、薄壁、结构刚性差，纵横交错地分布着加强肋等，而且在多处分散着孔、空穴、沟槽、加强肋等。

2）飞机对寿命、可靠性要求极苛刻，零件表面质量控制严格，零件尺寸精度和表面质量要求高。

3）从提高零件强度和可靠性出发，飞机多采用整体毛坯和整体薄壁结构，材料去除量大（材料利用率为5%~10%）、加工周期长。

4）零件的材料多为高强钢、铝合金、钛合金、高温合金和复合材料等，加工工艺性差，毛坯价格高。

2. 飞机制造对数控机床的要求

（1）**高速、高效** 目前，在航空零件加工中，高速切削受到青睐，速度一般为常规的5~10倍，高速铣削主轴转速可达24000r/min。高速切削的优点为：①切削力随着切削速度的升高而下降；②绝大部分切削热被切屑迅速带走；③机床的激振频率远远避开工艺系统的固有频率，抑制了振动，最终体现在零件加工精度的提高和表面质量的改善上。

飞机结构件，包括铝合金和复合材料构件是高速数控切削的主要应用对象。对外，对镍基高温合金、钛合金及高强度结构钢等难加工材料，也只有借助高速切削才可能有效地减少刀具磨损。

（2）**多功能的多轴数控加工** 飞机零件表面的精度误差从早期的±(0.15~0.3)mm提高到±(0.08~0.11)mm，表面粗糙度从$Ra6.4$~$1.6\mu m$提高到$Ra1.6$~$0.8\mu m$。对于以机翼梁、机身框、翼肋及壁板为典型代表的飞机机体结构件，以机匣、整体叶盘、叶片和以轴、盘类零件为典型代表的航空发动机零件，必须在一次装夹、一次定位中完成加工，才能更好地保证位置、形状精度和表面质量。只有多工序、多功能、多轴联动数控的加工中心，如五轴联动数控铣床、五坐标联动+转台控制的数控中心才能满足上述要求，它们代表当今数控机床中的精密和高端水平。

（3）**适应信息互联互通的要求** CAD、CAPP、CAM等信息技术的发展对数控机床硬件提出了更高的要求，同时催生了多样化的软件功能，如虚拟切削。虚拟切削指对零件几何参数、材料物理性能、切削参数，以及加工中的受力变形、热变形物理过程进行物理建模和计算机数值仿真，虚拟切削软件根据机床的实际状况用数控代码驱动虚拟环境中的数控机床进行虚拟切削加工，描绘出刀具的真实运动轨迹，完成碰撞、干涉检查，逼真地评估加工后工件的几何误差、尺寸误差和表面粗糙度等属性，然后将虚拟成品零件与设计零件进行比较，作为试错和修正的依据。而实现这些功能的前提是确保信息准确、可靠地互联互通。

综上，可以说，数控机床（特别是精密、高档数控机床）在相当程度上制约着航空制造业的生产能力，影响着航空制造业的生产工艺体系，决定着航空制造业技术升级和产品迭代的步伐，反映了技术队伍的知识体系和操作技能。通常，发达国家航空制造业中数控机床的占有率达到 50%~80%，即意味着基本实现了机械加工的数控化。

11.4 飞机典型结构件的切削加工

本节以整体壁板为例，介绍飞机典型结构件的切削加工。

11.4.1 机翼整体壁板的机械加工

壁板是飞机上一类重要的结构单元，用于飞机机翼、机身、尾翼表面，通常在蒙皮和纵向、横向加强零件之间靠铆接、胶接或点焊装配而成。整体壁板是对蒙皮本身进行改进的结果，或者视为蒙皮与各分离状的零件及蒙皮、长桁、肋、对接接头、前梁、后梁等组件的集合体，是将金属原材料经过制坯、加工、成形等工序制成整体壁板。

整体壁板可大大减少结构零件的种类和数量，结构紧凑、协调环节少、工艺路线短、密封性好、装配简单。现代大型飞机机翼结构有越来越多地采取整体壁板的趋势，如乌克兰安-70、俄制苏-27、国产运-8 飞机等。

但是，整体壁板的制造工艺比较复杂。大尺寸、高精度整体壁板要靠高精度多坐标数控机床加工，重点是保证加工后的变形量不超过规定指标。整体壁板制造过程如图 11.30 所示。

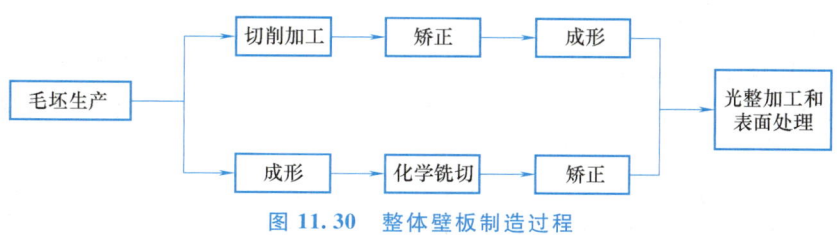

图 11.30 整体壁板制造过程

首先用热轧、挤压、模锻、压铸等不同方法制备毛坯。如果是挤压毛坯，则仅需对外表面精加工切削。而如果是热轧厚板毛坯，因为肋条较深，则须在多坐标、大台面数控铣床上用类似雕刻的方法铣去多余的材料。飞机整体壁板的铣切被认为是目前流行的、工艺较优的加工方法。加工通常在数控壁板铣床或台面足够大的 3~5 坐标轴的数控铣床上进行，加工过程通用性好、受力均匀、装卸方便。整体壁板毛坯在切削中的装夹一般借助真空台面或真空夹具牢牢吸附在工作台面上。加工完成后需经过残余应力变形矫正工序。

肋条较浅的壁板则可用化学铣切的方法去掉多余金属。成形工序通常采用 3 轴滚床直接滚弯成形，也可采用压弯机逐段压弯成形。双曲度整体壁板大多采用喷丸成形，有时也可用拉形方法成形。乌克兰"安"系列大型运输机采用了渐进式机械压弯为主、喷丸成形为辅的生产工艺，不过这样的工艺安排已略显陈旧。业界普遍认同"以铣代压"是时下流行的新工艺，已在运-8 飞机机翼整体壁板及中央翼、中外翼翼盒上应用，经过验证，这是替代压弯成形工艺的有效途径，也符合现代航空制造技术的发展方向。

1. 加工对象

以图 11.31 所示的机翼整体结构复合材料壁板一次数控加工成形为例加以说明，其毛坯尺寸为 11.8m×0.76m×80m，质量为 1.898t。这类壁板零件的一次数控加工成形技术是当今全球航空制造业中最先进的技术之一，涉及计算机辅助产品三维造型、计算机模拟及仿真加工、多轴数控机床高速切削等技术。

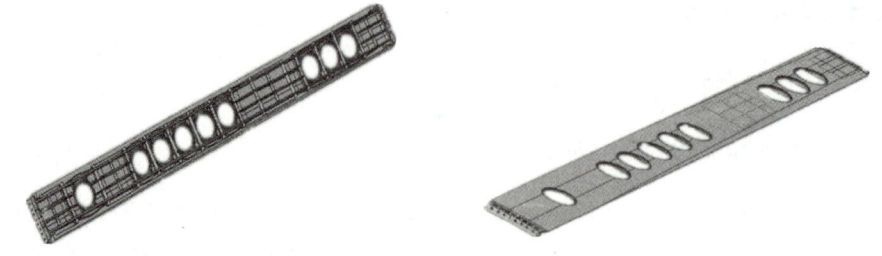

a) 正面图　　　　　　　　　b) 外形图

图 11.31　机翼复合材料整体壁板

2. 零件协调要求

1) 相邻壁板两端面、15 根加强肋的位置偏移<0.5mm。
2) 理论外形面对装配型架的间隙<0.5mm。
3) 加工中零件变形<0.5mm。
4) T 形肋与加强肋纵横交错成网格状，材料利用率仅为 11.6%，切削余量很大。

3. 加工方案

1) 零件结构复杂，机翼有理论外形要求，需采用五轴数控加工中心加工。
2) 依据零件理论外形面和内槽，编写一次装夹、分层高速粗加工和精加工程序。槽腔采用对称、分散加工方式，以减少加工中零件的变形，保证做到零件对装配型架的间隙<0.5mm。
3) 借助五轴数控加工中心的摆角，将零件底面和法向的 T 形立肋加工出来，节省喷丸成形或冷成形加工工序，简化零件加工工艺过程，提高效率，减少费用。
4) 实现高指标切削参数，转速高达 9000r/min，进给速度高达 15000mm/min。
5) 通过计算机辅助加工（CAM）仿真软件，检验刀具轨迹和干涉问题。在机床功率、铣头转速和机床刚性足够的条件下，以仿真手段寻求刀具的最佳直径，提高加工效率。

4. 加工设备

飞机机翼整体壁板零件宜选用五轴数控加工中心进行切削加工，图 11.32 和图 11.33 所示为五轴数控加工中心切削整体机翼的现场场景。图 11.34 所示为机翼铣削整体壁板零件。

图 11.32　五轴数控加工中心切削整体壁板

图 11.33　五轴数控加工中心切削整体壁板局部

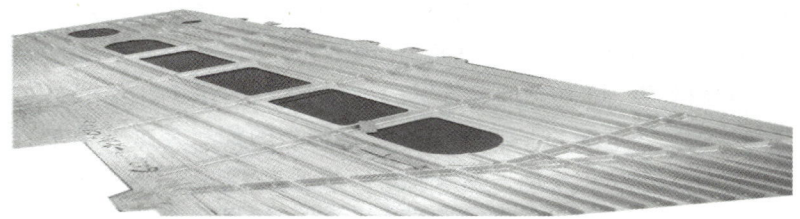

图 11.34 机翼铣削整体壁板零件

11.4.2 五轴数控加工中心

加工中心（Machining Center）是一种数控加工机床，它将铣、镗、钻、攻螺纹和切削螺纹等多种加工手段集中在一台设备上，工件一次装夹后能完成多个工序，综合加工能力强，中等难度零件批量加工的效率是通用设备的 5~10 倍，适合复杂、高精度单件小批产品生产。

五轴数控加工中心又称为五坐标数控加工中心、五轴联动数控机床，其五个轴有多种构型布局。以图 11.35 所示五轴数控龙门加工中心为例，五轴是在原数控龙门加工中心 OX、OY、OZ 三个直线移动坐标轴的基础上，对主轴头增加分别围绕 OX、OZ 两轴旋转（或摆动）的 A、C 轴。五轴联动数控机床的突出优点在于它的五个轴能在数控系统控制下实现联动，在加工过程中刀具中心线能始终垂直于工件的被加工面，实现所谓的"法向加工"，因而特别适合复杂空间曲面的高精度铣削加工。

图 11.35 五轴数控龙门加工中心

五轴数控加工中心的五轴有双摆头形式、双转台形式、俯垂型工作台式、俯垂型摆头式、一摆一转式等多种构型，可对应实现不同运动方式和满足各类功能的需求。下面对常用的双摆头形式、双转台形式进行说明。

1. 双摆头形式

如图 11.36 所示，将立式主轴头前端设计成回转头，使其可绕 OZ 轴（C 轴）进行 360°旋转，绕 OX 轴（A 轴）进行 -90°~90°的旋转。这种构型的优点为主轴灵活、工作台面开阔、可承载飞机机身和发动机机壳等大型工件。此外，普通机床使用球面铣刀加工曲面时，存在刀具中心线垂直于加工面时，铣刀顶点线速度为零而工件表面加工质量差的问题，而本形式的回转头允许主轴绕 A、C 轴回转，允许球面铣刀避开顶点切削，就能保证一定的切削线速度而提高表面加工质量，主轴头的这种功能对实现模具曲面的高精度加工十分有用。高档主轴头的各个回转轴常配置圆光栅尺，角分度精度在几秒以内。同时，这类主轴的回转结构比较复杂，设计有难度，制造成本也较高。

2. 双转台形式

图 11.37 所示的双转台形式也称为回转轴工作台形式。工作台置于数控加工中心的台面

上，可绕 OX 轴（A 轴）进行 $-110°\sim 30°$ 的旋转。工作台中央搭载转台，可绕 OZ 轴（C 轴）进行 360°旋转。通过 A-C 轴组合，除了底面外，工件的五个面均可利用立式主轴加工，包括精加工倾斜面、倾斜孔等。A-C 轴的分辨率一般为 0.001°。A-C 轴与 OX、OY、OZ 三个直线移动坐标轴联动，能加工复杂空间曲面。双转台构型的优点是主轴简单、刚性好、造价低；缺点是工作台面不大、承重有限，当 A 轴旋转角度大于 90°时，切削会给工作台带来很大的承载力矩。

除了用于加工飞机整体壁板，五轴联动数控机床也是实现船用螺旋桨、重型发电机转子、汽轮机转子、大型柴油机曲轴等零件自动、精密加工的重要手段，在五轴联动数控机床的基础上，目前高档数控加工中心甚至朝更多轴联动控制的方向发展。

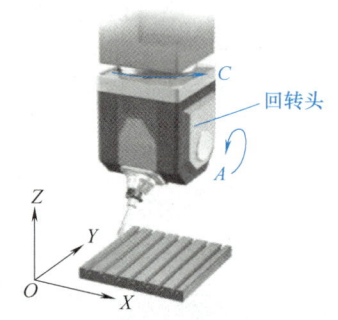

图 11.36　五轴数控加工中心的双摆头形式

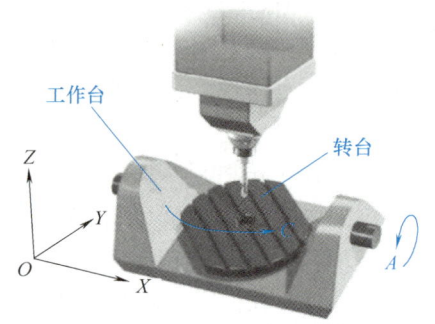

图 11.37　五轴数控加工中心的双转台形式

11.4.3　航空发动机机匣加工

机匣（图 11.38）是航空发动机的重要零件之一，是发动机的基座和主要承力件。按照结构，大致分为环形机匣和箱体机匣两大类。机匣材料有铝合金、钛合金、耐高温合金、高强度钢等。加工机匣零件具有如下难点。

1）**为确保发动机通风效果，机匣结构十分复杂**。内表面有环形槽、圆柱环带及螺旋槽等；外表面（轮毂面）有安装座、环带、加强肋、环形凸缘、凸台等结构；圆柱环带上分布有斜孔；壳体壁上有径向孔、异形孔及异形槽等。

图 11.38　航空发动机机匣

2）**零件壁薄，加工精度要求高**。具体表现在如下方面。

① 机匣零件壁厚最薄处仅有 2~3mm，壁厚偏差为 ±0.1mm。

② 前端端面相对水平基准的跳动公差<0.03mm。

③ 前端外圆相对轴线基准的跳动公差<0.03mm。

④ 前、后端面精密孔相对后端面基准及轴线基准、角向基准的位置度公差<0.03mm。

⑤ 内表面螺旋槽、叶片沟槽的槽深为 4.5mm，沟槽宽度尺寸公差<0.05mm。

3）**加工余量大，制订加工工艺路线的技术要求高**。机匣铣削前的过渡毛坯通常为车削加工后的回转件。从过渡毛坯到最终成品的加工过程中，绝大部分切削量靠铣削。因此，内表面车削工作量大，而外表面则必须铣削。必须合理安排车削、铣削工序的工艺路线、工艺基准、装夹定位方法、内外表面加工余量的分配等，制订加工工艺需要有较高的技术水准和丰富的现场经验。罗尔斯-罗伊斯公司航空发动机机匣加工的工艺路线如图11.39所示。

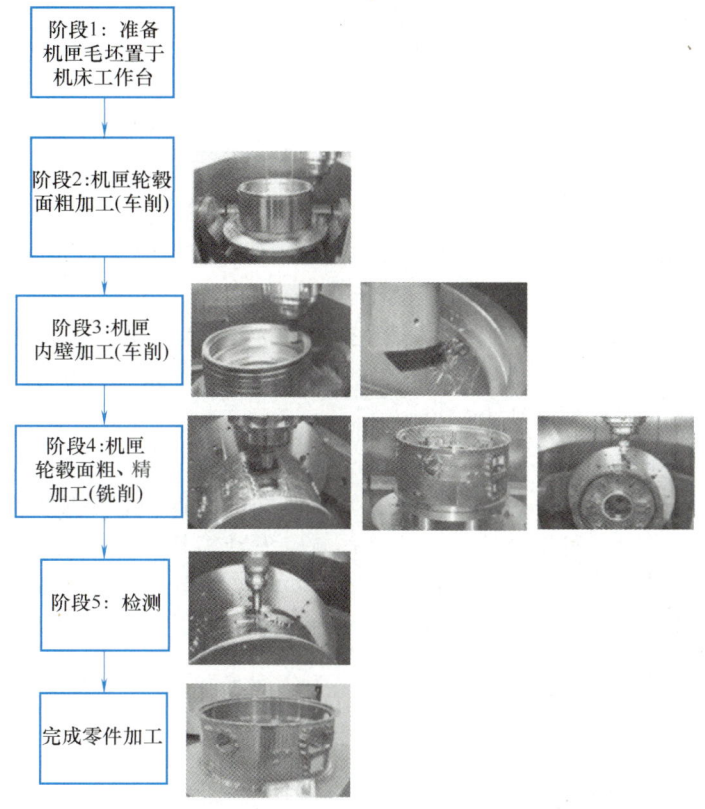

图 11.39　罗尔斯-罗伊斯公司航空发动机机匣加工的工艺路线

4）**加工变形不易控制，数控加工程序编程有难度**。零件壁薄，刚性差，为减少加工变形，对走刀路径、切削参数要求高，对数控加工程序员具有挑战性。

5）**涂层钻孔质量难保证**。有些机匣的内表面有封严涂层。涂层本身材质松软，钻孔时极易脱落而造成孔边缺损，因此钻孔工艺极有讲究。

11.4.4　飞机发动机整体叶轮的切削加工

1. 整体叶轮

叶轮一般是高速旋转部件，固定于叶轮轴上，由它将动力传至轴端齿轮，并在叶轮受热或受离心负载产生径向变形时起到定心的作用。图11.40所示为整体叶轮、叶盘示例。航空发动机上的叶轮和叶盘最根本的区别在于：叶轮参与对气体做功，是气动部件；而叶盘只是结构件，其功能在于增加零件承受的离心力的强度，并不对流过发动机的气流产生根本影响。

与常规机械式连接叶轮相比，整体叶轮就是取消了叶盘和叶片相互连接的榫槽或销钉。这样相比之下，整体叶轮在结构方面具有如下优点。

a) 航空叶轮　　　　　　b) 整体叶盘　　　　　c) 增压器整体叶轮

图 11.40　整体叶轮、叶盘示例

1）省去由榫头、榫槽、锁片等连接结构带来的额外重量。

2）杜绝常规叶轮气流从榫根和榫槽间缝隙逸流造成的损失，提高发动机效率和推重比。

3）既省去螺栓、螺母、锁片等连接安装的工时，又避免榫槽损伤和断裂的潜在危险。

不过，上述优点都是以叶轮结构的复杂化和加工的难度增加为代价的，所以，整体叶轮加工制造需要解决一系列的关键技术问题。

2. 整体叶轮加工难点

整体叶轮是航空发动机的核心部件，随着发动机性能的提高，整体叶轮的形状越来越复杂，呈现叶片薄、扭曲大、间隔近的趋势。制作航空发动机整体叶轮的传统方法是精密铸造结合精密机械加工。现在可以锻件代替铸件，直接进行精密切削加工。现在的整体叶轮加工方法以五轴数控加工中心为主，少数用六轴联动电火花成形或电解加工成形方法。如果是带冠整体叶轮，那么五轴联动高速铣削与六轴联动电火花成形结合可能是最好的工艺组合。整体叶轮切削加工有一系列的难度，涉及机床、刀具、材料、工艺等各方面技术，主要体现在以下方面。

1）**轨迹规划**：加工整体叶轮不仅需要高端五轴联动数控机床，还需要高效的 CAD/CAM 软件来支持刀具轨迹和位姿设计。

2）**避碰**：在进行整体叶轮的多轴加工时，工作台和刀具主轴需要联动，使得主轴和工作台之间发生碰撞的概率增加。为了避免加工中发生碰撞，事前利用软件进行避免碰撞的仿真检测十分必要。

3）**刀具与工件干涉**：叶轮相邻叶片之间的间隙狭窄，叶片又相对较长，刚度较低，属于薄壁类零件，在加工过程中容易发生变形。此外，由于叶片扭曲曲率大，加工时极易引起刀具与工件的干涉，因此，应优先选用球头刀和圆角刀加工，这样可在最大程度上减少由刀具引起的过切和干涉。

4）**刀具折断**：加工流道清角时，刀具不得不探进叶片极小的相邻空间的深处，刀体细长，直径小，容易发生折断。除合理规划切削规范外，建议选择刚性较好的锥度球头铣刀。

3. 整体叶轮加工的工艺路线

图 11.41 所示为整体叶轮的模型，其结构要素主要有压力曲面、吸力曲面、叶片、流道等，它们是切削加工的重点部位。

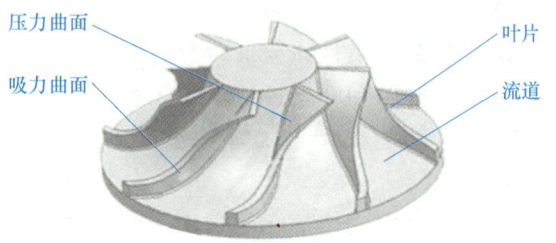

图 11.41　整体叶轮重点切削加工部位

叶片的复杂曲面是经三维扭曲形成的，几何精度要求较高。在制订工艺路线时需对流道和叶片的粗、精加工轨迹做周密的规划。此外，由于叶轮工作时处于高速旋转状态，因此对零件动平衡的要求也很严格。

切削整体叶轮时，安装在工作台上的工件需要绕两个轴转动（图11.42），这种构型与图11.37所示的双转台构型五轴联动机床相吻合，这类机床结构相对简单，是最常用于整体叶轮切削加工的一类五轴联动数控机床。

结合双转台构型五轴联动数控机床，以及整体叶轮的结构特点、材料特性，安排主要的工艺路线有以下几个阶段。

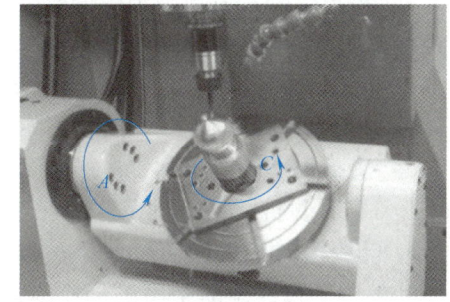

图 11.42　五轴联动数控机床的双转台

1）**粗加工**。整体叶轮为叶片均匀分布的回转体，故宜选择工件底面几何中心为加工基准，使找正和后处理得以简化。粗加工（粗铣）出整体外形后，钻、镗中心定位孔。图 11.43a 所示为粗加工后安放于双转台构型五轴联动数控机床工作台上的整体叶轮毛坯。

2）**精加工叶片顶端小面**。

3）**粗加工流道面**。该工序也称为开粗，要求去除大部分加工余量，故提高加工效率和质量对整个叶轮加工有重要意义。叶轮流道部分的加工余量是随着叶轮曲面形状变化的，所以流道开粗应分层渐进，顺着流道面的方向分割流道区域，使各层厚度比较均匀，加工过程稳定。加工整体叶轮使用的刀具有圆柱刀、圆锥刀、鼓形刀等，开粗加工应尽可能选大直径、圆弧刀尖的直柄立铣刀，采用插铣法加工，即从叶轮顶端向下一直铣削到叶片根部或流道面，通过刀具横向平移进给加工出复杂表面几何形状。该方法效率高，省工时，适合去除量大的粗加工工序，其难点是插铣刀轨迹设计。图 11.43b 所示为开粗中的毛坯。

a) 工作台上的整体叶轮毛坯

b) 整体叶轮开粗

c) 精加工流道面

d) 精加工叶片曲面

图 11.43　飞机整体叶轮数控加工工艺路线

4) **精加工流道面**。精加工流道面时，由于叶片之间间隙窄小，刀具要探进叶片根部深处，故建议选用刚性较高的锥柄立铣刀。同时，在 CAM 软件中应将锥柄直径设置得稍大于实际尺寸，以避免精加工时产生欠切或过切现象，如图 11.43c 所示。此时可调用 CAD 软件的距离分析功能，求得叶片最小间距，既保证刀具刚性，又为半精加工和刀轴摆角留出余量。

5) **精加工叶片曲面**。理想的精加工纹理表面应有一致的流线，这就对走刀方向、刀具轨迹提出了要求。一般可以采用点铣法，即让球头刀的刀头按叶片流线方向逐行走刀，逐渐加工出叶片曲面。球头为点接触方式。该方法能较好地加工叶片曲面，精度较高，但效率较低。精加工叶片曲面如图 11.43d 所示。

6) **清根处理**。清根加工时，相邻叶片空间极小，槽道最窄处叶片深度超过刀具直径约 8 倍，刀具容易折断，这时，控制好切削深度是加工的关键。

4. 叶轮检测

叶轮加工过程中的全面质量控制是叶轮制造过程中的重要环节。在欧洲，目前叶轮上的所有叶片都要一一检测，每个叶片检测 5~8 个截面。叶轮主要检测位置有叶片、流道和前缘等。检测项目有叶片轮廓度和厚度、叶尖和内流道轮廓度、前缘轮廓度等。一般采用三坐标测量机检测叶轮，如图 11.44 所示，同时配合精密转台和测量软件（如 QUINDOS 7 测量软件平台）。测量机的精度应该比被检测叶轮的公差高出一个数量级。尽管目前国内、国外均无关于叶轮检测的标准，但实现测量过程的自动化、参数和界面的标准化、测量报告的通用化是发展趋势。有关这部分内容将在"测试技术基础""无损检测技术"等后续课程中详细介绍。

图 11.44 采用三坐标测量机检测叶轮

11.4.5 飞机发动机叶片的切削加工

1. 飞机发动机叶片

涡扇发动机用风扇代替螺旋桨，吸入并压缩空气。压气机提高推入燃烧室的高温空气的压力，涡轮将燃烧高温气体的能量转化为涡轮转子的动能。图 11.45 所示为涡扇式喷气发动机结构简图。飞机压气机在高温环境中被增压至 50atm（1atm = 101325Pa），相当于三峡满蓄水坝底压力的 3 倍。而转子的转速高达每分钟数万转，叶尖承受的离心力相当 40t 货车的

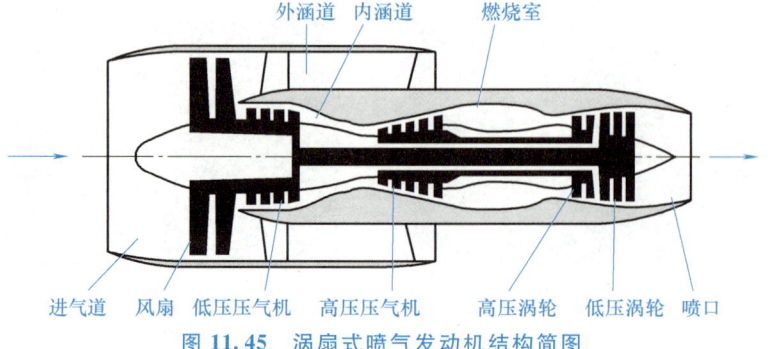

图 11.45 涡扇式喷气发动机结构简图

拉力,因此,叶片工作条件和载荷条件十分严苛。

发动机叶片主要有风扇扇叶、压气机叶片、涡轮叶片。压气机有离心式和轴流式之分,离心式压气机主要采用整体离心叶轮。现代发动机多采用轴流式压气机,其叶片按功能可分为转子叶片和静子叶片。转子叶片较纤薄,尾部有榫头(燕尾、T形)。静子叶片又称为整流叶片、导向叶片,静子叶片带轴颈且可调。涡轮叶片较粗壮,内部复杂,带冷却道。转子叶片尾部呈枞树形,工作条件苛刻,精度更高。综上,发动机叶片主要类型如图 11.46 所示。

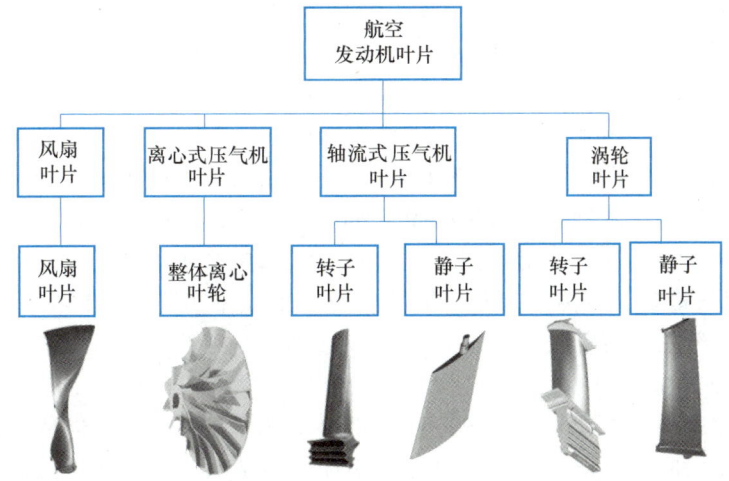

图 11.46　航空发动机叶片主要类型

2. 叶片结构

叶片在结构上主要由叶冠、叶身、缘板、叶根四部分组成,如图 11.47 所示。

1)叶冠:叶片上端常配叶冠,以减小由叶盆向叶背漏气,降低二次损失,提高效率。相邻叶冠摩擦可吸振、减振,增强叶片刚性。

2)叶身:是实现叶片气动特性的主体结构。由气动特性决定不同截面形状,相邻叶片的叶身间隙是供高温高压气流膨胀做功的气道。型面还发挥调整气流方向的作用,使气流在流入排气系统时轴向速度均匀。

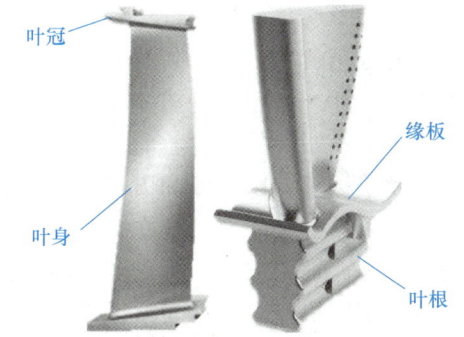

图 11.47　叶片的组成

3)缘板:形成独立气流通道,保证高温气体不流向外部涡轮盘、密封、支承等耐温较差的部件。它介于叶身与叶根之间,一般为方形,上下有分别与叶身、叶根连接的过渡段,同级转子叶片缘板组成封闭环形结构。

4)叶根:连接叶片和轮盘,将功率传至转子。下端多以燕尾或枞树形榫头与涡轮盘连接。紧凑,轮缘可装较多叶片,增大功率;接触面大,承载能力强,利于散热和摩擦减振;间隙配合,可一定程度膨胀而减小热应力,拆装方便。

3. 航空发动机叶片加工难点

目前,航空发动机 33% 的加工工作量用于叶片。叶片是一类典型的自由曲面零件,这类零件的突出特点是薄,因而加工易变形。其材料通常为不锈钢、蒙乃尔合金,或者以钛和镍为基础的难加工合金材料等,加工难度大,对加工工艺与刀具提出了严苛的要求。叶片加工难点有以下四个方面。

1) **叶片大小不同,形状各异**。叶片尺寸跨度大,长的可达 800mm,短的仅有 30mm。从形状上看,叶身为三维空间曲面,表面开有各类气膜孔和排气孔。内部有冷却通道,有些叶根为枞树形,有的带叶冠。

2) **适合高端数控机床加工**。叶片毛坯为合金铸件或模锻件。从图样到成品,一般都要经过 40~60 个复杂工序。叶片不排除用立式铣床(带旋转工作台)加工,但需多次装夹,效率低,误差大。多轴(四轴、五轴)联动铣削最理想,一次装夹即可把叶背、叶盆、进排气边缘及叶根同时加工出来,变形小,表面粗糙度小,加工质量和效率都会大为提高。

3) **精度高**。例如,榫头尺寸公差为 0.8~3mm,轮廓公差一般为 0.01mm,叶冠尺寸公差为 0.08~2mm,叶片几何公差为 0.020~0.04mm 等,尤其是截面形状对发动机的气动性能和运转平稳性影响很大但其精度很难控制。此外,其他要求项目也很多,且检测相当困难。

4) **涉及专用设备多、特种工艺多**。机械切削加工涉及车削、粗铣、精铣、磨削、抛光等多道工序,工艺复杂,特种加工工序多。

4. 五轴联动叶片加工中心

在叶片加工作业中,三轴和四轴数控机床主要用于型面粗加工或半精加工。三轴数控机床可加工形状简单的叶片,但需多道装夹和更换加工面铣削,效率低。四轴数控机床,配置 A 轴即叶片回转轴,随叶片形状越来越复杂,需求量越来越大,四轴联动机床已难以满足需要。

五轴联动叶片加工中心是面向汽轮机、航空航天发动机等叶片和其他窄长型复杂曲面零件加工的专用机床。五轴联动叶片加工中心的五轴联动模式可从任意角度灵活地进行五个面的加工,另外,采用螺旋切削法加工叶片,能大幅度提高质量和效率。

五轴联动叶片加工中心的一种构型如图 11.48 所示。该类型机床由 OX、OY、OZ 三个直线移动坐标轴,以及 A 和 B 两个旋转轴构成,A 轴为固定叶片的头架回转轴,B 轴为刀具摆动轴。刀具主轴的刀尖处在 B 轴的回转中心或附近,可以减少 B 轴承受的切削力扭矩,提高工件表面加工质量。所有坐标轴都采用闭环控制方式,A、B 轴采用力矩电动机直接驱动,响应速度快,无传动间隙,实现叶片的高速、高精度加工。刀具主轴转速达到 11000~20000r/min,各轴的直线移动速度为 20~50m/min。

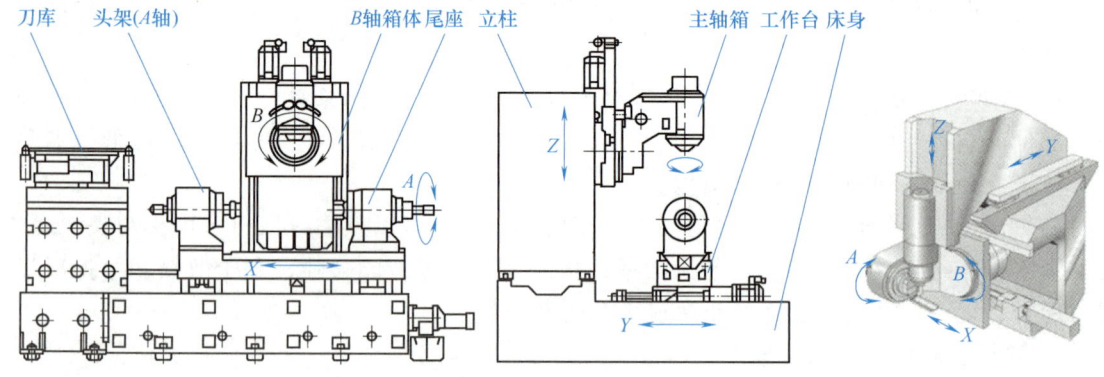

图 11.48 五轴联动叶片加工中心的一种构型

 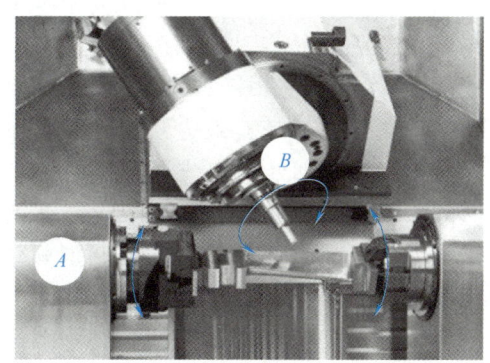

图 11.48　五轴联动叶片加工中心的一种构型（续）

五轴联动叶片加工中心一般都配有叶片型面专用编程软件。软件除了编程功能外，一般还具有刀具自动轨迹生成和干涉处理两个主要功能。刀具自动轨迹生成功能用于解决走刀步距、切削行距、刀具路径拓扑等问题，从而使刀具切削加工的残留高度得到控制，减少误差。干涉处理功能用于预判切削过程中刀具和工件之间发生干涉的可能性和严重程度。

与五轴联动叶片加工中心配套的刀具通常有带圆角立铣刀、球头立铣刀、锥度球头立铣刀等，如图 11.49 所示。通常，整体硬质合金（带涂层）圆柱立铣刀用来加工叶片缘板内侧面、缘板内侧面与型面相接的圆弧部分、靠近缘板的过渡型面，以及进、排气边缘部位等；而镶硬质合金（带涂层）的圆柱立铣刀适合加工叶片的叶盆、叶背等大面积型面部位。

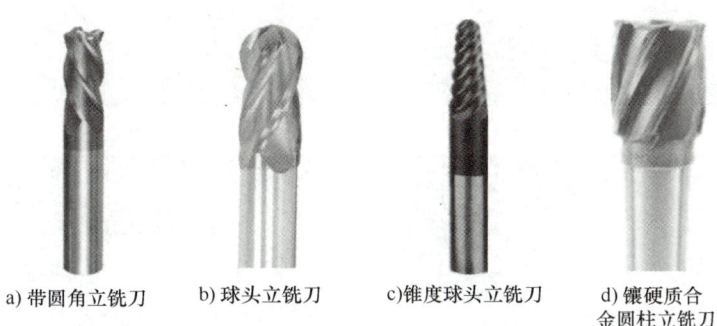

a) 带圆角立铣刀　　b) 球头立铣刀　　c) 锥度球头立铣刀　　d) 镶硬质合金圆柱立铣刀

图 11.49　五轴联动叶片加工中心常用铣削刀具

5. 叶片型面机械加工

风扇叶片型面的主要加工工艺流程如图 11.50 所示，除型面光整加工外，其他流程均是在五轴联动加工中心上加工完成的。对于叶面型面加工，除效率外，五轴联动加工中心的优势在于主轴摆角能灵活地适应叶背、叶盆、进气边缘、出气边缘、叶根等处型面三维复杂曲面的曲率变化，将切削力的波动降至最低。

（1）叶片型面的数控加工　叶片型面数控加工的基本思想是在叶片型面数控粗铣加工工序去除大部分毛坯加工余量，为精铣留有合理的余量分布。叶片型面数控精铣加工工序保证叶片型面的尺寸精度和位置精度基本达到最终精度要求，而利用叶片型面光整加工工序保证叶片型面表面层质量，满足最终要求。五轴联动叶片加工中心工艺流程图示如图 11.51 所示。

1) **叶片型面数控粗铣加工**。粗铣余量大，开粗工序要求高效率加工。宽行加工是有效方法之一。铣削叶面时，刀具中心线并不垂直于被铣削处的点或面的切线，走刀方向与被铣削处点或面的法线成一定角度。图 11.51a、b 所示开荒和粗铣采用圆柱立铣刀，铣削轨迹呈较宽的椭圆形弧线。与球头立铣刀相比，铣削型面的波峰或表面质量基本相同，但刀具路径间距宽，因而效率大大提高。在实际切削中，一般采取沿叶片长度方向从一端向另一端移动的回转加工操作，即螺旋铣削方式，比纵向铣削方式效率高。

2) **叶片型面数控精铣加工**。此工序需注意工件回弹和刀具磨损给加工精度和表面粗糙度造成的影响，为此，刀具应保持锋利。图 11.51e 所示精铣采用球头立铣刀或锥度球头立铣刀纵向铣削。一般以采用多数把刀具为宜，使它们各自承担叶背型面、叶盆型面、进气边缘、排气边缘的铣削，避免一把刀具连续切削而被过度磨损，影响前、后型面加工质量的一致性，有利于最终的光整加工。

图 11.50　风扇叶片型面的主要加工工艺流程

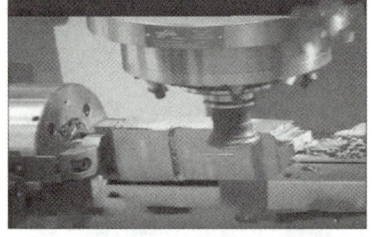

a) 毛坯定位与开荒

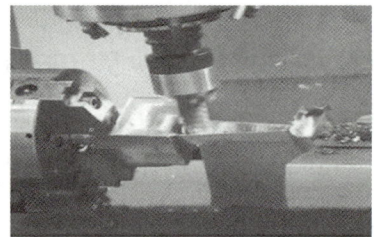

b) 粗铣叶盆型面

c) 粗铣叶背型面

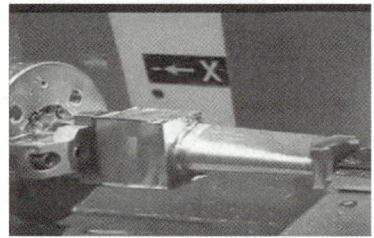

d) 精铣后的半成品

e) 精铣叶盆型面

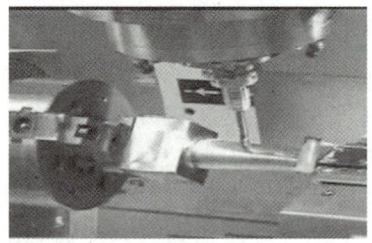

f) 精铣叶背型面

图 11.51　五轴联动叶片加工中心工艺流程图示

除了以上加工流程外，应注意叶片装夹与定位的问题，叶片装夹一般以叶根为定位基准装夹，用顶尖支承叶冠。前（榫头）后端（尾部）定位基准一定要精准，在粗加工后应修复。为防止装夹和切削加工造成扭转变形，装夹叶片毛坯的回转轴最好具有同步回转功能。

（2）叶片型面的机器人砂带抛磨 叶片型面光整加工是指精加工后，从工件上不切除或仅切除极薄材料层，减小表面粗糙度值或强化表面的加工类型。光整加工主要针对叶片型面和进气、排气边缘进行抛磨，以使叶片尺寸精度得以改善，表面粗糙度值得以减小。

叶片抛磨工艺有手工抛磨、靠模仿形抛磨、多轴联动数控砂带磨床抛磨、机器人砂带抛磨等。手工抛磨叶片（图 11.52）的人工抛磨力不稳定，技术要求高，质量难以控制，效率低，无法满足高端制造要求。五轴或六轴联动数控砂带磨床（图 11.53）适合风电、核电等大批量、大尺寸定制叶片的加工。机器人砂带抛磨对于小批量、多品种的航空发动机叶片的加工显示出灵活性、通用性和高效率的优势，成为提高叶片质量的有效加工方法之一。但因受到刚度、绝对定位精度的限制，更多地限于中、小型叶片抛磨作业。其中，机器人的绝对定位精度是抛磨加工质量的关键。

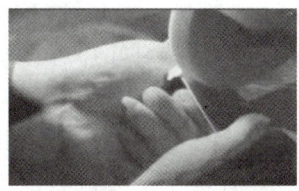 

图 11.52　手工抛磨叶片

图 11.53　多轴联动数控砂带磨床

面对航空发动机叶片抛磨加工的要求（表 11.1），生产过程自动化是叶片抛磨的发展趋势。

表 11.1　航空发动机叶片抛磨加工的要求

项目	叶片型面	进气、排气边缘	缘板流道面
静子叶片余量	0.4~0.5mm	0.5~1mm	0.2~0.7mm
工作叶片余量	0.1~0.3mm	0.5~1mm	0.3~0.6mm
加工后轮廓精度	0.08mm	—	0.15 mm
前后缘5mm的内轮廓精度	0.05 mm	—	—
加工后表面粗糙度		$Ra0.4\mu m$	
加工后位移/扭曲		≤（0.1mm/±10mm）	

叶片型面的机器人砂带抛磨工作站主要由工业机器人、检测装置（激光或机械检测装

置)、力传感器和砂带组成,如图 11.54 所示。

图 11.54　叶片型面机器人砂带抛磨工作站

叶片型面机器人砂带抛磨工作站的工艺流程如图 11.55 所示。首先,机器人利用末端执行器抓取叶片工件。机器人感知待抛磨叶片半成品后,按照规划路线将叶片送至检测装置,接受装夹位姿及表面形状检测,如图 11.56a 所示。检测后,系统将结果与数据库里的原始信息比对,找出工件相对机器人坐标系和加工余量的差异,对叶片后续定位和抛磨轨迹做出规划或修正。接着,用不同粒度砂带在不同位姿下对工件粗、精抛磨,如图 11.56b 所示,其间,力传感器在多维度上实时采集,在控制抛磨力大小的同时,更重要的是安全保护。机器人按事先的规划,携带工件分阶段自动返回检测装置接受在线检测,使抛磨进展得到实时监测,磨削规范和策略可以自动调整。最后,合格叶片被自动放回成品存放地。

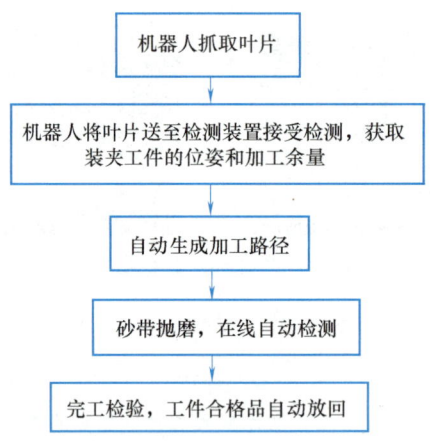

图 11.55　叶片型面的机器人砂带抛磨工作站的工艺流程

a) 机器人夹持工件从不同位姿检测　　　　b) 机器人不同位姿下的抛磨作业

图 11.56　叶片型面的机器人砂带抛磨工作站的现场操作场景

叶片型面的机器人砂带抛磨工作站的性能规格见表 11.2。

表 11.2 叶片型面的机器人砂带抛磨工作站的性能规格

序号	项目	性能指标
1	机器人负载能力	60kg
2	加工工件长度	50～900mm
3	力控制精度	±10N
4	工件型面抛磨精度	±0.1mm（垂直于工件表面）
5	砂带速度	20～30m/s
6	加工工件表面粗糙度	$Ra0.8\mu m$

11.4.6 航空发动机典型转动零组件加工技术

航空发动机中的盘、轴、鼓筒、轴颈等零组件均是发动机的关键转动零组件，通常工作在高温、高压、高转速的严酷环境下。这一类零组件大多以高温合金、粉末高温合金、钛合金等难加工材料制造，对尺寸精度、零件表面质量和表面完整性的要求高，技术条件严格，加工工艺性却较差。

1. 航空发动机典型转动零组件的结构特点

图 11.57 所示为航空发动机几个典型转动零组件的结构示例，它们共同的结构特点是多有轮缘、辐板、内孔等，薄壁（数毫米），外表面均为型面，且带有复杂的结构元素（燕尾槽榫、螺纹、封严篦齿、外花键、径向斜孔等），而内部往往呈现半封闭的深腔结构，敞开性差。

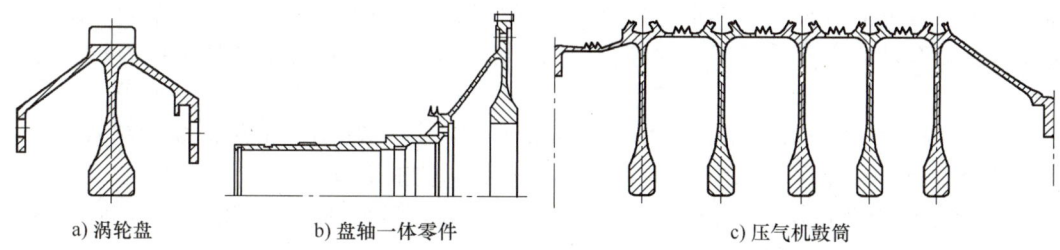

a) 涡轮盘　　b) 盘轴一体零件　　c) 压气机鼓筒

图 11.57　航空发动机几个典型转动零组件的结构示例

2. 航空发动机典型转动零组件加工难点

加工这类零组件具有如下难点。

1) 工件壁薄，刚性差，切削过程中易产生切削振动。

2) 加工中，工件在夹紧力、切削力、热应力等综合作用下，由于壁薄而易产生加工变形及让刀现象，影响加工精度。

3) 适合车铣复合加工。若能在同一台设备、一次装夹中完成孔、键槽、边缘、花键、齿轮加工等不同工序和多种工艺过程，就可减少工装数量和设备数量，大幅度改善零件加工精度和加工效率。

4) 切削加工半封闭深腔结构，除了需要设计非标准专用高刚度刀具外，还容易发生刀具与零件的碰撞、干涉。加工前宜做好仿真，切实校核干涉问题。

3. 航空发动机典型转动零组件加工要点

近年来，航空发动机转动零组件的加工技术已经从依赖操作者的经验和水平的传统方式，向车铣复合加工、全过程数控加工、边缘自动成形和自动光整加工等自动化、集成化、精准化方向推进。这种趋势对提高航空发动机的可靠性、寿命、安全性起到至关重要的作用。其加工要点如下。

(1) 五轴（或六轴）车铣复合加工 图 11.58 所示为目前在发动机典型转动零组件车铣复合高效加工中发挥重要作用的五轴（或六轴）车铣复合加工中心。其构型特点是具有围绕 B 轴（铣削主轴头）的同步摆动车削功能，与其他轴联动，能够随工件加工部位形状的变化相应地调整切削角度和运动方位，有效弥补传统车削中刀杆固定不动的不足。所以适合加工以车削为主，钻、镗、铣加工等为辅的回转类零件，以及切削图 11.57 所示的一类复杂零件的半封闭型腔室。由于将车、铣、钻、镗等加工合为一体，在同一台设备上，不改换装夹定位的前提下，即可完成包括粗、精工序在内的多种工艺过程。而按传统加工模式，这类零件需要在数控车床、坐标镗床、五轴加工中心等多种设备上反复装夹，经过数十道切削工序方能完工。

图 11.58 五轴车铣复合加工中心

(2) 全过程无干预数控编程加工 数控机床除了在工艺程序中预设的停车点停车外，所有工步均按照编程设计的逻辑运动，依次连续地完成切削作业，中途无需人工干预，一次启动完成加工，减少了人为出错的机会，即所谓"全过程无干预数控加工"。

(3) 榫槽加工 通常，盘鼓类零件轮缘上都带有安装叶片的榫槽，按形状可分为枞树形和燕尾形；按方向有轴向和环形之区别。前者采用拉削加工，后者靠数控车削加工。在发动机压气机盘及鼓筒组件上环形燕尾榫槽结构应用居多。下面以环形燕尾榫槽为例简要说明加工的方法。

1) 加工难点。榫槽开口小，内腔宽，精度要求高，一般要求工作面轮廓度在 0.01mm 左右，其他表面轮廓度在 0.025mm 左右，主要有如下加工难点。

① 榫槽工作面节点尺寸、轴向位置精度及基准边直径尺寸公差要求严格，尤其要求榫槽轮廓度在全型面上保证精度，对设备和刀具要求高。

② 榫槽形状的特点为内腔大、外口小、敞开性差，所以榫槽加工刀具难免头大颈小（图 11.59），强度差，加工余量大，排屑困难，易发生碰撞、干涉。

2) 加工步骤。榫槽加工在数控机床上分以下 5 个步骤完成。

① 以阶梯进刀方式，去除榫槽外圆及中部余量。

② 改用菱形车刀（刀尖半径为 $R0.4$mm、左右偏向），分别加工上、下部分的外圆基准，将直径加工至图样要求。

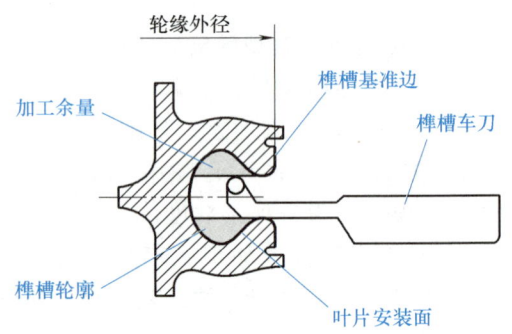

图 11.59 环形燕尾榫槽加工示意图

③ 换成专用榫槽车刀，分上、下两部分，逐层去除榫槽两侧的大部分余量，留约0.3mm的余量。

④ 选用轮廓型面良好的榫槽刀片，进行型面最终加工。

⑤ 使用圆刀片车修榫槽底部的接刀痕，完成整个榫槽的车削加工。

车铣复合加工中心往往带有刀库（刀盘），可满足多种车刀更换的需求。另外，通过编程还能调用圆弧进退刀程序模式，保证刀具轨迹平滑。

（4）榫槽边缘自动成形加工 这部分相应的要求是涡轮盘榫槽与端面边缘过渡圆角为$R0.4 \sim R0.6$mm，表面粗糙度为$Ra0.80\mu m$，要求沿榫槽型面倒圆并抛光，圆滑转接（图11.60）。

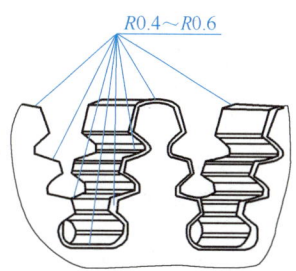

图11.60 榫槽边缘自动成形加工示意图

传统加工榫槽边缘的方式是借助锉刀、磨石及砂布条手工去除毛刺并抛光榫槽边缘，边缘尺寸一致性较差，质量不易达标。榫槽边缘的自动成形加工可在四轴联动数控自动倒角机上进行。先将拉削后的榫槽安装完毕，按预先编制的数控程序轨迹，并以一定的切削参数实现铣削和自动抛光的复合加工。例如，铣削圆角时铣刀转速取为25000r/min，进给量取为600mm/min，切削深度取为0.1mm，先去除榫槽边缘大部分余量，表面粗糙度可达$Ra1.6\mu m$，然后用两种标准金刚石粗、细抛光刷进行边缘圆整与抛光，完成榫槽边缘的复合光整加工。经榫槽边缘自动倒角加工工艺处理的圆角尺寸一致性好，不影响拉削后的榫槽表面和尺寸精度，减小表面粗糙度值的效果明显。

思考题

11-1 从加工技术方面考察，飞机切削加工零件有哪些特点？

11-2 本章介绍了哪几种切削加工的方式？各有什么特点？

11-3 仿形法和展成法各有何特点？展成法除了加工齿轮外，还能够加工哪些类型的零件？

11-4 加工飞机整体壁板等最典型的设备是哪一类机床？机床运动自由度的构型有哪两种？

11-5 加工航空发动机机匣的难点有哪些？

11-6 简述加工整体叶轮的工艺流程。所采用的多轴联动数控机床在构型上有什么特点？

11-7 简述加工飞机发动机叶片的工艺流程。所采用的多轴联动数控机床在构型上有什么特点？

11-8 简述叶片型面机器人砂带抛磨工作站的组成。其中力传感器的作用是什么？

11-9 加工航空发动机典型转动零组件很有效的五轴车铣复合加工中心在构型方面有何特点？

思政拓展：现在的叶轮制造可以靠数控机床自动完成铣削加工，而对第一代汽轮机研制人员而言，大功率汽轮机需要用到1m长叶片，光需要计算的线形坐标点数据就有数千个，设计人员只能夜以继日地计算。1983年9月28日，在隆隆的轰鸣声中，国产第一台30万千瓦汽轮机组进行试车，当升速至3000r/min时，带来每个叶片约240t的巨大离心力，机组仍然稳定运行。扫描右侧二维码观看东汽人艰苦奋斗、攻克难关的感人历程。

信物百年 中国自主研制的"争气机"

第 12 章　先进成形技术

> 【本章导读】
>
> 本章介绍飞机钣金类零件的成形加工。与传统机械（如汽车）相比，飞机钣金类零件占比大，尺寸大，厚度薄，刚度差，形状复杂，因为与气动外形有关，精度要求高，因此成形方法与众不同。本章以蒙皮拉形先进技术为例，对飞机典型钣金零件数字化加工技术的发展趋势做简要的讲解。学习中注意体会以下要点。
>
> 1）多点模具蒙皮拉形技术的核心是将传统的整体拉形模具离散化，代之以矩阵分布的、多点式规则排列的基本单元体，即所谓的数字化模具。
>
> 2）需要与有限元和数值模拟技术深度结合，完成成形工艺仿真和优化，克服回弹现象。
>
> 3）数控多点模具蒙皮柔性拉形机是数控多点模具蒙皮柔性拉形系统的核心设备。
>
> 4）拉形后工序需要柔性夹持、激光数控切边系统和非接触式数字化测量系统。

12.1　飞机钣金类零件的特点和重要性

1. 飞机钣金类零件的特点

钣金类零件是现代飞机机体的主要组成部分。从种类看，大型飞机有 2 万多种钣金类零件；从数量看，钣金类零件大致占飞机整机零件总数的一半。钣金工艺装备占全机工艺装备的 65%，制造工时占全机制造工时的 20% 以上。反观传统机械设备，仅有汽车是钣金类零件占比较高的设备。汽车的机盖、前后保险杠、前大框、门皮、车顶、行李舱盖等通常均为钣金类零件，所消耗的镀锌钢板的重量大约占汽车耗材总重量的 50%，而且高档汽车有提升至 70% 的趋势。但是，汽车与飞机零件在尺度方面相差甚远。

飞机钣金类零件的特点是尺寸大、厚度薄、刚度差、形状复杂、精度要求高。鉴于飞机的结构特点和独特的生产方式，飞机钣金制造技术不同于一般机械制造的钣金加工工艺方法。除一般工业领域中常用的成形方法外，拉形、拉弯、滚弯、液压橡胶囊成形等薄壁零件的加工方法占有较大比例。飞机钣金类零件的材料以铝合金、镁合金、铝锂合金、钛合金等轻合金为主，也有不锈钢、高强度合金钢等。

飞机钣金类零件的工艺特点如下。

1）质量控制严格，有苛刻的寿命要求，对成形后的零件有明确的力学性能和物理性能指标要求，且加工效果直接影响飞机整体的质量和生产周期，因此与其他行业的钣金零件相比技术要求高，难度大。

2) 飞机钣金类零件制造主要靠专用设备，辅以手工技艺和经验操作。钣金专用设备的水平是飞机钣金工艺技术发展的标志，对零件成形质量有着决定性作用。

3) 飞机钣金类零件形状复杂，尺寸不一，加工过程变形大，必须采用高端工艺装备才能满足设计技术要求。

4) 广泛借助样板、胎模和检验型板等刚性量具进行产品检验。

典型的飞机钣金类零件有蒙皮、隔框、壁板、翼肋、导管等，如图 12.1 所示。

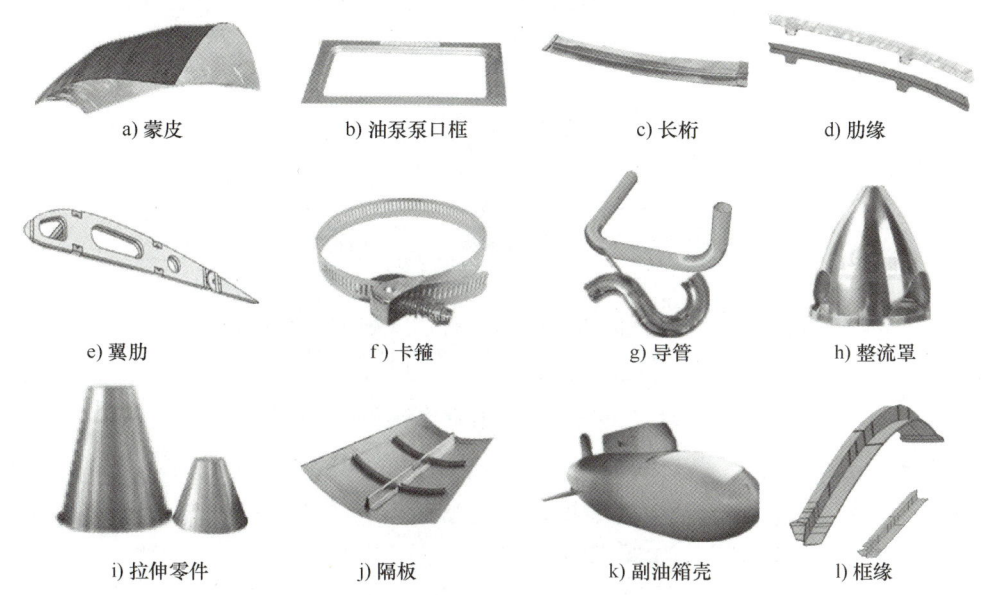

图 12.1 典型的飞机钣金类零件

2. 飞机钣金类零件的重要性

飞机钣金类零件除了满足形状和精度的要求外，对某些零件来说，强度，特别是疲劳强度有极其重要的性能指标要求，在飞机结构件中扮演着举足轻重的角色。

2012 年，检查发现 A380 机翼翼肋与蒙皮连接件出现细微裂纹，此连接件是 T 形及 L 形托架（翼肋脚），如图 12.2 所示，它属于钣金类零件。A380 单侧机翼有 60 个翼肋，每架飞机的一对机翼用到 4000 多个托架。裂纹产生的原因与托架材料、极端低温状态下该零件的热变形，以及安装过程中产生的应力集中等因素有关。针对发现的问题，虽然欧洲航空安全局未强制 A380 停飞，但是要求该飞机必须在运营时间接近 1300 个飞行循环的时限内进行检查。

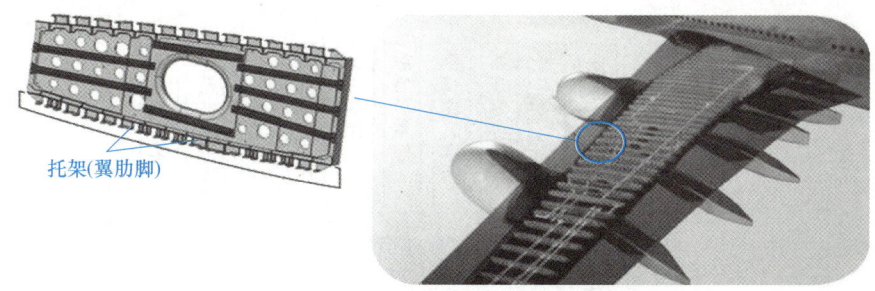

图 12.2 位于 A380 机翼内部的翼肋和托架

12.2 飞机钣金类零件及其成形方法的分类

12.2.1 飞机钣金类零件的分类

1. 按照结构功能分类

按照结构功能不同，飞机钣金类零件可分成气动外形的零件、骨架零件和内装零件三大类，如图12.3所示。

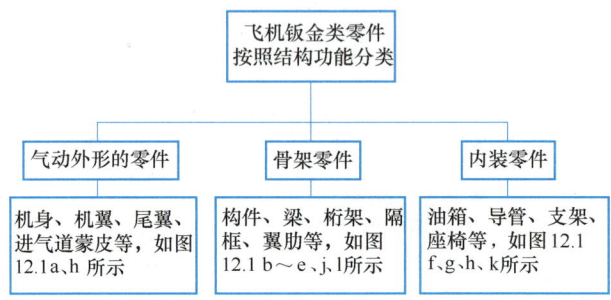

图 12.3 飞机钣金类零件按照结构功能分类

2. 按照成形方法分类

按照成形方法不同，飞机钣金类零件可分为挤压型材零件、板材零件和管材零件三大类，每类零件又可进一步细分，如图12.4所示。

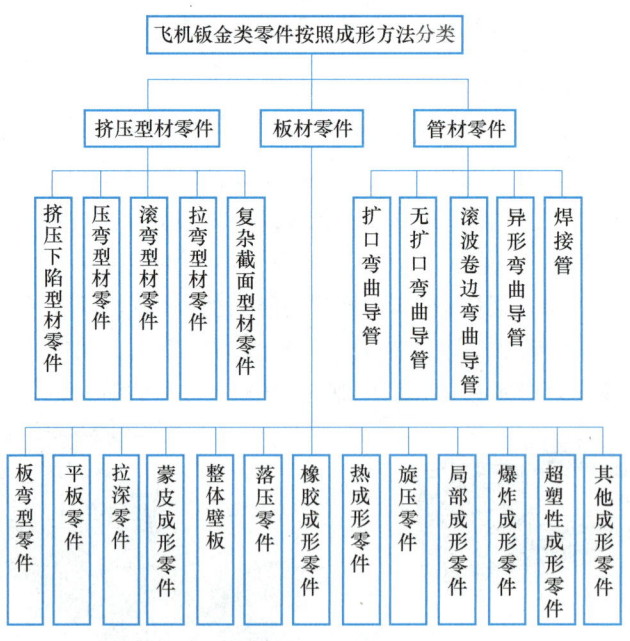

图 12.4 飞机钣金零件按照成形方法分类

本章后续内容聚焦于飞机蒙皮成形，这里对板材零件成形稍加说明。钣金类零件种类繁多，形式各异，成形方法多种多样，但基本变形方式不外乎弯曲、翻边、拉深、局部成形

（或膨胀）。板料实际成形时往往由以上几种基本变形方式加以组合实施，所以在制订工序方法前需要考虑它们之间的相互联系，而不应将不同变形性质的部分作为一个个单纯的基本变形方式。

从板料的变形性质来看，其成形方式无外乎"收"和"放"两种：所谓"收"，就是依靠板料的收缩变形来成形零件，收的特点表现为板料纤维缩短，厚度增加，"收"伴随的主要问题是起皱；所谓"放"，即依靠板料的拉伸变形来成形零件，放的特点表现为板料纤维伸长，厚度减薄，"放"伴随的问题是容易导致拉裂。例如，外拔缘为"收"，翻边、局部成形为"放"；而弯曲中性层以内为"收"，弯曲中性层以外则为"放"。

12.2.2　飞机钣金成形工艺

钣金成形（Sheet Metal Forming）是对薄板、薄壁型材、薄壁管材等金属毛料施加外力，使毛料在成形设备或模具作用下产生塑性变形，获得相应的形状、尺寸和性能的一种零件加工方法。

飞机钣金成形工艺如图 12.5 所示，分为下料和成形两大工序。飞机钣金类零件，尤其是大中型零件往往呈曲面外形，而且有凹凸，因此对平板毛料或型材毛料的剪裁工艺要求极高，其工艺也相当复杂，因此，一般以计算机为手段绘制平板毛料图形轮廓，借助数控机床为工具下料。

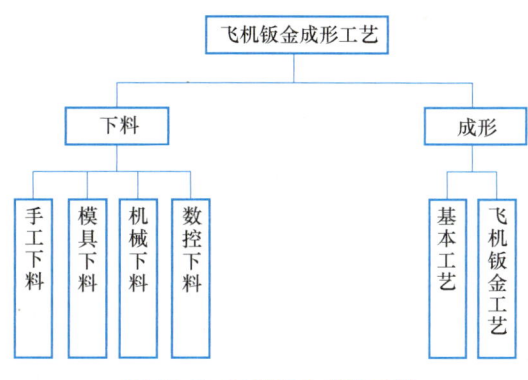

图 12.5　飞机钣金成形工艺

12.3　飞机蒙皮拉形技术

飞机钣金类零件成形方法除沿用一般机械制造中常用的钣金成形工艺方法外，还形成了一整套适合飞机中大型薄壁复杂零件的、行之有效的成形方法。下面将以图 12.4 中的蒙皮成形方法为例做较为详细的说明。

12.3.1　飞机蒙皮的加工方法

飞机**蒙皮**（Skin）指包围在飞机骨架结构外，且用胶黏剂或铆钉固定于骨架上，形成飞机气动力外形的维形构件。飞机蒙皮与骨架所构成的蒙皮结构具有较大承载力及刚度，不过自重很小，起到承受和传递气动载荷的作用。蒙皮承受空气动力作用后将作用力传递到相连的机身机翼骨架上，受力复杂，加之蒙皮直接与外界接触，所以不仅要求蒙皮材料强度高、塑性好，还强调表面光滑，有较好的耐蚀性。蒙皮的加工质量直接关系到飞机的气动、隐身性能及寿命，也是牵制飞机制造周期、成本和效益的主要因素。飞机蒙皮加工技术水平是衡量一个国家飞机钣金类零件制造能力的重要标志。

加工蒙皮的方式有拉伸成形、滚弯成形、闸压成形、增量压弯成形、橡胶囊成形、超塑成形（主要用于钛合金蒙皮）和热蠕变成形（主要用于大型飞机的超大蒙皮）等多种成形方式，其中最常用的是拉伸成形（简称拉形）。

12.3.2 飞机蒙皮拉形方式

拉形（Stretch）主要用于制造曲率变化较平缓的大型三维钣金件，可以通过单向拉伸，使毛料纤维产生不等量延伸。成形过程中，毛料两端被拉形机夹钳夹紧，由工作台将拉形模顶升至与毛料接触，使毛料产生非均匀的拉应变而与模具贴合，如图12.6所示。

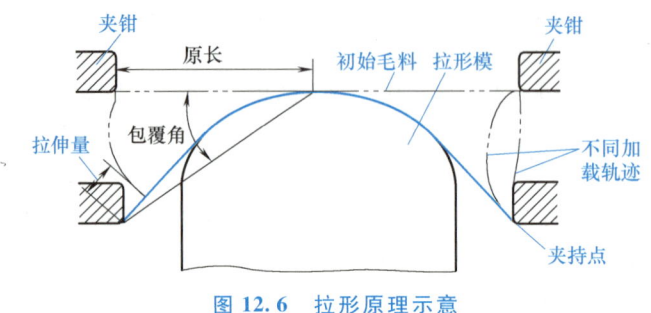

图 12.6 拉形原理示意

根据蒙皮的不同形状，拉形工艺可分为纵向拉形、横向拉形和马鞍形拉形，如图12.7所示。

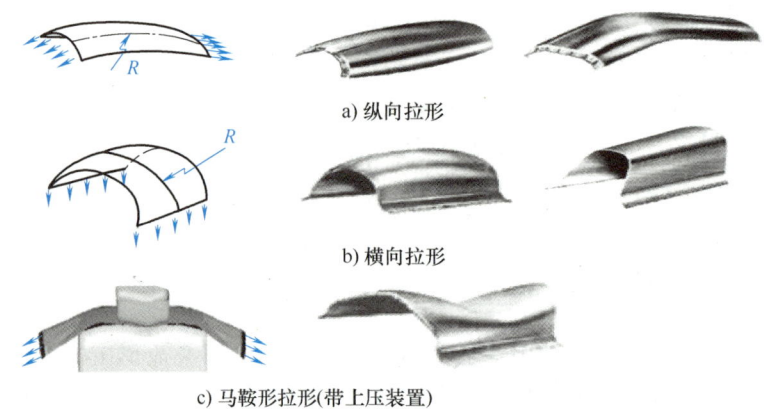

图 12.7 飞机蒙皮典型的拉形方式

1. 纵向拉形

纵向拉形简称纵拉，是将板料沿纵向两端头夹紧，在拉形模上升顶力和夹钳纵向拉力的双重作用下，使板料与拉形模贴合的成形方法，一般用于纵向曲度大的狭长形蒙皮零件。纵向拉形的设备称为纵向拉形机，也称为台钳双动式拉形机，如图12.8所示。所谓双动，指安放拉形模的工作台在液压作动筒驱动下可以升降或斜向运动；而位于工作台两侧的夹钳靠丝杠调节能够沿水平方向伸缩移动。可见，蒙皮拉伸成形力主要由拉形机钳口的运动和拉伸作动筒伸缩产生，同时还涉及模具的垂直运动。

2. 横向拉形

横向拉形简称横拉是将板料沿横向两端头夹紧，在拉形模上升顶力和夹钳横向拉力的双重作用下，使板料与拉形膜贴合的成形方法，一般用于横向曲度大的蒙皮零件板料。横向拉形的设备称为横向拉形机，也称为台动式拉形机，如图12.9所示。在横向拉形机中，安放拉形模的工作台在液压作动筒驱动下做上下升降运动,也可以倾斜运动。两侧的夹钳允许做位置调整,但在移动过程中固定不动。拉形前,根据蒙皮顶部的形状将钳口调至适当位置固定,此时应该让夹钳的拉力作用线与拉形边缘相切。横向拉形适用于单曲度或长度方向曲率不大的双曲度蒙皮,具有更广泛的工艺适应性,但所能加工的蒙皮长度受夹钳尺寸的限制。

图 12.8　纵向拉形机

图 12.9　横向拉形机

3. 马鞍形拉形

对于顶部有较深凹陷的所谓马鞍形的复杂形状蒙皮,则需另外添加上压装置,用上压模具成形顶部的形状。

传统蒙皮拉形工艺在原理上存在两个缺点。

1) 每块蒙皮对应一个模具,模具数量多,占地面积大。

2) 设计模具时,往往使型面的形状与零件的理论外形一致,由于未考虑回弹补偿的影响问题,拉制出来的蒙皮产品精度低,装配应力大。

为了改进上述问题,模具设计和制造阶段往往还要多次依赖"经验-试错"法,反复修正模具,这往往导致模具研制周期长(一般占研制周期的 60%~80%)、返工多、消耗大、成本高。

12.3.3　多点模具蒙皮拉形技术

随着计算机信息技术和三维数字化产品定义在飞机设计中的广泛应用,以数字量为制造依据的协调方式逐渐成为现代飞机研制的主流。应用在飞机蒙皮零件制造方面,则形成了一套多点拉形的数字化制造体系解决方案。多点拉形是一种成形大尺寸、小曲率板材的柔性加工技术,用离散的多点模具代替传统的整体模具,以一套模具适应多种形状蒙皮钣金件的加工,实现飞机钣金件的快速、高质量制造。

多点模具蒙皮拉形技术将柔性制造和计算机技术结合为一体,其核心是将传统的整体拉形模具离散成规则排列的基本单元体矩阵,形成多点式、可数字化控制的模具。模具基本单元体的高度由计算机自动控制。通过调整每个基本单元体的高度,即构造出不同型面的多点模具,再在多点模具表面铺上一定厚度的弹性垫,配合蒙皮柔性拉形机,完成不同形状蒙皮零件的拉形,如图 12.10 所示。

下面对图 12.10 所示多点模具蒙皮拉形系统中的关键技术做进一步说明。

1. 多点柔性模具

1980 年起,美国麻省理工学院(MIT)首先针对多点柔性模具开展探索性研究,提出多点柔性模具的概念。20 世纪 90 年代末,蒙皮多点柔性成形技术受到业界关注。1999 年,美国飞机制造商诺斯罗普·格鲁曼公司在军方资助下,与麻省理工学院等协同,将柔性多点

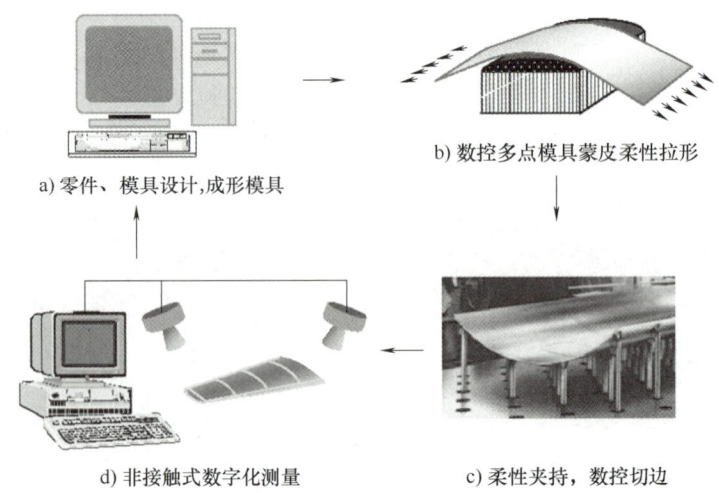

a) 零件、模具设计,成形模具
b) 数控多点模具蒙皮柔性拉形
c) 柔性夹持,数控切边
d) 非接触式数字化测量

图 12.10　多点模具蒙皮拉形系统

模具应用于飞机蒙皮拉形,统计结果表明可取代 49% 的专用固定模具。

尽管在时间上略有滞后,但国内一些研究机构,如北京航空制造工程研究所、北京航空航天大学、吉林大学等对多点柔性蒙皮拉形系统也进行了研究。例如,北京航空航天大学研制的多点柔性模具的型面尺寸可达 600mm×420mm。

多点柔性模具的核心是将传统的整体拉形模具离散化,代之以矩阵分布、多点式规则排列的基本单元体。这些基本单元体又称为钉柱(或冲头)。每个钉柱的高度均由计算机自动控制,通过精确调整每个钉柱的高度,模具型面就可以灵活地构成数字化、可重构、可控制的离散型面。不难想象,构造不同的离散曲面便能够代替多种传统单个拉形模进行蒙皮拉形。由此可见,柔性多点模具的基本思想是以点代面。

由于每个钉柱的顶部外形呈现为球面,在成形过程中难以避免板料发生局部应力集中,给零件表面带来压痕,这当然是不能接受的。因此,为避免产生压痕,成形过程中,在模具与板料之间应放置具有一定厚度的弹性垫层材料。多点柔性模具蒙皮拉形的原理示意如图 12.11 所示。另外,可重构柔性多点模具可以解决传统整体模具极为棘手的回弹补偿或修正的问题。因为通过调整可重构柔性多点模具钉柱的相对高度,形成新的模具型面,即可快速地对回弹进行补偿或修正。而且,计算机辅助设计软件的应用可以缩短和简化回弹的修正过程。可见它适合小

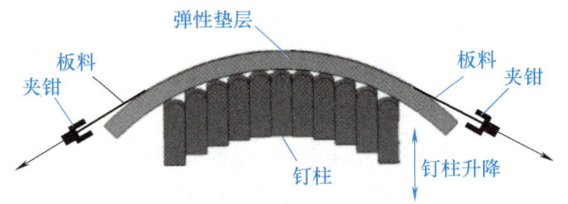

图 12.11　多点柔性模具蒙皮拉形的原理示意

批量多品种的产品制造,从而在实际生产中可有效缩短零件研制周期,降低零件制造成本。

2. 拉形工艺设计

拉形工艺设计包括以下两方面的内容。

(1) **零件和模具设计**　多点模具蒙皮柔性拉形系统的拉形工艺设计主要围绕它最有特色的多点数字化调形设备展开。首先根据零件的三维数字设计模型,提取蒙皮零件外形信息作为拉形作业的基本几何模面,再对该几何模面补充工艺参数,得到拉形模具的初始型面。

由此计算毛料尺寸、拉形轨迹、钉柱的高度数据等。钉柱的高度数据即多点模具各钉柱球头的高度，它形成多点数字化调形设备模具型面的包络面。

（2）成形工艺仿真和优化　得益于计算机和有限元技术的发展，数值模拟技术在蒙皮拉形中得到深度应用，成为这项先进制造技术的核心成果。板材拉形数值模拟涉及板壳有限元模型、材料模型、非线性算法和接触摩擦边界条件等理论。数值模拟能够方便、快速地确定拉形过程中各种参数对金属塑性流动的影响，预测板料在成形中可能发生的缺陷，如起皱、破裂等，并分析计算回弹在拉伸成形过程中对零件尺寸的影响，为模具设计和工艺分析提供科学依据，减少试拉和调形次数。此外，拉形过程的加载轨迹、回弹问题、弹性垫层的影响等也都有研究成果。

所谓的"回弹现象"是一种在成形过程中弹性垫层受压产生变形，拉伸成形后零件出现些许回复，以致影响零件的成形精度和外形的现象。为了获得合格的零件外形，需要引入回弹补偿机理来优化模具外形包络面。可以借助钣金成形仿真软件（如 Pam-stamp）建立蒙皮拉形的有限元模型，并模拟毛料的拉形过程和成形后的回弹影响。若模拟结果显示回弹后零件未达到满意的精度，则需修正和补偿模具型面，重新模拟仿真，直至零件拉形回弹的结果令人满意为止。这个过程在本质上与前述传统拉形工艺的"经验-试错"法的机制有异曲同工之处，不过是借助计算机完成的。

3. 数控多点模具蒙皮柔性拉形机

传统蒙皮拉形机的操作一般靠手动调整，因此蒙皮零件的成形质量不仅受诸多工艺条件因素的影响，还与操作人员的技术水平和熟练程度有关，零件质量的一致性和重复性较差。

数控多点模具蒙皮柔性拉形机是数控多点模具蒙皮柔性拉形系统的核心设备。数控多点模具蒙皮柔性拉形系统由多点柔性模具、多点模具控制系统、数控多点模具蒙皮柔性拉形机三部分组成，如图 12.12 所示。多点柔性模具的调形借助多点模具控制系统的专用软件实现。把模具型面设计成由多点可调节的钉柱组成的包络，就赋予了模具一定的柔性，以适合多种产品的拉形需要。

图 12.12 所示系统中，多点柔性模具表面由 30mm×40mm 的单元体矩阵组成，共有 1200 个钉柱。各钉柱尺寸为 40mm×40mm，行程为 400mm。数控多点模具蒙皮柔性拉形机由多个夹料机构、拉料机构、万向机构及机架组成，每个夹料机构有呈水平、倾斜、竖直布置的多组液压缸。控制系统则提高了整个系统的灵活性、适应性和操作精度。拉形时，板料夹持在夹钳的钳口中，由水平拉伸液压缸将板料拉伸至超过材料的屈服强度，最后在水平液压缸和竖直液压缸的共同作用下，板料包覆模具的整个型面。水平液压缸和竖直液压缸可根据需要形成不同的合成轨迹。钳口合成轨迹的控制是由专门的计算机控制系统执行的。这时，系统需要借助液压缸的位置编码器（或光栅尺）和压力传感器等传感器保证两类液压缸的同步闭环控制。

4. 三维激光切割系统

蒙皮厚度小，尺度大，刚性差，易变形，这影响到蒙皮的夹持、切边、制孔、加工、外形检测等诸多加工工序和工艺的实施。图 12.10c 表明，在蒙皮拉形工序完成后还需要借助数字化、多点离散、包络拟合、柔性夹持等技术来完成后续的切边作业。图 12.13 所示为柔性夹持、数控切边的三维激光切割系统。设备的真空吸盘呈现阵列式分布，控制它们的升降行程即可实现对拉形后蒙皮的数字化柔性夹持，然后借助激光切割头实现周边外形的非接触

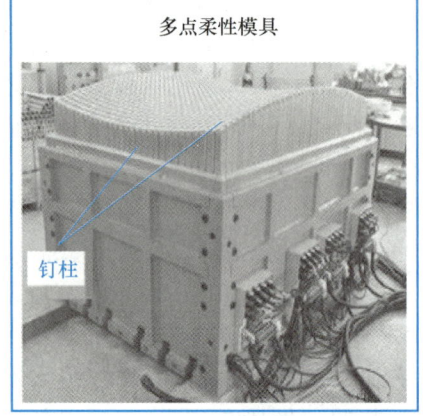

a) 数控多点模具蒙皮柔性拉形系统组成

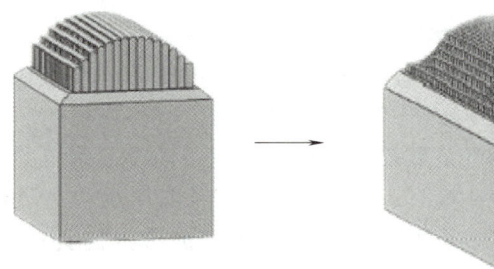

b) 钉柱的三维虚拟调形

图 12.12　数控多点模具蒙皮柔性拉形系统

式切割,以及内部局部孔洞的加工。柔性夹持、数控切边避免了夹持力和切割力对拉形产品的额外变形。

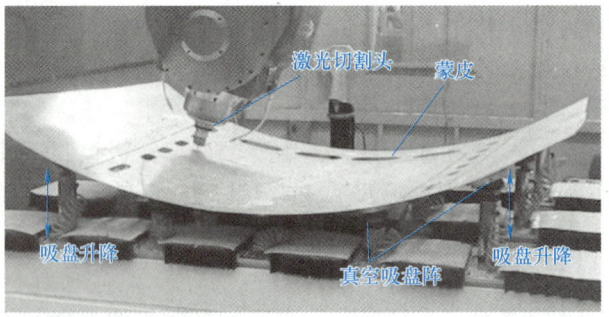

图 12.13　柔性夹持、数控切边的三维激光切割系统

5. 非接触数字化测量系统

蒙皮拉伸成形后,采用激光测量系统对蒙皮表面进行扫描,将蒙皮的真实外形与理论外形进行对比,合格后交付。激光测量除获取真实蒙皮的外形数据外,一旦发现蒙皮不合格,

还可以将测量数据反馈到多点模具型面，进行型面的二次补偿，提高蒙皮的成形精度。非接触数字化测量能够避免测量力造成的误差，并实现在线快速检测。

6. 多点模具蒙皮拉形系统技术特点总结

综上，由于多点柔性模具能够在计算机的控制下快速应对和构造各种多变的模具型面，并借助钣金成形仿真软件及时开展成形工艺仿真和优化，因此其生产工艺较传统拉形工艺有明显的改进。与传统蒙皮拉形技术相比，多点模具蒙皮拉形系统有以下技术特点。

1）数字化构造模具型面，一套多点模具可代替多套传统拉形模具，不再需要一一对应的专用拉形模具，避免了模具制作、储存与管理的各种问题。

2）省去专用拉形模具设计和制造的时间，模具外形可在几分钟内完成调整（据统计，多点模具的最大调形时间大约为30min，平均为15min），且完成调整后无须反复修模，此模具调整时间低于传统蒙皮生产过程中的模具安装时间（平均约为1h），可缩短工艺准备周期，降低生产成本。模具制造周期缩短至原来的1/3~1/4，工时缩短至原来的1/8。

3）由于模具型面的几何外形允许以数字量的形式存储，需要时可以即调即用，故非常便于实现零件的数字化生产，实现新产品的快速响应。

4）钉柱升降采用数字化闭环控制技术，零件成形的几何误差在±0.5mm以内，提高了蒙皮成形精度。

5）尤其适合多品种小批量生产。

虽然国内外研究机构和航空制造企业对蒙皮柔性拉形技术进行了多年研究，对推进飞机蒙皮制造技术的数字化、精准化和柔性化进程做出了卓有成效的贡献。但是也必须指出，这项技术在生产实践中仍有很大的提高和改进空间。例如，复杂蒙皮三维曲面的成形过程除受设备的影响外，个性化的工艺参数设计和定量控制也是一个有待努力的方向；另外，由于数值模拟过程受到有限元模型简化和非线性因素的综合影响，计算精度肯定会受到限制，得到的计算结果未必总是令人满意的，亟待进一步研究改善。

思考题

12-1 从结构功能划分，飞机钣金类零件有哪三类？试举例说明。

12-2 飞机钣金类零件生产的工艺特点是什么？

12-3 除传统制造的冷冲压方法之外，飞机钣金类零件还有哪些独特的成形方法？

12-4 飞机蒙皮加工有何特点？

12-5 简述多点模具蒙皮拉形的关键技术。

思政拓展：我国科学事业取得的历史性成就，是一代又一代矢志报国的科学家前赴后继、接续奋斗的结果。新中国成立以来，广大科技工作者们正是在推动祖国科技进步、谋求中国人民幸福的道路上隐姓埋名、龃龉前行，创造出令世界瞩目的科技成果，铸就了内涵丰富的科学家精神。青年人应当铭记并学习这种精神，以家国天下为己任，不计名利，潜心研究，追随科技工作者们的步伐，主动肩负起历史重任，将个人追求融入建设社会主义现代化国家的伟大事业中去。扫描右侧二维码感受科学家精神。

精神的追寻
科学家精神

第 13 章　增材制造技术

> 【本章导读】
>
> 　　相对于传统去除材料（如切削）的"减材制造"模式，"增材制造"反其道而行之，基于离散-堆积原理将材料累加成形，由零件三维数据驱动完成零件的加工。学习本章，要了解增材制造为何归于先进制造、有何特点，以及增材制造涉及的关键技术、技术的分类和原理。
> 　　增材制造在民用领域中有广泛的应用，本章举一些例子来说明。同时，国防军工和航空航天领域是增材制造潜在的巨大市场，本章援引几个激光增材制造航空零件示例，重点介绍钛合金激光增材成形技术。可以说，激光增材制造是目前航空航天器复杂精密金属零部件或大尺寸主承力金属构件一次性整体成形中的最具战略发展前途的技术之一。为此需要了解加大增材制造技术在航空航天领域应用的深度和广度亟待解决的几个问题。

13.1　增材制造技术概述

　　增材制造（Additive Manufacturing，AM）俗称 3D 打印，是融合了计算机辅助设计、材料加工与成形技术，以数字模型文件为基础，通过软件与数控系统将专用的金属材料、非金属材料及医用生物材料按照挤压、烧结、熔融、光固化、喷射等方式逐层堆积，制造出实体物品的制造技术。

13.1.1　增材制造技术的分类和原理

　　近二十年来，增材制造技术取得了快速发展，基于不同的分类原则，增材制造技术还有快速原型、3D 打印、实体自由制造等多种称谓，从不同侧面诠释了这种制造技术的特点。事实上，当前流行的 3D 打印只是增材制造工艺的一种，并非十分准确的技术名称。眼下，3D 打印成为科技界的热点，有观点认为"3D 打印将推动第三次工业革命""3D 打印改变世界"。目前，增材制造的发展正方兴未艾，内涵仍在不断深化，外延也在继续扩展。

　　目前，增材制造技术大致有七种基本类型，分别为立体光固化（SLA）、激光选区烧结（SLS）、三维打印（3DP）、熔融沉积成形（FDM）、材料微滴喷射、激光近净成形（LENS）、分层实体制造（LOM），如图 13.1 所示。下面对几种最常用的原理类型举例说明。

1. 立体光固化成形工艺

　　立体光固化成形（SLA）又称为光敏树脂平铺，是最早投入使用的快速成形技术之一。

第 13 章　增材制造技术

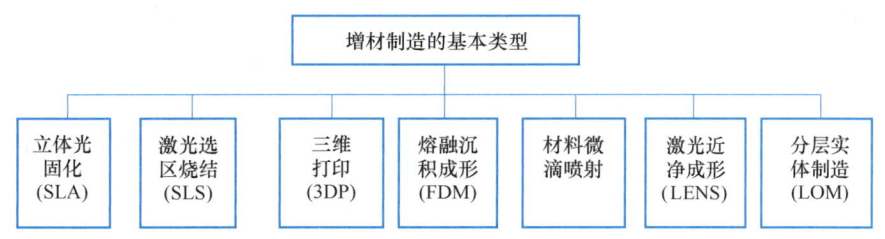

图 13.1　增材制造的基本类型

如图 13.2 所示，其原理是用特定波长与强度的激光聚焦到光固化材料（如液态光敏树脂）表面，使之发生聚合反应，在激光和扫描系统的作用下，表面材料由点到线、由线到面地凝固而完成一层的绘图作业，然后升降台在竖直方向移动一个层片的高度，再固化下一层。如此层层叠加，构成三维实体。SLA 方法制造的零件尺寸精度较高，可达到 ±0.1mm。

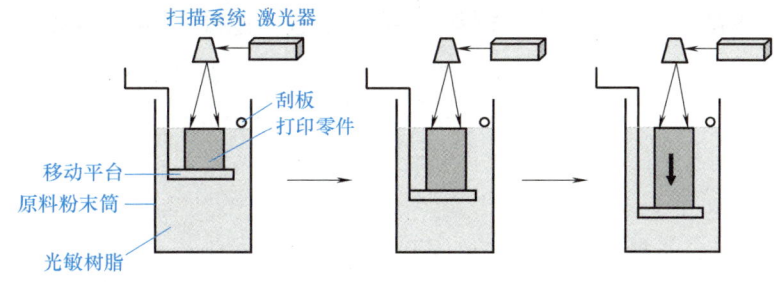

图 13.2　立体光固化成形原理简图

2. 激光选区烧结成形工艺

如图 13.3 所示，激光选区烧结（SLS）成形是在一个充满氮气氛围的加工室中，先将一层很薄的可熔性粉末沉积到成形活塞可升降的底板上。然后控制高强度 CO_2 激光束按照零件截面轨迹对粉末扫描，使之熔化烧结，形成层高为 0.125~0.25mm 的零件截面烧结层。完成一层烧结后，底板下移，铺展新一层材料粉末，接着烧结下一层截面。如此周而复始，待激光束按照给定路径完成扫描后，便生成整个零件。如同 SLA 一样，SLS 每层烧结都是接着前一层的顶部展开，各层彼此均能牢固粘接。

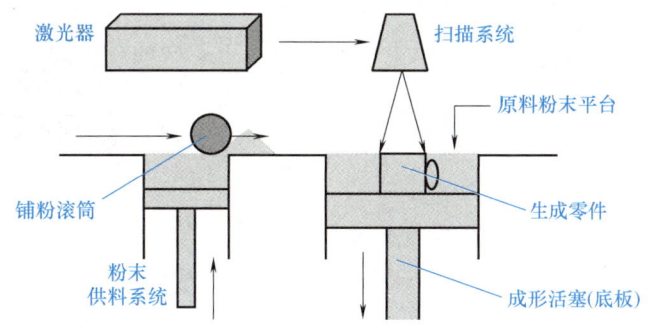

图 13.3　激光选区烧结成形原理简图

SLS 成形工艺的优点是取材广泛。由于原料粉末受到激光扫描照射后温度迅速升至熔点，完成烧结，因此各层之间能够致密地结合，零件强度高。尽管 SLS 方法加工的零件表面呈颗粒状，略显粗糙，但它是几种增材制造中唯一可直接制作金属制件的成形方法。

3. 三维打印成形工艺

三维打印（3DP）技术是把一个通过设计或扫描等方式做好的 3D 模型按照某一坐标轴切成许多个剖面，然后一层一层地打印出来，并按原来的位置堆积到一起，形成一个实体的立体模型。

如图 13.4 所示，3DP 方法与 SLA 方法有相似之处。原料也是粉末状的，但原料粉末并非借助烧结结合起来，而是经喷头挤出黏结剂将零件的截面"打印"（粘贴）在原料粉末上面。

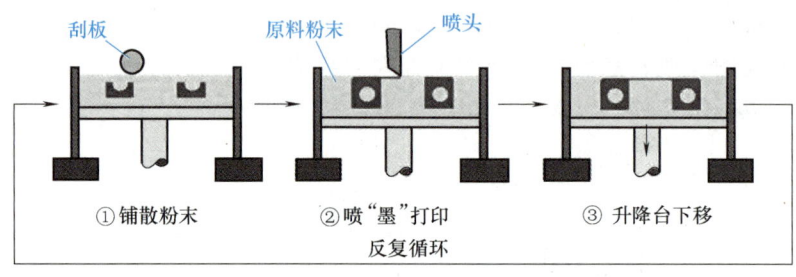

图 13.4 三维打印原理简图

4. 熔融沉积成形工艺

如图 13.5a 所示，熔融沉积成形（FDM）是将丝状的热熔性材料加热熔化，同时让三维喷头在计算机控制下，按照截面轮廓信息，将材料选择性地涂敷在工作台上，经快速冷却形成一层截面。新的一层成形完成后，工作台下降一个分层厚度，再打印下一层，直至完成整个实体的造型。FMD 是一种成本较低的增材制造方式，材料比较廉价，无毒气和化学污染之虞。但 FDM 打印的表面比较粗糙，后续往往需要抛光处理工序，最高精度只能为 0.1mm。由于喷头做机械运动，成形速度较慢。图 13.5b 所示为设备组成示意。

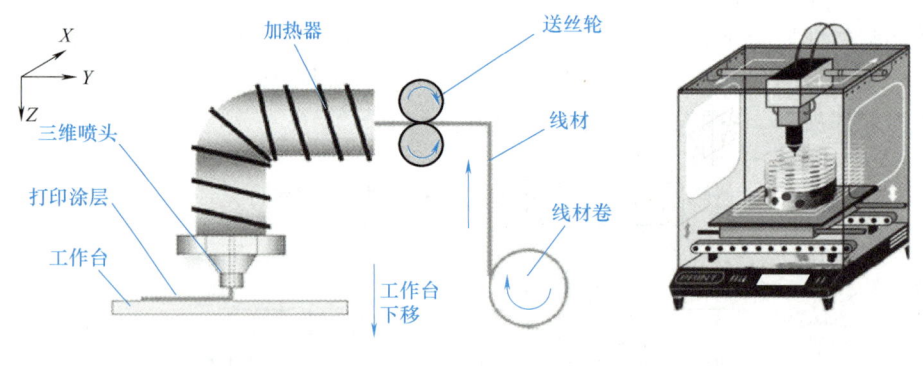

a) 熔融沉积成形原理   b) 设备组成示意

图 13.5 熔融沉积成形原理简图

13.1.2 增材制造技术的特点和关键技术

1. 增材制造与传统制造的对比

表 13.1 归纳了增材制造与传统制造在若干方面的异同。

表 13.1 增材制造与传统制造的对比

对比项目	传统制造	增材制造
制造成本	形状越复杂,制造成本越高	即便形状复杂,制造成本也不会很高
设备通用性	需各种专用设备协调加工	一台3D打印设备可适应多种工件
工艺流程	建立在组装线基础上,零部件越多,组装时间和成本越高	一体化成形,无须装配,工艺流程和产品供应链短,可提高一致性和可靠性
原材料利用率	约90%的金属原材料被浪费掉	近于净成形,原材料浪费极少,可大幅度节省钛合金等贵重材料
零部件重量	包含装配结构、连接件等,较重	精简部件装配结构,重量轻
交付周期	较长	大幅度缩短工艺流程和供应链,产品的研发、交付周期较短

2. 增材制造的技术特点

由上可知,增材制造技术有如下特点。

(1) 优点

1) 技术集成度高。增材制造是计算机技术、数控技术、激光技术与材料技术的综合集成。从成形概念上,它以离散-堆积为原则;在控制上,它以计算机和数控为基础,以最大的柔性为目标。只有在计算机技术、数控技术高度发展和集成的今天,增材制造技术才有孕育和实用化的可能。

2) 能制造复杂零件。因为零件离散化(剖分)成极薄的截面,分层堆积成形,成形原理与零件的复杂性并无关系,突破了传统加工模式,而且制作实体的精度相当高。

3) 高度柔性。由于CAD/CAM一体化,能直接从3D模型生成数据指令调度加工过程,所以往往只需一台打印机,它在计算机的管理和控制下就足以应付任意复杂形状的零件,实现产品制造的高度柔性。

4) 快速性。快速响应是增材制造最突出的优点。相比于传统的设计与制造模式,增材制造在产品设计的图样阶段,就能以廉价的成本、简单的工艺和极短的周期(几小时)完成从CAD模型到零件试样的加工,取得快速验证、拓展设计思路的效果。另外,它以数字文件的形式设计,文档共享和修改极其便利,非常适合用于新产品的开发与管理。

事实上,在20世纪80年代后期,美国就已经出现快速原型制造(RPM)这个技术术语了,而所谓"3D聚合物喷射打印技术"是以色列在2000年初才推出的。

5) 及时订货供货,减少库存风险。这种制造模式与大规模生产方式相比,对小批量定制产品更具经济上的吸引力。

6) 节省材料。可重复利用制造过程的废料(金属粉末、树脂等),甚至无废料。

(2) 缺点

1) 材料限制。目前可用于增材制造的材料仍比较有限,难以满足零件对材料多样性的需求。

2) 设备限制。对设备要求高,价格相对也比较昂贵。

3) 精度限制。影响零件打印精度的变量有设计、剖切步距、材料翘曲和变形(随尺度加大而加剧,如大平面和细长结构)、支承结构等。目前能够达到的精度水平:①尺寸偏差达到±1%(下限±1mm),Z方向通常比较精确;②材料的收缩率达到0.2%~1%,具体水平与材料有关；③支承结构对于精确制造非常有效，若悬垂低于45°则往往需加支承。

3. 增材制造的关键技术

增材制造要向深度和广度拓展，有待于今后在以下关键技术上探索并寻求突破。

(1) **材料的拓展和挖掘** 目前，增材制造的成形材料主要是有机高分子材料和金属材料。

金属材料直接成形是近十多年的研究热点，正逐渐向工业应用拓展，但其难点在于如何提高精度。有机高分子材料的关注点则聚焦于如何直接把软组织材料（生物基质材料和细胞）堆积起来，形成类生命体，经过体外培养或体内培养去制造复杂组织器官。图13.6 所示为2019年以色列特拉维夫大学研究人员使用人体生物组织材料，用3D打印技术打印出的全球首颗完整心脏。

这颗心脏长度只有2.5cm，大小与一颗兔子心脏相仿，有完整的细胞、血管和心腔，但尚不具备泵血能力，同时囿于打印精度不够高，3D打印尚无法制作出心脏中的极微细血管，大小也与人类心脏有差距。3D打印出真正的实用人类心脏仍有待时日，但无疑，这一科研成果为未来器官制作和组织移植传来福音。

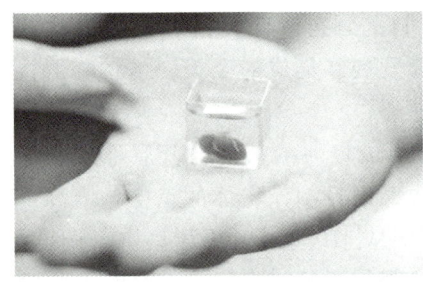 

图13.6 以人体生物组织材料3D打印出的全球首颗完整心脏

(2) **精度控制技术** 精度取决于材料涂层（每次累加的材料层厚）的厚度和增料单元的尺寸和精度。例如，激光束或电子束金属直接成形的激光光斑有0.1~0.2mm，熔池对成形精度也有重要影响。光斑直径、成形工艺规范（扫描速度、能量密度）、材料性能等都是控制零件精度的关键变量。目前精度控制的目标是将增材层厚和增材单元的尺寸精度从现有的0.1mm级提高到0.01~0.001mm级。

(3) **复合材料零件的增材制造技术** 现阶段增材制造主要针对单一材料零件（单一高分子、金属、陶瓷材料）。拓展复合材料或梯度材料零件是市场迫切需要的。例如，人工关节需要钛合金和钴铬钼合金复合，前者保证与骨组织有良好的生物相容界面，后者保证关节具有良好的耐磨界面。此外，还需要金属与陶瓷复合、多种金属复合、细胞与生物材料复合等，这些材料复合会对增材制造生产工艺、控制等方面带来诸多难题。

(4) **材料单元的控制技术** 控制材料单元在堆积过程中的物理与化学变化是一个难点，例如，在金属直接成形中，激光微小熔池的尺寸和外界气氛控制直接影响制造精度和制件的性能等。

(5) **设备的再涂层技术** 增材制造中涂层的自动化成形是材料累加必不可少的工艺方法。如果分层厚度向0.01mm甚至更小尺寸发展，那么涂层的厚度和稳定性就成为保证零件精度和表面粗糙度的关键。

（6）高效制造技术 增材制造实用化的关键，一是在金属激光烧结的质量方面取得突破；二是满足大尺寸构件制造的实现条件；三是提高生产效率。例如，目前制作飞机钛合金隔框结构件的工件长度可长达 6m，但是制作过程耗时相当长。

协同制造大尺寸零件是提高制造效率的途径之一。目前技术突破的目标是零件尺寸长度达到 20m，加工效率提高 10 倍。图 13.7 所示为中船重工 705 所利用金属直接烧结技术加工出来的钛合金整体叶轮零件。

图 13.7 钛合金整体叶轮零件

13.2 增材制造的设备和工艺流程

1. 设备

增材制造设备，也称为 3D 打印机，其种类、规格、大小、用途各不相同。图 13.8 所示为工业级大型金属 3D 打印机，是美国生产的一款大型电子束增材制造设备。

该设备工作室尺寸为 1778mm×1194mm×1600mm，提供给空客公司用于生产飞机大型钛金属结构件。设备依据 CAD 程序设计 3D 模型，利用电子束枪的能量，将腔室内的金属丝材一层一层地熔覆堆叠，以接近零件的形态构制工件。工件接受热处理，再送数控机床切削，做精加工处理。因此，这种工艺方法产生的废料极少。由于设备配备层间实时成像及传感系统

图 13.8 工业级大型金属 3D 打印机

（IRISS），可同步实现设备操作的实时闭环控制和打印质量的在线监测，检测并通过数字指令自动调整金属熔覆过程，具有极佳的精确性和产品一致性。原材料面向钛、钽、铌、钨、铬镍铁合金、不锈钢等难熔金属。该设备堪称目前全球最大的增材制造设备，打印的工件长度从 203mm 到 5.79m，熔覆速率为 3.18~9.07kg/h。

2. 熔融沉积成形的工艺流程

图 13.9 所示为熔融沉积成形（FDM）原理图解。熔融沉积成形周期短，成本低廉，应用比较广泛。相应的工艺流程如图 13.10 所示。

在图 13.10 所示各流程中，设计工程师建立工件的三维实体模型，当下流行的 3DMAX、AutoCAD、SOLIDWORKS 等三维设计软件的 3D 模型都必须先以 STL 文件数据格式导出，才能直接生成数据指令，调度 3D 打印机加工，实现 CAD/CAM 直通。STL 是眼下 CAD/CAM 系统接口文件格式的工业标准之一。事实上，目前绝大多数 3D 打印机都能识别 STL 格式的 3D 模型文件，然后该模型文件再被导入 Cura、Repetier Host 等软件，以生成 3D 打印机可执行的代码。图 13.11 所示为一只猫三维造型的例子，它表面的几何元素被 STL 文件转换成的表面和曲线三角形网格精确定义。

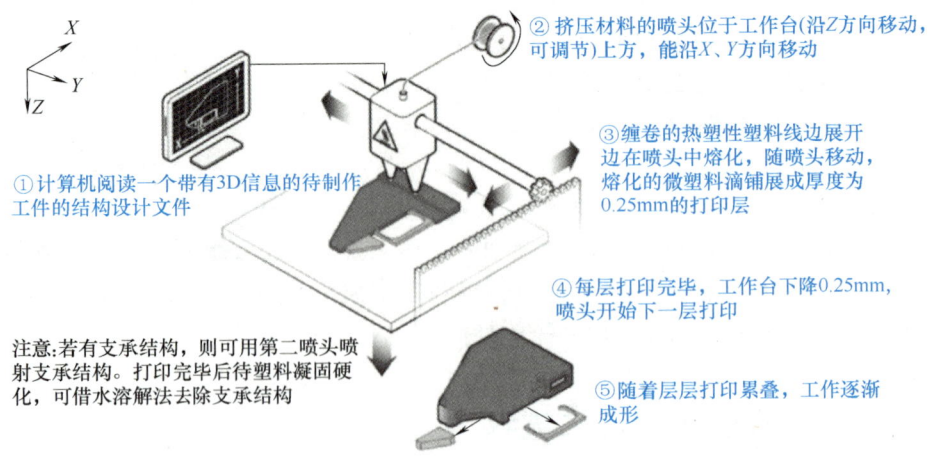

图 13.9　熔融沉积成形（FDM）原理图解

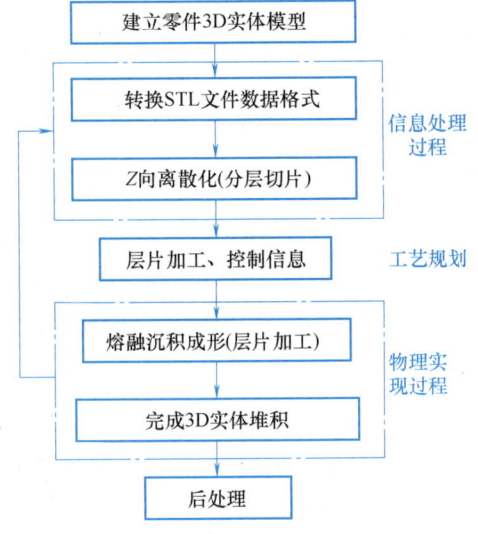

图 13.10　熔融沉积成形的工艺流程

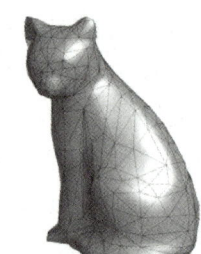

图 13.11　猫的实体表面三角形网格定义

Z 向离散化是指用计算机辅助设计软件完成若干分层数字切片，每一分层均为二维图像。切片信息送至 3D 打印机，后者不断堆叠起一片片薄层型面，直到生成固态实体。不同成形原理堆叠薄层的形式不同。熔融沉积成形的特点在于它使用的"墨水"是实实在在的热塑性材料。

图 13.9 中使用丝状热塑性材料，在加热器中熔化后，以熔融塑料微滴形式经微细喷头挤出。喷头沿 X、Y 方向移动，工作台沿 Z 方向升降。于是，熔融微滴与前一层材料结合在一起。每当前一层材料沉积后，工作台沿 Z 方向按预定的微步距增量下降一个厚度，即完成"分层"，然后重复以上步骤直到工件完全成形。零件表面质量与喷头挤出熔融微滴的大小以及设备沿 X、Y、Z 三个方向移动的微步距有密切关系。

3. 熔融沉积成形技术要点

图 13.12 扼要地演示了基于熔融沉积成形的苹果手机托架成形过程。

(1) 材料及成形作业　蜡、ABS、PC、尼龙等热塑性材料呈丝状,在加热器内加热熔化,喷头一边沿零件截面轮廓做填充轨迹运动,一边将熔融材料挤出,并迅速固化,与周围材料结合。每片分层都在上一分层上堆积而成,上一层对当前层起到定位和支承作用。随着高度增加,层片轮廓面积和形状均发生变化,若出现上一层无法给当前层提供充分定位和支承的情况,就需要设计一些辅助"支承"结构,对后续层提供定位和支承,保证成形过程的顺利实现。熔融沉积成形工艺不用激光,使用、维护简单,成本较低。

(2) 熔融沉积成形的耗材　耗材是3D打印机厂商主要的盈利点,目前3D打印机主要的材料有ABS、PLA两种,价格为数十至数百元不等。

(3) 底托的制备　类似建造楼宇,3D打印模型也需要打地基,即制备底托。底托牢固地附着在穿孔板上,为后续成形打下稳固的基础。穿孔板的孔通常很小,事先要将孔内残留的塑料残渣清理干净,才可确保底托牢固,否则存在打印失败的风险。

(4) 工艺参数　热熔性材料加热到260℃左右即达到打印标准,喷头会自动挤出微滴。打印一个苹果手机托架耗时较长,大约为1h47min,耗材约重24.5g。

(5) 环境污染　激光打印的炭粉对人体有危害。类似地,熔融沉积成形过程中的高温熔融塑料也会产生刺激气味,选用质量好的耗材会使环境污染得到缓解。

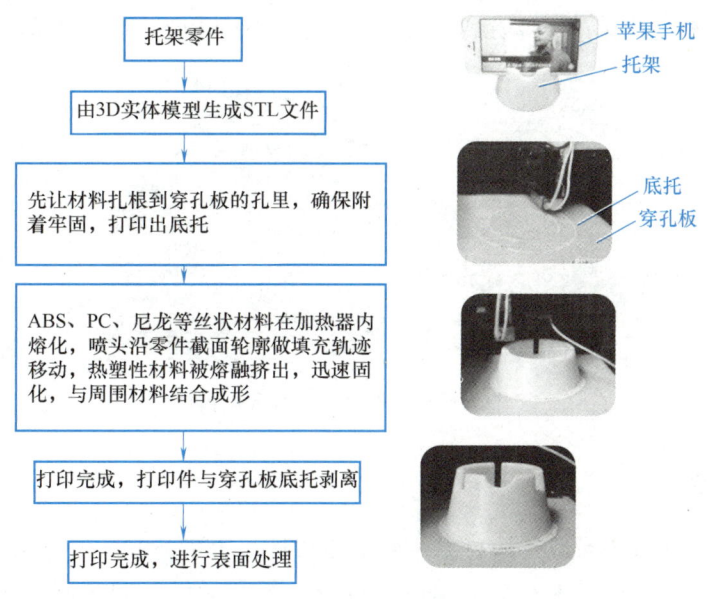

图 13.12　基于熔融沉积成形的苹果手机托架成形过程

13.3　增材制造的应用

13.3.1　民用领域

在民用领域,汽车行业,尤其是赛车和改装车领域使用增材制造技术制造仪表盘、挡泥板、车灯等,医疗行业使用增材制造技术制造假肢、矫形器、医疗器械、手术导板等,模具行业使用增材制造技术制造小批量生产的注射模具、吹塑模具及多种软膜模具等,电器行业使用增材制造技术制造小家电外壳、电子产品外壳等,玩具行业使用增材制造技术制造一些塑料零件等。一些应用示例如图 13.13 所示。

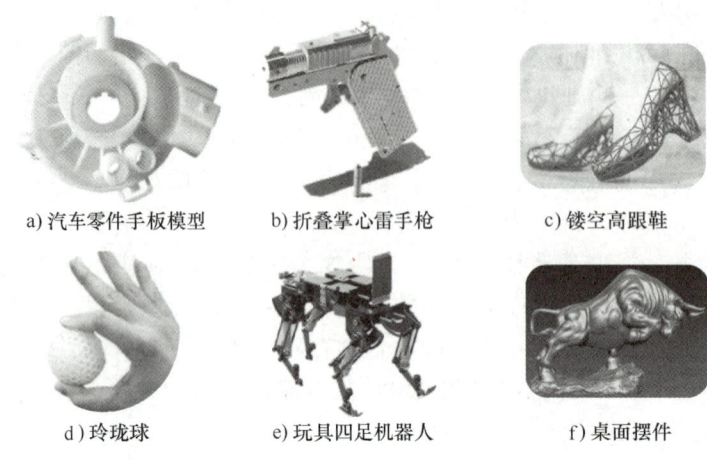

a) 汽车零件手板模型　　b) 折叠掌心雷手枪　　c) 镂空高跟鞋

d) 玲珑球　　e) 玩具四足机器人　　f) 桌面摆件

图 13.13　增材制造产品在一些领域的应用示例

图 13.14 所示为增材制造在建筑业的应用示例,山东省滨州市某公司以高性能混凝土为材料,借助 3D 打印建造出来的一座苏式庭院,据称造价还是相当经济实惠的,为 5000 元/m²。

图 13.14　增材制造苏式庭院

13.3.2　航空航天

国防军工和航空航天领域是增材制造的重要市场,很早就开始了有关增材制造技术的研究开发。最初,增材制造技术在航空制造业只扮演了产品设计和试制阶段"快速原型"制造的小角色,随着研发的深入,越发显示出它在航空航天领域的巨大应用潜力。

图 13.15 所示为航空航天中应用的若干 3D 打印产品。航空航天领域对材料性能有极高的要求,适合航空航天领域增材制造的材料主要是金属。金属增材制造方法通常有三类:激光熔化沉积造型、电子束增材造型(基于铺粉的电子束选区熔化和基于送丝的电子束熔化沉积)、电弧熔丝增材造型,它们分别对应于激光、电子束、电弧(或等离子)三类热源。热源将金属丝材熔化,逐层堆积成形,最后辅以少量机械加工即可完成精加工。目前,激光熔化沉积造型比较成熟和普及,而电子束增材造型技术显示出很大的优越性和强劲的发展势头。

图 13.16 所示为 GE 公司增材制造的 ATP 涡轮螺旋桨发动机。该发动机 35% 的零部件由

a) 镍基合金3D打印喷嘴头，共有122个喷嘴。组件从240个零件精简至1个集成体，重量减少25%
b) 金属3D涡喷发动机转子，可通过10万r/min台架试验
c) GE公司3D打印飞机发动机燃油喷嘴，节省原组件的18个零件，寿命延长5倍

d) 赛峰金属3D打印涡轮喷嘴，重量减少35%
e) C919发动机CJ-1000A概念设计阶段3D打印认证模型
f) 普罗米修斯低成本可复用液氧-甲烷火箭发动机全尺寸演示器，零件数从100多个减到仅2个

g) 发动机燃烧室镍基高温合金机匣，由5个3D打印部件激光焊接而成，加工周期由18个月缩短至3个月
h) C919发动机CJ-1000A概念设计阶段3D打印认证模型
i) 由洛克希德·马丁公司3D打印的46in卫星推进剂罐，节省成本30%

图 13.15　增材制造在航空航天领域应用举例

增材制造技术制造，替代传统零件，可使发动机重量减轻5%，燃油消耗节约20%左右，功率增加10%。增材制造的燃烧室和其他结构零部件也使发动机变得更简洁、轻量和紧凑。

增材制造的特点在于利用计算机构建数学模型，再运用3D打印机直接生产，可以说，航空航天制造与增材制造先天就是优势互补、相得益彰的。一方面，鉴于功能、空间、重量等条件的特殊性，航空航天器不得不使用许多形状和结构复杂、工艺苛刻、有悖于传统机械加工理念的零件，这恰恰可发挥增材制造之长。借助三维设计软件和3D打印设备，就能够快速而精确地把飞机零件制造出来，实现所谓的"自由制造"，解决许多传统方法难以制造复杂结构零件成形的问题。另一方面，与传统制造相比，增材制造技术可节省60%~90%的原材料，接近所谓的近净制造。正好可缓解航空航天器频繁使用贵重材料的现实需求。

图 13.16　GE 公司增材制造的 ATP 涡轮螺旋桨发动机

13.3.3　激光增材制造在航空制造中的应用

大多数增材制造技术能够兼顾航空零件高精度、高性能的综合要求，而激光增材制造则

是目前复杂精密金属零部件或大尺寸主承力金属构件一次性整体成形中的最具战略发展前途的技术之一。让高能量激光束选择性地、规则地在金属粉末表面游走，落在轨迹上的金属粉末熔融沉积、烧结固化，层层堆叠，"生长"出致密的复杂形状的实体零件。这项技术与计算机、数控和材料技术集成，如虎添翼，在加工高性能、高致密性、整体化、高精密度等优势基础上又复合了高柔性和快速响应特性，能充分满足航空制造小批量、个性化、高成本、信息化的需求。从工艺看，钛合金属于难加工金属。激光成形技术能直接将金属烧结成毛坯，再施以少量加工即可使之成为合格的飞机零件。

1. 设备

目前，激光增材制造高性能金属零部件成形技术主要有两种典型方法，一种是基于同步送粉的激光近净成形（LENS），另外一种是基于铺粉的激光选区熔化（SLM）成形。

图 13.17 所示为激光近净成形系统。该系统使用大功率激光将金属粉末致密地熔融到三维基底结构上，实现金属 3D 打印。它使用 CAD 文件提供的几何形状数据控制金属材料逐点逐层熔融堆积成形，它所配备的软件和闭环控制系统能够确保 3D 打印过程的几何完整性和机械可重复性。

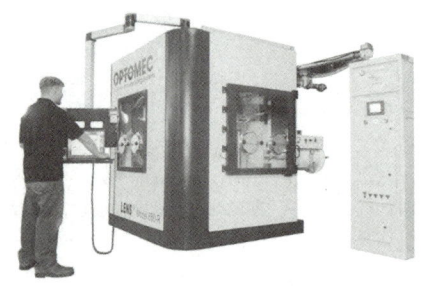 

a) LENS 850-R 大型设备　　　　　　　　　b) 成形局部

图 13.17　激光近净成形系统

激光近净成形能够加工钛、不锈钢、铬镍铁合金等多种高性能金属材料，并满足特殊应用所需的关键质量要求。激光近净成形金属增材打印设备可以与传统机械加工在同一平台系统中工作，工程师可使用熟悉的用户界面来操纵增材打印作业。

2. 激光增材制造航空零件示例

美国空军很早就关注到增材制造新技术，认为它在武器制造方面有极乐观的前景。航空工业钛合金的密度仅为钢铁的一半，强度却远胜于大多数合金，如果能够通过激光将钛合金熔化并一层层堆积起来，将大大加快飞机制造的进度。于是，1985 年，五角大楼就启动了钛合金激光成形技术的研究。2002 年，美国将激光成形钛合金零件装到战斗机上。洛克希德·马丁公司已经生产了数千种 3D 打印部件。波音公司在增材制造的普及方面也卓有成效，2014 年制造了 22000 种增材制造零部件，波音 787 飞机上则配备有 30 种增材制造零件。美国 GE 公司认为增材制造是加工像航空发动机叶片一类高熔点、高硬度高温合金、钛合金等难加工材料的理想手段。

美国 F-22 战斗机后机身加强框、F-14 和"狂风"的中央翼盒均采用了整体钛合金结构。图 13.18 所示为 F-35 飞机的钛合金增材制造翼梁。按照传统制造方法，这一类大型金属结构的制造工艺是先锻造、后机械加工，缺点是需要巨型加工装备、模具昂贵、制造周期长、响应慢。另外,锻造无法满足大型结构的复杂型腔和特殊规格的要求。增材制造使上述问题迎刃而解。

图 13.19 所示为西北工业大学利用激光近净成形技术制备的国产大型客机 C919 飞机钛金属机翼中央翼缘条,材料为 TC4 钛合金,零件尺寸为 450mm×350mm×3000mm,成形后经过长时间放置的最大变形量仍小于 10mm,静载荷力学性能的稳定性优于 1%,疲劳性能也优于同类锻件性能,是一项技术突破。

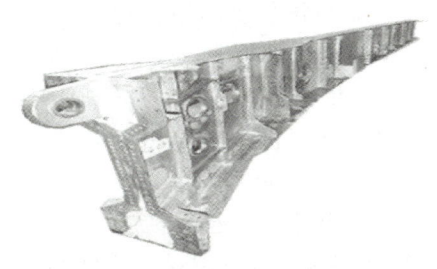
图 13.18 F-35 飞机的钛合金增材制造翼梁

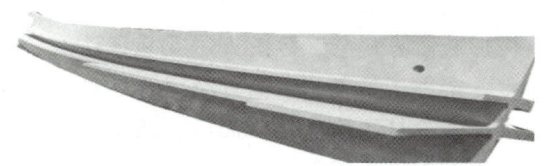
图 13.19 C919 飞机钛金属机翼中央翼缘条

北京航空航天大学王华明院士团队突破了钛合金、超高强度钢等难加工大型整体关键构件激光成形工艺、成套装备和应用关键技术瓶颈,飞机构件综合力学性能达到或超过钛合金模锻件,研制出我国飞机中尺寸最大、最复杂的钛合金及超高强度钢等整体主承力关键构件。下面举两个例子说明。

图 13.20 所示为我国某双发重型战斗机钛合金激光成形的后段加强框架,最大外廓尺寸超过 $5m^2$,是迄今国际上唯一实现激光成形钛合金大型主承力关键构件在飞机实际应用的。目前美国 F-22 战斗机的主要承力部件仍采用传统的大型锻造钛合金框。4 个锻造钛合金整体式承力框中最大的质量为 2770kg,95% 的原材料被切除成为废料。而且由于世界上最大的水压机为 8 万 t,因此钛合金锻件毛坯的尺寸受限,完工零件的最大尺寸小于 $4.5m^2$。

图 13.21 所示为国产大型客机 C919 上钛合金激光成形的风窗窗框。购置国外风窗窗框模具的费用高达 200 万美元,交货周期为 2 年,国内费用仅为 1/10,交货周期仅为 55 天,可见激光增材制造可大大缩短生产周期。北京航空航天大学研发团队还提供了其他激光增材制造关键构件,在歼-15、歼-31、运-20、歼-11B、C919 等 7 种飞机,东风系列的 3 种导弹,遥感 24 等 2 种卫星,涡扇 13 等 3 种航空发动机和 1 型燃气轮机等重点型号中获得工程应用。

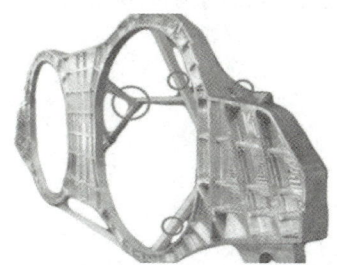
图 13.20 钛合金激光成形的某双发重型战斗机后段加强框架

图 13.21 钛合金激光成形的风窗窗框

3. 增材制造技术在航空航天领域的发展方向

加大增材制造技术在航空航天领域应用的深度和广度亟待解决以下几个问题。

1)**提高产品的硬度、强度和韧性**。增材制造通过打印实现原料重组。从原理上，材料原本的结构被破坏，物理性质被改变。而航空航天零件恰好对材料的物理性能，如热膨胀系数、热稳定性、熔（沸）点、硬度、强度、韧性的要求极高。

2)**加工精度**。飞机零件对几何尺寸精度、几何公差、表面质量的要求均极其严苛。增材制造靠对材料的超薄分层和分层堆积实现成形，因此对满足精度十分理想。但是，实际生产中做不到无限薄层堆积，因此进一步提高表面质量，尤其是球面、曲面的表面质量有难度。

3)**拓宽材料**。目前，能满足 3D 打印的原材料种类尚十分有限，如石膏、无机粉料、光敏树脂、塑料等，其中以塑料为主。金属对航空航天领域来说最重要，但仍是短板。

4)**设计思想的创新**。"等应力"设计的创新设计概念由来已久，但满足等应力条件的结构形式十分复杂，传统方法几乎无法制造。现在，增材制造提供了"自由制造"的便利，许多传统方法难以制造的复杂结构零件得以便利地实现。为此，编制专用软件，以便根据零件载荷条件自动生成各截面应力均衡、无应力集中的零件结构是十分迫切的。

举例来说，图 13.22 所示为利用多晶镍合金粉末 3D 打印制作的发电燃气轮机涡轮叶片，叶片采用内部冷却的创新设计，性能测试证明，叶片能承受涡轮 13000r/min 高速运转离心力和 1250℃ 的高温。

图 13.23 所示新一代的航空发动机涡轮叶片把增材制造"自由制造"的长处发挥到了极致，在钛合金、镍基合金甚至陶瓷基材料上直接堆叠出任意复杂的流道和气膜冷却孔，大大提高了叶片的散热、耐高温性能，实现了结构轻、刚性好、散热快的性能要求。

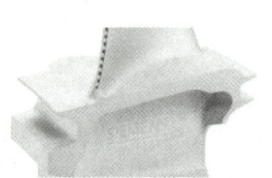
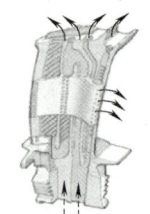

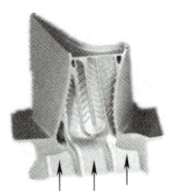

图 13.22　发电燃气轮机涡轮叶片　　　　图 13.23　增材制造成形气膜冷却孔的涡轮叶片

目前，我国已具备了使用激光成形增材工艺制造超过 $12m^2$ 的大型复杂钛合金构件的能力。我国先进战机中的钛合金构件的占比已超过 20%。再加上材料、机械加工、专用模具等因素，综合下来，1t 重的钛合金复杂结构件的传统工艺成本大约为 2500 万元，而激光成形增材制造的成本仅为 130 万元左右，是传统工艺的 5%。

思考题

13-1　增材制造与传统制造的根本不同在何处？

13-2　与传统制造相比，增材制造在技术上有哪些优点？

13-3　在利用熔融沉积成形技术打印手机托架时，为何需要做底托？

13-4　从网上摘录 3 个增材制造零件应用于航空航天领域的例子（不与本章中的例子重复）。

13-5　简述北京航空航天大学相关研发团队在激光增材制造飞机大型整体关键构件方面取得的成果。

第14章　复合材料加工技术

【本章导读】

第9章已经介绍了复合材料的诸多优点，以及复合材料在民机和军机的应用规模逐步拓展的趋势。本章重点讨论复合材料如何实现从材料到产品的制造过程。

对于复合材料产品制造，设计是基础，成形是关键，其工艺流程与传统制造方式迥然不同。复合材料制品设计的重要工作是铺层设计，包括设计铺层角度、顺序和层数等。本章列举了机器人缠绕工作站系统，以及典型的铺带机、铺丝机、复合材料机器人三维空间缝合成形系统等，它们的自动化程度以及对控制软件的要求均很高。至于成形，相关的技术和设备则是重点。本章以航空航天器中普遍应用的碳纤维复合材料的先进成形技术为例加以说明。按照设备的不同，热塑性碳纤维复合材料的成形工艺可以分为纤维缠绕成形、真空袋成形、模压成形、热压罐成形、双膜成形等方法。

14.1　复合材料在航空航天领域的应用

1. 复合材料在航空器应用领域的发展

复合材料具有高比强度、高比刚度、性能可设计、抗疲劳和耐蚀性好等优点，越来越广泛地应用于各类航空航天飞行器，大大地促进了飞行器的轻量化、高性能化和结构功能一体化。复合材料，尤其是碳纤维增强树脂基复合材料（CFRP）是一种新型结构材料，作为基材的树脂有环氧、酚醛、聚酯等，综合性能极佳。图 14.1 所示为碳纤维环氧复合材料与其他材料性能的比较，总的来说，它有弹性模量高、比模量高、比强度高、摩擦系数小、耐磨、保温效果好等优点。

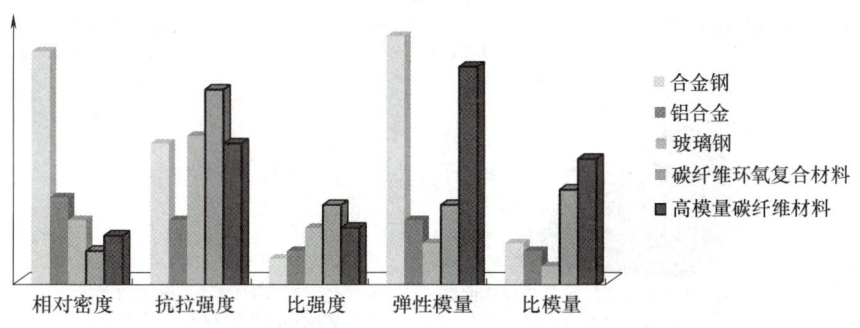

图 14.1　碳纤维环氧复合材料与其他材料性能比较

CFRP 构件在航空航天领域中的应用大致走过非承力部件、次承力部件、主承力部件三个阶段，经历先军用后民用的发展路程，并正在向大型化、整体化方向发展，如今，先进复合材料的用量占比已成为航空器先进性的主要标志之一，见表 14.1。

表 14.1 CFRP 构件在航空航天器应用的三个阶段

阶段	时间段	在飞机中的应用示例	特点
第一阶段 非承力部件	20 世纪 70 年代	始用于飞机非承力构件，如舱门、前缘、口盖、整流罩等。民机机舱大量内装饰也用到复合材料，其中不少是芳纶、玻璃纤维类复合材料	尺寸小、受力小、价格较低，强度约 3 倍于铝材
第二阶段 次承力部件	20 世纪 80 年代	垂直尾翼、水平尾翼、鸭翼、副襟翼、舵面等。波音 777 中 CFRP 件应用于垂直尾翼、水平尾翼等多处部件，复合材料总质量近 10t，约占飞机全重的 11%，是一个具有象征意义的示例	材料力学性能有提高，部件受力和尺寸水平都有提升
第三阶段 主承力部件	20 世纪 80 年代至今	机翼、机身等。军机、民机中均有大面积应用。目前先进军机复合材料的用量达到结构重量的 20%~50% 不等，民机也在 20% 左右的水平	工艺和性能均有改善，用于大尺寸承力结构部件

2. 复合材料在航空航天领域的应用举例

复合材料在航空航天领域的应用非常广泛，图 14.2 和图 14.3 列举了几个飞机复合材料结构件的应用示例。

a) GE 复合材料风扇机匣

（复合材料条带编织草席状机匣，包容性和强度优于金属机匣，质量减少 154kg）

b) 复合材料飞机外涵机匣

c) 复合材料飞机舱段

d) 复合材料飞机结构件

e) C929 全尺寸碳纤维树脂基复合材料机身壁板（15m×6m）

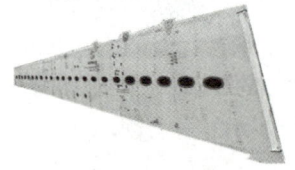

f) 空客 A400 机翼壁板（长 19m）胶接共固化成形

g) 波音 787 整体成形碳纤维复合材料框段（直径 5.8m）

h) 空客 A350XWB 复合材料升降舵（空客哈尔滨复合材料制造中心）

图 14.2 飞机复合材料结构件示例

波音787飞机中复合材料占结构重量的50%，CFRP广泛用于机身、机翼、垂直尾翼、水平尾翼、机身地板梁、后承压框等部位，是首款将CFRP同时用于机身和机翼的大型商用客机。空客A380中央翼盒的外形尺寸为8m×7m×2.4m，质量为8.8t，其中CFRP用量达5.5t，共占结构总质量的39%。某型直升机桨叶采用复合材料，减轻了10%的重量，相应地提高1t的负载能力。

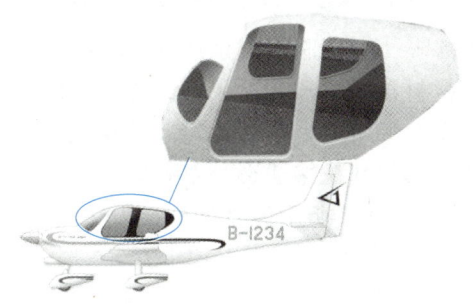

图14.3 法国小型飞机的全复合材料驾驶舱和发动机整流罩

国内在复合材料用于飞行器方面的代表性成果以大型客机C919为典型，其最重要的主承力构件——中央翼部段（除1号肋外）采用了中模量高强度碳纤维/增韧环氧树脂复合材料。C919上外形尺寸为2.4m×2m的CFRP整体机尾框段是国内体积最大的CFRP构件。它们代表了我国航空制造业在复合材料应用方面的最新成果。

CFRP在航天器上的应用已日臻成熟，是实现航天器轻量化、小型化和高性能化不可或缺的重要材料。这得益于CFRP及其分支——CFRC（碳纤维增强复合材料）优越的耐烧蚀性能（可承受1650℃环境40min），可制造导弹弹体整流罩、复合支架、仪器舱、诱饵舱和发射筒等主、次承力构件；在空间平台应用方面，由于CFRP具有变形小、承载力强、抗辐射、耐老化和空间环境耐受性好的优点，可制造卫星和空间站的承力筒、蜂窝面板、基板、相机镜筒和抛物面天线等结构部件；而在运载火箭应用方面，CFRP可用于箭体整流罩、仪器舱、壳体、级间段、发动机喉衬和喷管等部件。在我国，CFRP和CFRC应用于航天器上述部件的事例已经屡见不鲜。图14.4列举了几个复合材料在航天领域的应用示例。

a) 采用CFRP的俄罗斯火箭头部

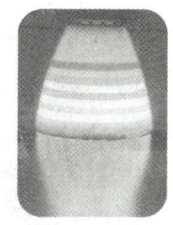
b) CFRP导弹弹头烧蚀率低且均匀，能保持良好气动外形

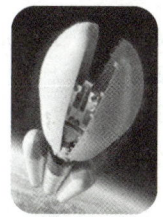
c) CFRP运载火箭有效载荷整流罩

图14.4 碳纤维复合材料在航天领域的应用示例

14.2 碳纤维复合材料成形方法

对复合材料产品制造来说，设计是基础，成形是关键。

(1) 设计　复合材料制品设计时很重要的工作是铺层设计，包括铺层角度、顺序和层数等的设计。铺层设计是直接决定制品性能和强度的主要环节。由于复合材料的各向异性十分突出，因此在设计中要优先考虑铺层方向，一般分为沿轴向和沿周向铺设两种形式。可以通过调整不同的铺层比例得到期望的膨胀系数，然后根据复合材料的强度和铺层工艺性能要求决定铺层的先后顺序。

（2）成形 对于成形而言，成形的技术和设备是重点。为了满足碳纤维制品形态各异的需求，不同制品应该选择碳纤维复合材料不同的成形工艺。具体到航空航天领域，随着复合材料在航空器和航天器的普及应用，碳纤维复合材料的先进成形技术得到长足的发展。按照设备的不同，热塑性碳纤维复合材料的成形工艺可以分为纤维缠绕成形、真空袋成形、模压成形、热压罐成形、双膜成形等等方法。

图 14.5 所示为复合材料构件制造的一般流程。

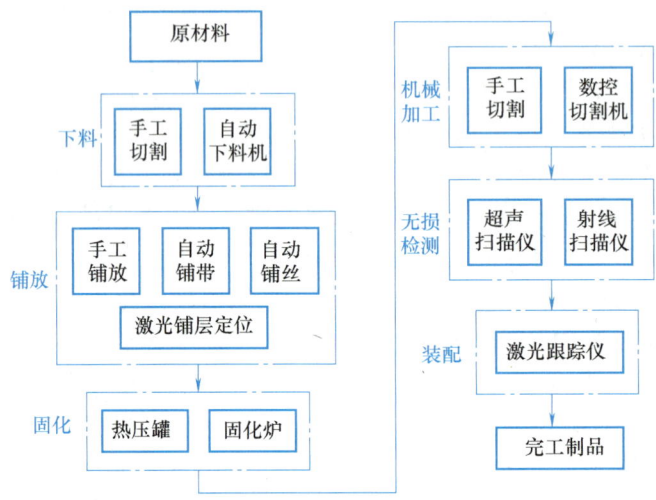

图 14.5　复合材料构件制造的一般流程

14.2.1　激光定位和手工铺放

手工铺放又称为手糊成形。图 14.6 所示为复合材料激光定位和手工铺放示意。图 14.7 所示为手工铺放工艺流程。手工铺放的原材料包括纤维及其织物、合成树脂（不饱和聚酯

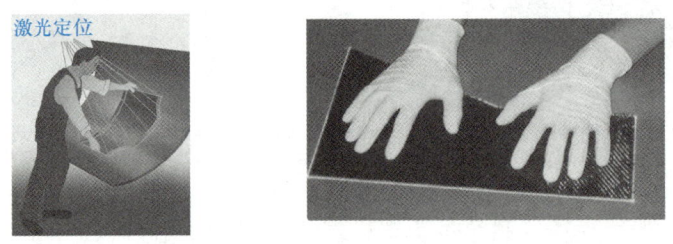

图 14.6　复合材料激光定位和手工铺放示意

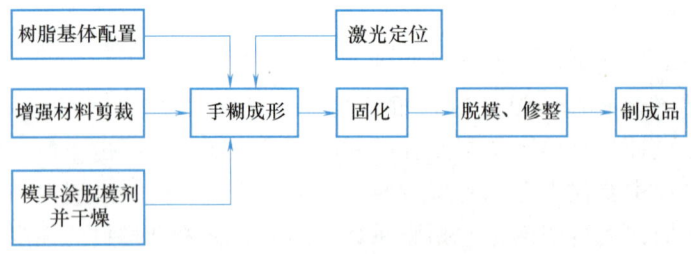

图 14.7　手工铺放工艺流程

树脂、环氧树脂等）和辅助材料（脱模剂、催化剂、颜料、填料等）。手工铺放作为一种传统的复合材料构件制作方法，目前在飞机蒙皮、机翼、火箭外壳、防热底板等中大型零件单件、小批生产中仍见应用。

14.2.2　碳纤维复合材料缠绕成形

碳纤维复合材料缠绕成形工艺是将浸渍过树脂的纤维按照一定规律连续缠绕在芯模上，继而经过固化、脱模等工序，最后得到碳纤维复合材料制品。根据纤维缠绕成形时树脂基体的物理化学状态不同，可分为干法缠绕、半干法缠绕和湿法缠绕三种。

1. 原理、设备、工艺流程及特点

传统的碳纤维复合材料缠绕成形原理如图 14.8 所示。图 14.9 所示为碳纤维复合材料缠绕成形设备。经过树脂胶液浸渍的连续纤维或布带按一定规律缠绕到芯模上，然后固化、脱模成为复合材料制品。碳纤维复合材料缠绕成形工艺流程如图 14.10。

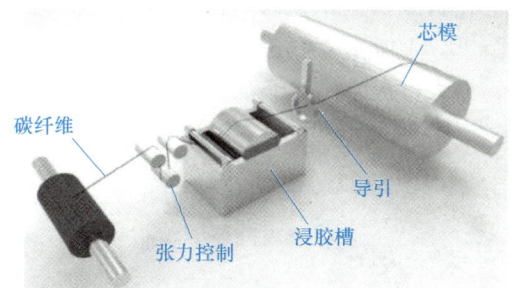

图 14.8　传统的碳纤维复合材料缠绕成形原理

图 14.9　碳纤维复合材料缠绕成形设备

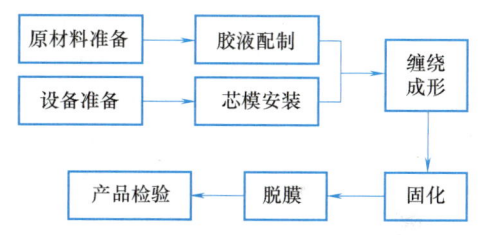

图 14.10　碳纤维复合材料缠绕成形工艺流程

（1）碳纤维复合材料缠绕成形的优点

1）**受力合理**。能够按产品的受力状况设计缠绕规律，充分发挥纤维的强度优势。

2）**比强度高**。一般来讲，碳纤维复合材料缠绕的压力容器与同体积、同压力的钢质容器相比，重量可减轻 40%～60%。

3）**可靠性高**。碳纤维缠绕制品易实现机械化和自动化生产，工艺条件确定后，缠绕出来的产品质量稳定、精确。

4）**生产率高**。采用机械化或自动化生产，需要的操作工人少，缠绕速度快（240m/min），故劳动生产率高。

5）**成本低**。在同一产品上可合理配选若干种材料（包括树脂、纤维和内衬），使它们再复合，达到最佳的技术经济效果。

（2）碳纤维复合材料缠绕成形的缺点

1）缠绕成形适用性有限，不能缠任意结构形式的制品，特别是表面有凹陷的制品。因为缠绕时，纤维必须紧贴芯模表面，不可架空，所以缠绕成形常用于制造圆柱体、球体及某些正曲率回转体或筒形碳纤维制品。复杂异形制品成形需要更加先进的设备。

2)缠绕成形要有缠绕机、芯模、固化加热炉、脱模机等设备及熟练的技术工人等,投资大,技术要求高,只有大批量生产时才能降低成本和获得较好的技术经济效益。

2. 碳纤维复合材料异形零件的缠绕成形

汽车、航空航天制品中有很多异形、复杂的碳纤维复合材料零件。制作这样的零件可以引入机器人,且对于缠绕机智能化的要求也更高。下面以汽车前下扰流板为例加以说明。

轿车在高速行驶时会产生升力,使驾驶人有"发飘"的感觉,不易控制。为此,汽车设计师往往会改进轿车外形,例如将车身整体向前下方倾斜,在前轮上产生下压力;将车尾短平化,减少从车顶向后部作用的负压效应,缓解后轮飘浮等。前下扰流板也是措施之一,如图 14.11 所示,它位于轿车前端保险杠下方,与车身前裙板连接成一体,中间或开有进风口,加大气流,降低车底气压,改善汽车抓地性能,使驾驶更平稳。

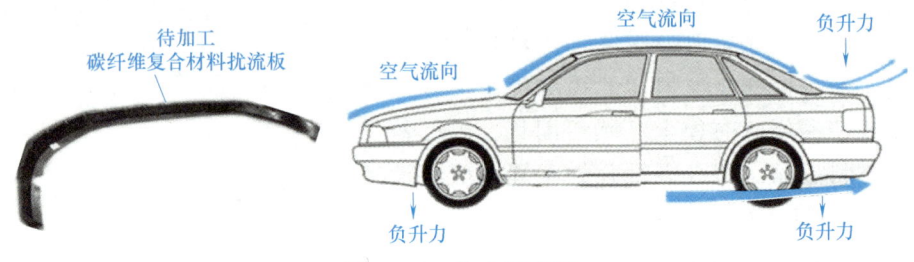

图 14.11 汽车扰流板

目前,汽车普遍采用碳纤维复合材料扰流板,实际上它是一种碳纤维编织物。所有纤维均斜交,不能与制品轴线夹角呈 0°或 90°。纤维的运动轨迹为螺旋线。可合理选择纤维角度来调节成品的径向与轴向强度的比例,合理选择纤维排列的密度来满足强度与外观的要求。机器人纤维缠绕工作站可使汽车扰流板等异形制品的编织取得极佳的效果。

(1) **机器人纤维缠绕工作站的机械系统** 图 14.12 所示为德国和卓(Herzog)公司的机器人纤维缠绕工作站的机械系统构成。该工作站由芯模、缠绕机、机器人、转胎四大部分组成。

1)**芯模**:加工制品时,为便于进行纤维缠绕作业而制作的模仿成品的一种胎模,待缠绕和制品形状固化后,芯模即脱离。

2)**缠绕机**:控制芯模和纤维之间的相对运动,让纤维按照一定规律覆盖在芯模表面,形成预定的厚度和密度,然后固化脱模,完成复合材料制品的制作。它包括缠绕机本体和浸胶、张力控制、加热固化、纱架等辅助设备。

3)**机器人**:机器人在工作站中起核心作用。图 14.12 所示工作站中的 KUKA 机器人有 6 个以上的自由度(引入外部扩展轴实现芯模旋转驱动),有抓取芯模、抓取纤维两种缠绕模式,可根据环向、螺旋和纵向缠绕基本模式来设计圆柱体、锥形体、椭球体、异形芯模缠绕时落纱点和出纱点的轨迹,实现复杂形状复合材料制品的快速、高效、优质缠绕成形。本例中机器人选择夹持芯模缠绕的方式,同时保证张力和精确路径。借助 MATLAB 软件进行缠绕线型及轨迹的计算和仿真,分析各

图 14.12 机器人纤维缠绕
工作站的机械系统构成

轴运动、切点顺序和主轴转速等诸因素对缠绕轨迹的影响，解算纱点并优化运动轨迹。接着将出纱点轨迹坐标转换为机器人的可执行代码，控制机器人末端按照指定轨迹缠绕。可见机器人对复杂结构制品的缠绕来说非常重要。

4）**转胎**：转胎呈环形，起纱架的作用。纱架的圆周固定了许多等间距的纱线卷，浸渍了胶液的丝线从纱线卷被抽出，在张力控制下按照预先设计的图案、丝线的疏密、走向等参数编织在芯模上。

（2）机器人纤维缠绕工作站的控制系统 机器人纤维缠绕工作站的控制系统构成如图14.13所示，系统采用上、下位机结构。上位机负责人机交互，功能包括参数检测、工艺设置、数据存储、错误校验、实时通信等。下位机即工控机，实现分段手动、逻辑控制以及数据处理、多轴联动等运动控制功能。上、下位机通过工业以太网交换信息。该工作站适用于湿法、干法的带缠绕及纤维缠绕工艺。

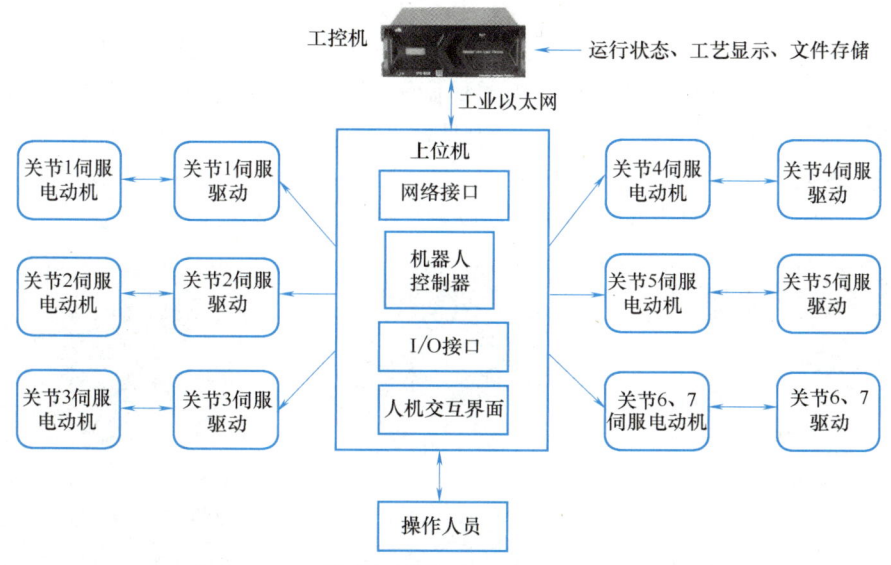

图 14.13 机器人纤维缠绕工作站的控制系统构成

（3）机器人缠绕工作站的软件系统 机器人缠绕工作站的软件系统架构如图14.14所示。下面就几个特色模块做简单说明。

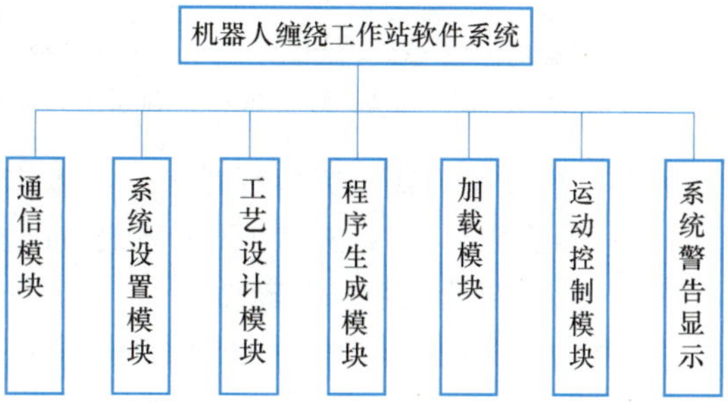

1）**加载模块**：通过工业以太网，将数据、程序代码等下载至控制系统下位机（机器人内部），或者将数据和程序代码从下位机载出备份。

2）**工艺设计模块**：用于输入复合材料制品的模型参数和缠绕角、切入点等缠绕参数，自动生成纱线宽度参数。

3）**程序生成模块**：用于输入芯模的几何尺寸和缠绕角、切入点、缠绕层数、停留角等缠绕参数，以便获取缠绕线型、模式或已存储的制品程序代码。

图 14.14 机器人缠绕工作站软件系统架构

4）**系统设置模块**：用于设置机器人坐标系、I/O点的校验、机器人各轴运行的初始速度和加速度等，此功能仅供调试人员使用。

5) **运动控制模块**：这个模块与一般机器人的六轴联动没有区别，只是因为有时会额外引入一个芯模的旋转伺服驱动自由度，因此需要调用控制器中的外部轴扩展伺服功能。

（4）机器人缠绕工作站编织汽车扰流板制品示例　图 14.15 所示为汽车前下扰流板的缠绕芯模和制品。

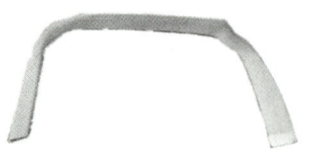 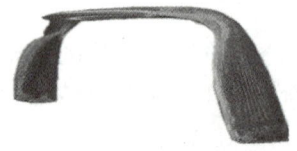

a) 扰流板缠绕芯模　　　　　　　　　b) 扰流板制品

图 14.15　汽车前下扰流板的缠绕芯模和制品

图 14.16 所示为机器人缠绕工作站加工汽车前下扰流板的工艺流程。芯模先是被全部放入转胎中央的模具口，同时丝线在缠绕机的树脂浸渍区内浸渍树脂（树脂在压力下源源不断地注入模腔），然后机器人牵引芯模退出模具口，同时，转胎上的丝线缠绕（排布）在芯模表面，逐渐缠卷成制品的初步外形。一旦芯模完全退出模具口，编织阶段即完成。最后经过加热工序，丝线浸渍的树脂在模具内完成胶凝、固化，脱膜后形成制品。

 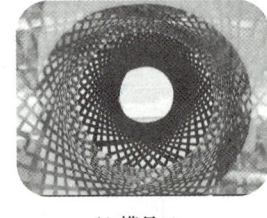 

a) 机器人末端夹持芯模　　　　b) 模具口　　　　c) 将芯模全部放入模具口

d) 机器人牵引芯模逐渐抽出　　e) 芯模抽出接近尾声　　f) 编织完成，制品和芯模退出

图 14.16　机器人缠绕工作站加工汽车前下扰流板工艺流程

由上面的过程可知，完成纤维缠绕技术有以下三个前提条件。

1) 落纱稳定，即按编织曲面测地线或准测地线缠绕。
2) 连续周期性缠绕，不断线。
3) 缠绕压力控制合理，须能保证丝线径向强度与轴向强度，缠绕对象是正高斯曲面，非凹曲面。

14.2.3　自动铺带技术

1. 自动铺带技术

所谓**自动铺带**（Automated Tape Laying, ATL），就是基于自动铺放机，利用数字化、自动化的手段实现复合材料预浸带的连续自动切割和自动铺放。

随着复合材料的应用逐渐普及，构件尺寸越来越大，传统的手工铺叠方法突显出效率低、产品质量不稳的缺点，于是自动铺带技术应运而生。自动铺带技术综合了预浸带剪裁、定位、铺叠、压实等作业功能，是一种集工艺参数可控和质量检测功能于一体的集成化数控成形技术，涉及自动铺放装备技术、预浸料切割技术、铺放 CAD/CAM 技术、自动铺放工艺技术、铺放质量监控技术、模具技术、成本分析等内容。自动铺带在飞机机身、机翼等大面积平面、曲面复合材料构件制造方面大有用武之地。20 世纪 80 年代后期，自动铺带技术开始应用于飞机制造领域，在 F-22 的复合材料机翼、波音 777 的全复合材料水平和垂直安定面蒙皮、空客 A340 的水平安定面蒙皮、空客 A380 的安定面蒙皮和中央翼盒制造中都用到了自动铺带技术。

自动铺带技术门槛很高，涉及设计、工艺、系统软件、设备（精度、平稳性、灵活性、多轴插补、多 I/O 控制点、多模拟量控制等）。归纳起来有如下几点。

1) **预浸带技术**：预浸带是复合材料的中间材料，事实上，复合材料构件成形的工艺性能和力学性能取决于预浸带制作效果的好坏。

2) **自动铺带数控技术**：自动铺带过程中，预浸带的剪裁、定位、铺叠、辊压均采用数控技术自动完成，涉及成形温度、压力控制、预浸带精密输送、铺带自动切割、铺放质量检测、工艺参数监测等多项关键技术。

3) **自动铺带 CAD/CAM 技术**：主要完成轨迹规划、覆盖性分析、边界处理和后处理技术四项核心功能。自动铺放模式是沿设计方向逐层铺叠增料，CAD/CAM 软件需按照铺放工艺特性和构件外形特征，向专用铺放设备生成实现复合材料构件成形制造的数控加工代码。

4) **自动铺带工艺技术**：包括模具、铺放工艺参数协调控制与后期的构件成形工艺技术。在预浸带自动铺放过程中，通过对铺放速度、压力、温度等参数的协调控制，使预浸带处于适宜的工艺窗口，可提高铺放效率。

5) **一体化协同设计技术**：指复合材料构件设计、分析、制造三位一体并行开展，以实现构件从三维模型到制造的无缝集成，减少铺层尺寸和铺设方向的偏差，通过自动下料和优化排样，减少材料浪费，利用激光铺层定位技术消除手工切割样板和手工铺层样本环节，降低成本。一体化协同设计是快速研制高性能、低成本复合材料构件的主要环节。

复合材料自动铺放系统由预浸带供料盘、自动铺放机（含铺带头）、加热模块、模具（芯模）、数控系统、复合材料构件 CAD/CAM 软件等几大部分组成。实际上，自动铺放机是系统的核心，有自动铺带机、自动铺丝机、自动缝合机等。

在现代大型飞机批量生产中，用于复合材料整体构件制造的自动铺带机和自动铺丝机已经成为关键设备，得到长足发展和广泛的工业应用。但是与金属切削数控机床的普及程度相比，面向航空航天制造业的复合材料铺设设备尚相当有限。

2. 自动铺带机

（1）**铺带机** 自动铺带机主要分为龙门式自动铺带机和专用自动铺带机两类。

图 14.17 所示为龙门式自动铺带机制作 A350 机翼壁板场景。龙门式自动铺带机一般由多坐标铺带头、高速移动横梁、高架桥式定位平台等组成。除了传统数控机床的 X、Y、Z 三坐标轴以外，还有绕 Z 轴转动的 C 轴和绕 X 轴摆动的 A 轴，通过五个轴联动控制就能满足曲面铺带的基本运动要求。自动铺带机通常以商用数控系统为平台，甚至有控制轴数多达

4条碳纤维带并列铺带头

图 14.17　龙门式自动铺带机制作 A350 机翼壁板场景

11 个的自动铺带数控系统，以获得足够大的灵活性和适应性。

图 14.18 所示为由西班牙 M. Torres 公司研制的自动铺带机。它由铺带头、机器人、胎具、控制系统等部分组成。该设备的主要功能是完成小型飞机机身碳纤维蒙皮的自动铺带缠绕作业。该设备工作时，首先将复合材料预浸带安装在铺带头中，机器人在多轴联动伺服控制模式下将铺带头送到铺带部位，由一组滚轮将预浸带导出，然后利用高能束辐射（超声或电子束）方式将预浸带最高加热至约 70℃。随后，在压辊作用下预浸带被铺叠、压实并熨平到工装或上一层已铺展的碳纤维带材上，接着，

图 14.18　由西班牙 M. Torres 公司研制的自动铺带机

机器人末端换上切割刀，将预浸带按预先规划的轨迹路径切断，保证新的铺叠层与工装外形一致。在进行铺放作业的同时，铺带头内部的回料滚轮将预浸带的背衬材料自动回卷至收带轮。实践表明，这台自动铺带机的生产率达到 10～40kg/h，是人工层铺效率的数十倍，非常适合复杂形状复合材料结构件的加工，在劳动量、材料利用率、精度、成本等方面均显示出明显的优势。

（2）铺带头　铺带头是自动铺带机的核心。图 14.19 所示为某 10 轴龙门式自动铺带机铺带头的结构简图。预浸带输送系统主要由放带轮、收带轮、切带装置、加热装置、主压辊

 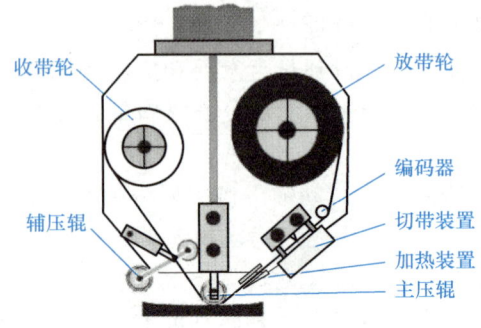

图 14.19　铺带头的结构简图

和辅压辊等组成。铺带头中有一卷预浸带盘安装在放带轮上，类似旧式电影放映机的胶片，穿过一系列导轨、辊轮，回卷到收带轮，用于预浸带底层背衬纸的回收。放带轮受伺服驱动控制，前端有编码器反馈走带的状况；收带轮则受力矩电动机驱动控制，力矩电动机的输出力矩转换成预浸带的张力。切带装置内安装有切刀，其对力道的控制恰到好处，既能将复合材料预浸带切断，又能保留背衬纸的连续性和完整性，以便顺利地将背衬纸回卷到收带轮上。主、辅两个压辊用来把复合材料预浸带压实、熨平在制品的型面上，压实力始终保持均匀分布和压力适当。压力大小可通过编程系统预设。

自动预浸带进给控制是铺带机的关键技术。输送系统通常有转矩控制和位置控制两种进给模式。

1) **转矩控制模式**：是预浸带在铺叠工作状态下用来调节预浸带进给的模式。转矩控制可以保证放带轮和收带轮之间张力的一致性和平稳性，进而保证预浸带在铺设过程中始终处于平直状态而不起褶皱。

2) **位置控制模式**：是预浸带在非铺叠工作状态下，即主、辅压辊均不与型面接触状态下，输送系统采用的控制模式。位置控制可以实现对预浸带进给长度的精确调节，与切割系统结合，完成预浸带的插补切割。

在铺设过程中，自动铺带机往往需要在上述两种进给混合模式下多次切换。

3. 自动铺丝机

自动铺带机的短板是仅适合形状简单的部件，如机翼、尾翼等，对于大曲率型面复杂部件，如四代战机的 S 进气道就无能为力了。而碳纤维复合材料自动铺丝机借助计算机进行铺设轨迹控制，**丝束数可单束**，可多束，部件尺寸不受限制，甚至能转弯铺设以满足复合曲面部件，在适应性和灵活性方面相比自动铺带机都有很大改善，而且效率更高，成本更低，可以说自动铺丝机为碳纤维复合材料在航空航天器领域的应用开辟了新天地。据报道，自动铺丝机已用于歼-20 的翼身融合体、S 进气道等主要部件的生产。

自动铺丝（Automated Fiber Placement，AFP）机将不同丝束独立输送和自动铺带的压实、切割、重送等功能结合起来，借助铺丝头压辊的作用将数根丝束（预浸纱）集束成一条宽度可变的预浸带后铺放在芯模表面，再经过加热、软化、压实，最后将预浸带固化成形。整个过程由计算机系统测控和协调，保证预浸纤维束能精确地铺放到确定位置上。自动铺丝机可根据铺放层轮廓的形状，选择 1 个或多个纤维束组成确定形状的束带，因而可铺展更复杂的甚至带窗口的曲面。通过预编程切断或增加预浸纱，达到调节预浸带宽度的效果。

典型自动铺丝机的基本结构如图 14.20 所示，自动铺丝机通常有一个芯模旋转轴（卧式）或芯模旋转工作台（立式），由头座内的芯模回转驱动单元驱动，双自由度（弯曲和摆动）铺丝头是自动铺丝机实现其功能的关键。

图 14.21 所示为典型自动铺丝机实物图。图 14.22 所示为机器人铺丝工作站的布局，工作站由机器人、铺丝头（固定于机器人手腕上）、纤维束纱架、控制系统、工作台（转胎）等部分组成。

图 14.23 所示为美国航空航天局利用机器人铺丝工作站铺设航天飞行器碳纤维复合材料液体燃料箱的例子。美国英格索尔（Ingersoll）公司提供的新一代 Mongoose H3 铺丝机有 32 束 14.7mm 宽纤维束铺丝头，铺放速度和切割速度达 30m/min，对碳纤维复合材料的生产率达 $720m^2/h$。

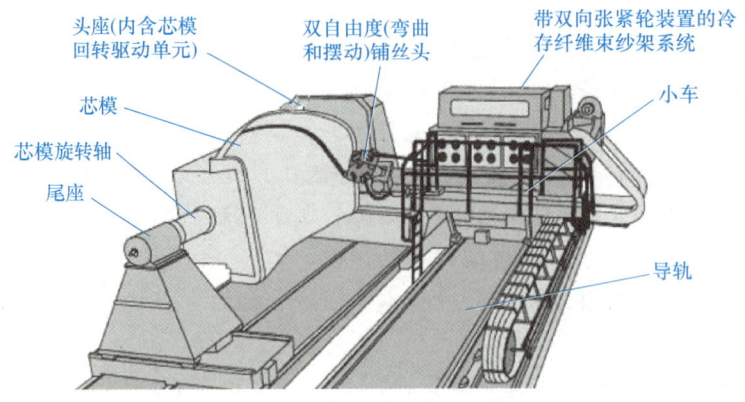

图 14.20　典型自动铺丝机的基本结构简图

图 14.21　典型自动铺丝机实物图

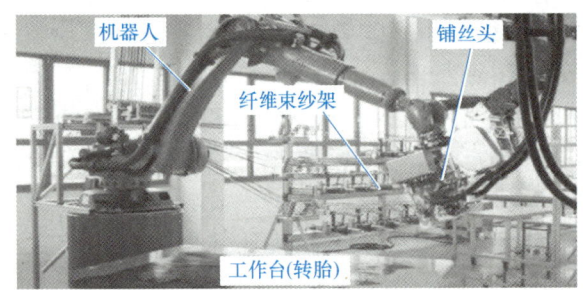

图 14.22　机器人铺丝工作站的布局

图 14.23　机器人铺丝工作站铺设复合材料液体燃料箱

　　自动铺丝机之所以能够兼容纤维缠绕和自动铺带功能，满足大曲率、复合曲面蒙皮构件的加工，核心技术在于铺丝头。为了满足各种铺放功能，典型自动铺丝机铺丝头一般包括纤维束牵丝分配、夹紧、剪切、滚压和加热等装置。图 14.24 所示为铺丝头的工作原理示意。在铺放过程中，每根纱从纱筒上抽出，经由纤维束牵丝分配装置传送到铺丝头，在铺丝头下，复合材料丝束被集束成一条丝带铺放在芯模表面。

　　1) **纤维束牵丝分配装置**：包括导纱轮、送纱辊等。单条预浸料纤维一般被称为纤维束，若干并列的纤维束构成了具有特定宽度的纤维束带薄层。薄层在铺丝机数控系统控制下被精确地铺放在工件模具表面上某一确定的部位。目前常用的纤维束宽度为 3.2mm，以螺旋形式绕制在中空的线轴上。纤维束宽度的精度对控制两束间缝隙是很重要的。纤维束带最多可由 32 根纤维束组成，宽度可达 406mm。通常，每条纤维束都单独对应可编程的张力控制装置和牵丝分配装置，以支持纤维束各自的铺放并保持精确的张力。一般地说，纤维束张力（转换为质量）不超过 0.23kg。

2）**剪切装置**：主要由切刀实现剪切。铺放作业过程中，铺丝头应该能够随心所欲地调用某一条纤维束，或者用切刀切断某一条纤维束，这样，通过增减纤维束数目即可改变纤维束铺放宽度和构型。

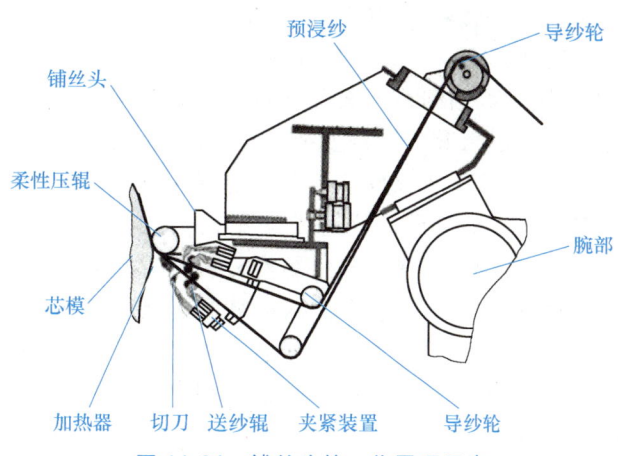

图 14.24 铺丝头的工作原理示意

3）**夹紧装置**：纤维束铺放过程中，每条纤维束都始终要保持一定的张力，所以，在剪切时需要夹住后面的纤维束以防止它回卷。夹紧的时机应该既适时又可控，即在纤维束重新进给前及时释放夹紧；切断纤维束后，若打算重新铺放，则通过重送装置实现。

4）**滚压装置**：柔性压辊的作用是将已铺放的纤维束带压实、熨平，保证碳纤维层间彼此有效粘连并且紧贴工件型面。压紧力是可编程的。

5）**加热器**：由加热器通过加温控制纤维束的黏度，以充分发挥滚压效能，并尽量挤出铺层间的空气。一般情况下，纤维束温度低于 21℃时处于低黏度状态，以便从纱筒上抽出，再送至铺放头。然后加热器将纤维束升温至 27~32℃。加热温度应可控、可调、可预设。

铺丝头能随构件型面变化增减纱束根数（自动切纱），以适应芯模的边界。另外，无须配有隔离衬纸，便于进行局部增厚、加肋、递减铺层、开口补强等作业，铺丝头的突出优点是多轴联动，可适应复杂曲面和铺层厚度的变化。一些自动铺丝头案例如图 14.25 所示。

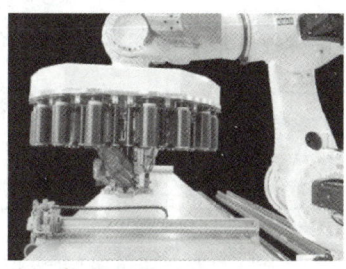

a) 模块化铺丝头 I

b) 模块化铺丝头 II

c) 20 束窄带铺丝头，可掉头铺放

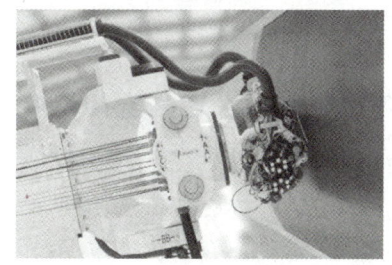

d) 自动铺丝头

图 14.25 自动铺丝头案例

4. 复合材料自动铺放设备的软件系统

典型的 ATL/AFP 的软件系统基本组成如图 14.26 所示,不同设备软件系统靠前的七个功能模块大致相同,下面分别做简单的介绍。靠后的模块则随设备不同略有区别。

1)一般情况下,自动铺带机均能完全接受从 CAD 系统传输来的 3D 构件模型数据,以便在 CAD/CAM 系统数字化设计制造环境中支持复合材料构件的设计、工艺和制造。

2)构件的分层铺放设计与优化通常包括铺层初步设计、工程详细设计和可制造设计三项内容。初步设计基于零件结构分析相关数据,建立构件的几何模型和表面模型,进行层合板、区域和铺层定义,并完成区域和过渡区域建模;工程详细设计在几何建模基础上进行构件基本制造单元每一铺层的建模,自动生成构件区域铺层定义,如复合材料类型、几何轮廓、铺放角度、顺序、厚度、数量和参考坐标系等,并提供对铺层的设计分析;可制造设计的内容有铺层展开、材料余量定义、生产能力和生产率分析等。

3)复合材料构件制造工艺数据主要包括纤维材料、带宽、带厚、铺放方向和缝隙容限等。

4)图形显示与工艺仿真是借助图形软件进行铺层展开二维平面图形、展开数据、铺层实体图形等的可视化显示,以此支持下游硬件,快速获得符合质量和规范要求的产品,同时也支持铺层过程工艺仿真模拟。

5)APT 源代码是由软件自动生成的,经 APT 编译器和数控应用程序,自动处理成适用于汽车、航空航天等行业的复合材料构件加工 APT 源代码。

6)制造技术文档资料是指由软件自动产生的各种相关的制造技术文件,作为复合材料构件生产和装配的依据和工艺指导性文件。一旦设计模型有改动,相关的文档将自动更新。

7)后处理技术和数据接口将 APT 源代码处理成对应的加工程序,再经相应数据接口传送到制造设备,实现零件从 3D 模型、工艺规划到加工制造的无缝连接,提升复合材料整体构件制造自动化水平,缩短构件制造周期。

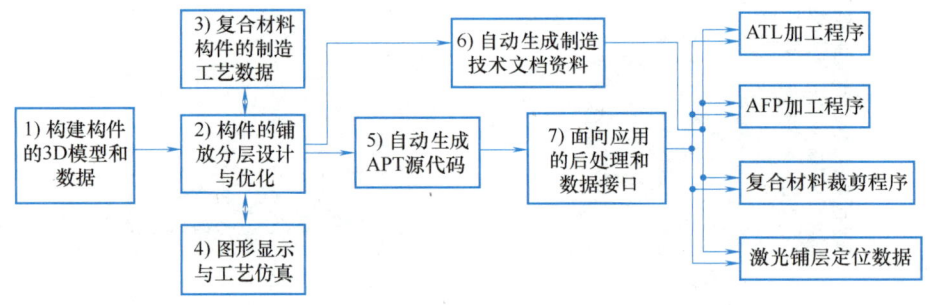

图 14.26 典型的 ATL/AFP 的软件系统基本组成

14.2.4 复合材料机器人三维空间缝合成形

复合材料**缝合**(Stitching)指使用缝合线让多层复合材料织物结合成准三维立体织物,或者使数片分离的织物连接成整体结构的一种复合材料预制体制备技术。

早在 20 世纪 80 年代,美国航空航天局就启动了缝合复合材料机翼和轻型飞机机身结构的研究计划,而且成功地取代了一批金属机身和机翼构件。缝合原理与家用缝纫机大同小异,缝合有利于提高复合材料构件力学性能(疲劳特性、层间断裂韧性、冲击损伤容限等），能提高成本效益，但在开发自动缝合大型设备方面存在技术瓶颈。德国 ALTIN Nahtechnik 公司在改进传统缝合技术的基础上，最先开发出机器人控制缝合针头的复合材料预成形件专用缝合设备，目前已广泛应用于航空、航天、汽车、船舶等重要领域。

下面以如图 14.27 所示德国 KSL 公司的复合材料三维缝合机器人工作站为例，对复合材料机器人三维空间缝合成形工艺加以说明。

图 14.27a 所示为 KSL 复合材料三维缝合机器人工作站组成，该工作站包括机器人、缝

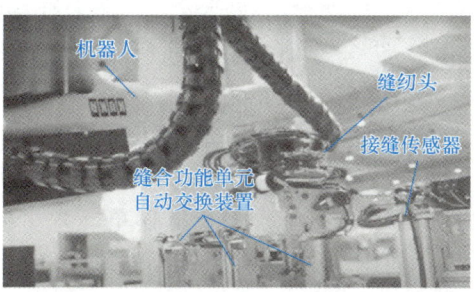

a) 德国KSL公司复合材料三维缝合机器人工作站组成

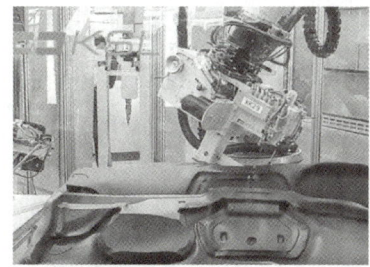

b) KL-500机器人缝合复合材料汽车仪表盘

c) 织物接缝检测

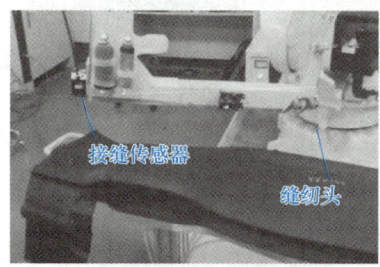

d) 接缝传感器与缝纫头对调位置

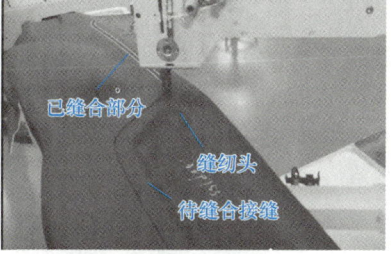

e) 接缝缝合中的状态

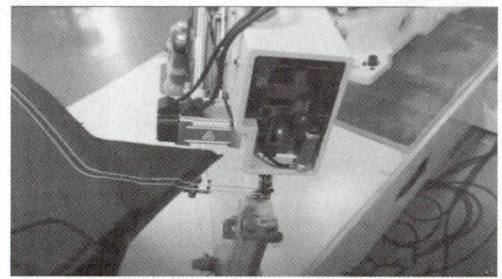

f) 缝合作业结束阶段，缝纫头退出

图 14.27 德国 KSL 公司的复合材料三维缝合机器人工作站

纫头、缝合功能单元自动交换装置、接缝传感器、超声切割头、缝合质量检测单元等几部分。本例中的织物为复合材料汽车仪表盘，由 KL-500 机器人缝合，如图 14.27b 所示。缝合前，接缝传感器对织物接缝进行检测。如图 14.27c 所示，接缝传感器固定在机器人手臂末端，包括结构光传感器（激光器）、CCD 相机等，其功能是判别织物材质的类型和接缝中心线的轨迹，以便缝纫头精确地跟踪接缝中心线的位置和姿态。为高质量完成检测，配套了可进行灰度化、对比度增强、中值滤波、二值化、曲线拟合等图像预处理的软件，图像实时处理速度也是传感器性能的重要指标。接缝检测完成后，机器人腕部回转，接缝传感器和缝纫头对调位置，为后者缝合作业做好准备，如图 14.27d 所示。缝纫头在接缝缝合中的状态如图 14.27e 所示。根据传感器预先拾取的接缝信息，机器人精确跟踪接缝，由缝纫头完成缝合。在缝合作业的结束阶段，缝纫头退出，如图 14.27f 所示，接下来调用超声切割头切断缝合线。

德国 KSL 公司的自动交换装置很有特色，除了上述单元外，还有盲针头、簇绒头（不对织物施加压力）、双针头、超声切割头、缝合线质量检测头（与原始轨迹规划比对）等。这样大大提高了机器人工作站的适应性和灵活性。

14.3 蜂窝复合材料及其制造技术

自然界中的蜂巢结构如图 14.28 所示，其所呈现的六角形结构比圆形、方形结构强度高，能承受各方向的外力，具有很好的结构稳定性，且无变形的随意性。人类从蜂巢的仿生学原理出发，将纤薄的材料做成蜂窝状结构，进而做成蜂窝复合材料。

14.3.1 蜂窝夹层结构简介

蜂窝复合材料属于夹层结构，上下是两层薄板，中间夹的是六角形蜂窝形状的夹心材料，称为蜂窝芯材，它们之间用胶黏剂互相粘接而成。所以也可以把蜂窝复合材料视为一种胶接制品。图 14.29 所示为两种典型的蜂窝结构。

图 14.28 自然界中的蜂巢结构

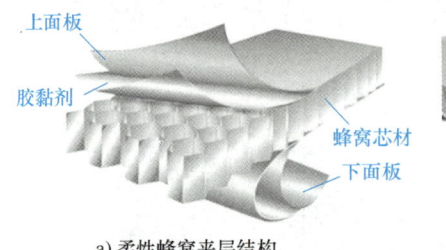

a) 柔性蜂窝夹层结构 b) 刚性蜂窝夹层结构

图 14.29 典型的蜂窝结构示意

柔性蜂窝夹层结构的上、下面板通常用铝材，也有用碳纤维或玻璃钢的。面板薄而强韧，能承受轴向力、弯矩、面内剪力。

蜂窝芯材又称为蜂窝夹层，常用合金铝箔（厚度一般为 0.02～0.1mm），另有纸质

（图 14.30）、玻璃钢、塑料、陶瓷蜂窝芯材等。蜂窝芯材既薄又轻，重量往往仅占实心材料的 1%～5%，却足以承受由一个面板传至另一个面板的载荷和剪力，可见蜂窝结构的几何稳定性极好。胶黏剂除了起到粘接的作用外，还将剪力传递至蜂窝芯，再传递至下一层面板。

蜂窝复合材料有无孔和有孔之分，区别在于在蜂格壁板上是否有通气孔。有孔蜂窝（图 14.31）可以避免蜂窝芯中残留的胶黏剂产生的挥发物造成的腐蚀作用，另外防止蜂窝夹层结构内、外压差过大引起面板的剥离。航天飞行器往往选有孔蜂窝。不过，不推荐飞机结构选有孔蜂窝，因为一旦面板的漆皮脱落，湿气和水分反倒容易寻隙侵入蜂窝栅格中。若飞机在地面上时蜂窝里积存了水分，则会引起结构腐蚀，侵蚀胶层使胶接强度下降；飞机升空后，在航路的低温（-60～-50℃）环境下，水结成冰，水-冰相变一般会有 10% 左右的体积变化，则会破坏原本完好的蜂窝结构。

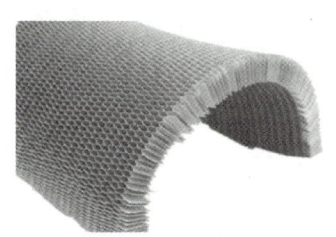

图 14.30　飞机和高铁用的芳纶纸
蜂窝芯材（厚度为 1～40mm）

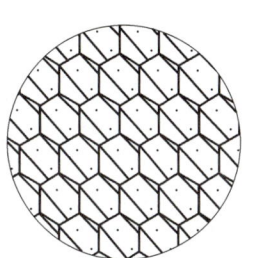

图 14.31　有孔蜂窝

14.3.2　蜂窝夹层结构复合材料的基本特性

1. 优点

1）密度小，比强度高，抗弯刚度高。同质量的蜂窝夹层结构复合材料的抗弯刚度约为铝合金的 5 倍。

2）高温稳定性好，易成形，不易变形。除制造平板，还可制造单曲、双曲面板等。

3）耐蚀性、绝缘性、环境适应性均好。按需要，板材可表面喷漆或表面粘贴防火板，起到装饰性、防火性双重效果。

4）回弹性好，能够吸收振动能量，减振、隔声降噪效果好。

2. 缺点

1）普通正六边形蜂窝具有最好的结构稳定性，而不具备变形的随意性，因此并不适合形状复杂的结构，如球体形。改变蜂窝格的几何形状，即利用异形蜂窝（柔性蜂窝）可以克服这个缺点，如图 14.32 所示。

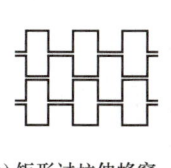 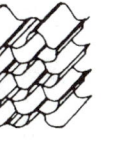 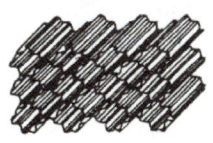 

a）矩形过拉伸蜂窝　　b）单向柔性蜂窝　　c）双向柔性蜂窝　　d）折线式柔性蜂窝

图 14.32　柔性蜂窝结构举例

2) 蜂窝结构靠胶接成形。胶黏剂的主要成分一般为高分子材料，胶接强度略低，且工作温度通常限于50~150℃的范围，高温胶黏剂工作温度也不过250℃，使蜂窝结构应用范围受限。

14.3.3　蜂窝结构在飞机上的应用

蜂窝结构基于上述诸多优点，被广泛选为对重量和性能有特殊要求的航空航天构件的材料。20世纪30年代，飞机引入铝蜂窝夹层结构；20世纪70年代，波音747率先引入非金属蜂窝复合板充当地板。如今，蜂窝复合材料已在飞机、火箭、太空飞船大面积广泛应用了，如机翼、进气道、雷达罩、火箭安定面、导弹核装置座、卫星、飞船的舱盖和整流罩等。民用领域在汽车、建材、电子电气等方面也有广阔的市场。金属蜂窝结构在我国飞机上的应用见表14.2。

表14.2　金属蜂窝结构在我国飞机上的应用

机型	在飞机中的应用部位	机型	在飞机中的应用部位
强击机	蜂窝结构方向舵、框板	直升机	蜂窝壁板
歼击机	蜂窝结构操纵面	大型客机	蜂窝结构操纵面
小型歼击机	蜂窝结构操纵面	小型支线客机	蜂窝结构操纵面

图14.33所示为美国海军的EP-3反潜侦察机（电子情报战平台），它前端圆锥形的雷达罩就是由蜂窝复合材料制成的。雷达罩的内、外表面各有不超过4层的玻璃纤维布作为防护层，中间有纸芯蜂窝夹层，起到迎面气流整流和保护内部雷达电子器件的作用。

图14.33　蜂窝夹层结构的飞机雷达罩

若要改进航空涡轮发动机效率，叶片降温才是关键和难点，而不在于解决燃烧室内燃料燃烧升温的问题。图14.34所示的叶片内部呈多孔蜂窝状冷却结构即是专门为此设计的，高温气流可借助叶片内部的多孔蜂窝状结构加快与外界的热交换，改善降温条件。

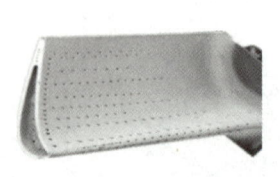 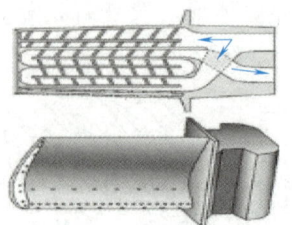

a) 叶片外观　　　　　　b) 叶片内部多孔蜂窝状结构

图14.34　航空涡轮发动机叶片蜂窝状冷却结构

图 14.35 所示为涡轮发动机采用的一种先进的封严结构,叶片顶部与机匣的间隙密封设计改进为由金属蜂窝封严结构替代,金属蜂窝置于叶尖与机匣之间,仅留有极小的缝隙,既降低了摩擦阻力,又可以缓解漏气,大致可以将效率提高 2%。

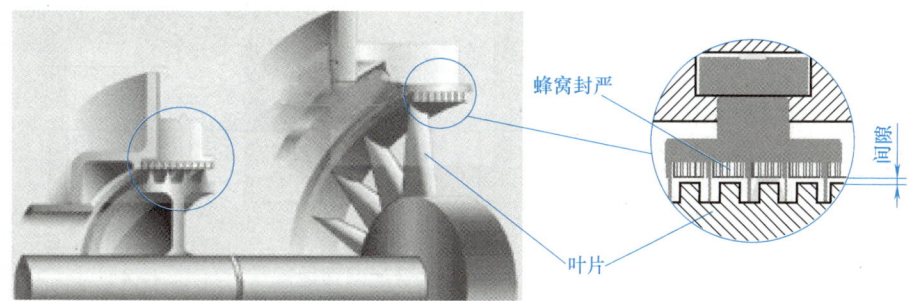

图 14.35 涡轮发动机采用的金属蜂窝的先进封严结构

阳光动力 2 号太阳能飞机的翼展为 72m,质量为 2300kg,如图 14.36 所示,其整体结构的 80% 采用碳纤维蜂窝芯夹层构件,密度小,强度高,而且保温。材料的面密度约为 $25g/m^2$,约为纸的 1/3,这一类超轻质的碳纤维蜂窝芯夹层结构是解决阳光动力号仅靠太阳能也能连续几昼夜飞行的关键之一。

14.3.4 铝蜂窝芯材的制造

蜂窝芯材一般由厚度为 0.02~0.1mm(常用厚度为 0.03~0.05mm)的铝合金箔胶接而成。制造蜂窝芯材主要有成形法和拉伸法两种方法,如图 14.37 所示。

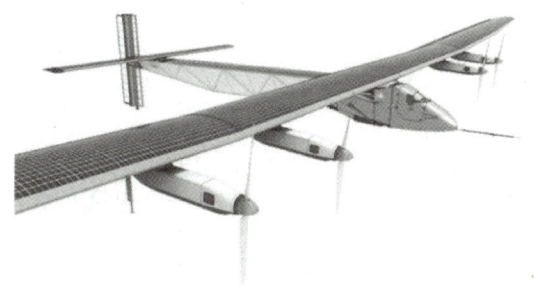

图 14.36 阳光动力 2 号太阳能飞机

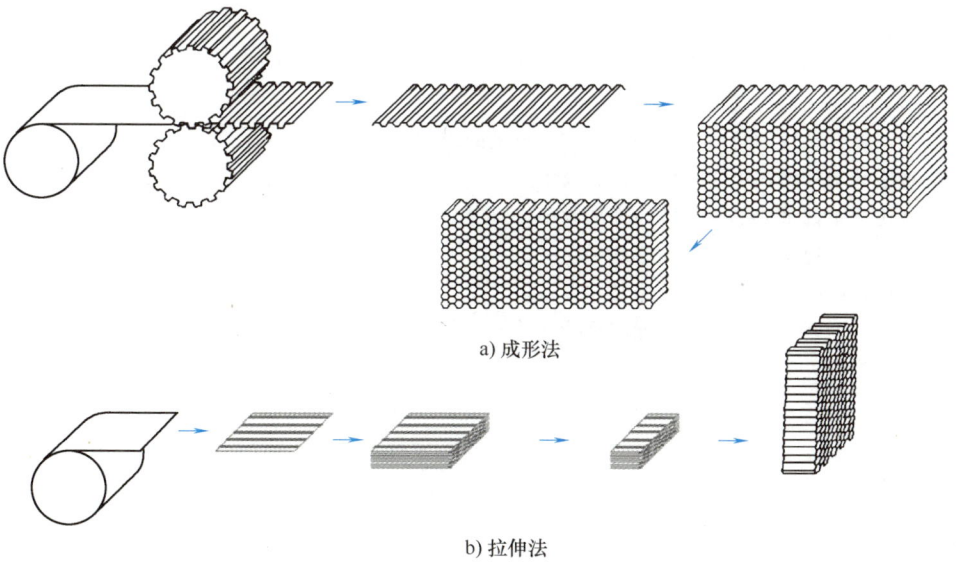

a) 成形法

b) 拉伸法

图 14.37 制造蜂窝芯材的方法示意

（1）成形法　先将铝箔压捻成波纹状，然后将波纹状铝箔叠合胶接起来。此方法仅适用于厚度大或刚性好的合金铝箔，或者特殊的非正六边形蜂窝格栅夹芯。

（2）拉伸法　先在铝箔上涂抹胶条，然后将铝箔叠合胶接起来，最后把叠合胶接的铝箔拉伸成蜂窝芯材。一般正六边形或矩形的合金铝蜂窝芯材用此方法制造。铝箔经拉伸法加工完毕后，还要经过若干道工序才能制成制品，如图14.38所示。

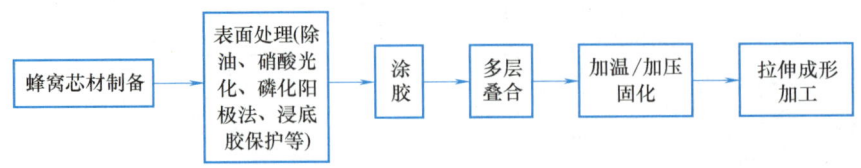

图14.38　铝箔蜂窝芯材的制造流程

热固性树脂胶黏剂在胶接后需要置于热压罐中加温加压，以完成交联固化。温度、压力与时间参数的曲线对胶缝强度有决定性影响，故有关参数要可控、可调。另外，制件需要封装在真空袋内或经机械夹紧，再送入热压罐加温固化（图14.39）。最后要经过"X光"对渗水和缺陷的无损检测。

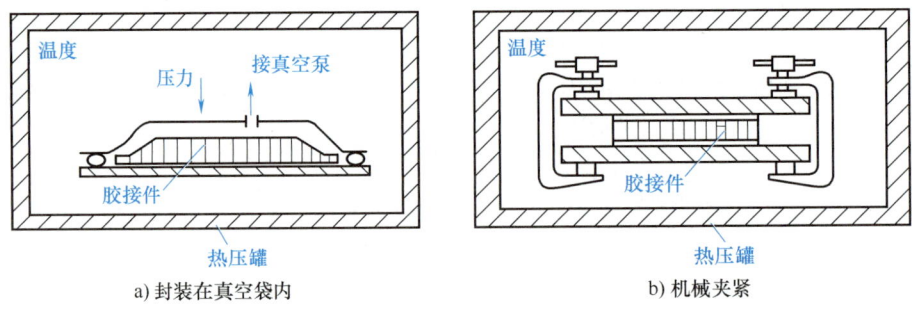

图14.39　热固性树脂胶黏剂的固化

> **思考题**

14-1　试述复合材料的特点，举例说明在飞机上的应用。
14-2　试述纤维缠绕成形技术的原理和设备。
14-3　试述纤维铺带成形技术的原理和设备。
14-4　试述纤维铺丝成形技术的原理和设备。
14-5　试述纤维缝合成形技术的原理和设备。
14-6　机器人在纤维铺设作业中能起到什么特殊作用？
14-7　说明蜂窝夹层结构的特性。

附录

附录 A "机械工程概论"课程设计

> 【内容导读】
>
> 提高设计质量，必须遵循科学的设计流程。本书归纳了设计流程的五个阶段，学生在完成教学大纲的课程内容学习之后，应基本掌握流程的前三个阶段，基本能够胜任本课程设计给定的任务，达到初步训练独立设计和检验教学效果的目的。
>
> 本书对设计流程给出了一些提示和示范，如便当售卖机的市场需求调研、甄别它们是否合理、值不值得解决以及是否有可行的技术途径；关于项目的必要性和先进性，论证了自动便当售卖机比其他形式售货机在技术上更先进、更快捷、更卫生和智能；归纳出设计难点和创新性，这样就为初步设计缕清了思路；然后进入具体设计和考虑成果提交形式的阶段；最后课程设计安排了一个反映成果的公开答辩仪式，不但考查学生是否会设计，而且考查学生能否向他人解释清楚。

一、课程设计题目

本课程设计题目是"中式快餐自动便当售卖机方案设计"。由学生自由组合独立完成大作业。

二、指导思想

如本书前面的章节所述，设计关系到机械产品的成本，甚至决定最终产品商业化的成功与否。设计过程既是一个创新和创造的尝试过程，同时也是一个尽可能多地借鉴成功经验的过程。只有把借鉴与创新有机地结合起来，才能设计出高质量的机器。

一部机器往往是一个复杂的系统。要提高设计质量，必须遵循科学的设计流程。虽然很难列出一个在任何情况下都适用的统一标准流程，但是，根据长期经验，机器的设计流程大致分为五个阶段（4.2.2 节）。

按照本课程大纲的安排，学生在学习完本课程知识内容后，应该基本了解图 4.4 所示机械设计一般流程的前三个阶段（部分），并且通过一个课程设计来掌握确定设计任务、制订设计方案的方法和流程，培养开展初步设计的能力。

以上即本课程设计的基本指导思想。

三、需求和任务描述

设计的第一阶段，也可以称为产品规划阶段。在该阶段，核心的任务是通过市场需求调研，发现用户需求，甄别这些需求是否合理，值不值得解决，以及是否有技术途径可能解决。

1. 中式快餐的现状

现代城市生活节奏快，一日三餐怎么吃成为很多城市上班族头痛的难题，"叫外卖怕不卫生，自带感觉麻烦，上馆子嫌太贵"。图A.1所示为一些中式快餐的就餐状况。

a) 团餐　　　　　　　b) 流动摊位供餐　　　　　　　c) 路边就餐

图A.1　中式快餐就餐状况

（1）团餐　如图A.1a所示，大型企业、国家机关、学校等经营规模大、财务状况好的单位职工可以不去市面的门店或餐馆消费。这些单位一般通过招标的形式寻租，请经营者上门服务。这往往属于垄断经营，易于规模生产，食品的质量和卫生容易得到比较规范的管理。

（2）流动摊位供餐　如图A.1b所示，城市的一些位置存在流动摊位，它们面向少量、小型、分散的食客零售中式快餐盒饭，盒饭不易控制菜品质量，难以标准化。一些就餐者选择路边就餐，如图A.1c所示，就餐卫生堪忧，也会对城市环境造成一定影响。

2. 中式快餐的新模式

现在有政府部门和机构在研发和推广一种新的中式快餐销售模式，依托"中央厨房+冷链配送+自动便当售卖机+互联网"理念，旨在以安全、可口、健康的菜品，以及快捷、愉悦的服务奉献社会和消费者，让大众"吃得安全，吃得可口，吃得健康，吃得愉快"，服务城市，提升城市形象。

如图A.2所示，中央厨房集中采购食材，以标准化操作和集约化生产实现菜品的质优价廉、安全卫生。由于中央厨房有规模效益优势，因此能形成标准的包装、独自的品牌。菜品从中央厨房出品后，接下来要有物流配送与之配套。物流配送就是将菜品从中央厨房的冷藏库取出，运送到售卖终端。物流匹配有全热链配送式、全冷链配送式、冷热链混合配送式三种形式，其中以冷链配送为主。菜品用冷藏车统一配送，在指定时间内运到售卖终端。

售卖终端有直营门店、集中网点、分散网点等。互联网的作用是开展O2O商务模式。O2O指线上营销，线上购买带动线下经营和线下消费。O2O通过打折、提供信息、服务预订等方式，把线下商店的消息推送给互联网用户，从而将他们转换为自己的线下客户，这特别适合消费类商品和服务，如餐饮、健身、电影、文艺演出、美容美发、摄影等。

图 A.2 中式快餐连锁经营物流链

四、项目的可行性

中式快餐连锁经营物流链概念的前半部分与其他 O2O 商务模式没有太多区别，但 O2O 仅仅是信息链，光靠信息流动解决不了吃饱肚子的问题，还是要靠盒饭这种物理形式来供餐。关于如何将盒饭快速、准确地交到每一位食客的手里，解决所谓最后 1m 距离的问题，中式快餐自动便当售卖机提供了一种新的选择。至此，完成了机械设计第一阶段"发现需求"的环节，进而确认这个需求值得解决，即立项的必要性得到认可。

项目是要论证作为中式快餐连锁经营物流链的终端，自动便当售卖机比其他形式在技术上更有先进性，同时更快捷、更卫生、更智能。于是才有推陈出新，代替传统解决方案的可行性依据。

1. 自动售货机的发展趋势

常见的自动售货机有饮料自动售货机、食品自动售货机、综合自动售货机、化妆品自动售卖机等。

根据日本自动贩卖机系统工业协会 2021 年末的统计，日本自动售货机的数量约为 500

万台，约 25 人/台，售卖品种有饮料、拉面、烟、水果、玩具等，不一而足，年销售总额超过 800 亿美元。美国三亿多人拥有近 500 万台售货机。整个欧洲七亿多人才拥有 300 万台左右的各种售货机。

有资料称，2021 年国内自动贩卖机的数量大约为 925 万台，市场规模约为 280 亿元。如果按照启动期、发展期、成熟期分别为 100 万台、500 万台、2000 万台划分，我国自动售货机发展空间极大。全球零售市场研究指出，人均 GDP 达到一万美元时，消费者对自动售货机需求将迎来爆发式增长。2018 年，我国人均 GDP 已接近 1 万美元，所以自助售货机正呈现年 30% 以上的高速增长的窗口期，是符合自动售货机发展大趋势的。

再看看中式盒饭的市场，2022 年网上订餐市场约高达 400 亿元，也就是约 40 亿盒，市场潜力非常巨大。

2. 概念设计

（1）"整装进出"是中式快餐自动便当售卖机的特殊要求　与现有的自动售货机相比，中式快餐自动便当售卖机在性能上有新的、不同的要求。进入到设计的第二阶段，即概念设计阶段时，除了收集调研资料之外，精力应聚焦在方案制订和优化工作的创新性上。中式快餐自动便当售卖机的性能特点体现在"整装进出"，这是设计创新性的重点。

普通自动售货机货架样态如图 A.3 所示。供应商往货架上摆放货品时，往往比较注意整齐、美观，而货品形状各异，摆放方式形成了堆栈型、螺旋推出型、滑轨型、并列型等。普通自动售货机的出货几乎都是货品直接从货架滚落到取货口，货品在取货口横竖颠倒，百态纷呈，均不妨碍取货，更不必细究货品以什么姿态滚落了。这种进出货模式可以简述为"整装进，随意出"。

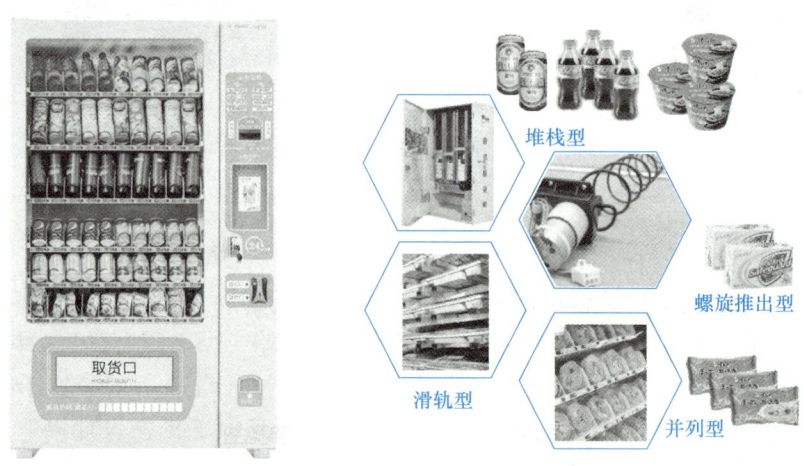

图 A.3　普通自动售货机货架样态

中式快餐便当则不然，各式中式盒饭的样态如图 A.4 所示，它们需要是"整装进，整装出"的，也就是便当在摆放、出货时以及在取货口均必须保持平放的姿态，以杜绝汤汁溢出，菜品倾覆。所以，普通自动售货机无法用作中式快餐自动便当售卖机，这是中式快餐自动便当售卖机结构设计上最显著的特点。此外，还有一些其他设计要求，在设计第二阶段，即确定设计任务时必须厘清。

图 A.4　各式中式盒饭的样态

（2）中式快餐自动便当售卖机的设计要求　表 A.1 列出了中式快餐自动便当售卖机与普通自动售货机技术要求的对比。

表 A.1　中式快餐自动便当售卖机与普通自动售货机技术要求对比

比较项目	技术要求	
	普通自动售货机	自动便当售卖机
形状尺寸	随意	餐盒（长×宽×高）：204mm×217mm×38mm
货品运动状态	随意，无特殊要求	摆放、储存、移动过程中均必须始终保持水平状态，以防汤汁倾洒或外溢。对商品姿态管理有明确要求
存储数量	依货品情况而异	72～144盒（3行×3列×层数任选）
保温	常温或冷藏	保温 70℃
货架清洁要求	不苛刻	有清除外溢油渍和集尘的需求，因此便当货架结构应兼顾清洁便利性
电源电压		单相交流 220V

综上，本课程设计的任务就是完成设计第二阶段剩余的工作：以中式快餐自动便当售卖机为对象，通过相关信息、资料的收集、调研，制订和优化设计方案。鉴于同学们目前掌握的专业知识所限，本课程设计完成第二阶段即可。

本项目旨在开发**中式快餐便当智能售卖机**。除了项目本身技术含量高，在设计理念和结构方面有多处创新亮点外，从广义认识，也是在商业环境、生存形态和饮食习惯发生深刻变化的背景下，对中式快餐连锁经营新模式的探索与实践。

（3）设计难点

1）整装进出，平取平放，姿态不得倾倒。

2）减少驱动组件（一驱多用），控制成本。

3）加热要快。

4）出餐口处也须能够保温。

5）清洁方便。

6）支付、显示与客户互动、互联网、广告等细节适当考虑，并非重点。

五、设计要求

1. 创新性

本课程设计可能是同学们在学习机械工程课程体系中的第一个课程设计，有很多技术基础课、专业课还有待后续安排，尚未涉及，所以现阶段的同学们可以说是"设计素人"。前面曾经提及机械设计的灵魂是创新，而面对设计素人，何以谈"创新"？本课程设计实际上是考察同学们综合运用前面所学到的、有限的机械工程知识、手段的能力，特别是对设计的想象力和悟性，这就类似古代、近代的机械发明，受到科技和社会文明程度的局限，往往需要凭借个人的聪明才智、天赋、灵感、直觉一样。这个设计项目，尽管可能找到少量的参考资料，但几乎无法找到可以完全照搬的版本。因此对创新性思维的要求比较高。

安排本课程设计的原意就是从提交的成果考察同学们与生俱来的或后天感悟而来的设计家创新素质。所以，考核的标准并不特别苛求设计的细节是否符合规范，而更看重在方案中那些灵光一现的亮点。

2. 实施办法

1）每 1~5 位同学自愿结成一个设计小组，组长到课代表处注册。
2）时间跨度覆盖本课程整个授课期间。在最后一节课前提交设计方案说明书。
3）各小组提交一份（或多份）设计方案说明书，委派一名代表课堂答辩（准备PPT），接受老师和其他同学的提问，最后由老师给予点评，并给出成绩。

3. 成果提交形式和具体要求

1）设计方案说明书统一封面格式，具体要求见附录B。
2）设计方案说明书是本阶段的总结。本阶段是构思产品新结构、满足新功能的关键阶段。在此阶段应激发小组成员的头脑风暴，充分讨论，凝聚团队的智慧。
3）设计方案说明书应包括机器的功能、经济性及环保评估，结构设计的创新点、技术经济性和成本分析，以及其他必要内容。其中，结构设计创新应特别注重在便当存放、取餐、送餐、出餐的机械结构方面。
4）设计方案说明书应注重图面表达能力的运用，鼓励借助某种设计、分析、仿真软件表达设计思想和方案，但是表达方式和工具不限，也允许手工绘图。重点考察对已学知识的运用。
5）设计作品评价标准：
①满足设计要求；②具有创新性，有独树一帜、巧妙之感，这是最重要一条标准；③绘图清楚、漂亮，计算机绘图、手工绘图不限；④文字叙述表达清晰、规范，篇幅、语言等方面得当无误；⑤正确、熟练地引用标准、手册、资料；⑥适当考虑到加工制造的方便性和成本因素。

附录 B 设计方案说明书格式要求

设计方案说明书统一封面格式，如图 B.1 所示。文字论证部分用 2 页 A4 纸完成，图样部分用 2 页 A4 纸完成（设计方案说明书封面另算 1 页），以电子文档格式提交，通过形式审查后方准予答辩。另准备约 5 分钟的答辩 PPT。

（A4 纸）

中式快餐自动便当售卖机
设计方案说明书

课程名称：_____
学　　院：_____
学生（学号）：
　　A _____
　　B _____
　　C _____
　　D _____
　　E _____
授课教师：_____
日　　期：_____

图 B.1　设计方案说明书封面统一格式

参 考 文 献

[1] WICKERT J, LEWIS K. 机械工程概论：原书第 3 版［M］. 盛忠起，谢华龙，刘永贤，译. 北京：机械工业出版社，2018.
[2] 中山秀太郎. 世界机械发展史［M］. 石玉良，译. 北京：机械工业出版社，1986.
[3] 陈烈民. 航天器结构与机构［M］. 北京：中国科学技术出版社，2008.
[4] 陈文亮，安鲁陵. 飞行器制造技术基础［M］. 北京：北京航空航天大学出版社，2014.
[5] 程秀全，刘晓婷. 航空工程材料［M］. 北京：国防工业出版社，2013.
[6] 范玉清. 现代飞机制造技术［M］. 北京：北京航空航天大学出版社，2001.
[7] 贾玉红. 航空航天概论［M］. 5 版. 北京：北京航空航天大学出版社，2023.
[8] 康进兴，马康民. 航空材料学［M］. 北京：国防工业出版社，2013.
[9] 邱宣怀，郭可谦. 机械设计［M］. 北京：高等教育出版社，1993.
[10] 王聪梅. 航空发动机典型零件机械加工［M］. 北京：航空工业出版社，2014.
[11] 王向明，刘文珽. 飞机钛合金结构设计与应用［M］. 北京：国防工业出版社，2010.
[12] 王玉新. 喷气发动机轴对称推力矢量喷管［M］. 北京：国防工业出版社，2006.
[13] 谢华龙，盛忠起，刘永贤. 机械工程概论［M］. 2 版. 北京：机械工业出版社，2016.
[14] 于登云，杨建中. 航天器机构技术［M］. 北京：中国科学技术出版社，2011.
[15] 于靖军，赵宏哲. 机械原理［M］. 2 版. 北京：机械工业出版社，2023.
[16] 张策. 机械工程史［M］. 北京：清华大学出版社，2015.
[17] 张宪民，陈忠. 机械工程概论［M］. 武汉：华中科技大学出版社，2013.